大学数学の入門⑨

# 数値解析入門

齊藤宣一——[著]

東京大学出版会

Introduction to Numerical Analysis
(Introductory Texts for Undergraduate Mathematics 9)
Norikazu SAITO
University of Tokyo Press, 2012
ISBN978-4-13-062959-1

# はじめに

線形代数学では，正則な行列を係数行列とする連立一次方程式には，一意な解が存在し，それがクラメールの公式を用いて表現できることを学んだ．しかし，もし，クラメールの公式に現れる行列式を定義通りに計算して，未知数が 30 個の連立一次方程式を解こうとすれば，現在利用できるもっとも速いスーパーコンピュータを用いても，100 億年以上かかる見積もりになってしまい，現実的でない．ところが，それをガウスの消去法で求めれば，ラップトップ型パーソナルコンピュータを用いても，1/100 秒もかからない．一方で，応用上は，30 よりも大きな数の未知数の連立方程式を解かねばならないことは多い．このように，数学的に解が表現できる，あるいは解が存在するということと，実際に数値を得ることとの間には，大きな溝がある．数学的な概念や方法を通じて，現実問題を研究する際には，数値的な答えが要求されるのが普通である．そのような問題に対処するために，さまざまな数学的な概念を，具体的に数値を計算するという立場から研究する分野を数値解析 (numerical analysis) という．本書は，数値解析への入門を目的とし，大学の 1 年および 2 年次に学ぶ微分積分学や線形代数学に現れる諸問題を，コンピュータを用いて数値的に解くための方法とその背景にある数学理論の解説を行う．

本書は，東京大学理学部と教養学部において筆者が担当した，学部 3 年生向けの講義（計算数理 I，数理情報学 I）の講義ノートに基づいている．しかし，講義でも本書の内容のすべてを解説するわけではなく，基礎の復習，補足や発展事項も含む，自習用の参考書としても使えるように配慮して執筆した．とくに，微分積分学や線形代数学ですでに学んでいるはずの基礎事項の説明に，あえて頁を割いているのには理由がある．応用数学では，対象とする問題を理解・解明するために，さまざまな数学理論を用いて，その対象に働きかけていくことになる．それは，既成の公式を単純に適用することとは次元の異なる，もっと主体的・能動的な数学的活動であり，微積分の定理を微積分の文脈で，線形代数の定理を線形代数の文脈で学習してきた学生諸君には，はじめての経験となるであろう．したがって，より自然に応用数学の世界に踏み込めるように，応用の立場から既習事項を再度確認するという“助走区間”を設けたわけである．なお，もちろん，数値解析は応用数学の一分野である．これらのことを強く意識している点において，本書は，他の数値解析の成書とは大きく性格が異なっている．しかしながら，本書は，あくまで教科書である．より体系的な知識を獲得するためには，巻末の参考文献表を参考にして，さらなる学習へと進んでほしい．

本書で扱う数学的な問題は次の通りである．

- コンピュータにおける数の表現（第 1 章）
- 連立一次方程式（第 2，3，9 章）
- 非線形方程式，連立非線形方程式（第 4 章）
- 行列の固有値問題（第 5 章）
- 連続関数の多項式・区分的多項式近似（第 6，7 章）
- 定積分の近似（第 7 章）
- 常微分方程式の初期値問題（第 8 章）

各章は独立に書かれているし，式や定理などの引用の際は，なるべく詳細な情報を記したので，読者の興味に応じて，どの章から読み始めてもよい．しかし，第 2 章と第 3 章では，応用で頻出の典型的な行列の型や，ベクトルノルム，行列ノルムについての基礎事項のまとめも行っている．本書では，近似の正当性の根拠は“連続性”にあるという立場から，ノルムに基づく解析的な議論を多く行っている．とくに，3.1 節と 3.2 節の議論は，本書における考察の基本姿勢を反映したものである．したがって，先を急がない読者には，まずは，第 2 章，第 3 章および第 1 章を読んでから先に進むことを勧めたい．

なお，本書で解説した計算方法については，自分でコンピュータ・プログラムを書いて，さまざまな条件下で計算を実行し，結果を比較検討する，という作業に十分に時間をかけてほしい．そうすることによって，数学理論の真意や役割，そして限界について，生きた知識が身につくのである．しかしながら，頁の制約もあり，本書では，数値計算の実行に関する具体的な説明をあきらめた．この点については，巻末の参考書にあげた金子[9]，菊地・山本[10]，戸川[11]，皆本[12]，森[13] などを参考にして，読者各自による演習を期待したい．

コンピュータに関わる諸技術の発達に支えられ，コンピュータ・シミュレーション（コンピュータによる模擬実験）は，理工学にとどまらず，経済学や生命科学にまで応用範囲を拡げ，現代の科学技術における主要な解析方法の1つになっている．その状況の中で，数値解析に求められる役割も幅広い．すなわち，一方では，現在利用できるコンピュータ技術を前提に，高速・高精度・高信頼度の計算方法を確立することを求められており，他方では，それを支える明快な数学理論の構築を要請されているのである．とはいえ，一人の人間が，そのすべての過程を理解することは，もはや不可能であろう．しかしながら，どのような立場から数値解析に関わるにせよ，数値を求めるという観点から，目的とする問題の数学的構造や適用する算法の数学的意味を十分に理解しておくことが重要である．本書が，多くの学生諸君に対して，そのための基礎素養を獲得する手助けになることを願っている．

本書の執筆の機会を与えてくださった，東京大学出版会の丹内利香さんには，あらためて，お礼を申し上げたい．本書の執筆時，東京大学大学院数理科学研究科の大学院生であった及川一誠，柏原崇人，浜向直，周冠宇，李寧平の諸君には，原稿の不備の指摘や，図の作成などで大変お世話になった．また，筆者の拙い講義を，質問等を通じて支えてくれた，東京大学理学部と教養学部の学生の皆さんにも感謝したい．その質問の多くは，本書の内容をより確かなものにするためにおおいに役立った．その他にも，多くの先生方から，原稿について有益な意見をいただいた．ここで，名前をあげることはしないが，皆様の協力に，心からお礼を申し上げたい．

筆者は，学生当時，恩師，藤田宏先生から，「良い数学は益ある応用を生み，真剣な応用は深い数学を生む」と励まされてきた．本書を通じて，同じ言葉を多くの学生諸君に届けたいと思う．

2012 年 5 月

齊藤 宣一

# 目次

# 第1章 数の表現

本章では，一般的なコンピュータ（電子計算機）における数の表現と，その性質について簡単に説明する．本章の内容は，次章以降を読む際に，必須ではないが，数値計算を行ううえでは重要な基礎素養なので，心に留めておいた方がよい．なお，近年の精度保証付き数値計算や任意多倍長計算の普及を考慮すれば，頁を割いて説明したい事柄も多いのだが，本書の目的から逸れてしまう可能性もあったので，必要最小限の説明を述べるに留めた．

## 1.1 浮動小数点数

ほとんどの数学理論は，実数全体の集合 $\mathbb{R}$ に基礎をおき展開されている．本書で扱う数学的問題もその例外ではない．たとえば，$\sqrt{2}$ はありふれた実数であり，これが無理数であることを証明するのはやさしい．また，その近似値として 1.41 が有用であることも，よく知られている．しかし，$\sqrt{2}$ の値を小数の形で厳密に表現するには無限の桁が必要である．一方，計算機では，“有限” の情報しか扱えない．すなわち，計算機では，有限桁の，そして有限個の数しか扱えないのである．

コンピュータでは，実数を近似的に表現する仕組みとして，**浮動小数点数** (floating point number) を採用している．これは，4 つの正の整数 $\beta, n, L, U$ で特徴づけられる数であり，

$$x = \pm \underbrace{\left(\frac{d_0}{\beta^0} + \frac{d_1}{\beta} + \cdots + \frac{d_n}{\beta^n}\right)}_{=\alpha} \cdot \beta^m \tag{1.1}$$

の形をしている．ここで，$d_0, \ldots, d_n$ と $m$ は，

$$0 \leq d_i \leq \beta - 1 \quad (i = 0, 1, \ldots, n), \quad d_0 \neq 0, \quad -L \leq m \leq U \tag{1.2}$$

を満たす整数とする．$\beta$ を**基数**，$n$ を**桁数**，$L$ を**最小指数**，$U$ を**最大指数**，$\alpha$ を $x$ の**仮数部**あるいは**小数部**，$m$ を**指数部**という．なお，$\beta$ は偶数とする．そして，集合

$$\mathbb{F} = \mathbb{F}(\beta, n, L, U) = \{0\} \cup \{(1.1) \text{ と } (1.2) \text{ で表現される数 }\}$$

を $\beta$ **進** $n+1$ **桁の浮動小数点数系**と呼ぶ．$\mathbb{F}$ の中で，絶対値最大の正数は $x_{\max} = \beta^U(\beta - \beta^{-n})$ であり，絶対値最小の正数は $x_{\min} = \beta^{-L}$ となる．

**【例 1.1.1】** $\beta = 2, n = 2, L = 2, U = 1$ として，浮動小数点数系を構成してみると，

$$\mathbb{F} = \mathbb{F}(2,2,2,1) = \{0\} \cup \left\{ \pm \frac{d}{4} \times 2^m \mid d = 4,5,6,7,\ m = -2,-1,0,1 \right\}$$

となる．図 1.1 は $\mathbb{F}$ の正の部分を図示したものである．$[\frac{1}{4}, \frac{1}{2})$, $[\frac{1}{2}, 1)$, $[1, 2)$, $[2, 4)$ をそれぞれ等分割するように数字が並んでいる．また，絶対値最小の数の近くは数字が密に並んでいるが，外に向かって疎になっている．さらに，原点を含むような大きな隙間がある．□

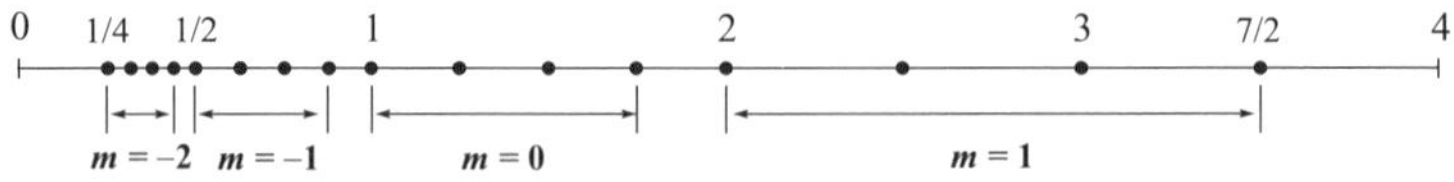


図 **1.1**　浮動小数点数系の例 $\beta = 2, n = 2, L = 2, U = 1$（例 1.1.1）.

計算のため入力した数値や，計算の途中で算出される中間的な数値，そして最終目標の答えを表す数値は，すべてそれらに “近い”$\mathbb{F}$ の要素で近似的に表現され，使用される．たとえば，$\tilde{x} \in \mathbb{R}$ が，

$$\tilde{x} = \sigma \cdot \left( \frac{d_0}{\beta^0} + \cdots + \frac{d_n}{\beta^n} + \frac{d_{n+1}}{\beta^{n+1}} + \cdots \right) \cdot \beta^m \tag{1.3}$$

の形で与えられているとする．$\sigma$ は $+1$ か $-1$ のいずれかであり，$-L \leq m \leq U$ が成り立っているとする．このとき，$\tilde{x}$ の近似値として，

$$x = \sigma \cdot \left( \frac{d_0}{\beta^0} + \cdots + \frac{d_n}{\beta^n} \right) \cdot \beta^m$$

を採用する方法を**切り捨て**という．また，

$$x = \sigma \cdot \left( \frac{d_0}{\beta^0} + \cdots + \frac{\hat{d}_n}{\beta^n} \right) \cdot \beta^m, \quad \hat{d}_n = \begin{cases} d_n & (d_{n+1} < \beta/2 \text{ のとき}), \\ d_n + 1 & (d_{n+1} \geq \beta/2 \text{ のとき}) \end{cases}$$

を採用する方式を**四捨五入** (($\beta/2 - 1$) **捨** ($\beta/2$) **入**) という[1]．四捨五入は，$\tilde{x}$ の近似値として，$|x - \tilde{x}|$ の値が最小となるような $x$，すなわち，$|x - \tilde{x}| = \min_{y \in \mathbb{F}} |y - \tilde{x}|$ を満たす $x \in \mathbb{F}$ を採用していることになる．とくに，$\tilde{x}$ が，$x_1$ と $x_2$ の中点の場合，すなわち，$d_{n+1} = \beta/2$，$d_{n+2} = d_{n+3} = \cdots = 0$ の場合は，

$$x_1 = \sigma \cdot \left( \frac{d_0}{\beta^0} + \cdots + \frac{d_n}{\beta^n} \right) \cdot \beta^m, \quad x_2 = \sigma \cdot \left( \frac{d_0}{\beta^0} + \cdots + \frac{d_n + 1}{\beta^n} \right) \cdot \beta^m$$

が $|x_1 - \tilde{x}| = |x_2 - \tilde{x}|$ を満たすので，これら 2 つが $x$ の候補となり得るが，$x = x_2$ を採用しているのである．このように，$\tilde{x}$ の近似値として，$|x - \tilde{x}|$ の値が最小となるような $x \in \mathbb{F}$ を採用する方法を**最近点への丸め**という．もう 1 つの最近点への丸めの方法に，**最近偶数への丸め**がある．この方法では，$|x - \tilde{x}| = \min_{y \in \mathbb{F}} |y - \tilde{x}|$ を満たす $x \in \mathbb{F}$ が一意的に定まるとき，すなわち，$\tilde{x}$ が，$x_1$ と $x_2$ の中点でないときは，$\tilde{x}$ の近似値として $x$ を採用する．一方で，$\tilde{x}$ が，$x_1$ と $x_2$ の中点のときは，$d_n$ の値を考慮して，

$$x = \begin{cases} x_1 & (d_n \text{が偶数のとき}), \\ x_2 & (d_n \text{が奇数のとき}) \end{cases}$$

とする．このとき，結果として，新しい $d_n$ は必ず偶数となる（これは，丸めの結果，新しい $d_n$ がつねに偶数になるという意味ではない）．

このように，$\tilde{x} \in \mathbb{R}$ に $x \in \mathbb{F}$ を対応させることを，**丸める**といい，丸めによって生ずる誤差を**丸め誤差** (rounding error) と呼ぶ．

なお，計算結果の絶対値が大きすぎるために $\mathbb{F}$ の要素で表現できなくなることを，**オーバーフロー**という．また，絶対値が小さすぎるため，$\tilde{x} \neq 0$ が 0 に丸められてしまうことを，**アンダーフロー**という．もちろん，これらは，一般には，丸めの方法に依存している．

さて，例 1.1.1 でみたように，$\mathbb{F}$ の要素の並び方にはむらがあるが，次のような意味で，相対的な丸め誤差は一定値以下となる．すなわち，$(0 \neq)\tilde{x} \in \mathbb{R}$

1) $\hat{d}_n = \beta$ のときは，$\hat{d}_n/\beta^n = 1/\beta^{n-1} + 0/\beta^n$ と解釈する．

を $x \in \mathbb{F}$ で近似したとき，

$$\left|\frac{\tilde{x}-x}{\tilde{x}}\right| \le \begin{cases} \dfrac{1}{2}\beta^{-n} & (\text{最近点への丸め}), \\ \beta^{-n} & (\text{切り捨て}) \end{cases} \tag{1.4}$$

が成り立つ（問題 1.1.3）.

ここに現れる $\varepsilon_M = \beta^{-n}$ を**計算機イプシロン** (machine epsilon) と呼ぶことが多い．これは，1 より大きい最小の $\mathbb{F}$ の要素と 1 との差に等しい[2)]．(1.4) により，一般に，

$$\tilde{x} = x(1+y_x), \quad |y_x| \le (1.4)\ \text{の右辺}$$

を満たす実数 $y_x$ が存在することがわかる．

現在，ほとんどのコンピュータでは，IEEE（Institute of Electrical and Electronics Engineers）[3)]の定めた，IEEE754 と呼ばれる規格が採用されており[4)]，**単精度**として，$\beta = 2$, $n = 23$, $L = 126$, $U = 127$ が，**倍精度**として，$\beta = 2$, $n = 52$, $L = 1022$, $U = 1023$ が利用できる．したがって，倍精度の場合は，$x_{\max} = 2^{1023}(2-2^{-52}) = 1.7976\cdots \times 10^{308}$, $x_{\min} = 2^{-1022} = 2.2250\cdots \times 10^{-308}$, $\varepsilon_M = \beta^{-52} = 2.2204\cdots \times 10^{-16}$ となる．また，何も指定しなければ，丸めの方法としては，最近偶数への丸めが適用される[5)]．

IEEE754 には，単に浮動小数点数の規格だけでなく，他にも，特殊な数が定められている．説明の便宜上，倍精度の場合のみを述べる．浮動小数点数系 $\mathbb{F} = \mathbb{F}(2, 52, 1022, 1023)$ の非零要素は，開区間 $(-x_{\min}, x_{\min})$ の間に 1 つも存在しない（例 1.1.1 も参照せよ）．IEEE754 では，絶対値が $x_{\min}$ よりも

2) 計算機イプシロンについて共通の定義はないようである．丸めの方法も考慮して，(1.4) の右辺を計算機イプシロンと呼ぶこともあるし，$\beta^{-n-1}$ を計算機イプシロンと呼ぶこともある．したがって，複数の文献を比較する際には，文脈をよく吟味したうえで，計算機イプシロンという言葉でなく，それが意味する量そのものを考えた方がよい．

3) 「アイ・トリプル・イー」と読む．正式な日本語名称はないが，あえて訳せば，電気電子技術者協会であろう．

4) 正確には，2012 年現在のコンピュータやソフトウエアで標準的に採用されている，IEEE754-1985 を意味する．2008 年には，改訂版である IEEE754-2008 が発表されたが，この新しい規格では，単精度，倍精度などという名称はなくなり，代わりに，binary32, binary64 などと表記されている．

5) この理由からか，“最近点への丸め” と “最近偶数への丸め” を同じ意味で用いることが多いので注意を要する．

小さい数を表現するため

$$y = \pm\left(\frac{d_0}{2^0} + \frac{d_1}{2^1} + \cdots + \frac{d_{51}}{2^{51}}\right)\cdot 2^{-1023}, \quad d_i = 0, 1 \quad (0 \le i \le 51) \tag{1.5}$$

の形の数が扱える（$d_0 = 0$ が許されていることに注意．その代わりに，$d_{52}/2^{52}$ がなくなっている）．(1.5) の形の数を非正規化数と呼ぶ．それに対して，(1.1), (1.2) で定義される浮動小数点数は，正規化された浮動小数点数（正規化数）と呼ばれる．非正規化数全体のなす集合を $\mathbb{Y}$ と書くことにしよう．$\mathbb{Y}$ の要素の中で絶対値が最小の正数は $y_{\min} = 2^{-51-1023} = 4.9406\cdots\times 10^{-324}$，絶対値が最大の正数は $y_{\max} = (2-2^{-51})2^{-1023}$ である．当然，$y_{\max} = 2^{-1022}-2^{-1074} < x_{\min}$ であるから，$\mathbb{Y} \subset (-x_{\min}, x_{\min})$ となっている．これにより，倍精度の演算では，計算結果 $\tilde{x}$ が，$|\tilde{x}| \le \frac{1}{2}y_{\min}$ となった場合に，最近偶数への丸めを適用する限り，$\tilde{x}$ は 0 に丸められることがある（アンダーフロー）．それ以外の場合には，オーバーフローしない限り，$\tilde{x}$ は，$\mathbb{Y} \cup \mathbb{F}\backslash\{0\}$ の要素に丸められる．ところで，$\mathbb{Y}$ の要素は，絶対値が小さくなるにつれて有効桁数も少なくなる．とくに，$y_{\min}$ の有効桁数は，1 である．

また，IEEE754 には，オーバーフローをおこした場合に，計算を停止せず，その結果を表現するために，+Inf や −Inf という特別な数字が定義されている．これらは，数学における，$+\infty$ と $-\infty$ と同じような扱いができるよう定められているので，計算の途中でオーバーフローがおこっても，最終的な結果は，浮動小数点数になる場合がある．これ以外にも，0/0 や $\sqrt{-1}$ などの結果を表現するために，Nan（not a number）が定義されている．

**注意 1.1.2**　有効数字，あるいは有効桁数という言葉はよく使われるが，その厳密な定義を述べることは案外難しい．$0.001234 = 1.234 \times 10^{-3}$ の有効数字は 1234，有効桁数は 4 である．69000 の有効桁数はいくつであろうか．これは場合による．69000 が $6.900 \times 10^4$ の意味ならば 4 であるし，$6.9 \times 10^4$ の意味ならば 2 である．また，コンピュータによる数値計算の分野では，浮動小数点数に丸められた $n+1$ 桁の数値 (1.1) を有効数字 $n+1$ 桁の値ということが多い．　□

**【問題 1.1.3】**　(1.4) を証明せよ．

## 1.2 浮動小数点数の演算

浮動小数点数系 $\mathbb{F} = \mathbb{F}(\beta, n, L, U)$ において，四則演算は次のようになされていると考えてよい．2 つの数 $x = \xi \cdot \beta^l$，$y = \eta \cdot \beta^m$ が与えられたとする．

**加減算**

(1) 指数を一致させるよう，仮数部を調整する（すなわち，指数の大きい方に小数点の位置を合わせる）．

(2) 仮数部の加減算を実行する．

(3) $n+1$ 桁の浮動小数点数になるように丸める．

**乗除算**

(1) 仮数の乗除算を行う．

(2) 乗算のときは $l+m$ を，除算のときは $l-m$ を新たな指数とする．

(3) $n+1$ 桁の浮動小数点数になるように丸める．

前節で紹介したような丸めの方法を 1 つ固定して，写像 $r : \mathbb{R} \to \mathbb{F}$ を考える．すなわち，$\tilde{x} \in \mathbb{R}$ を丸めた結果を $r(\tilde{x}) \in \mathbb{F}$ とする．そうして，$\mathbb{F}$ における加算を，

$$x \oplus y = r(x+y) \qquad (x, y \in \mathbb{F})$$

で定義する．

**【例 1.2.1】** 10 進 3 桁切り捨てで，3 つの数 $x = 3.21 \times 10^{-1}$，$y = 9.47 \times 10^{-1}$，$z = 8.65 \times 10^{-1}$ の和を計算する．$x \oplus y = r(1.268) = 1.26$，$y \oplus z = r(1.812) = 1.81$ より，$((x \oplus y) \oplus z) = r(1.26 + 0.865) = r(2.125) = 2.12$，$(x \oplus (y \oplus z)) = r(0.321 + 1.81) = r(2.133) = 2.13$ となる． □

$\mathbb{F}$ において，加算と乗算の交換則は成り立つものの，この例が示す通り，結合則

$$(x \oplus y) \oplus z = x \oplus (y \oplus z)$$

は成り立たない．浮動小数点数を用いた演算においては，他にも意識しなければならない問題点があるので，具体例を通じて確認していこう．ただし，以下では，表記の煩雑さを避けるために，正確には $x \oplus y = z$ や $r(x+y) = z$ と書くべきところを，簡単に，$x + y = z$ と書く．通常の等号の意味と混同し

ないよう，注意して，区別すること．

まず，絶対値の大きさが極端に違う 2 数の加減算を行ったとき，小さい方の数値の下位の桁が失われてしまう現象を**情報落ち**と呼ぶ．

**【例 1.2.2】** 10 進 5 桁切り捨てで，2 つの数 $x = 1.2345 \times 10^{-1}$，$y = 5.1234 \times 10^{-6}$ の和を計算する．まず，$x + y = 0.12345 + 0.0000051234 = 0.12345 = x$ となり，$y$ の値がまったく反映されない．すなわち，絶対値の小さな数の加減が無視される． □

**【例 1.2.3】** 無限級数 $\displaystyle\sum_{n=1}^{\infty} \frac{1}{n^2} = \frac{\pi^2}{6} = 1.64493406684822\cdots$ の部分和 $S_n = \displaystyle\sum_{k=1}^{n} \frac{1}{k^2}$ を考える．コンピュータを用いて単精度で計算してみよう．まず，$S_n = ((1 + \frac{1}{2^2}) + \frac{1}{3^2}) + \cdots + \frac{1}{n^2}$ の順で足してみると，$n$ が 4100 を超えたあたりから，たとえば，$S_{4100} = 1.644725$，$S_{10000} = 1.644725$，$S_{20000} = 1.644725$ となり，値がこれ以上変化しなくなる．実際，$S_{4099} = 1.6447253$ に対して，$\frac{1}{4100^2} = 5.948839\cdots \times 10^{-8}$ なので，$k$ が十分大きくなると，$1/k^2$ は和に寄与しなくなるのである．一方で，$S_n = (\frac{1}{n^2} + \frac{1}{(n-1)^2}) + \cdots + \frac{1}{1^2}$ の順で足すと，$S_{10000} = 1.644725$，$S_{20000} = 1.644884$，$S_{30000} = 1.644900$ となり，よい近似値が得られる．数学的に等価な式でも，処理の順序によって値が大きく変わってしまい，場合によっては正確さに欠ける近似値を算出してしまう可能性があることに注意しなければならない． □

値の近い 2 数の減算による有効桁数の損失を**桁落ち**と呼ぶ．

**【例 1.2.4】** 10 進 5 桁切り捨てで，$x = 1.2345 \times 10^{-1}$ と $y = 1.2335 \times 10^{-1}$ の差を計算すると，$x - y = 0.00010 = 1.0 \times 10^{-4}$ となり，有効桁数が 2 桁しかなくなってしまう（これを，$x - y = 1.0000 \times 10^{-5}$ と書くのは有効桁数が 5 桁あるという誤解を招く恐れがある）． □

**【例 1.2.5】** 10 進 5 桁切り捨てで，$x = 1.2345 \times 10^{-3}$ のとき $y = \sqrt{1+x} - 1$ の値を計算する．数学的に，正しい値は $y = 6.170596\cdots \times 10^{-4}$ である．$1 + x = 1 + 0.0012345 = 1.0012$，$\sqrt{1+x} = 1.00059\cdots = 1.0005$ なので，$\sqrt{1+x} - 1 = 1.0005 - 1.0000 = 5 \times 10^{-4}$ となり，5 桁あった有効桁が 1 桁に減ってしまった．しかし，先に“分子の有理化”を行い，$\sqrt{1+x} - 1 = \dfrac{x}{\sqrt{1+x} + 1}$

と変形してから計算すると，$\dfrac{x}{\sqrt{1+x}+1} = 6.17095\cdots \times 10^{-4} = 6.1709 \times 10^{-4}$ となり，桁落ちが防げている． □

**【例 1.2.6】** 2 次方程式 $x^2 + bx + c = 0$ の根[6]を求める際に，根の公式 $x = (-b \pm \sqrt{b^2 - 4c})/2$ をそのまま用いて計算する方法は，丸め誤差の影響を受けやすい．たとえば，$x^2 - 20x + \frac{1}{4} = 0$ の根を，10 進 5 桁切り捨てで計算してみると，$x_1 = (20 + \sqrt{399})/2 = (20 + 19.974)/2 = 19.987$, $x_2 (= 20 - \sqrt{399})/2 = (20 - 19.974)/2 = 0.012999$ となる．正しい根の値は $\tilde{x}_1 = 19.98749\cdots$，$\tilde{x}_2 = 0.01250782\cdots$ であり，$\tilde{x}_1$ の近似値 $x_1$ は 5 桁すべてで正しい値が算出されているが，$\tilde{x}_2$ の近似値 $x_2$ は 2 桁しか正しくない．このような現象は，$-b - \sqrt{b^2 - 4c} = 20 - \sqrt{399}$ の計算の際に桁落ちをおこしていることが原因と考えられるので，計算方法の工夫によって回避できる．すなわち，根と係数の関係により $x_1 x_2 = c$ であるが，一方の解 $(= x_1)$ は桁落ちの影響を受けずに計算できているので，残りの $x_2$ を $x_2 = c/x_1$ で求めるのである．このようにして計算し直すと，$x_2 = 1/(4x_1) = 0.012508$ というよい結果を得ることができる． □

6)　本書では，代数方程式 $a_n x^n + a_{n-1} x^{n-1} + \cdots + a_1 x + a_0 = 0$ の解を根と呼ぶ．

# 第2章 連立一次方程式と行列の分解

現実問題の数理モデル化においては，偏微分方程式の近似を経て，問題が連立一次方程式に帰着される場合が多い．未知数の数は，数個から数億個と，それこそ，問題によってさまざまである．連立一次方程式の数値的解法は，現代の数値解析学においても中心的な話題の 1 つであり，そのような研究成果に基づいた，安価（あるいは無償）で信頼のおけるソフトウエアが数多く利用できる．実際，解くべき問題に対して最適のソフトウエアを選択すれば，十分に信頼できる数値的な解が，現実的な時間内に得られるのである．しかし，基礎的であるということは，容易あるいは “軽い” ということを意味しない．最適なソフトウエアを選択するのはあくまで利用する人間であり，ソフトウエアではない．そして，この選択を誤ったことにより，膨大な時間をかけても解が得られなかったり，あるいは，不正確な近似解しか得られないことも珍しくない．そのような事態を避けるためには，数値的な解を求めるという観点から，目的とする連立一次方程式の構造や適用する算法の数学的意味を十分に理解しておくことが肝要である．

本章と続く第 3 章では，この趣旨で，連立一次方程式の数値的解法を解説する．

## 2.1 連立一次方程式とクラメールの公式

$n$ 個の未知数 $x_1, \ldots, x_n$ に対する $n$ 本の一次方程式

$$\left\{\begin{array}{lcl} a_{1,1}x_1 + a_{1,2}x_2 + \cdots + a_{1,n}x_n & = & b_1, \\ a_{2,1}x_1 + a_{2,2}x_2 + \cdots + a_{2,n}x_n & = & b_2, \\ & \vdots & \\ a_{n,1}x_1 + a_{n,2}x_2 + \cdots + a_{n,n}x_n & = & b_n \end{array}\right. \tag{2.1}$$

を解く問題を考える．ただし，各係数 $a_{1,1}, a_{1,2}, \ldots, a_{n,n}$ と右辺の数 $b_1, \ldots, b_n$ は与えられているとする．

このような問題を考察する際には，ベクトルと行列の表記を用いると便利である．本書を通じて，とくに断りのない場合，ベクトルは，縦ベクトル

$$\boldsymbol{x} = (x_i) = \begin{pmatrix} x_1 \\ \vdots \\ x_n \end{pmatrix}$$

を意味する．$n$ 次元の**実ベクトル**全体の集合を $\mathbb{R}^n$ で表す．数値解析の分野では，$m \times n$ 実行列の全体の集合を $\mathbb{R}^{m\times n}$ で表すことが多い．本書でもその慣例にしたがおう．そして，$\mathbb{C}$ は複素数全体の集合，$\mathbb{C}^n$ は $n$ 次元の**複素ベクトル**全体の集合，$\mathbb{C}^{m\times n}$ は $m \times n$ 複素行列の全体の集合を表す．$I$ は**単位行列**，$O$ は**零行列**を表す．とくに，次元を明示したいときには，$I \in \mathbb{C}^{n\times n}$, $O \in \mathbb{C}^{n\times n}$ などと書くことにする．$\mathbb{C}^n$（あるいは $\mathbb{R}^n$）における，$n$ 本の一次独立（線形独立）なベクトルの組を**基底**という．

$$\boldsymbol{e}_1 = \begin{pmatrix} 1 \\ 0 \\ \vdots \\ 0 \end{pmatrix}, \quad \boldsymbol{e}_2 = \begin{pmatrix} 0 \\ 1 \\ \vdots \\ 0 \end{pmatrix}, \ldots, \quad \boldsymbol{e}_n = \begin{pmatrix} 0 \\ \vdots \\ 0 \\ 1 \end{pmatrix}$$

は，$\mathbb{C}^n$ の（そして，$\mathbb{R}^n$ の）基底となる．これを，**標準的な基底**と呼ぶ．

なお，よく使われるように，$\mathbb{Z}$ は整数全体の集合，$\mathbb{N} = \{1, 2, \cdots\}$ は自然数，すなわち，正の整数全体の集合を表す．

あらためて，$A = (a_{i,j}) \in \mathbb{C}^{n\times n}$ と $\boldsymbol{b} = (b_i) \in \mathbb{C}^n$ に対して，

$$A\boldsymbol{x} = \boldsymbol{b} \tag{2.2}$$

を満たすベクトル $\boldsymbol{x} = (x_i) \in \mathbb{C}^n$ を求める問題を考える．任意の $\boldsymbol{b}$ に対して，(2.2) が一意な解 $\boldsymbol{x}$ をもつための，$A$ についての必要十分条件は，次の 3 つのうちのいずれかが成立することであり，このとき $A$ は**正則**（**非特異**）という：

(1) $A^{-1}A = AA^{-1} = I$ を満たす行列 $A^{-1}$ が存在する．

(2) $\det A \neq 0$.

(3) $A\boldsymbol{y} = \boldsymbol{0} \Rightarrow \boldsymbol{y} = \boldsymbol{0}$.

これらの関係は，線形代数で既習であろうから，ここで証明を述べることはせず，用語の確認のみ行う．(1) の条件を満たす行列 $A^{-1}$ を $A$ の**逆行列**という．逆行列は存在すれば一意である．$\det A$ は $A$ の**行列式**を表す．その定義を復習しておこう．$1, \ldots, n$ を並べ替えてできる数列を $\sigma(1), \ldots, \sigma(n)$ とす

る．あるいは，同じことであるが，$\mathbb{N}_n = \{1, \ldots, n\}$ から $\mathbb{N}_n$ への全単射写像 $\sigma$ を考えるといってもよい．このような $\sigma$ を $\mathbb{N}_n$ 上の**置換**という．$\mathbb{N}_n$ 上の置換全体の集合を $\Sigma_n$ と書く．このとき，$A$ の行列式は，

$$\det A = \sum_{\sigma \in \Sigma_n} (-1)^{m_\sigma} a_{\sigma(1),1} a_{\sigma(2),2} \cdots a_{\sigma(n),n}$$

で定義されるのであった．ただし，$\{1, \ldots, n\}$ から $\{\sigma(1), \ldots, \sigma(n)\}$ をつくるのに必要な並べ替えの回数を $m_\sigma$ と書いている．2 つの行列 $A, B$ について

$$\det(AB) = \det A \det B \tag{2.3}$$

が成り立つ．また，$\det I = 1$ である．したがって，$A$ が正則なら，$\det A^{-1} \cdot \det A = 1$ が成り立つ．

$A$ を正則な行列としよう．このとき，(2.2) の解 $\boldsymbol{x} = (x_i)$ を具体的に表現する公式として，**クラメール**（Cramer）**の公式**

$$x_1 = \frac{1}{\det A} \det \tilde{A}_1, \quad \ldots \quad , x_n = \frac{1}{\det A} \det \tilde{A}_n \tag{2.4}$$

は有名である．ただし，$A$ の第 $j$ 列を $\boldsymbol{a}_j$ として，$A = (\boldsymbol{a}_1, \ldots, \boldsymbol{a}_n)$ と表したとき，$\tilde{A}_j$ は，$\tilde{A}_j = (\boldsymbol{a}_1, \ldots, \boldsymbol{a}_{j-1}, \boldsymbol{b}, \boldsymbol{a}_{j+1} \ldots, \boldsymbol{a}_n)$ で定義される行列を表す．

さて，やや唐突であるが，クラメールの公式を，行列式をそのまま計算することで，実際に実行する際に必要な乗除算の回数を概算してみよう．$n$ 次正方行列の行列式を求めるために必要な乗除算の回数を $d_n$ とする．また，$A$ から第 $i$ 行と第 $j$ 列を除いてできる**小行列**を $A_{i,j}$ と書く．$\det A$ を第 1 行で展開すると，$\det A = a_{1,1} \det A_{1,1} + \cdots + a_{1,n} A_{1,n}$ となるが，各 $\det A_{1,j}$ を計算するのに $d_{n-1}$ 回の乗除算が必要なので，$d_n = n(d_{n-1} + 1)$ である．一方，$d_2 = 2$ はすぐわかる．$d_n = n! c_n$ とおくと，$c_n - c_{n-1} = 1/(n-1)!$ なので，和をとって，$c_n = \displaystyle\sum_{k=1}^{n-1} (1/k!)$ を得る．したがって，さらに $\displaystyle\sum_{k=1}^{\infty} (1/k!) = e - 1$ を用いると，$\displaystyle\lim_{n\to\infty} c_n = \lim_{n\to\infty} d_n/n! = e - 1$ が出る．クラメールの公式では，$(n+1)d_n + n$ 回の乗除算を行うので，$n$ が十分大きいときには，これは $(e-1)(n+1)!$ と同程度である．少なめに見積もって，$p_n = (n+1)!$ 回としておこう．

現在（2012 年）の高性能のコンピュータは 1 秒間に $10^{12}$ 回の浮動小数点演算を行える．$n = 20$ のとき，$p_{20} \approx 5.11 \times 10^{19}$ であり，これを計算するの

に必要な時間は約 1.62 年である．また，$n=30$ なら，$p_{30}=8.22\times10^{33}$ であり，計算に必要な時間は $2.61\times10^{14}$ 年となる．もし，1 秒間に $10^{16}$（=1 京）回の浮動小数点演算を行える計算機が実現しても，$n=30$ の場合を計算するのに，$2.61\times10^{10}$ 年かかることになる．この例はあまりに非現実的であり，数値の優越を比較することには，何の意味もない．この考察からわかることは，$n$ の値が大きいときには，クラメールの公式は現実的な方法ではないということのみである．なお，$n=30$ は，応用上は小さな値である．

計算時間の問題には目をつむっても，数値計算の際に，行列式 $\det A$ をそのまま使うことは推奨できない．実際，$A=(a_{i,j})\in\mathbb{C}^{n\times n}$ に対して，

$$\det(\varepsilon A)=\begin{vmatrix}\varepsilon a_{1,1} & \cdots & \varepsilon a_{1,n}\\ \vdots & \ddots & \vdots\\ \varepsilon a_{n,1} & \cdots & \varepsilon a_{n,n}\end{vmatrix}=\varepsilon^n\det A$$

なので，たとえば，$\varepsilon=10^{-1}$，$n=20$ だと，$\det(\varepsilon A)=10^{-20}\det A$ である．すなわち，$\det A=10$ の場合でも，$\det(\varepsilon A)=10^{-19}$ となってしまい，この絶対値は計算機イプシロンよりも小さい．したがって，これを用いて，たとえば，$\det(\varepsilon A)\neq 0$ を判断するのは難しい．

なお，行列が与えられたとき，それが正則か特異かを判定するのは一般には難しい．行列式を定義通りに計算し，それが 0 になるか否かを調べるのが，現実的な方法でないのは上でみた通りである．より一般の場合を考える前に，正則性がただちに判定できる行列の型をあげておこう．

非対角成分がすべて零である行列を，**対角行列**と呼び，

$$D=\mathrm{diag}\,(d_i)=\begin{pmatrix}d_1 & & \mathbf{0}\\ & \ddots & \\ \mathbf{0} & & d_n\end{pmatrix}$$

と表す．対角行列の逆行列は $D^{-1}=\mathrm{diag}\,(d_i^{-1})$ と計算できるので，対角成分がすべて非零のときのみ正則となる．

次に，$A=(a_{i,j})$ について，$i>j$ では $a_{i,j}=0$ のとき，すなわち，

$$A = \begin{pmatrix} a_{1,1} & a_{1,2} & \cdots & a_{1,n} \\ & a_{2,2} & & \vdots \\ & & \ddots & \vdots \\ \text{\Large 0} & & & a_{n,n} \end{pmatrix}$$

の形のとき，$A$ は**上三角行列**であるという．とくに，対角成分がすべて 1 のとき，**単位上三角行列**と呼ぶ．一方で，$i < j$ では $a_{i,j} = 0$，すなわち，

$$A = \begin{pmatrix} a_{1,1} & & & \text{\Large 0} \\ a_{2,1} & a_{2,2} & & \\ \vdots & & \ddots & \\ a_{n,1} & \cdots & \cdots & a_{n,n} \end{pmatrix}$$

の形の行列を**下三角行列**という．対角成分がすべて 1 のときは**単位下三角行列**である．上三角行列と下三角行列を合わせて，**三角行列**と呼ぶ．

$A$ が三角行列ならば，

$$\det A = a_{1,1} a_{2,2} \cdots a_{n,n}$$

なので，三角行列が正則であるための必要十分条件は，対角行列の場合と同様に，対角成分に零がないことである．

**【問題 2.1.1】** 上三角行列どうしの積は上三角行列になることを示せ．また，正則な上三角行列の逆行列は上三角行列になることを示せ．

**【問題 2.1.2】** $A = \begin{pmatrix} A_{11} & A_{12} \\ O & A_{22} \end{pmatrix}$, $A_{11} \in \mathbb{C}^{n\times n}$, $A_{22} \in \mathbb{C}^{m\times m}$, $A_{12} \in \mathbb{C}^{n\times m}$, $O \in \mathbb{C}^{m\times n}$ に対して，$\det A = \det A_{11} \cdot \det A_{22}$ が成り立つことを示せ．

**【問題 2.1.3】** $A = (a_{i,j}) \in \mathbb{C}^{n\times n}$ に対して，$\mathrm{tr}\, A = a_{1,1} + \cdots + a_{n,n}$ を $A$ のトレースという．2 つの行列 $A, B$ に対して，$\mathrm{tr}\,(AB) = \mathrm{tr}\,(BA)$ を示せ．

## 2.2 エルミート行列と実対称行列

本節と次節では，後で使う典型的な行列を定義し，性質をまとめておく．そのために，まずは，$\mathbb{C}^n$ の**内積**

$$\langle \boldsymbol{x}, \boldsymbol{y} \rangle = \boldsymbol{x} \cdot \boldsymbol{y} = \boldsymbol{y}^* \boldsymbol{x} = \sum_{i=1}^{n} x_i \overline{y_i} \qquad (\boldsymbol{x} = (x_i), \boldsymbol{y} = (y_i) \in \mathbb{C}^n)$$

を復習しておこう．実際，これは，$\mathbb{C}^n$ において次の**内積の公理**を満たす：

(1) $\langle \boldsymbol{x}, \boldsymbol{x} \rangle \geq 0$ $(\boldsymbol{x} \in \mathbb{C}^n)$. $\langle \boldsymbol{x}, \boldsymbol{x} \rangle = 0$ ならば $\boldsymbol{x} = \boldsymbol{0}$.

(2) $\langle \boldsymbol{x}, \boldsymbol{y} \rangle = \overline{\langle \boldsymbol{y}, \boldsymbol{x} \rangle} \quad (\boldsymbol{x}, \boldsymbol{y} \in \mathbb{C}^n)$.

(3) $\langle \boldsymbol{x} + \boldsymbol{y}, \boldsymbol{z} \rangle = \langle \boldsymbol{x}, \boldsymbol{z} \rangle + \langle \boldsymbol{y}, \boldsymbol{z} \rangle$, $\langle \alpha \boldsymbol{x}, \boldsymbol{y} \rangle = \alpha \langle \boldsymbol{x}, \boldsymbol{y} \rangle \quad (\boldsymbol{x}, \boldsymbol{y} \in \mathbb{C}^n, \alpha \in \mathbb{C})$.

また，

$$\|\boldsymbol{x}\|_2 = \sqrt{\langle \boldsymbol{x}, \boldsymbol{x} \rangle} = \sqrt{|x_1|^2 + \cdots + |x_n|^2}$$

はベクトル $\boldsymbol{x} = (x_i)$ の長さ（**ユークリッドの距離**）を表す（添字の "2" の意味は 3.1 節で明らかになる）．なお，$|z|$ は複素数 $z = u + iv$ $(u, v \in \mathbb{R})$ の絶対値 $|z| = \sqrt{u^2 + v^2}$ を意味し，とくに，$|z|^2 = z\overline{z}$ である．ただし，$i = \sqrt{-1}$ は**虚数単位**を，$\overline{z} = u - iv$ は $z$ の共役複素数を表す．

$\boldsymbol{x} \in \mathbb{C}^n \backslash \{\boldsymbol{0}\} = \{\boldsymbol{x} \in \mathbb{C}^n \mid \boldsymbol{x} \neq \boldsymbol{0}\}$ に対して，

$$\boldsymbol{y} = \frac{1}{\|\boldsymbol{x}\|_2} \boldsymbol{x}$$

で定義される $\boldsymbol{y}$ を $\boldsymbol{x}$ の**正規化**という．この $\boldsymbol{y}$ は，$\|\boldsymbol{y}\|_2 = 1$ を満たす．

$\boldsymbol{x}, \boldsymbol{y} \in \mathbb{C}^n \backslash \{\boldsymbol{0}\}$ が，

$$\langle \boldsymbol{x}, \boldsymbol{y} \rangle = 0$$

を満たすとき，$\boldsymbol{x}$ と $\boldsymbol{y}$ は**直交する**という．

一般に，$A = (a_{i,j}) \in \mathbb{C}^{n \times n}$ に対して，

$$\langle A\boldsymbol{x}, \boldsymbol{y} \rangle = \langle \boldsymbol{x}, A^* \boldsymbol{y} \rangle \qquad (\boldsymbol{x}, \boldsymbol{y} \in \mathbb{C}^n)$$

が成り立つ．ただし，$A^* = \overline{A}^{\mathrm{T}} = \overline{A^{\mathrm{T}}} = (\overline{a_{j,i}})$ は $A$ の**共役転置（エルミート転置）行列**を，$A^{\mathrm{T}} = (a_{j,i})$ は $A$ の**転置行列**を表す．

$A = A^*$ を満たす $A \in \mathbb{C}^{n \times n}$ を**エルミート**（Hermite）**行列**と呼ぶ．$A$ が，エルミート行列であることと，任意の $\boldsymbol{x}, \boldsymbol{y} \in \mathbb{C}^n$ に対して $\langle A\boldsymbol{x}, \boldsymbol{y} \rangle = \langle \boldsymbol{x}, A\boldsymbol{y} \rangle$ が成り立つことは同値である．そして，$A$ がエルミートならば，任意の $\boldsymbol{x} \in \mathbb{C}$ に対して，$\langle A\boldsymbol{x}, \boldsymbol{x} \rangle$ は実数値となる．なぜなら，一般に $\langle A\boldsymbol{x}, \boldsymbol{x} \rangle = \overline{\langle \boldsymbol{x}, A\boldsymbol{x} \rangle}$ だが，エルミート性により $\langle A\boldsymbol{x}, \boldsymbol{x} \rangle = \langle \boldsymbol{x}, A\boldsymbol{x} \rangle$ なので，結局 $\langle A\boldsymbol{x}, \boldsymbol{x} \rangle = \overline{\langle A\boldsymbol{x}, \boldsymbol{x} \rangle}$ となり，これは $\langle A\boldsymbol{x}, \boldsymbol{x} \rangle \in \mathbb{R}$ を意味する．

エルミート行列には正値性という概念が定義できる．それを述べるためには，$A \in \mathbb{C}^{n\times n}$ の**固有値** $\lambda \in \mathbb{C}$ と**固有ベクトル** $\boldsymbol{v} \in \mathbb{C}^n$ が必要である．これは，

$$A\boldsymbol{v} = \lambda\boldsymbol{v}, \qquad \boldsymbol{v} \neq \boldsymbol{0} \tag{2.5}$$

を満たすものであった．$\lambda$ が $A$ の固有値であることと，行列 $\lambda I - A$ が特異（非正則）であることは同値であり，したがって，さらに，$\lambda$ が固有方程式

$$\det(\lambda I - A) = 0 \tag{2.6}$$

の根であることとは同値である．(2.6) は $n$ 次の代数方程式なので，重複度を含めれば $n$ 個の根をもつ．なお，もし，$A \in \mathbb{R}^{n\times n}$ であっても，一般には，$\lambda$ は複素数，$\boldsymbol{v}$ は複素ベクトルとなるので注意しなければならない．エルミート行列 $A$ の固有値 $\lambda$ は必ず実数になる．というのも，$\boldsymbol{v}$ を $\lambda$ に対応する固有ベクトルとすると，$\langle A\boldsymbol{v}, \boldsymbol{v}\rangle = \lambda\langle \boldsymbol{v}, \boldsymbol{v}\rangle$ だが，$\langle A\boldsymbol{v}, \boldsymbol{v}\rangle$ と $\langle \boldsymbol{v}, \boldsymbol{v}\rangle$ はともに実数なので，$\lambda$ も実数となるからである．

$A \in \mathbb{C}^{n\times n}$ とする．任意の正則行列 $P$ に対して，$B = P^{-1}AP$ と定義すると，$A$ の固有値と $B$ の固有値はすべて一致する．実際，$\lambda I - P^{-1}AP = P^{-1}(\lambda I - A)P$ なので，

$$\begin{aligned}\det(\lambda I - B) &= \det(P^{-1}(\lambda I - A)P) \\ &= (\det P)^{-1}\det(\lambda I - A)\det P = \det(\lambda I - A)\end{aligned}$$

である．また，$A = PBP^{-1}$ かつ $A^n = PB^nP^{-1}$ が成り立つ．2 つの行列 $A, B$ が正則行列 $P$ を介して $B = P^{-1}AP$ と表現されるとき，$A$ と $B$ は**相似**であるといい，$A$ と $B$ を対応させる写像を**相似変換**と呼ぶ．

$A$ をエルミート行列，$\lambda_1, \ldots, \lambda_n$ をその固有値，$\boldsymbol{v}_1, \cdots, \boldsymbol{v}_n$ を対応する固有ベクトルとする．簡単のため，$\lambda_1, \ldots, \lambda_n$ はすべて相異なると仮定しよう．このとき，$V = (\boldsymbol{v}_1, \ldots, \boldsymbol{v}_n) \in \mathbb{C}^{n\times n}$ と定義すると，

$$AV = (\lambda_1\boldsymbol{v}_1, \ldots, \lambda_n\boldsymbol{v}_n) = V\begin{pmatrix}\lambda_1 & & \text{\Large 0} \\ & \ddots & \\ \text{\Large 0} & & \lambda_n\end{pmatrix}$$

となるから，$A$ は対角行列 $B = \mathrm{diag}\,(\lambda_i)$ と相似である．このことを，$A$ は**対角**

**化可能**であるという (問題 2.2.9). しかし, いまの場合, 固有ベクトルの取り方を少し工夫すると, もっと便利な表現が得られる. それには, $\lambda_j \neq \lambda_k$ ならば, $\boldsymbol{v}_j$ と $\boldsymbol{v}_k$ は直交することに注意する. 実際, $\langle A\boldsymbol{v}_j, \boldsymbol{v}_k\rangle = \lambda_j\langle \boldsymbol{v}_j, \boldsymbol{v}_k\rangle$ かつ $\langle \boldsymbol{v}_j, A\boldsymbol{v}_k\rangle = \overline{\lambda_k}\langle \boldsymbol{v}_j, \boldsymbol{v}_k\rangle$ であるが, $A$ はエルミート行列だから $\langle A\boldsymbol{v}_j, \boldsymbol{v}_k\rangle = \langle \boldsymbol{v}_j, A\boldsymbol{v}_k\rangle$, かつ $\lambda_k$ は実数なので, $\overline{\lambda_k} = \lambda_k$. ゆえに, $(\lambda_j - \lambda_k)\langle \boldsymbol{v}_j, \boldsymbol{v}_k\rangle = 0$, すなわち, $\langle \boldsymbol{v}_j, \boldsymbol{v}_k\rangle = 0$ を得る. そこで, 各固有ベクトルを正規化して, $\boldsymbol{u}_j = \|\boldsymbol{v}_j\|_2^{-1}\boldsymbol{v}_j$ とおき, さらに, $U = (\boldsymbol{u}_1, \ldots, \boldsymbol{u}_n) \in \mathbb{C}^{n\times n}$ と定義する. 各 $\boldsymbol{u}_j$ が $\lambda_j$ に対応する固有ベクトルであることに変わりはないので, $AU = UB$, すなわち, $A = UBU^{-1}$ を得る. しかしながら, いま, その構成から明らかなように,

$$U^*U = \left(\boldsymbol{u}_i^*\boldsymbol{u}_j\right) = I, \quad UU^* = (U^*U)^* = I \tag{2.7}$$

であるから, $U^{-1} = U^*$ であり, したがって $A$ は,

$$B = U^*AU \tag{2.8}$$

と書けるのである. 一般に, (2.7) を満たす行列 $U$ を**ユニタリ行列**と呼ぶ. ユニタリ行列は, 各行が大きさ 1 であり, 異なる行どうしが直交するような行列である. ここで考察した事実をまとめると, 次のようになる. エルミート行列 $A$ が相異なる $n$ 個の固有値をもつならば, 正規化した固有ベクトルを並べてできたユニタリ行列 $U$ によって, $A$ は (2.8) の形に対角化が可能である. さらに, $A$ の固有ベクトルは $\mathbb{C}^n$ の基底を張る. 実は, この性質は一般のエルミート行列について成立する. 命題としてまとめておこう (証明は, 後に述べる命題 2.8.2 の証明に含まれる).

**命題 2.2.1**　エルミート行列 $A \in \mathbb{C}^{n\times n}$ は, $U^*AU = \mathrm{diag}\,(\lambda_i)$ の形に対角化可能である. ここで, $\lambda_1, \ldots, \lambda_n$ は $A$ の固有値, $U$ はユニタリ行列であり, その第 $j$ 列は $\lambda_j$ に対応する固有ベクトル $\boldsymbol{u}_j$ である. とくに, $A$ の固有ベクトルは, 互いに直交し, $\mathbb{C}^n$ の基底となる. □

なお, $\mathbb{C}^n$ の基底 $\{\boldsymbol{v}_1, \ldots, \boldsymbol{v}_n\}$ について, 任意の 2 つの (異なる) ベクトルが直交するとき, これを**直交基底**という. さらに, 各ベクトルの長さが 1 のとき, **正規直交基底**という. 上の命題における $\{\boldsymbol{u}_1, \ldots, \boldsymbol{u}_n\}$ は, 正規直交基

底である．

エルミート行列 $A$ の固有値がすべて正のとき，$A$ は**正定値（正値）**であるといい，$A$ を**正定値（正値）エルミート行列**と呼ぶ．エルミート行列 $A$ が正定値であるための必要十分条件は，

$$\langle A\boldsymbol{x}, \boldsymbol{x}\rangle > 0 \qquad (\boldsymbol{x} \in \mathbb{C}^n, \boldsymbol{x} \neq \boldsymbol{0}) \tag{2.9}$$

が成り立つことである．なぜなら，任意の $\boldsymbol{x}(\neq \boldsymbol{0}) \in \mathbb{C}^n$ を，$A$ の固有ベクトル $\boldsymbol{v}_1, \ldots, \boldsymbol{v}_n$ を基底として，$\boldsymbol{x} = c_1\boldsymbol{v}_1 + \cdots + c_n\boldsymbol{v}_n$ と表現すると，直交性などを使って，$\langle A\boldsymbol{x}, \boldsymbol{x}\rangle = \lambda_1|c_1|^2 + \cdots + \lambda_n|c_n|^2$ を得る．したがって，$\lambda_1, \ldots, \lambda_n$ がすべて正ならば，(2.9) が成り立つ．一方，(2.9) が成り立つならば，$\boldsymbol{x} = \boldsymbol{v}_j$ と選ぶことで，対応する固有値 $\lambda_j$ が正であることがわかる．エルミート行列 $A$ の固有値がすべて非負のとき，$A$ を**半正定値（半正値）エルミート行列**と呼ぶ．エルミート行列 $A$ が半正値であるための必要十分条件が，

$$\langle A\boldsymbol{x}, \boldsymbol{x}\rangle \geq 0 \qquad (\boldsymbol{x} \in \mathbb{C}^n, \boldsymbol{x} \neq \boldsymbol{0}) \tag{2.10}$$

であることは，上と同様に確かめられる．

さて，一般の（エルミート性を仮定しない）$A \in \mathbb{C}^{n\times n}$ に対して，$B = A^*A$ と定義すると，

$$\langle B\boldsymbol{x}, \boldsymbol{y}\rangle = \langle A^*A\boldsymbol{x}, \boldsymbol{y}\rangle = \langle A\boldsymbol{x}, A\boldsymbol{y}\rangle = \langle \boldsymbol{x}, B\boldsymbol{y}\rangle$$

なので，$B$ はエルミート行列となる．さらに，

$$\langle B\boldsymbol{x}, \boldsymbol{x}\rangle = \langle A\boldsymbol{x}, A\boldsymbol{x}\rangle > 0 \quad (\boldsymbol{x} \in \mathbb{C}^n, A\boldsymbol{x} \neq \boldsymbol{0})$$

なので，$B$ は半正定値エルミート行列である．とくに，$A$ が正則ならば，$B$ は正定値エルミート行列である．$C = AA^*$ についても同様の事実が成り立つ．

$A \in \mathbb{C}^{n\times n}$ と $1 \leq k \leq n-1$ に対して，

$$A_k = \begin{pmatrix} a_{1,1} & \cdots & a_{1,k} \\ \vdots & \ddots & \vdots \\ a_{k,1} & \cdots & a_{k,k} \end{pmatrix} \tag{2.11}$$

を $k$ 次**首座小行列**という．以下では，表現の便宜上，$k = n$ の場合も，首座小

行列に含める．首座小行列の行列式を**首座小行列式**と呼ぶ．$A$ が正定値エルミート行列ならば，$A$ の任意の首座小行列も正定値エルミート行列となる（問題 2.2.7）．

$A \in \mathbb{R}^{n\times n}$ がエルミート行列のとき，$A$ を**実対称行列**と呼ぶ．実対称行列を扱う場合は，内積としては $\mathbb{R}^n$ のそれ，すなわち

$$\langle \boldsymbol{x}, \boldsymbol{y} \rangle = \boldsymbol{x} \cdot \boldsymbol{y} = \boldsymbol{y}^{\mathrm{T}} \boldsymbol{x} = \sum_{i=1}^{n} x_i y_i \qquad (\boldsymbol{x} = (x_i), \boldsymbol{y} = (y_i) \in \mathbb{R}^n)$$

を考えればよい．これは，実空間における次の内積の公理 (1)–(3) を満たす．

(1) $\langle \boldsymbol{x}, \boldsymbol{x} \rangle \geq 0$　$(\boldsymbol{x} \in \mathbb{R}^n)$. $\langle \boldsymbol{x}, \boldsymbol{x} \rangle = 0$ ならば $\boldsymbol{x} = \boldsymbol{0}$.

(2) $\langle \boldsymbol{x}, \boldsymbol{y} \rangle = \langle \boldsymbol{y}, \boldsymbol{x} \rangle$　　$(\boldsymbol{x}, \boldsymbol{y} \in \mathbb{R}^n)$.

(3) $\langle \boldsymbol{x} + \boldsymbol{y}, \boldsymbol{z} \rangle = \langle \boldsymbol{x}, \boldsymbol{z} \rangle + \langle \boldsymbol{y}, \boldsymbol{z} \rangle, \langle \alpha \boldsymbol{x}, \boldsymbol{y} \rangle = \alpha \langle \boldsymbol{x}, \boldsymbol{y} \rangle,$　　$(\boldsymbol{x}, \boldsymbol{y} \in \mathbb{R}^n, \alpha \in \mathbb{R})$.

**正定値実対称行列**および**半正定値実対称行列**の意味は自明であろう．また，$U \in \mathbb{R}^{n\times n}$ がユニタリ行列のとき，$U$ を**直交行列**と呼ぶ．すなわち，

$$U^{\mathrm{T}} U = I, \quad U U^{\mathrm{T}} = I \tag{2.12}$$

を満たす $U \in \mathbb{R}^{n\times n}$ を，直交行列という．

一般の $A \in \mathbb{R}^{n\times n}$ に対して，$A^{\mathrm{T}} A$ と $A A^{\mathrm{T}}$ が，半正定値実対称行列となることは，前と同様である．とくに，$A$ が正則なら，これらは正定値実対称行列である．

**【問題 2.2.2】** $A$ が正則ならば，$(A^*)^{-1} = (A^{-1})^*$ が成り立つことを示せ．

**【問題 2.2.3】** ユニタリ（直交）行列の逆行列はユニタリ（直交）行列であること，および，ユニタリ（直交）行列どうしの積はユニタリ（直交）行列となることを示せ．

**【問題 2.2.4】** 2 つの行列 $A, B$ に対して，$\lambda \neq 0$ が $AB$ の固有値ならば，$\lambda$ は $BA$ の固有値でもあることを示せ．

**【問題 2.2.5】** $A = (a_{i,j})$ が正定値エルミート行列のとき，次を示せ．

(i) $a_{i,i} > 0$　$(i = 1, \ldots, n)$.

(ii) $|a_{i,j}|^2 < a_{i,i} a_{j,j}$　$(i, j = 1, \ldots, n,\ i \neq j)$.

(iii) 絶対値最大の要素 $a_{i,j}$ は必ず対角要素である．

**【問題 2.2.6】** コーシー（Cauchy）–シュワルツ（Schwarz）の不等式 $|\langle \boldsymbol{x}, \boldsymbol{y} \rangle| \le \|\boldsymbol{x}\|_2 \|\boldsymbol{y}\|_2$ $(\boldsymbol{x}, \boldsymbol{y} \in \mathbb{C}^n)$ を示せ．

**【問題 2.2.7】** $A$ が正定値（半正定値）エルミート（実対称）行列ならば，$A$ の任意の首座小行列も正定値（半正定値）エルミート（実対称）行列となることを示せ．

**【問題 2.2.8】** $a_{i,i}$，$a_{i,i\pm1}$ $(1 \le i \le n)$ 以外の成分がすべて 0 であるような行列 $A = (a_{i,j}) \in \mathbb{C}^{n \times n}$ を**三重対角行列**と呼び，$A = \mathrm{tridiag}\,(a_{i,i-1}, a_i, a_{i,i+1})$ と書く．次で定義される三重対角行列

$$A = \mathrm{tridiag}\,(p, q, p) = \begin{pmatrix} q & p & & & \text{\huge 0} \\ p & \ddots & \ddots & & \\ & p & q & p & \\ & & \ddots & \ddots & p \\ \text{\huge 0} & & & p & q \end{pmatrix} \in \mathbb{C}^{n \times n}$$

の固有値と固有ベクトルを求めよ． □

**【問題 2.2.9】** $A \in \mathbb{C}^{n \times n}$ が，対角行列と相似であるとき，すなわち，$B = C^{-1}AC$ を満たす対角行列 $B$ と正則行列 $C$ が存在するとき，$A$ は対角化可能であるという．$A$ が対角化可能であるための必要十分条件は，$A$ の固有ベクトル $\{\boldsymbol{v}_1, \ldots, \boldsymbol{v}_n\}$ が（$n$ 本すべて）一次独立であることを示せ．

## 2.3 優対角行列と既約行列

$A = (a_{i,j}) \in \mathbb{C}^{n \times n}$ が，

$$|a_{i,i}| \ge \sum_{\substack{j=1 \\ j \ne i}}^{n} |a_{i,j}| \qquad (i = 1, \ldots, n) \tag{2.13}$$

を満たすとき，$A$ を**優対角（対角優位）行列** (diagonally dominant matrix) と呼ぶ．(2.13) において，（すべての $i$ で）$\ge$ の代わりに $>$ が成り立つ場合，$A$ を**狭義優対角（狭義対角優位）行列** (strictly diagonally dominant matrix) と呼ぶ．さらに，正の対角成分をもつ対角行列 $D = \mathrm{diag}\,(d_i)$ で，$AD$ が狭義優対角になるようなものが存在するとき，すなわち，

$$|a_{i,i}|d_i > \sum_{\substack{j=1 \\ j \neq i}}^{n} |a_{i,j}|d_j \qquad (i = 1, \ldots, n)$$

を満たす正数 $d_1, \ldots, d_n$ が存在するとき，$A$ を**一般化狭義優対角行列** (generalized strict diagonally dominant matrix) と呼ぶ．狭義優対角行列は，一般化狭義優対角行列である（$D = I$ と考える）．

【例 **2.3.1**】 2 つの行列

$$A_1 = \begin{pmatrix} 2 & -1 & 0 \\ -1 & 2 & -1 \\ 0 & -1 & 2 \end{pmatrix}, \qquad A_2 = \begin{pmatrix} 2 & -1 & 0 \\ 0 & 2 & -2 \\ 0 & 2 & -2 \end{pmatrix}$$

は，ともに優対角行列である．しかし，$A_1$ は一般化狭義優対角行列だが，$A_2$ はそうではない (問題 2.3.5)．そして，$A_1$ は正則，$A_2$ は非正則である． □

後で示すように，一般化狭義優対角行列は必ず正則となる．しかし，例 2.3.1 が示すように，優対角行列は，必ずしも正則になるとは限らず，さらなる条件が必要になる．狭義性はそのうちの 1 つである．もう 1 つの有用な概念に，次に述べる既約性がある．

$n \geq 2$ のとき $A = (a_{i,j})$ が**可約**であるとは，$\mathbb{N}_n = \{1, \ldots, n\}$ の真部分集合 $J(\neq \emptyset)$ で，$i \in J$ かつ $j \notin J$ ならば $a_{i,j} = 0$ となるものが存在するときをいう．$n = 1$ のときは，$A = O$ のときのみ可約という．可約でない行列を**既約**という．すなわち，$n \geq 2$ の際，$A$ が既約であることと，$\mathbb{N}_n$ の任意の真部分集合 $J(\neq \emptyset)$ と任意の $i \in J$ について，$a_{i,j} \neq 0$ を満たす $j \notin J$ が存在することは同値である．

【例 **2.3.2**】 次の行列は可約である．

$$A = \begin{pmatrix} 4 & 5 & 0 & 1 & 1 \\ 0 & 1 & 0 & 3 & 2 \\ 1 & 0 & 3 & 2 & 4 \\ 0 & 0 & 0 & 1 & 3 \\ 0 & 2 & 0 & 0 & 4 \end{pmatrix}$$

実際，$J = \{2, 4, 5\}$ とすればよい． □

$A = (a_{i,j})$ が**既約優対角（既約対角優位）行列** (irreducibly diagonally dominant matrix) であるとは，

$$A \text{ は既約であり，かつ優対角行列,} \tag{2.14}$$

$$\text{少なくとも 1 つの } k \in \mathbb{N}_n \text{ で狭義不等式 } |a_{k,k}| > \sum_{j \neq k} |a_{k,j}| \text{ が成立} \tag{2.15}$$

の**2つが同時に成り立つとき**をいう．既約優対角行列という言葉から直接に想像される (2.14) のみでなく，(2.15) も条件として要請されていることに注意しなければならない．次の命題は基本的であり応用上も相当に重要であるが，通常，線形代数学の講義の中では扱われない．

**命題 2.3.3** 一般化狭義優対角行列と既約優対角行列は正則である． □

**証明** $A$ が既約優対角行列の場合を背理法で示そう（一般化狭義優対角行列の場合は問題 2.3.6）．$A$ が正則でないと仮定すると，$A\boldsymbol{x} = \boldsymbol{0}$ となる $\boldsymbol{x} = (x_i) \neq \boldsymbol{0}$ が存在する．$J = \left\{ k \in \mathbb{N}_n \mid |x_k| = \max_{1 \le i \le n} |x_i| \right\}$ とおいて，$J = \mathbb{N}_n$ と $J \subsetneq \mathbb{N}_n (\Leftrightarrow J \subset \mathbb{N}_n$ かつ $J \neq \mathbb{N}_n)$ で場合を分ける．

1) $J = \mathbb{N}_n$ の場合．このとき，$|x_1| = \cdots = |x_n| (\neq 0)$ である．$A\boldsymbol{x} = \boldsymbol{0}$ の第 $i$ 成分は，$a_{i,i}x_i + \sum_{j \neq i} a_{i,j}x_j = 0$ なので，したがって，

$$|a_{i,i}| \cdot |x_i| = |a_{i,i}x_i| = \left| \sum_{j \neq i} a_{i,j}x_j \right| \le \sum_{j \neq i} |a_{i,j}| \cdot |x_j| = |x_i| \sum_{j \neq i} |a_{i,j}|.$$

$i \in \mathbb{N}_n$ は任意であったので，これは，(2.15) に矛盾する．

2) $J \subsetneq \mathbb{N}_n$ の場合．$k \in J$ を任意に固定する．$A\boldsymbol{x} = \boldsymbol{0}$ の第 $k$ 成分を考えることにより，

$$|a_{k,k}| \le \sum_{j \neq k} |a_{k,j}| \frac{|x_j|}{|x_k|} \tag{2.16}$$

を得る．$j \in J$ のときは，$|x_j|/|x_k| = 1$，一方で，$j \notin J$ のときは，$|x_j|/|x_k| < 1$ である．したがって，$j \notin J$ のとき，$a_{k,j} \neq 0$ とすると，(2.16) が狭義の不等号 ($<$) で成立することになり，$A$ の優対角性に反する．ゆえに，$j \notin J$ ならば，$a_{k,j} = 0$ でなければならない．ところが，これは $A$ が可約であることを意味し，$A$ の既約性に矛盾する． ■

**注意 2.3.4**　あとから，命題 3.2.21 で述べるように，次の**符号条件**

$$a_{i,i} > 0, \quad a_{i,j} \leq 0 \qquad (1 \leq i, j \leq n,\ j \neq i) \tag{2.17}$$

を満たす既約優対角行列は一般化狭義優対角行列になる．□

**【問題 2.3.5】**　例 2.3.1 において，$A_1$ は一般化狭義優対角行列であるが，$A_2$ はそうでないことを示せ．

**【問題 2.3.6】**　一般化狭義優対角行列が正則であることを示せ．

**【問題 2.3.7】**　正則な優対角行列と，一般化狭義優対角行列の対角成分は非零であることを示せ．さらに，一般化狭義優対角行列の任意の首座小行列 (2.11) は，再び一般化狭義優対角行列となることを示せ．

**【問題 2.3.8】**　正則な優対角行列 $A \in \mathbb{C}^{n\times n}$ の対角成分がすべて正ならば，$A$ の固有値の実部は必ず正となることを示せ（したがって，さらに，$A$ がエルミート行列ならば，これは正定値となる）．

## 2.4　ガウスの消去法

連立一次方程式

$$A\boldsymbol{x} = \boldsymbol{b} \qquad \Leftrightarrow \qquad \sum_{j=1}^{n} a_{i,j} x_j = b_i \quad (1 \leq i \leq n) \tag{2.18}$$

の解法の中でもっとも基本的であり，応用上も重要なものは**ガウス**（Gauss）**の消去法** (Gaussian elimination) である．ここで，$A = (a_{i,j}) \in \mathbb{R}^{n\times n}$ は係数行列，$\boldsymbol{b} = (b_i) \in \mathbb{R}^n$ は右辺ベクトル，$\boldsymbol{x} = (x_i) \in \mathbb{R}^n$ は解ベクトル（あるいは単に解）である．

ガウスの消去法では，$A$ と $\boldsymbol{b}$ に（行に関する）基本変形

(1) 第 $i$ 行と第 $j$ 行を交換する

(2) 第 $i$ 行を $\alpha$ 倍する

(3) 第 $i$ 行の $\alpha$ 倍を第 $j$ 行に加える

を施すことによって，方程式 (2.18) を

$$U\boldsymbol{x} = \boldsymbol{c} \quad \Leftrightarrow \quad \begin{pmatrix} u_{1,1} & u_{1,2} & \cdots & u_{1,n} \\ & u_{2,2} & \cdots & u_{2,n} \\ & & \ddots & \vdots \\ \text{\huge 0} & & & u_{n,n} \end{pmatrix} \begin{pmatrix} x_1 \\ x_2 \\ \vdots \\ x_n \end{pmatrix} = \begin{pmatrix} c_1 \\ c_2 \\ \vdots \\ c_n \end{pmatrix}$$

の形に変形する．この過程を**前進消去**と呼ぶ．基本変形によって，係数行列の正則性は損なわれないことに注意すること（2.5 節）．ひとたびこのような形に変形ができたなら，解を求めるのは容易になる．すなわち，一変数の一次方程式を下から順に解いて，

$$x_n = \frac{1}{u_{n,n}} c_n, \quad \ldots, \quad x_1 = \frac{1}{u_{1,1}} \left( c_1 - \sum_{j=2}^{n} u_{1,j} x_j \right)$$

とすればよい．この過程を**後退代入**という．

前進消去の過程をもう少しくわしくみるために，$A^{(1)} = (a_{i,j}^{(1)}) = A$, $\boldsymbol{b}^{(1)} = (b_i^{(1)}) = \boldsymbol{b}$ とおき，前進消去の第 1 段，すなわち，$a_{1,1}^{(1)}$ の下にある成分を 0 に変形する過程を経て，

$$\underbrace{\begin{pmatrix} a_{1,1}^{(1)} & a_{1,2}^{(1)} & \cdots & a_{1,n}^{(1)} \\ 0 & a_{2,2}^{(2)} & \cdots & a_{2,n}^{(2)} \\ \vdots & \vdots & \ddots & \vdots \\ 0 & a_{n,2}^{(2)} & \cdots & a_{n,n}^{(2)} \end{pmatrix}}_{=A^{(2)}} \begin{pmatrix} x_1 \\ x_2 \\ \vdots \\ x_n \end{pmatrix} = \underbrace{\begin{pmatrix} b_1^{(1)} \\ b_2^{(2)} \\ \vdots \\ b_n^{(2)} \end{pmatrix}}_{=\boldsymbol{b}^{(2)}}$$

と変形したとしよう．具体的には，

$$a_{i,j}^{(2)} = a_{i,j}^{(1)} - \frac{a_{i,1}^{(1)}}{a_{1,1}^{(1)}} a_{1,j}^{(1)} \quad (i = 2, \ldots, n, \ j = 2, \ldots, n),$$

$$b_i^{(2)} = b_i^{(1)} - \frac{a_{i,1}^{(1)}}{a_{1,1}^{(1)}} b_1^{(1)} \quad (i = 2, \ldots, n)$$

という関係がある．そして，前進消去の第 2 段では，$a_{2,2}^{(2)}$ の下にある成分を 0 に変形する．このように変形を続けていくと，前進消去の第 $k$ 段では，$A^{(k)} = (a_{i,j}^{(k)}), \boldsymbol{b}^{(k)} = (b_i^{(k)})$ から $A^{(k+1)}, \boldsymbol{b}^{(k+1)}$ を，

$$a_{i,j}^{(k+1)} = a_{i,j}^{(k)} - \frac{a_{i,k}^{(k)}}{a_{k,k}^{(k)}} a_{k,j}^{(k)} \quad (i = k+1, \ldots, n,\ j = k+1, \ldots, n), \tag{2.19}$$

$$b_i^{(k+1)} = b_i^{(k)} - \frac{a_{i,k}^{(k)}}{a_{k,k}^{(k)}} b_k^{(k)} \quad (i = k+1, \ldots, n) \tag{2.20}$$

にしたがって計算する．ただし，

$$a_{i,j}^{(k+1)} = a_{i,j}^{(k)} \qquad (i = k,\ j = k, \ldots, n)$$

としておく．第 $n-1$ 段の消去の後に，最終的に得られる $A^{(n)}$ は，

$$A^{(n)} = \begin{pmatrix} a_{1,1}^{(1)} & a_{1,2}^{(1)} & \cdots & \cdots & a_{1,n}^{(1)} \\ & a_{2,2}^{(2)} & \cdots & \cdots & a_{2,n}^{(2)} \\ & & a_{3,3}^{(3)} & \cdots & \vdots \\ & & & \ddots & \vdots \\ \mathbf{0} & & & & a_{n,n}^{(n)} \end{pmatrix} \tag{2.21}$$

となり，これは上で $U$ と書いた行列に他ならない．

ただし，ここまでの議論では，第 $k$ 段の前進消去において $a_{k,k}^{(k)} \neq 0$ が仮定されており，そうでない場合には，行の交換が必要である．もちろん，行の交換が必要になるか否かは，一般には，計算の前にはわからない．しかし，次の定理で述べるように，行の交換を必要としないような係数行列 $A$ の必要十分条件は知られている．なお，この $a_{k,k}^{(k)}$ のことを**ピボット**（**枢軸**，pivot）と呼ぶ．

**定理 2.4.1**　$A \in \mathbb{R}^{n\times n}$ を係数行列とする連立一次方程式にガウスの消去法を適用した際に，

$$a_{1,1}^{(1)} \neq 0, \quad a_{2,2}^{(2)} \neq 0, \quad \ldots, \quad a_{n,n}^{(n)} \neq 0 \tag{2.22}$$

が成り立つための必要十分条件は，$A$ のすべての首座小行列 (2.11) が正則であることである．　□

**証明**　まず，$A_1 = (a_{1,1}) = (a_{1,1}^{(1)})$ なので，$a_{1,1}^{(1)} \neq 0$ と $A_1$ が正則であること

は同値である．次に，

$$a_{1,1}^{(1)} \neq 0, \quad \ldots, \quad a_{l,l}^{(l)} \neq 0 \quad \Leftrightarrow \quad A_1, \ldots, A_l\text{が正則} \tag{2.23}$$

という命題を考える．(2.23) が，$l = 1, \ldots, k$ $(1 \leq k \leq n-1)$ に対して成立すると仮定したとき，$l = k+1$ の場合にも成立することを確かめれば，帰納法により，定理の主張が証明できることになる．

第 $k-1$ 段の消去の後には，係数行列は

$$A^{(k)} = \begin{pmatrix} a_{1,1}^{(1)} & a_{1,2}^{(1)} & \cdots & \cdots & \cdots & a_{1,n}^{(1)} \\ & \ddots & & & & \vdots \\ & & a_{k,k}^{(k)} & a_{k,k+1}^{(k)} & \cdots & a_{k,n}^{(k)} \\ & & a_{k+1,k}^{(k)} & a_{k+1,k+1}^{(k)} & \cdots & a_{k+1,n}^{(k)} \\ & & \vdots & & \ddots & \vdots \\ \mathbf{0} & & a_{n,k}^{(k)} & a_{n,k+1}^{(k)} & \cdots & a_{n,n}^{(k)} \end{pmatrix}$$

と変形されている．$1 \leq m \leq n$ とすると，$A^{(k)}$ の $m$ 次の首座小行列 $(A^{(k)})_m$ は，$A$ の $m$ 次の首座小行列 $A_m$ にガウスの消去法を適用して，第 $k-1$ 段の消去後に得られる行列と同じである．すなわち，$(A^{(k)})_m = (A_m)^{(k)}$ であるから，これを，$A_m^{(k)}$ と表記する．ただし，$m \leq k$ のときは，$A_m^{(k)} = A_m^{(m)}$ である．消去法の変形によって係数行列の正則性は損なわれないので，$A_m^{(k)}$ が正則であることと，$A_m$ が正則であることは同値である．さて，$1 \leq k \leq n-1$ として，(2.23) が，$l = 1, \ldots, k$ に対して成立すると仮定しよう．そして，第 $k$ 段の消去を行って，$a_{k+1,k+1}^{(k+1)}$ を算出したいが，それには $A_{k+1}^{(k)}$ に着目すればよい．いま，

$$A_k^{(k)} = \begin{pmatrix} A_{k-1}^{(k)} & \cdots \\ \mathbf{0}^{\mathrm{T}} & a_{k,k}^{(k)} \end{pmatrix}, \quad A_{k+1}^{(k)} = \begin{pmatrix} A_{k-1}^{(k)} & \cdots & \cdots \\ & a_{k,k}^{(k)} & a_{k,k+1}^{(k)} \\ \mathbf{0} & a_{k+1,k}^{(k)} & a_{k+1,k+1}^{(k)} \end{pmatrix}$$

であるから，

$$\begin{aligned} \det A_k^{(k)} &= \det A_{k-1}^{(k)} \cdot a_{k,k}^{(k)}, \\ \det A_{k+1}^{(k)} &= \det A_{k-1}^{(k)} \cdot \left[ a_{k,k}^{(k)} a_{k+1,k+1}^{(k)} - a_{k,k+1}^{(k)} a_{k+1,k}^{(k)} \right] \end{aligned}$$

と計算できる（問題 2.1.2）．したがって，(2.19) も使うと，

$$\det A_{k+1}^{(k)} = \det A_k^{(k)} \cdot a_{k+1,k+1}^{(k+1)}.$$

すなわち，$\det A_{k+1} \neq 0 \Leftrightarrow \det A_{k+1}^{(k)} \neq 0 \Leftrightarrow a_{k+1,k+1}^{(k+1)} \neq 0$ であり，帰納法の仮定の下で，(2.23) が，$l = k+1$ のときも成立することが確かめられた． ■

この定理と問題 2.2.7，問題 2.3.7 および注意 2.3.4（命題 3.2.21）の結果を組み合わせれば，次の定理を得ることができる．

**定理 2.4.2**　$A \in \mathbb{R}^{n \times n}$ が，正定値実対称，一般化狭義優対角，あるいは符号条件 (2.17) を満たす正則な優対角行列のいずれかならば，連立一次方程式 (2.18) に対するガウスの消去法は，(2.22) を満たす． □

次に，(2.22) を仮定せず，一般の正則行列 $A$ に対してガウスの消去法を適用することを考える．この場合，$a_{k,k}^{(k)} = 0$ となった際に，行の交換が必要になるが，数値計算の観点からは，これだけでは不十分である．まずは，ステワート (Stewart) による，次の例を検討してみよう．

**【例 2.4.3】**　方程式

$$\left\{ \begin{array}{rcrcrcr} 0.001x_1 & + & 2.000x_2 & + & 3.000x_3 & = & 5.001 \\ -1.000x_1 & + & 3.712x_2 & + & 4.623x_3 & = & 7.335 \\ -2.000x_1 & + & 1.072x_2 & + & 5.643x_3 & = & 4.715 \end{array} \right.$$

の解は，$x_1 = x_2 = x_3 = 1$ である．これを，10 進 4 桁，四捨五入で，数値的に計算してみよう．前進消去は，

$$\begin{pmatrix} 0.001 & 2.000 & 3.000 & 5.001 \\ -1.000 & 3.712 & 4.623 & 7.335 \\ -2.000 & 1.072 & 5.643 & 4.715 \end{pmatrix} \begin{array}{l} \urcorner\times 1000 \quad \urcorner\times 2000 \\ \hookleftarrow + \\ \longleftarrow + \end{array}$$

$$\longrightarrow \begin{pmatrix} 0.001 & 2.000 & 3.000 & 5.001 \\ 0 & 2004 & 3005 & 5008 \\ 0 & 4001 & 6006 & 1.000 \cdot 10^4 \end{pmatrix} \begin{array}{l} \\ \urcorner\times(-1.997) \\ \hookleftarrow + \end{array}$$

$$\longrightarrow \begin{pmatrix} 0.001 & 2.000 & 3.000 & 5.001 \\ 0 & 2004 & 3005 & 5008 \\ 0 & 0 & 5.000 & 0.0000 \end{pmatrix}$$

となる．そして，後退代入は，$x_3 = 0.000$，$x_2 = 2.499$，$x_1 = 3.000$ となり，近似解として許容できないような数値が得られる．この計算は前進消去の第 1 段に問題がある．すなわち，この際のピボット 0.001 の逆数は，他の成分と比較して相当に大きい．したがって，第 1 段の消去後の 2 行目と 3 行目においては，1 行目からきた数値の影響力が大きく，もとからあった数値がほとんど反映されていない．たとえば，第 $(2,2)$ 成分は $3.712 + 2000 = 2004$ と計算されており，もともとの 3.712 のもっている桁が 3 つ無視されている（情報落ち）．そして，その情報落ちで得られた数値を使って，第 2 段消去を行ったため，第 $(3,3)$，$(3,4)$ 成分ともに桁落ちがおこっている．結果的に，その情報落ち，桁落ちを含んだ結果を用いて，後退代入を行い，まったく見当違いの解を算出したわけである．

次に，このような問題を避けるため，できるだけ大きなピボットを使って，第 1 段消去を行うことを考えよう．それには，第 1 行目と第 3 行目を交換しておけばよい．そうすると，

$$
\begin{pmatrix} -2.000 & 1.072 & 5.643 & 4.715 \\ -1.000 & 3.712 & 4.623 & 7.335 \\ 0.001 & 2.000 & 3.000 & 5.001 \end{pmatrix}
\begin{array}{l} \times(-0.5000) \ \ \times(-5.000\cdot 10^{-4}) \\ + \ (\text{2 行目}) \\ + \ (\text{3 行目}) \end{array}
$$

$$
\longrightarrow \begin{pmatrix} -2.000 & 1.072 & 5.643 & 4.715 \\ 0 & 3.176 & 1.801 & 4.977 \\ 0 & 2.001 & 3.003 & 5.003 \end{pmatrix}
\begin{array}{l} \\ \times(-0.6300) \\ + \end{array}
$$

$$
\longrightarrow \begin{pmatrix} -2.000 & 1.072 & 5.643 & 4.715 \\ 0 & 3.176 & 1.801 & 4.977 \\ 0 & 0 & 1.868 & 1.867 \end{pmatrix}.
$$

これで，後退代入を行うと，$x_3 = 0.9995$，$x_2 = 1.000$，$x_1 = 0.9985$ となる．相対誤差がもっとも大きいのは $x_3$ で，$|x_3 - 1|/1 \approx 1.5 \times 10^{-3}$ だが，4 桁で計算していることを考えれば，妥当である． □

この例を教訓にすると，$a_{k,k}^{(k)} \neq 0$ であっても，次のように行の交換を行うことが推奨される．

**部分ピボット選択** (partial pivoting)：第 $k$ 段の前進消去の前に，

$$|a_{p_k,k}^{(k)}| = \max_{k \leq i \leq n} |a_{i,k}^{(k)}| \tag{2.24}$$

を満たす $p_k$ $(k \le p_k \le n)$ を探して，第 $p_k$ 行と第 $k$ 行を交換する（$p_k$ が 2 つ以上ある場合には，番号の若い方を選択することにする）．このようにすると，(2.19) や (2.20) は，

$$
\begin{aligned}
a_{i,j}^{(k+1)} &= a_{i,j}^{(k)} - \frac{a_{i,k}^{(k)}}{a_{p_k,k}^{(k)}} a_{p_k,j}^{(k)} \quad (i = k+1, \ldots, n,\ j = k+1, \ldots, n), \\
b_i^{(k+1)} &= b_i^{(k)} - \frac{a_{i,k}^{(k)}}{a_{p_k,k}^{(k)}} b_{p_k}^{(k)} \quad (i = k+1, \ldots, n)
\end{aligned}
$$

となるが，定義により $|a_{i,k}^{(k)}/a_{p_k,k}^{(k)}| \le 1$ なので，例 2.4.3 のような問題が生じる可能性を減らすことができるのである．

**注意 2.4.4**　実際には，方程式にそのまま部分ピボット選択付きのガウスの消去法を適用するのではなく，適当な対角行列 $S$ を方程式の両辺に掛けて，$SA\boldsymbol{x} = S\boldsymbol{b}$ と変形してから適用した方がよい．この操作を**スケーリング**，$S$ を**スケーリング行列**と呼ぶ．どのようにして $S$ を決めるのかは，いろいろな流儀があり，問題に応じて選ぶほかない．くわしくは，杉原・室田[15, §2.3] をみよ．単純なスケーリングを問題 2.4.5 で扱う．　□

**【問題 2.4.5】**　$A = (a_{i,j})$ に対して，$\theta_i = \max_{1 \le j \le n} |a_{i,j}|$ として，スケーリング行列を $S = \mathrm{diag}\,(1/\theta_i)$ と定義する．例 2.4.3 で扱った方程式を，$S$ でスケーリングを行った後で，10 進 4 桁，四捨五入で数値的に計算せよ．

## 2.5　LU 分解とコレスキー分解

引き続き，連立一次方程式 (2.18) とそのガウスの消去法を考察する．（行に関する）基本変形は，係数行列（と右辺ベクトル）に左側から基本行列（置換行列）を掛ける操作として表現できる．これにより，以下でくわしく述べるように，ガウスの消去法の計算過程は，係数行列 $A$ を上三角行列 $(= U = A^{(n)})$ と下三角行列（= 基本行列の積）に分解することと同値であることが導かれる．数学的には，単なる言い換えにすぎないが，数値計算の観点からは，プログラミング向きの表現が得られることや有利なアルゴリズムが設計できるなどの多くの利点がある．

この事実をくわしく述べるためには，**フロベニウス**（Frobenius）**行列**

$F_k \in \mathbb{R}^{n\times n}$ $(1 \le k \le n)$ を定義しておくと便利である．これは，

$$\boldsymbol{f}_k = (\underbrace{0,\ \ldots,\ 0}_{k\text{ 個}},\ f_{k+1,k},\ \ldots,\ f_{n,k})^{\mathrm{T}} \in \mathbb{R}^n \tag{2.25}$$

の形のベクトルに対して，

$$F_k = I - \boldsymbol{f}_k\boldsymbol{e}_k^{\mathrm{T}} = \begin{pmatrix} 1 & & & & & \boldsymbol{0} \\ & \ddots & & & & \\ & & 1 & & & \\ & & -f_{k+1,k} & \ddots & & \\ & & \vdots & & \ddots & \\ \boldsymbol{0} & & -f_{n,k} & & & 1 \end{pmatrix} \tag{2.26}$$

で定義されるものである．フロベニウス行列の逆行列は，

$$F_k^{-1} = I + \boldsymbol{f}_k\boldsymbol{e}_k^{\mathrm{T}} = \begin{pmatrix} 1 & & & & & \boldsymbol{0} \\ & \ddots & & & & \\ & & 1 & & & \\ & & f_{k+1,k} & \ddots & & \\ & & \vdots & & \ddots & \\ \boldsymbol{0} & & f_{n,k} & & & 1 \end{pmatrix} \tag{2.27}$$

である．これは，$\boldsymbol{e}_k^{\mathrm{T}}\boldsymbol{f}_k = 0$ を用いて，

$$(I + \boldsymbol{f}_k\boldsymbol{e}_k^{\mathrm{T}})(I - \boldsymbol{f}_k\boldsymbol{e}_k^{\mathrm{T}}) = I + \boldsymbol{f}_k\boldsymbol{e}_k^{\mathrm{T}} - \boldsymbol{f}_k\boldsymbol{e}_k^{\mathrm{T}} - \boldsymbol{f}_k(\boldsymbol{e}_k^{\mathrm{T}}\boldsymbol{f}_k)\boldsymbol{e}_k^{\mathrm{T}} = I$$

と確かめられる．また，

$$F_1^{-1}\cdots F_{n-1}^{-1} = \begin{pmatrix} 1 & & & & \boldsymbol{0} \\ f_{2,1} & 1 & & & \\ \vdots & f_{3,2} & 1 & & \\ \vdots & \vdots & \ddots & \ddots & \\ f_{n,1} & f_{n,2} & \cdots & f_{n,n-1} & 1 \end{pmatrix} \tag{2.28}$$

が成り立つことも，すぐに確かめられる．まず，$1 \le k \le n-2$ に対して，

$$F_1^{-1} \cdots F_k^{-1} = I + \sum_{j=1}^{k} \boldsymbol{f}_j \boldsymbol{e}_j^{\mathrm{T}} \tag{2.29}$$

の成立を仮定する．このとき，$1 \le j \le k$ ならば $\boldsymbol{e}_j^{\mathrm{T}} \boldsymbol{f}_{k+1} = 0$ なので，

$$\begin{aligned} F_1^{-1} \cdots F_{k+1}^{-1} &= \left( I + \sum_{j=1}^{k} \boldsymbol{f}_j \boldsymbol{e}_j^{\mathrm{T}} \right) \left( I + \boldsymbol{f}_{k+1} \boldsymbol{e}_{k+1}^{\mathrm{T}} \right) \\ &= I + \boldsymbol{f}_{k+1} \boldsymbol{e}_{k+1}^{\mathrm{T}} + \sum_{j=1}^{k} \boldsymbol{f}_j \boldsymbol{e}_j^{\mathrm{T}} + \sum_{j=1}^{k} \boldsymbol{f}_j (\boldsymbol{e}_j^{\mathrm{T}} \boldsymbol{f}_{k+1}) \boldsymbol{e}_{k+1}^{\mathrm{T}} \\ &= I + \sum_{j=1}^{k+1} \boldsymbol{f}_j \boldsymbol{e}_j^{\mathrm{T}} \end{aligned}$$

となり，(2.29) は $k+1$ のときも成立する．一方で，(2.29) は $k=1$ の際に明らかに成立しているので，帰納法により (2.28) が示された．さらに，任意の $\boldsymbol{a}_1, \ldots, \boldsymbol{a}_n \in \mathbb{R}^n$ に対して，

$$F_k \begin{pmatrix} \boldsymbol{a}_1^{\mathrm{T}} \\ \vdots \\ \boldsymbol{a}_n^{\mathrm{T}} \end{pmatrix} = \begin{pmatrix} \boldsymbol{a}_1^{\mathrm{T}} \\ \vdots \\ \boldsymbol{a}_k^{\mathrm{T}} \\ \boldsymbol{a}_{k+1}^{\mathrm{T}} - f_{k+1,k} \boldsymbol{a}_k^{\mathrm{T}} \\ \vdots \\ \boldsymbol{a}_n^{\mathrm{T}} - f_{n,k} \boldsymbol{a}_k^{\mathrm{T}} \end{pmatrix} \tag{2.30}$$

も成立する．

さて，ガウスの消去法に話を戻す．(2.30) の関係により，前進消去の第 $k$ 段の操作は行の交換が必要ない場合には，

$$A^{(k+1)} = F_k A^{(k)} \tag{2.31}$$

と表現できる．ただし，$F_k$ は，成分が

$$\boldsymbol{f}_k = (0, \ldots, 0,\ f_{k+1,k},\ \ldots,\ f_{n,k})^{\mathrm{T}}, \qquad f_{i,k} = \frac{a_{i,k}^{(k)}}{a_{k,k}^{(k)}} \tag{2.32}$$

で定義されるベクトルに対応するフロベニウス行列である．したがって，(2.22) が成立するならば，これを続けて，

$$A^{(n)} = F_{n-1} \cdots F_1 A \quad \Leftrightarrow \quad A = F_1^{-1} \cdots F_{n-1}^{-1} A^{(n)} \tag{2.33}$$

となる．ここで，$U = A^{(n)}$ とおくと，これは上三角行列であり，$L = F_1^{-1} \cdots F_{n-1}^{-1}$ とおくと，(2.28) により，これは単位下三角行列となる．このことを定理の形にまとめておこう．

**定理 2.5.1**（**LU 分解** (LU factorization, LU decomposition), **I**） $A \in \mathbb{R}^{n \times n}$ について(2.22) が成立するならば，$A$ は $A = LU$ の形に一意に分解できる．ただし，$U = A^{(n)}$ はガウスの消去法の前進消去で得られる上三角行列，$L$ は (2.28) と (2.32) で定義される単位下三角行列である． □

**証明** 分解が可能であることはすでに述べたので，一意性を確かめる．いま，$A$ が $A = LU$，$A = L'U'$ と 2 通りに分解できたとすると，$(L')^{-1}L = U'U^{-1}$ となる．ここで，$(L')^{-1}$ は単位下三角行列，$U^{-1}$ は上三角行列であるから (問題 2.1.1)，$(L')^{-1}L = U'U^{-1} = I$ でなければならない．ゆえに，$L = L'$ かつ $U = U'$ が示せた． ■

この定理より，仮定 (2.22) の下では，連立一次方程式 $A\boldsymbol{x} = \boldsymbol{b}$ は，

$$LU\boldsymbol{x} = \boldsymbol{b} \quad \Leftrightarrow \quad \begin{cases} U\boldsymbol{x} = \boldsymbol{c} \\ L\boldsymbol{c} = \boldsymbol{b} \end{cases}$$

と同値であり，したがって，ガウスの消去法の過程は次の 3 つの部分に分けられる．

(1) **LU 分解．** $A$ を $A = LU = (m_{i,j})(u_{i,j})$ の形に分解する．

(2) **前進消去．** $L\boldsymbol{c} = \boldsymbol{b} = (b_i)$ を解いて $\boldsymbol{c} = (c_i)$ を求める；

$$c_1 = b_1, \qquad c_k = b_k - \sum_{i=1}^{k-1} m_{k,i} c_i \quad (k = 2, \ldots, n).$$

(3) **後退代入．** $U\boldsymbol{x} = \boldsymbol{c}$ を解いて $\boldsymbol{x} = (x_i)$ を求める；

$$x_n = \frac{c_n}{u_{n,n}}, \qquad x_k = \frac{1}{u_{k,k}} \left( c_k - \sum_{j=k+1}^{n} u_{k,j} c_j \right) \quad (k = n-1, \ldots, 1).$$

**注意 2.5.2**　LU 分解に基づいた連立一次方程式の解法のそれぞれの部分で必要とされる乗除算回数を数えてみると次のようになる．

(1) **LU 分解.** $\displaystyle\sum_{k=1}^{n-1}(n-k+1)(n-k)=\frac{1}{3}n(n-1)(n+1)\sim\frac{1}{3}n^3.$

(2) **前進消去.** $\displaystyle\sum_{k=2}^{n}(k-1)=\frac{1}{2}n(n-1)\sim\frac{1}{2}n^2.$

(3) **後退代入.** $\displaystyle\sum_{k=1}^{n}\{1+(n-k)\}=\frac{1}{2}n(n+1)\sim\frac{1}{2}n^2.$

ここで，一般に，$a_n$ と $b_n$ に対して，$\displaystyle\lim_{n\to\infty}(a_n/b_n)=1$ となることを，$a_n\sim b_n$ と書いている．したがって，$A\boldsymbol{x}=\boldsymbol{b}$ をガウスの消去法で解くのに要する乗除算の回数は，おおよそ $n^3/3+n^2\sim n^3/3$ となる．□

**注意 2.5.3**　$A\boldsymbol{x}^{(l)}=\boldsymbol{b}^{(l)}$ $(l=1,2,\ldots,m)$ を解くという問題を考えよう．とくに，$\boldsymbol{b}^{(l)}$ が，$\boldsymbol{b}^{(l-1)}$ と $\boldsymbol{x}^{(l-1)}$ から定義されることを想定する（もちろん，$\boldsymbol{b}^{(1)}$ は与えられる）．したがって，計算を並列的に行うことはできず，逐次的にしなければならない．このとき，各 $l$ に対して，ガウスの消去法で解を求めると，すべての計算を終えるのに必要な乗除算の回数は $mn^3/3$ となる．一方で，LU 分解をはじめに 1 回だけ行い，各 $l$ に対しては，算出された $L$ と $U$ を用いて前進消去，後退代入のみを行うと，全体では，$n^3/3+mn^2$ 回程度の乗除算を行うことになる．この差は $m$ が十分に大きいとき，たとえば $m\sim n$ の際には深刻である．実際，$\dfrac{n\cdot n^3/3}{n^3/3+n\cdot n^2}\sim\dfrac{n}{4}$ であり，$n/4$ 倍もの差が生じてしまうのである．□

次に，対称行列 $A\in\mathbb{R}^{n\times n}$ に対する LU 分解をもう少しくわしく調べておこう．しばらく，(2.22) を仮定しておく．このとき，定理 2.5.1 に述べたように，$A=LU$ と分解できるが，上三角行列 $U$ はさらに $U=DV$ と分解できる．ここで，$D=\mathrm{diag}\left(a_{i,i}^{(i)}\right)$，また，

$$V=\begin{pmatrix}1 & v_{1,2} & \cdots & v_{1,n}\\ & 1 & \cdots & v_{2,n}\\ & & \ddots & \vdots\\ \text{\huge 0} & & & 1\end{pmatrix},\qquad v_{i,j}=\frac{a_{i,j}^{(i)}}{a_{i,i}^{(i)}}$$

とおいている．

はじめに，前進消去の第 $k$ 段を行った後に得られる小行列 $\tilde{A}^{(k+1)} = (a_{i,j}^{(k+1)})_{k+1 \le i,j \le n}$ が再び対称行列となることを示そう．$a_{i,j} = a_{j,i}$ であるから，(2.19) より，

$$a_{j,i}^{(2)} = a_{j,i} - \frac{a_{j,1}}{a_{1,1}} a_{1,i} = a_{i,j} - \frac{a_{i,1}}{a_{1,1}} a_{1,j} = a_{i,j}^{(2)} \quad (i, j = 2, \ldots, n)$$

となり，これは $\tilde{A}^{(2)}$ が対称であることを意味している．まったく同様に，$\tilde{A}^{(k+1)}$ も対称である．これより，

$$v_{i,j} = \frac{a_{i,j}^{(i)}}{a_{i,i}^{(i)}} = \frac{a_{j,i}^{(i)}}{a_{i,i}^{(i)}} = f_{j,i}$$

が成り立つことがわかる．ただし，$f_{i,j}$ は (2.32) で定義したものであり，$L$ の第 $(i,j)$ 成分を表す．したがって，$V = L^{\mathrm{T}}$ を得る．このことを定理にまとめておこう．

**定理 2.5.4**（$LDL^{\mathrm{T}}$ 分解） 実対称行列 $A \in \mathbb{R}^{n \times n}$ は，仮定 (2.22) の下で，$A = LDL^{\mathrm{T}}$ の形に一意に分解可能である．ただし，$D = \mathrm{diag}\left(a_{i,i}^{(i)}\right)$ であり，$L$ は定理 2.5.1 と同じ単位下三角行列である． □

実対称行列 $A$ が正定値であるなら，定理 2.4.2 により，(2.22) は自動的に満たされ，加えて，上で定義した $\tilde{A}^{(k)}$ は正定値実対称行列となることが保証される．とくに，$a_{i,i}^{(i)} > 0$ である（問題 2.2.5）．したがって，$M = \mathrm{diag}\left(\sqrt{a_{i,i}^{(i)}}\right)$ と定義して，$S = LM$ を考えると，

$$SS^{\mathrm{T}} = (LM)(LM)^{\mathrm{T}} = LM^2L^{\mathrm{T}} = LDL^{\mathrm{T}} = A$$

を得る．すなわち，次の定理が示せた．

**定理 2.5.5**（コレスキー分解 (Cholesky factorization, Cholesky decomposition)） 正定値実対称行列 $A \in \mathbb{R}^{n \times n}$ は，（対角成分が正であるような）下三角行列 $S = LM \in \mathbb{R}^{n \times n}$ を用いて，$A = SS^{\mathrm{T}}$ の形に一意に分解できる．

□

なお，$S=(s_{i,j})$ の各成分を計算するには，次のように考えればよい．まず対称性により，$i \geq j$ の場合のみを求めればよいことに注意しておく．$A=SS^{\mathrm{T}}$ の第 $(1,j)$ 成分は，$a_{1,j}=s_{1,1}s_{j,1}$ $(j=1,\dots,n)$ なので，これより，

$$s_{1,1}=\sqrt{a_{1,1}}, \quad s_{j,1}=\frac{1}{s_{1,1}}a_{1,j} \quad (j=2,\dots,n)$$

となる．次に，第 $(2,j)$ 成分 $a_{2,j}=s_{2,1}s_{j,1}+s_{2,2}s_{j,2}$ $(j=2,\dots,n)$ より，

$$s_{2,2}=\sqrt{a_{2,2}-s_{2,1}^2}, \quad s_{j,2}=\frac{1}{s_{2,2}}(a_{2,j}-s_{2,1}s_{j,1}) \quad (j=3,\dots,n)$$

と求められる．すなわち，各 $i=1,\dots,n$ について，

$$s_{i,i}=\left(a_{i,i}-\sum_{l=1}^{i-1}s_{i,l}^2\right)^{1/2}, \tag{2.34}$$

$$s_{j,i}=\frac{1}{s_{i,i}}\left(a_{i,j}-\sum_{l=1}^{i-1}s_{j,l}s_{i,l}\right) \quad (j=i+1,\dots,n) \tag{2.35}$$

の手順で計算をすればよいわけである．もちろん，この計算は，(2.34) において，$\left(a_{i,i}-\sum_{l=1}^{i-1}s_{i,l}^2\right)>0$ となるときにのみ可能であるが，$A$ が正定値対称行列のときには，これが保証される（問題 2.5.7 を参照せよ）．

まとめると，$A$ が正定値対称行列のときには，連立一次方程式 $A\boldsymbol{x}=\boldsymbol{b}$ は，$S\boldsymbol{c}=\boldsymbol{b}$，$S^{\mathrm{T}}\boldsymbol{x}=\boldsymbol{c}$ と分解できる．$S^{\mathrm{T}}$ と $S$ はともに三角行列なので，これら 2 つの方程式は，一変数の一次方程式を順に解いていけばよい．この方法を，**コレスキー法** (Cholesky elimination) という．なお，コレスキー法は，対称行列の正定値性の判定にも利用できる（問題 2.5.7）．

**【問題 2.5.6】** $p_i, q_i, r_i \in \mathbb{R}$ に対して，

$$A=\begin{pmatrix} q_1 & r_1 & & & \\ & \ddots & & & \boldsymbol{0} \\ & p_i & q_i & r_i & \\ & & & \ddots & \\ \boldsymbol{0} & & & p_n & q_n \end{pmatrix} \tag{2.36}$$

で定められる三重対角行列を考える．任意の首座小行列が正則であることを

仮定して，その LU 分解を具体的に求めよ．

**【問題 2.5.7】** $A \in \mathbb{R}^{n\times n}$ を対称行列とする．このとき，$A$ が正定値であることと，$A$ がコレスキー分解可能であること，すなわち，(2.34) において，$\sigma_i = a_{i,i} - \sum_{l=1}^{i-1} s_{i,l}^2 > 0 \ (1 \le i \le n)$ が成り立つことは同値であることを示せ．

## 2.6 一般の場合の LU 分解

この節では，行列 $A$ は正則とするが，(2.22) を仮定せず，連立一次方程式 (2.18) に対する部分ピボット選択付きのガウスの消去法を考察する．とくに，この場合も，定理 2.5.1 と同様の分解が可能であることを証明する．

$\sigma$ を $\mathbb{N}_n = \{1, \ldots, n\}$ 上の置換とするとき，

$$P = (\boldsymbol{e}_{\sigma(1)}, \ldots, \boldsymbol{e}_{\sigma(n)}) \in \mathbb{R}^{n\times n} \tag{2.37}$$

の形の行列を置換 $\sigma$ に対応する**置換行列**と呼ぶ．すなわち，置換行列とは，各行と各列に 1 がちょうど 1 つあり，残りの成分はすべて零であるような行列である．置換行列 $P$ とその転置行列は，

$$P^{\mathrm{T}}P = PP^{\mathrm{T}} = I$$

を満たす．すなわち，$P^{-1} = P^{\mathrm{T}}$ である．(2.37) の $P$ は，

$$P = \begin{pmatrix} \boldsymbol{e}_{\sigma^{-1}(1)}^{\mathrm{T}} \\ \vdots \\ \boldsymbol{e}_{\sigma^{-1}(n)}^{\mathrm{T}} \end{pmatrix} \tag{2.38}$$

とも表現できる．実際，$k$ を固定して，$l = \sigma(k)$ とすると，$\boldsymbol{e}_{\sigma^{-1}(i)}^{\mathrm{T}}\boldsymbol{e}_k = 0$ $(i \ne k)$，$\boldsymbol{e}_{\sigma^{-1}(l)}^{\mathrm{T}}\boldsymbol{e}_k = 1$ なので，

$$\begin{pmatrix} \boldsymbol{e}_{\sigma^{-1}(1)}^{\mathrm{T}} \\ \vdots \\ \boldsymbol{e}_{\sigma^{-1}(n)}^{\mathrm{T}} \end{pmatrix} \boldsymbol{e}_k = \begin{pmatrix} \boldsymbol{e}_{\sigma^{-1}(1)}^{\mathrm{T}}\boldsymbol{e}_k \\ \vdots \\ \boldsymbol{e}_{\sigma^{-1}(n)}^{\mathrm{T}}\boldsymbol{e}_k \end{pmatrix} = \boldsymbol{e}_l = \boldsymbol{e}_{\sigma(k)}$$

を得る．すなわち，(2.38) の第 $k$ 列が $\boldsymbol{e}_{\sigma(k)}$ となるので，これは (2.37) の右

辺と (2.38) の右辺とが，同一の行列を表すことを意味する．

さらに，任意の $m \in \mathbb{N}$ と任意の $\boldsymbol{a}_1, \ldots, \boldsymbol{a}_n \in \mathbb{R}^m$ に対して，

$$(\boldsymbol{a}_1, \ldots, \boldsymbol{a}_n) P = \left(\boldsymbol{a}_{\sigma(1)}, \ldots, \boldsymbol{a}_{\sigma(n)}\right), \tag{2.39}$$

$$P \begin{pmatrix} \boldsymbol{a}_1^{\mathrm{T}} \\ \vdots \\ \boldsymbol{a}_n^{\mathrm{T}} \end{pmatrix} = \begin{pmatrix} \boldsymbol{a}_{\sigma^{-1}(1)}^{\mathrm{T}} \\ \vdots \\ \boldsymbol{a}_{\sigma^{-1}(n)}^{\mathrm{T}} \end{pmatrix} \tag{2.40}$$

が成り立つ．すなわち，行列 $A \in \mathbb{R}^{m \times n}$ に置換行列を右側から掛けると，$A$ の列が置換にしたがって入れ替わり，同じく $A \in \mathbb{R}^{n \times m}$ に置換行列を左側から掛けると，$A$ の行が置換にしたがって入れ替わるのである．なお，(2.39) は，直接の計算により，

$$(\boldsymbol{a}_1, \ldots, \boldsymbol{a}_n) P = \sum_{j=1}^{n} \boldsymbol{a}_j \boldsymbol{e}_{\sigma^{-1}(j)}^{\mathrm{T}} = \sum_{k=1}^{n} \boldsymbol{a}_{\sigma(k)} \boldsymbol{e}_k^{\mathrm{T}} = \left(\boldsymbol{a}_{\sigma(1)}, \ldots, \boldsymbol{a}_{\sigma(n)}\right)$$

と確かめられる（実際，$\boldsymbol{a}_{\sigma(k)} \boldsymbol{e}_k^{\mathrm{T}}$ は第 $k$ 列目が $\boldsymbol{a}_{\sigma(k)}$ であり残りの成分が 0 であるような行列を表す）．(2.40) の検証は演習とする（問題 2.6.7）．

2 つの数のみ入れ替え，残りをそのままにしておく置換 $\sigma$，すなわち，$i, r \in \mathbb{N}_n$，$i \neq r$ に対して，

$$\sigma(i) = r, \qquad \sigma(r) = i, \qquad \sigma(j) = j \quad (j \in \mathbb{N}_n, j \neq i, r) \tag{2.41}$$

の形の置換を**基本置換**と呼ぶ．そして，基本置換に対応する置換行列を**基本置換行列**，あるいは，単に，**基本行列**と呼ぶ．基本行列は明らかに $P^2 = I$ を満たし，また，基本行列どうしの積は，置換行列となる．

さて，部分ピボット選択付きのガウスの消去法における前進消去の第 $k$ 段の操作は，

$$A^{(k+1)} = F_k P_k A^{(k)} \tag{2.42}$$

と表現できる．ただし，$P_k$ は第 $k$ 行と第 $p_k$ 行の交換を表現する置換行列（$p_k = k$ の際は行の交換を行っていないことになるが，表現の一貫性の観点から，この場合も含めておく），また，$F_k$ は，成分が

$$f_{p_k,k} = \frac{a_{k,k}^{(k)}}{a_{p_k,k}^{(k)}}, \quad f_{i,k} = \frac{a_{i,k}^{(k)}}{a_{p_k,k}^{(k)}} \quad (i = k+1, \ldots, n,\ i \neq p_k) \tag{2.43}$$

で定義されるベクトル (2.25) に対応するフロベニウス行列である．(2.42) を書き下すと，

$$
\begin{aligned}
A^{(2)} &= F_1 P_1 A, \\
A^{(3)} &= F_2 P_2 A^{(2)} = F_2 (P_2 F_1 P_2)(P_2 P_1 A), \\
A^{(4)} &= F_3 P_3 A^{(3)} = F_3 (P_3 F_2 P_3)(P_3 P_2 F_1 P_2 P_3)(P_3 P_2 P_1 A), \\
A^{(5)} &= \cdots
\end{aligned}
$$

となるので，$G_k = P_{n-1} \cdots P_{k+1} F_k P_{k+1} \cdots P_{n-1}$ と定義することにより，部分ピボット選択付きのガウスの消去法の過程は

$$A^{(n)} = (G_{n-1} \cdots G_1)(P_{n-1} \cdots P_1 A) \tag{2.44}$$

と表現できる．ここで，次の命題を使う（証明は問題 2.6.9)．

**命題 2.6.1** $F_k$ を (2.26) で定義されるフロベニウス行列，$P$ を基本置換 (2.41) に対応する置換行列とする．このとき，$i, r \geq k+1$ ならば，$PF_kP = I - (P\boldsymbol{f}_k)\boldsymbol{e}_k^{\mathrm{T}}$ が成り立つ． □

これにより，

$$P_{n-1} \cdots P_{k+1} F_k P_{k+1} \cdots P_{n-1} = I - (P_{n-1} \cdots P_{k+1} \boldsymbol{f}_k)\boldsymbol{e}_k^{\mathrm{T}}$$

であるから，$G_k = (l_{i,j})$ は，

$$P_{n-1} \cdots P_{k+1} \boldsymbol{f}_k \tag{2.45}$$

に対応するフロベニウス行列である．したがって，もう一度 (2.28) を使うと，

$$G_1^{-1} \cdots G_{n-1}^{-1} = \begin{pmatrix} 1 & & & & \text{\huge 0} \\ l_{2,1} & 1 & & & \\ \vdots & l_{3,2} & 1 & & \\ \vdots & \vdots & \ddots & \ddots & \\ l_{n,1} & l_{n,2} & \cdots & l_{n,n-1} & 1 \end{pmatrix} \tag{2.46}$$

を得る．以上をまとめると，次の定理が証明できたことになる．

**定理 2.6.2（LU 分解，II）** 正則行列 $A \in \mathbb{R}^{n\times n}$ は，$PA = LU$ の形に分解可能である．ただし，$P = P_{n-1}\cdots P_1$ は部分ピボット選択の行交換を表す置換行列から定まる順列行列，$U = A^{(n)}$ はガウスの消去法で得られる上三角行列，さらに，$L = G_1^{-1}\cdots G_{n-1}^{-1}$ は (2.45) および (2.46) から定義される単位下三角行列である． □

**注意 2.6.3** $p_k$ が一意になるようにピボット選択の際に条件を課しておけば，LU 分解は一意である． □

**注意 2.6.4** ガウスの消去法および LU 分解のプログラミングは，数値解析において，もっとも基礎的であり，もっとも重要な課題の 1 つである．頁の都合上，詳細を説明することはできないので，巻末の参考書にあげた，金子 [9, 第 7 章]，菊地・山本[10, 第 1 回]，皆本[12, 第 3 章]，森[13, 第 5 章]，戸川 [11, 第 4 章] などを参考に自習してほしい． □

**【問題 2.6.5】** LU 分解を利用して，行列式を計算するための方法を考察せよ．

**【問題 2.6.6】** 次の行列の LU 分解を求め，行列式を計算せよ．

$$\begin{pmatrix} 4 & -1 & 5 & 1 \\ 0 & 3 & -9 & 4 \\ -2 & 2 & -2 & 3 \\ 2 & -1 & 4 & 0 \end{pmatrix}.$$

**【問題 2.6.7】** (2.40) を示せ．

**【問題 2.6.8】** $A \in \mathbb{C}^{n\times n}$ が可約であるための必要十分条件は，

$$P^{\mathrm{T}}AP = \begin{pmatrix} \tilde{A}_{1,1} & \tilde{A}_{2,1} \\ O & \tilde{A}_{2,2} \end{pmatrix} \quad (\tilde{A}_{1,1}, \tilde{A}_{2,2} \text{ は正方行列})$$

を満たす置換行列 $P$ が存在することであることを示せ．

**【問題 2.6.9】** 命題 2.6.1 を証明せよ．

## 2.7 QR 分解

$A \in \mathbb{R}^{n\times n}$ を，直交行列 $Q$ と上三角行列 $R$ を用いて，

$$A = QR$$

の形に書くことを，**QR 分解** (QR factorization, QR decomposition) と呼ぶ．このような分解が得られていれば，連立一次方程式 $A\boldsymbol{x} = \boldsymbol{b}$ は，

$$QR\boldsymbol{x} = \boldsymbol{b} \quad \Leftrightarrow \quad \begin{cases} R\boldsymbol{x} = \boldsymbol{c}, \\ Q\boldsymbol{c} = \boldsymbol{b} \end{cases}$$

と同値であるから，はじめに $\boldsymbol{c} = Q^{-1}\boldsymbol{b} = Q^{\mathrm{T}}\boldsymbol{b}$ で $\boldsymbol{c}$ を求めておいて，後は $R\boldsymbol{x} = \boldsymbol{c}$ にしたがって，後退代入で $\boldsymbol{x}$ を計算することができる．すなわち，QR 分解による連立一次方程式の解法は，ピボット選択が不要の消去法ということができる．

まず，実際に QR 分解が可能であることを証明しておこう．そのために，**グラム–シュミットの直交化法** (Gram-Schmidt orthogonalization) を復習する．これは，$\mathbb{R}^n$ の $m(\leq n)$ 本の一次独立なベクトル $\{\boldsymbol{v}_1, \ldots, \boldsymbol{v}_m\}$ から，正規直交系 (大きさ 1 で，互いにすべて直交するベクトルの列) $\{\boldsymbol{q}_1, \ldots, \boldsymbol{q}_m\}$ をつくる方法である．具体的には，補助的にベクトル $\{\boldsymbol{w}_1, \ldots, \boldsymbol{w}_m\}$ と数列 $\{r_1, \ldots, r_m\}$ を導入して，次のようにする．

$$\begin{aligned}
&\boldsymbol{w}_1 = \boldsymbol{v}_1, & r_1 &= \|\boldsymbol{w}_1\|_2, & \boldsymbol{q}_1 &= \frac{1}{r_1}\boldsymbol{w}_1, \\
&\boldsymbol{w}_2 = \boldsymbol{v}_2 - \langle \boldsymbol{q}_1, \boldsymbol{v}_2 \rangle \boldsymbol{q}_1, & r_2 &= \|\boldsymbol{w}_2\|_2, & \boldsymbol{q}_2 &= \frac{1}{r_2}\boldsymbol{w}_2, \\
&\quad \vdots & &\vdots & &\vdots \\
&\boldsymbol{w}_m = \boldsymbol{v}_m - \sum_{j=1}^{m-1} \langle \boldsymbol{q}_j, \boldsymbol{v}_m \rangle \boldsymbol{q}_j, & r_m &= \|\boldsymbol{w}_m\|_2, & \boldsymbol{q}_m &= \frac{1}{r_m}\boldsymbol{w}_m.
\end{aligned}$$

各 $\boldsymbol{q}_k$ の大きさが 1 なのは，明らかであろう．帰納法で，直交性を証明する．$1 \leq k \leq m-1$ まで，互いにすべて直交するベクトル $\{\boldsymbol{q}_1, \ldots, \boldsymbol{q}_{m-1}\}$ が得られていると仮定する．このとき，$\boldsymbol{w}_m$ の定義式と $\boldsymbol{q}_k$ $(1 \leq k \leq m-1)$ との内積をとると，

$$
\begin{aligned}
w_m \langle \boldsymbol{q}_k, \boldsymbol{q}_m \rangle &= \langle \boldsymbol{q}_k, \boldsymbol{v}_m \rangle - \sum_{j=1}^{m-1} \langle \boldsymbol{q}_j, \boldsymbol{v}_m \rangle \underbrace{\langle \boldsymbol{q}_k, \boldsymbol{q}_j \rangle}_{=0\ (j \neq k)} \\
&= \langle \boldsymbol{q}_k, \boldsymbol{v}_m \rangle - \langle \boldsymbol{q}_k, \boldsymbol{v}_m \rangle \underbrace{\langle \boldsymbol{q}_k, \boldsymbol{q}_k \rangle}_{=1} = 0.
\end{aligned}
$$

したがって，$\{\boldsymbol{q}_1, \ldots, \boldsymbol{q}_m\}$ もまた，互いにすべて直交する．いまは成り行きで $\mathbb{R}^n$ のベクトルの場合を示したが，$\mathbb{C}^n$ のベクトルの場合もまったく同様である（ただし，内積は $\mathbb{C}^n$ のそれを採用しなければならない）．

さて，$A \in \mathbb{R}^{n\times n}$ を正則とし，その各列ベクトル $\{\boldsymbol{a}_1, \ldots, \boldsymbol{a}_n\}$（これは明らかに一次独立）に対して，グラム–シュミットの直交化法を適用する．そして，正規直交系 $\{\boldsymbol{q}_1, \ldots, \boldsymbol{q}_n\}$ を得たとしよう．これを用いて，$Q = (\boldsymbol{q}_1, \ldots, \boldsymbol{q}_n) \in \mathbb{R}^{n\times n}$ と定義すると，これは直交行列である．さらに，$j < k$ のときは $r_{j,k} = \langle \boldsymbol{q}_j, \boldsymbol{a}_k \rangle$，$j = k$ のときは $r_{j,j} = r_j$，$j > k$ のときは $r_{j,k} = 0$ と定義して，行列 $R = (r_{j,k}) \in \mathbb{R}^{n\times n}$ を考える．すると，定義により，$1 \leq k \leq n$ に対して，

$$
r_{k,k}\boldsymbol{q}_k = \boldsymbol{a}_k - \sum_{j=1}^{k-1} r_{j,k}\boldsymbol{q}_j \quad \Leftrightarrow \quad \boldsymbol{a}_k = \sum_{j=1}^{k} r_{j,k}\boldsymbol{q}_j
$$

を得る．この両辺の第 $i$ 成分を比較すると，左辺は $A$ の第 $(i,k)$ 成分を，右辺は，$Q$ の第 $i$ 行と $R$ の第 $k$ 列の積を表している．すなわち，$A = QR$ を得る．このことを定理にまとめておこう．

**定理 2.7.1（QR 分解，I）**　正則行列 $A \in \mathbb{R}^{n\times n}$ は，グラム–シュミットの直交化法により QR 分解可能である． □

QR 分解の一意性を述べるために，

$$
S = \mathrm{diag}\,(\sigma_i) \in \mathbb{R}^{n\times n}, \qquad \sigma_i^2 = 1 \quad (i = 1, \ldots, n) \tag{2.47}
$$

を満たす行列を考える．このような形の行列を，**符号行列**と呼ぶ．

**定理 2.7.2**　正則行列 $A \in \mathbb{R}^{n\times n}$ が，$A = Q_1R_1$，$A = Q_2R_2$ と 2 通りに QR 分解できたとすると，$Q_1 = SQ_2$，$R_1 = R_2S$ を満たす符号行列 $S \in \mathbb{R}^{n\times n}$ が存在する． □

**証明** 仮定より，$Q_1R_1 = Q_2R_2$ なので，$S = R_1R_2^{-1}$ とおくと，$S = Q_1^{-1}Q_2$．直交行列の逆行列は直交行列，直交行列どうしの積も直交行列なので（問題 2.2.3），$S = Q_1^{-1}Q_2$ は直交行列．したがって，$S^{\mathrm{T}} = S^{-1}$．一方で，上三角行列の逆行列は上三角行列，上三角行列どうしの積は上三角行列なので（問題 2.1.1），$S = R_1R_2^{-1}$ と $S^{-1}$ は上三角行列で，さらに，$S^{\mathrm{T}}$ は下三角行列．これと $S^{\mathrm{T}} = S^{-1}$ より，$S$ は対角行列．$S = \mathrm{diag}\,(\sigma_i)$ とおくと，再び $S^{\mathrm{T}} = S^{-1}$ を使って，$\sigma_i = 1/\sigma_i$ $(1 \leq i \leq n)$ を得る．したがって，$\sigma_i^2 = 1$ となり，$S$ は符号行列である． ■

ただし，実際に QR 分解を求める際には，グラム–シュミットの直交化法はほとんど応用されない（杉原・室田[15, §6.2]）．よく使われる方法の 1 つに，ハウスホルダー（Householder）変換を通じた計算方法がある．

**定義 2.7.3（ハウスホルダー変換）** 単位ベクトル $\boldsymbol{v} \in \mathbb{R}^n$ に対して，

$$H = I - 2\boldsymbol{v}\boldsymbol{v}^{\mathrm{T}} \tag{2.48}$$

で定義される行列を**ハウスホルダー行列**，またこの行列による線形変換を**ハウスホルダー変換**と呼ぶ． □

**命題 2.7.4** ハウスホルダー行列は，直交かつ対称である． □

この命題の証明は演習とする（問題 2.7.8）．ハウスホルダー変換は，幾何学的には，原点を通り $\boldsymbol{v}$ に直交する平面 $S$ に関する鏡映変換となるので，基本鏡映変換とも呼ばれる．このことを具体的にみるために，任意のベクトル $\boldsymbol{x}$ について，その $\boldsymbol{v}$ 方向の成分が $\boldsymbol{v}\boldsymbol{v}^{\mathrm{T}}\boldsymbol{x}$ であることに注意する．そして，$\boldsymbol{y} = \boldsymbol{x} - \boldsymbol{v}\boldsymbol{v}^{\mathrm{T}}\boldsymbol{x}$ とおくと，これは $\boldsymbol{v}$ に直交する成分を表す．このとき，

$$H\boldsymbol{x} = \boldsymbol{x} - 2\boldsymbol{v}\boldsymbol{v}^{\mathrm{T}}\boldsymbol{x} = -\boldsymbol{v}\boldsymbol{v}^{\mathrm{T}}\boldsymbol{x} + \boldsymbol{y}$$

となり，$\boldsymbol{x}$ と $H\boldsymbol{x}$ は $S$ に関して対称な位置にある（このことを，$\boldsymbol{x}$ は $H\boldsymbol{x}$ の $S$ に関する鏡映であるという）．非零ベクトル $\boldsymbol{v}$ に対して，$\mathrm{span}\,\boldsymbol{v} = \{\lambda\boldsymbol{v} \mid \lambda \in \mathbb{R}\}$ と書くことにする．

**命題 2.7.5** $\mathbf{0} \neq \boldsymbol{a} = (a_i) \in \mathbb{R}^n$ が，ある $k$ に対して $\boldsymbol{a} \notin \operatorname{span}\{\boldsymbol{e}_k\}$ を満たすとして，

$$\boldsymbol{w} = \frac{\boldsymbol{a} + \sigma \boldsymbol{e}_k}{\|\boldsymbol{a} + \sigma \boldsymbol{e}_k\|_2}, \qquad \sigma = \begin{cases} \pm \dfrac{a_k}{|a_k|} \|\boldsymbol{a}\|_2 & (a_k \neq 0 \text{ のとき}), \\ \|\boldsymbol{a}\|_2 & (a_k = 0 \text{ のとき}) \end{cases}$$

とおくと，$(I - 2\boldsymbol{w}\boldsymbol{w}^{\mathrm{T}})\boldsymbol{a} = -\sigma \boldsymbol{e}_k$（$\sigma$ の符号は正負どちらでもよい）． □

**証明** $a_k \neq 0$ とする．$\boldsymbol{u} = \boldsymbol{a} + \sigma \boldsymbol{e}_k$ とおくと，$\|\boldsymbol{u}\|_2^2 = \langle \boldsymbol{u}, \boldsymbol{u} \rangle = \langle \boldsymbol{a}, \boldsymbol{a} \rangle + \sigma \langle \boldsymbol{e}_k, \boldsymbol{a} \rangle + \sigma \langle \boldsymbol{a}, \boldsymbol{e}_k \rangle + \sigma^2 \langle \boldsymbol{e}_k, \boldsymbol{e}_k \rangle = \|\boldsymbol{a}\|_2^2 \pm 2 \dfrac{a_k^2}{|a_k|} \|\boldsymbol{a}\|_2 + \|\boldsymbol{a}\|_2^2 = 2(\|\boldsymbol{a}\|_2^2 \pm |a_k| \cdot \|\boldsymbol{a}\|_2)$．一方で，$\boldsymbol{u}^{\mathrm{T}}\boldsymbol{a} = \langle \boldsymbol{a}, \boldsymbol{u} \rangle = \langle \boldsymbol{a}, \boldsymbol{a} + \sigma \boldsymbol{e}_k \rangle = \|\boldsymbol{a}\|_2^2 + \sigma a_k = \|\boldsymbol{a}\|_2^2 \pm |a_k| \cdot \|\boldsymbol{a}\|_2 = \dfrac{1}{2} \|\boldsymbol{u}\|_2^2$ となる．したがって，$(I - \boldsymbol{w}\boldsymbol{w}^{\mathrm{T}})\boldsymbol{a} = \boldsymbol{a} - 2\boldsymbol{u}(\boldsymbol{u}^{\mathrm{T}}\boldsymbol{a}) \dfrac{1}{\|\boldsymbol{u}\|_2^2} = \boldsymbol{a} - \boldsymbol{u} = -\sigma \boldsymbol{e}_k$．$a_k = 0$ のときも同様に示せる． ■

$A$ の第 1 列目 $\boldsymbol{a}_1 = (a_{i,1}) \in \mathbb{R}^n$ について，

$$\sigma_1 = \begin{cases} \dfrac{a_{1,1}}{|a_{1,1}|} \|\boldsymbol{a}_1\|_2 & (\boldsymbol{a}_1 \notin \operatorname{span}\{\boldsymbol{e}_1\},\ a_{1,1} \neq 0), \\ \|\boldsymbol{a}_1\|_2 & (\boldsymbol{a}_1 \notin \operatorname{span}\{\boldsymbol{e}_1\},\ a_{1,1} = 0), \\ -a_{1,1} & (\boldsymbol{a}_1 \in \operatorname{span}\{\boldsymbol{e}_1\}) \end{cases}$$

とおき，

$$\boldsymbol{v}_1 = \begin{cases} \dfrac{\boldsymbol{a}_1 + \sigma_1 \boldsymbol{e}_1}{\|\boldsymbol{a}_1 + \sigma_1 \boldsymbol{e}_1\|_2} & (\boldsymbol{a}_1 \notin \operatorname{span}\{\boldsymbol{e}_1\}), \\ \mathbf{0} & (\boldsymbol{a}_1 \in \operatorname{span}\{\boldsymbol{e}_1\}) \end{cases}$$

に対応するハウスホルダー行列

$$H_1 = I - 2\boldsymbol{v}_1 \boldsymbol{v}_1^{\mathrm{T}}$$

を考え（なお，$\boldsymbol{v} = \mathbf{0}$ の際には，単に $H_1 = I$ であり，ハウスホルダー行列でないが，便宜上，これもハウスホルダー行列と呼ぶ），

$$\boldsymbol{a}_j^{(2)} = H_1 \boldsymbol{a}_j = (a_{i,j}^{(2)}) \qquad (j = 2, \ldots, n)$$

とおくと，命題 2.7.5 により，

$$H_1 A = \begin{pmatrix} -\sigma_1 & a_{1,2}^{(2)} & \cdots & a_{1,n}^{(2)} \\ 0 & a_{2,2}^{(2)} & \cdots & a_{2,n}^{(2)} \\ \vdots & \vdots & \ddots & \vdots \\ 0 & a_{n,2}^{(2)} & \cdots & a_{n,n}^{(2)} \end{pmatrix}$$

を得る．あとは，この操作を続けていけば，$A$ を上三角行列に変換できる．具体的には，$A^{(1)} = A$ とおいて，

$$H_{j-1} \cdots H_1 A = \begin{pmatrix} R_{j-1} & B^{(j-1)} \\ O & \tilde{A}^{(j)} \end{pmatrix}$$

の形まで変形が終わっているとする．ただし，

$$\tilde{A}^{(j)} = \begin{pmatrix} a_{j,j}^{(j)} & \cdots & a_{j,n}^{(j)} \\ \vdots & \ddots & \vdots \\ a_{n,j}^{(j)} & \cdots & a_{n,n}^{(j)} \end{pmatrix}, \quad B^{(j)} = \begin{pmatrix} a_{1,j}^{(2)} & \cdots & a_{1,n}^{(2)} \\ \vdots & \ddots & \vdots \\ a_{j-1,j}^{(j)} & \cdots & a_{j-1,n}^{(j)} \end{pmatrix},$$

$$R_{j-1} = \begin{pmatrix} -\sigma_1 & \cdots & a_{1,j-1}^{(2)} \\ & \ddots & \vdots \\ \mathbf{0} & & -\sigma_{j-1} \end{pmatrix} \tag{2.49}$$

とおいている．$\tilde{A}^{(j)}$ に対して，上記の計算を繰り返せば，

$$\tilde{H}_j \tilde{A}^{(j)} = \begin{pmatrix} -\sigma_j & a_{j,j}^{(j+1)} & \cdots & a_{j,n}^{(j+1)} \\ 0 & a_{j+1,j}^{(j+1)} & \cdots & a_{2,n}^{(j+1)} \\ \vdots & \vdots & \ddots & \vdots \\ 0 & a_{n,j}^{(j+1)} & \cdots & a_{n,n}^{(j+1)} \end{pmatrix}$$

を満たす直交行列 $\tilde{H}_j \in \mathbb{R}^{(n-j)\times(n-j)}$ の存在がしたがう．ここで，

$$H_j = \begin{pmatrix} I & O \\ O & \tilde{H}_j \end{pmatrix}$$

と定義すれば，これは直交行列であり，

$$H_j H_{j-1} \cdots H_1 A = \begin{pmatrix} R_j & B^{(j)} \\ O & \tilde{A}^{(j+1)} \end{pmatrix}$$

を得る．直交行列の積は再び直交行列になるので（問題 2.2.3），結局，次の定理が示せた．

**定理 2.7.6（QR 分解，II）** 任意の正則行列 $A \in \mathbb{R}^{n\times n}$ は，$n-1$ 回のハウスホルダー変換 $H_{n-1}, \dots, H_1$ によって，$A = QR$ の形に分解可能である．ここで，$R = R_n$ は (2.49) で定義される上三角行列，$Q = (H_{n-1} \cdots H_1)^{\mathrm{T}} = H_1 \cdots H_{n-1}$ は直交行列である． □

**注意 2.7.7** ハウスホルダー変換を用いて QR 分解を得るためは，$\dfrac{2}{3}n^3$ 回程度の乗除算が必要であり，これは LU 分解の約 2 倍である．したがって，QR 分解は連立一次方程式の解法としてはあまり実用性はない．QR 分解の真価が発揮されるのは，後に述べる固有値問題においてである． □

**【問題 2.7.8】** 命題 2.7.4 を示せ．

**【問題 2.7.9】** 正則な $A \in \mathbb{R}^{n\times n}$ の QR 分解 $A = QR$ で，$R$ の対角成分が正であるようなものが一意的に存在することを示せ．

**【問題 2.7.10】** QR 分解を利用して，$A = (a_{i,j}) \in \mathbb{R}^{n\times n}$ に対する**アダマール (Hadamard) の不等式** $|\det A|^2 \leq \displaystyle\prod_{i=1}^{n}\sum_{j=1}^{n}|a_{i,j}|^2$ を示せ．

## 2.8 シューア分解

次の命題は，数値解法には直接は結びつかないが，数学的な議論をするうえで重要であるので，ここで証明を述べておく．一般の複素行列の場合を考察するが，この実行列版には注意を要する（注意 2.8.4）．

**命題 2.8.1（シューア分解 (Schur decomposition)）** 任意の $A \in \mathbb{C}^{n\times n}$ に対して，$U^*AU$ が上三角行列になるようなユニタリ行列 $U \in \mathbb{C}^{n\times n}$ が存在する． □

**証明** $n$ についての帰納法で示す．$n = 1$ のときには，$U = (1)$ とすればよい．次に，$n-1$ について定理の主張が正しいと仮定しよう．$\lambda \in \mathbb{C}$ を $A$ の固有値，$\boldsymbol{v} \in \mathbb{C}^n$ を対応する固有ベクトルとする．このとき，$n+1$ 本のベクトル

$\{\boldsymbol{v}, \boldsymbol{e}_1, \ldots, \boldsymbol{e}_n\}$ は一次従属であるが，ここから（$\boldsymbol{v}$ 以外の）1 本を除いて $n$ 本のベクトルが一次独立になるようにして，あらためて $\{\boldsymbol{v}, \boldsymbol{v}_2, \ldots, \boldsymbol{v}_n\}$ とする．これに，グラム–シュミットの直交化法を適用し，正規直交系 $\{\boldsymbol{u}_1, \ldots, \boldsymbol{u}_n\}$ をつくると，$\tilde{U} = (\boldsymbol{u}_1, \ldots, \boldsymbol{u}_n) \in \mathbb{C}^{n\times n}$ はユニタリ行列である．また，その構成から，

$$\tilde{U}^* A \tilde{U} = \tilde{U}^*(\lambda \boldsymbol{u}_1, A\boldsymbol{u}_2, \ldots, A\boldsymbol{u}_n) = \begin{pmatrix} \lambda & \boldsymbol{b}^{\mathrm{T}} \\ 0 & A_{n-1} \end{pmatrix}$$

の形をしている．ただし，$\boldsymbol{b} \in \mathbb{C}^n$ は適当なベクトル，$A_{n-1} \in \mathbb{C}^{(n-1)\times(n-1)}$ は適当な行列である．

いま，帰納法の仮定により，$A_{n-1}$ に対して，$U_{n-1}^* A_{n-1} U_{n-1}$ が上三角行列になるようなユニタリ行列 $U_{n-1} \in \mathbb{C}^{(n-1)\times(n-1)}$ が存在する．これを用いて，

$$U = \tilde{U} \begin{pmatrix} 1 & \boldsymbol{0}^{\mathrm{T}} \\ \boldsymbol{0} & U_{n-1} \end{pmatrix}$$

と定義すると，これはユニタリ行列であり（各自確かめよ），

$$\begin{aligned} U^* A U &= \begin{pmatrix} 1 & \boldsymbol{0}^{\mathrm{T}} \\ \boldsymbol{0} & U_{n-1}^* \end{pmatrix} \begin{pmatrix} \lambda & \boldsymbol{b}^{\mathrm{T}} \\ 0 & A_{n-1} \end{pmatrix} \begin{pmatrix} 1 & \boldsymbol{0}^{\mathrm{T}} \\ \boldsymbol{0} & U_{n-1} \end{pmatrix} \\ &= \begin{pmatrix} \lambda & \boldsymbol{b}^{\mathrm{T}} \\ 0 & U_{n-1}^* A_{n-1} U_{n-1} \end{pmatrix}. \end{aligned}$$

すなわち，$U^* A U$ が上三角行列となる． ■

$A \in \mathbb{C}^{n\times n}$ が，

$$AA^* = A^* A \tag{2.50}$$

を満たすとき，$A$ を**正規行列**という．$A \in \mathbb{R}^{n\times n}$ については，$AA^{\mathrm{T}} = A^{\mathrm{T}} A$ となるとき，正規行列という．明らかに，ユニタリ行列と実対称行列は正規行列である．次の定理により，正規行列は対角行列と相似，すなわち対角化可能である．

**命題 2.8.2** 正規行列 $A \in \mathbb{C}^{n\times n}$ は，$U^* A U = \mathrm{diag}\,(\lambda_i)$ の形に対角化可能である．ここで，$\lambda_1, \ldots, \lambda_n$ は $A$ の固有値，$U$ はユニタリ行列であり，その第 $i$ 列は $\lambda_i$ に対応する固有ベクトルである．とくに，$A$ の固有ベクトルは，互いに直交し，$\mathbb{C}^{n\times n}$ の基底を張る． □

**証明**　命題 2.8.1 により，$B = U^*AU$ が成り立つような，ユニタリ行列 $U$ と上三角行列 $B = (b_{i,j})$ が存在する．このとき，$B^* = (U^*AU)^* = U^*A^*U$ なので，$B^*B = (U^*A^*U)(U^*AU) = U^*(A^*A)U$，かつ $BB^* = (U^*AU)(U^*A^*U) = U^*(AA^*)U$ となる．いま，$A$ は正規行列なので，したがって，$B^*B = BB^*$ が成り立つ．この等式の第 $(1,1)$ 成分は，（$i > j$ の際 $b_{i,j} = 0$ に注意して）

$$b_{1,1}^2 = b_{1,1}^2 + b_{1,2}^2 + \cdots + b_{1,n}^2$$

であるから，これより，$b_{1,2} = b_{1,3} = \cdots = b_{1,n} = 0$ を得る．次に，第 $(2,2)$ 成分は，

$$b_{1,2}^2 + b_{2,2}^2 = b_{2,2}^2 + b_{2,3}^2 + \cdots + b_{2,n}^2$$

なので，$b_{1,2} = 0$ にも留意すれば，$b_{2,3} = b_{2,4} = \cdots = b_{2,n} = 0$ を得る．これを続けていけば，$i < j$ ならば $b_{i,j} = 0$ であることがわかり，したがって，$B$ は対角行列である．最後に，$U = (\boldsymbol{u}_1, \ldots, \boldsymbol{u}_n)$ と書くと，$B\boldsymbol{u}_j = b_{j,j}\boldsymbol{u}_j$ なので，$b_{j,j}$ は $B$ の固有値，$\boldsymbol{u}_j$ は対応する固有ベクトルである．■

**注意 2.8.3**　命題 2.8.2 の明らかな系として，次の実行列版を得る．任意の正規行列 $A \in \mathbb{R}^{n\times n}$ は，$U^{\mathrm{T}}AU = \mathrm{diag}\,(\lambda_i)$ の形に対角化可能である．$\lambda_1, \ldots, \lambda_n$ は $A$ の固有値，$U$ は直交行列であり，その第 $i$ 列は $\lambda_i$ に対応する固有ベクトルである．とくに，$A$ の固有ベクトルは，互いに直交し，$\mathbb{R}^{n\times n}$ の基底を張る．□

**注意 2.8.4**　命題 2.8.1 の実行列版は一般には成立しない．すなわち，任意の $A \in \mathbb{R}^{n\times n}$ に対して，$U^{\mathrm{T}}AU$ が上三角行列になるような直交行列 $U$ の存在は保証されない．しかし，たとえば，$A$ が相異なる $n$ 個の実固有値をもつ，という仮定の下では，$U^{\mathrm{T}}AU$ が上三角行列になるような直交行列 $U$ の存在が，命題 2.8.1 の証明とまったく同様に確かめられる．□

次の命題も有用である（証明は問題 2.8.6）．ただし，行列 $A$ と $z$ の多項式 $\psi(z) = c_0 + c_1z + \cdots + c_pz^p$ に対して，$\psi(A)$ は，$z$ の部分を機械的に $A$ に置き換えることで定義される行列 $\psi(A) = c_0I + c_1A + \cdots + c_pA^p$ を表す．$\psi(z)$ が有理関数の場合，すなわち，2 つの多項式 $\psi_1(z), \psi_2(z)$ によって定まる分数関数 $\psi(z) = \psi_1(z)/\psi_2(z)$ の場合も，同様に，行列の有理関数 $\psi(A)$ を考えることができる．

**命題 2.8.5** $\lambda_1, \ldots, \lambda_n \in \mathbb{R}$ を対称行列 $A \in \mathbb{R}^{n\times n}$ の固有値，$\boldsymbol{v}_1, \ldots, \boldsymbol{v}_n \in \mathbb{R}^n$ を対応する（正規直交化された）固有ベクトルとする．$\lambda_1, \ldots, \lambda_n \in [a, b]$ を仮定する．このとき，$[a, b]$ で連続な有理関数 $\psi(z)$ について，行列 $\psi(A)$ も対称となり，$\psi(A)$ の固有値は $\psi(\lambda_1), \ldots, \psi(\lambda_n)$，対応する固有ベクトルは $\boldsymbol{v}_1, \ldots, \boldsymbol{v}_n$ となる．さらに，$\psi(A) = UBU^T$，$B = \mathrm{diag}\,(\psi(\lambda_i))$ と対角化できる． □

**【問題 2.8.6】** 命題 2.8.5 を示せ．さらに，$[a, b]$ で連続な有理関数 $\psi(z), \varphi(z)$ について，$\psi(A)\varphi(A) = \varphi(A)\psi(A)$ を示せ．

**【問題 2.8.7】** $\lambda_1, \cdots, \lambda_n$ を $A \in \mathbb{C}^{n\times n}$ の固有値とするとき, $\det A = \lambda_1 \cdots \lambda_n$, $\mathrm{tr}\ A = \lambda_1 + \cdots + \lambda_n$ を示せ．

**【問題 2.8.8】** $\lambda_1, \cdots, \lambda_n$ を正定値エルミート行列 $A \in \mathbb{C}^{n\times n}$ の固有値とするとき, $a_1, \ldots, a_n \geq 0$ に対する相加相乗の不等式 $\sqrt[n]{a_1 \cdots a_n} \leq (a_1 + \cdots + a_n)/n$ を使って，

$$\det A < 4\frac{\lambda_1}{\lambda_n}\left(\frac{\mathrm{tr}\ A}{n}\right)^n$$

を示せ．

# 第 3 章 連立一次方程式と行列のノルム

第 2 章では，行列の分解を中心とした代数的な話題を扱った．本章では，それとは対照的に，ベクトルや行列のノルムを用いて，連立一次方程式に関わる解析的な側面を解説する．前章のはじめに述べたように，現実問題の数理モデル化においては未知数がきわめて多い連立一次方程式が現れる．その場合，係数行列は疎行列であることが多い．疎行列とは，その成分のほとんどが 0 であるような行列をいう．どのくらいが 0 であればよいのかについて，正確な定義があるわけではないが，行列のサイズがいくら大きくなっても，1 行につき “せいぜい数個” の非零があるだけで，後はすべて零であるようなものと考えて差し支えない．疎行列を係数行列にもつ連立一次方程式に対しては，前章で考察したガウスの消去法とともに，行列とベクトルの積を計算する操作を反復的に行う解法，すなわち反復法が有効である．その収束についてくわしく議論するためには，ベクトルや行列の大きさを計る概念，すなわちノルムが活躍するのである．

## 3.1 ベクトルのノルム

$\mathbb{C}^n$ や $\mathbb{R}^n$ のベクトルの列 $\{\boldsymbol{x}^{(k)}\}_{k\geq 0} = \{\boldsymbol{x}^{(0)}, \boldsymbol{x}^{(1)}, \ldots\}$ を**点列**と呼ぶ．点列 $\{\boldsymbol{x}^{(k)}\}_{k\geq 0}$ が，ベクトル $\boldsymbol{a}$ に**収束する**とは，$\boldsymbol{x}^{(k)} = (x_i^{(k)})$，$\boldsymbol{a} = (a_i)$ と書いたとき，各成分ごとに，

$$\lim_{k\to\infty} |x_i^{(k)} - a_i| = 0 \qquad (i = 1, \ldots, n)$$

が成り立つことであり，これを，

$$\lim_{k\to\infty} \boldsymbol{x}^{(k)} = \boldsymbol{a} \quad \text{または} \quad \boldsymbol{x}^{(k)} \to \boldsymbol{a} \quad (k \to \infty)$$

と表記する．

いろいろな目的のため，点列の収束を “ノルム” を用いて定義しておくと便利である．ノルムの選択が単なる便宜でしかない問題も多いが，一方で，うまくノルムを選択することにより，はじめて解析が可能になる問題も，やは

り多いのである．本節では，ベクトルのノルムに関する基本事項をまとめる．

なお，$\mathbb{R}^n$ は，$\mathbb{C}^n$ の特別な場合であるが，それでも，問題によっては，$\mathbb{R}^n$ を個別で考えた方が便利であったり，あるいは，そうすることが本質的であったりする．したがって，本節では，$\mathbb{K}=\mathbb{C}$ または $\mathbb{K}=\mathbb{R}$ として，各々を区別して考える．これは，ほとんどの場合，単なる記号の置き換えでしかないが，行列の固有値や固有ベクトルが関係する部分では，$\mathbb{C}^n$ と $\mathbb{R}^n$ において"違い"が出てくるので注意してほしい．

**定義 3.1.1**（$\mathbb{K}^n$ **のノルム**） $\mathbb{K}^n$ 上の実数値関数 $\|\cdot\|:\mathbb{K}^n\to\mathbb{R}$ が，次の 3 つの条件を満たすとき，$\mathbb{K}^n$ の**ノルム**であるという．

(1) **正値性.** $\|\boldsymbol{x}\|\geq 0$ $(\boldsymbol{x}\in\mathbb{K}^n)$，かつ $\|\boldsymbol{x}\|=0$ ならば $\boldsymbol{x}=\boldsymbol{0}$.

(2) **同次性.** $\|\alpha\boldsymbol{x}\|=|\alpha|\|\boldsymbol{x}\|\quad(\boldsymbol{x}\in\mathbb{K}^n,\ \alpha\in\mathbb{K})$.

(3) **三角不等式.** $\|\boldsymbol{x}+\boldsymbol{y}\|\leq\|\boldsymbol{x}\|+\|\boldsymbol{y}\|\quad(\boldsymbol{x},\boldsymbol{y}\in\mathbb{K}^n)$. □

**命題 3.1.2**（$p$ **ノルム**） $1\leq p\leq\infty$ に対して，

$$\|\boldsymbol{x}\|_p=\begin{cases}\left(\displaystyle\sum_{i=1}^n|x_i|^p\right)^{1/p} & (1\leq p<\infty),\\ \displaystyle\max_{1\leq i\leq n}|x_i| & (p=\infty)\end{cases}\qquad(\boldsymbol{x}=(x_i)\in\mathbb{K}^n)$$

は $\mathbb{K}^n$ のノルムとなる（$p=\infty$ のときは，**最大値ノルム**という）．さらに，$1\leq p<q\leq\infty$ に対して，

$$\|\boldsymbol{x}\|_q\leq\|\boldsymbol{x}\|_p\leq n^{\frac{1}{p}-\frac{1}{q}}\|\boldsymbol{x}\|_q\quad(\boldsymbol{x}\in\mathbb{K}^n)\tag{3.1}$$

が成り立つ（一般に，$r=\infty$ のときは $1/r=0$ と解釈する）． □

**証明** 正値性と同次性は明らかなので，三角不等式のみ示す．$p=1,\infty$ の場合は演習とし (問題 3.1.12)，$1<p<\infty$ の場合を考える．$\boldsymbol{x}=\boldsymbol{0}$ または $\boldsymbol{y}=\boldsymbol{0}$ のときは明らかなので，$\boldsymbol{x}=(x_i)\neq\boldsymbol{0}$ かつ $\boldsymbol{y}=(y_i)\neq\boldsymbol{0}$ とする．このとき，$1/p+1/q=1$ とすると，後で示すヘルダーの不等式（命題 3.1.3）から，

$$\|\boldsymbol{x}+\boldsymbol{y}\|_p^p=\sum_{i=1}^n|x_i+y_i|^p\leq\sum_{i=1}^n|x_i+y_i|^{p-1}(|x_i|+|y_i|)$$

$$\le \left(\sum_{i=1}^{n}|x_i+y_i|^{q(p-1)}\right)^{1/q}\left[\left(\sum_{i=1}^{n}|x_i|^p\right)^{1/p}+\left(\sum_{i=1}^{n}|y_i|^p\right)^{1/p}\right]$$
$$= \|\boldsymbol{x}+\boldsymbol{y}\|_p^{p-1}(\|\boldsymbol{x}\|_p+\|\boldsymbol{y}\|_p).$$

この両辺を $\|\boldsymbol{x}+\boldsymbol{y}\|_p^{p-1}$ で割れば，三角不等式が出る．

次に，(3.1) を示す．$1 \le p < q < \infty$ とする．まず，明らかに $\|\boldsymbol{x}\|_\infty \le \|\boldsymbol{x}\|_p$ が成り立つ．したがって，

$$\|\boldsymbol{x}\|_q^q = \sum_{i=1}^{n}|x_i|^p|x_i|^{q-p} \le \|\boldsymbol{x}\|_\infty^{q-p}\|\boldsymbol{x}\|_p^p \le \|\boldsymbol{x}\|_p^{q-p}\|\boldsymbol{x}\|_p^p = \|\boldsymbol{x}\|_p^q.$$

すなわち，(3.1) の左側の不等式が示せた．次に，後で示すヘルダーの不等式（命題 3.1.3）により，$r, r' \ge 1$，$1/r + 1/r' = 1$ に対して，

$$\|\boldsymbol{x}\|_p^p = \sum_{i=1}^{n}|x_i|^p \cdot 1 \le \left(\sum_{i=1}^{n}|x_i|^{pr}\right)^{1/r}\left(\sum_{i=1}^{n}1^{r'}\right)^{1/r'}.$$

この不等式で，$r = q/p (>1)$ とすると，$\|\boldsymbol{x}\|_p^p \le \|\boldsymbol{x}\|_q^p \cdot n^{p(1/p-1/q)}$ となる．したがって，(3.1) の右側の不等式が示せた．$q = \infty$ の場合も同様．■

**命題 3.1.3（ヘルダー（Hölder）の不等式）** $p, q \ge 1$，$1/p + 1/q = 1$ に対して，

$$|\langle \boldsymbol{x}, \boldsymbol{y}\rangle| \le \|\boldsymbol{x}\|_p\|\boldsymbol{y}\|_q \qquad (\boldsymbol{x}, \boldsymbol{y} \in \mathbb{K}^n) \tag{3.2}$$

が成り立つ．なお，$p = 2$ のときは，すでに登場したコーシー–シュワルツの不等式に他ならない（問題 2.2.6）．□

**証明** $p = 1$，$q = \infty$ の場合は明らかなので，$1 < p, q < \infty$ とする．非自明な場合 $\boldsymbol{x} = (x_i) \neq \boldsymbol{0}$，$\boldsymbol{y} = (y_i) \neq \boldsymbol{0}$ を考えればよい．$\boldsymbol{a} = (a_i)$，$\boldsymbol{b} = (b_i)$ を，$a_i = x_i/\|\boldsymbol{x}\|_p$，$b_i = y_i/\|\boldsymbol{y}\|_p$ で定めると，$\|\boldsymbol{a}\|_p = 1$ かつ $\|\boldsymbol{b}\|_q = 1$ である．このとき，ヤングの不等式（問題 3.1.11）により，

$$|\langle \boldsymbol{a}, \boldsymbol{b}\rangle| \le \sum_{i=1}^{n}|a_i\overline{b_i}| \le \frac{1}{p}\sum_{i=1}^{n}|a_i|^p + \frac{1}{q}\sum_{i=1}^{n}|b_i|^q = \frac{1}{p} + \frac{1}{q} = 1.$$

この不等式に，$a_i$ と $b_i$ の定義を代入すれば，示すべき (3.2) を得る．■

**注意 3.1.4** $A \in \mathbb{K}^{n\times n}$ を正則行列，$\|\cdot\|$ を $\mathbb{K}^n$ のノルムとするとき，$|||\boldsymbol{x}||| = \|A\boldsymbol{x}\|$ は $\mathbb{K}^n$ の新たなノルムとなる．とくに，$\mathbb{K}^n$ には無数にノルムが存在する． □

**命題 3.1.5** $\|\cdot\|$ を $\mathbb{K}^n$ のノルムとすると，

$$| \, \|\boldsymbol{x}\| - \|\boldsymbol{y}\| \, | \le \|\boldsymbol{x} - \boldsymbol{y}\| \qquad (\boldsymbol{x}, \boldsymbol{y} \in \mathbb{K}^n) \tag{3.3}$$

が成り立つ． □

**証明** 三角不等式により，$\|\boldsymbol{x}\| = \|(\boldsymbol{x}-\boldsymbol{y})+\boldsymbol{y}\| \le \|\boldsymbol{x}-\boldsymbol{y}\| + \|\boldsymbol{y}\|$．すなわち，$\|\boldsymbol{x}\| - \|\boldsymbol{y}\| \le \|\boldsymbol{x}-\boldsymbol{y}\|$ かつ $\|\boldsymbol{y}\| - \|\boldsymbol{x}\| \le \|\boldsymbol{y}-\boldsymbol{x}\|$． ■

$\mathbb{K}^n$ の部分集合 $D$ で定義された関数 $f: D \to \mathbb{K}$ が $\boldsymbol{a} \in D$ で**連続**とは，

$$\boldsymbol{x} \in D,\ \boldsymbol{x} \to \boldsymbol{a} \quad \Rightarrow \quad |f(\boldsymbol{x}) - f(\boldsymbol{a})| \to 0$$

が成り立つことであり，これを，

$$\lim_{\substack{\boldsymbol{x}\to\boldsymbol{a} \\ \boldsymbol{x}\in D}} f(\boldsymbol{x}) = f(\boldsymbol{a})$$

と書く．定義域 $D$ の各点で連続な関数を，$D$ 上の**連続関数**と呼ぶ．命題 3.1.5 より，ノルムは $\mathbb{K}^n$ 上の連続関数である．また，関数 $f: D \to \mathbb{R}$ に対して，

$$f(\bar{\boldsymbol{x}}) \ge f(\boldsymbol{x}) \quad (\boldsymbol{x} \in D)$$

を満たす $\bar{\boldsymbol{x}} \in D$ が存在するとき，$f(\boldsymbol{x})$ は $\bar{\boldsymbol{x}}$ で最大値 $f(\bar{\boldsymbol{x}})$ をとるといい，$f(\bar{\boldsymbol{x}}) = \max_{\boldsymbol{x}\in D} f(\boldsymbol{x})$ と書く．最小値 $f(\underline{\boldsymbol{x}}) = \min_{\boldsymbol{x}\in D} f(\boldsymbol{x})$ の定義は明らかであろう．

ここで，$\mathbb{K}^n$ の**位相**を復習しておこう．$\boldsymbol{a} \in \mathbb{K}^n$ と $r > 0$ に対して，

$$B_2(\boldsymbol{a}, r) = \{\boldsymbol{x} \in \mathbb{K}^n \mid \|\boldsymbol{x} - \boldsymbol{a}\|_2 < r\},$$
$$\bar{B}_2(\boldsymbol{a}, r) = \{\boldsymbol{x} \in \mathbb{K}^n \mid \|\boldsymbol{x} - \boldsymbol{a}\|_2 \le r\}$$

を，それぞれ，中心 $\boldsymbol{a}$，半径 $r > 0$ の**開球**，**閉球**と呼ぶ（注意 3.1.10 もみよ．また，添字の "2" の意味も，注意 3.1.10 で明らかになる）．$\mathbb{K}^n$ の部分集合 $D$

が**開集合**であるとは，任意の $\boldsymbol{x} \in D$ に対して $B_2(\boldsymbol{x}, r) \subset D$ を満たす $r > 0$ が存在するときをいう．$\boldsymbol{a}$ を含むような開集合を $\boldsymbol{a}$ の**近傍**と呼ぶ．とくに，$B_2(\boldsymbol{a}, r)$ を $\boldsymbol{a}$ の $r$ **近傍**と呼ぶ．一方で，$\mathbb{K}^n$ の部分集合 $E$ が**閉集合**であるとは，$E$ の補集合 $E^c = \mathbb{K}^n \backslash E = \{\boldsymbol{x} \in \mathbb{K}^n \mid \boldsymbol{x} \notin E\}$ が開集合のときをいう．開球は開集合，閉球は閉集合である．開区間は $\mathbb{R}$ の開集合であり，閉区間は閉集合である．$\mathbb{K}^n$ の集合 $D$ に対して，

$$D \subset B_2(\boldsymbol{a}, r) \tag{3.4}$$

を満たす $\boldsymbol{a} \in \mathbb{K}^n$ と $r > 0$ が存在するとき，$D$ は**有界**であるという．このとき，$\boldsymbol{a}$ の取り方はあまり重要ではない．実際，(3.4) が，ある $\boldsymbol{a}$ と $r$ に対して成立しているなら，任意の $\boldsymbol{b} \in \mathbb{K}^n$ に対して，$R = \|\boldsymbol{a} - \boldsymbol{b}\|_2 + r$ と定義すると，$B_2(\boldsymbol{a}, r) \subset B_2(\boldsymbol{b}, R)$ となる．とくに，$D \subset B_2(\boldsymbol{b}, R)$ である．

閉集合を点列によって定義することもできる．$\mathbb{K}^n$ の部分集合 $E$ について，$K$ の要素からなる点列の極限に等しいような点の全体の集合を，$E$ の**閉包**といい，$\overline{E}$ と書く．すなわち，

$$\overline{E} = \{\boldsymbol{x} \in \mathbb{K}^n \mid \boldsymbol{x}^{(k)} \to \boldsymbol{x} \text{となるような } \{\boldsymbol{x}^{(k)}\}_{k \geq 0} \subset E \text{ が存在 }\}.$$

もちろん，$\boldsymbol{x} \in E$ は，点列 $\boldsymbol{x}^{(1)} = \boldsymbol{x}^{(2)} = \cdots = \boldsymbol{x}$ の極限と考えられるから，$\boldsymbol{x} \in \overline{E}$ である．また，これより，$E \subset \overline{E}$ もわかる．$\boldsymbol{x} \in \overline{E}$ であるための必要十分条件は，$\boldsymbol{x}$ の任意の近傍に $E$ の要素が少なくとも 1 つ存在することである（問題 3.1.15）．そして，$E$ が閉集合であるための必要十分条件は，$E = \overline{E}$ となることである（問題 3.1.16）．

本書において，次の命題は頻繁に使われる．

**命題 3.1.6**　$\mathbb{K}^n$ の有界閉集合 $D$ 上で定義された連続関数 $f : D \to \mathbb{R}$ には，最大値 $\max_{\boldsymbol{x} \in D} f(\boldsymbol{x})$ と最小値 $\min_{\boldsymbol{x} \in D} f(\boldsymbol{x})$ が存在する（注意 3.1.10 もみよ）．　□

ただし，多くの読者は，この命題を $\mathbb{R}$，$\mathbb{R}^2$，$\mathbb{R}^n$ の場合にしか学んでいないかもしれない．とはいえ，証明を本書で述べる余裕はないので，各自が自習することを期待する．“有界な実数列は収束する部分列を含む” という，いわゆる，**ボルツアーノ**（Bolzano）–**ワイエルシュトラス**（Weierstrass）**の定理**

や，$\mathbb{K}^n$ の有界閉集合の点列コンパクト性，上限 $\sup_{\boldsymbol{x}\in D} f(\boldsymbol{x})$，下限 $\inf_{\boldsymbol{x}\in D} f(\boldsymbol{x})$ などの重要概念を復習するよい機会となろう．

命題 3.1.6 を用いれば，次の重要な命題を証明できる．

**命題 3.1.7** $\mathbb{K}^n$ の任意の 2 つのノルム $\|\cdot\|$，$|||\cdot|||$ について，

$$M'|||\boldsymbol{x}||| \leq \|\boldsymbol{x}\| \leq M|||\boldsymbol{x}||| \qquad (\boldsymbol{x} \in \mathbb{K}^n) \tag{3.5}$$

を満たすような正定数 $M$ と $M'$ が存在する． □

**証明** (3.5) を示すには，

$$C'\|\boldsymbol{x}\|_2 \leq \|\boldsymbol{x}\|, \quad \|\boldsymbol{x}\| \leq C\|\boldsymbol{x}\|_2 \qquad (\boldsymbol{x} \in \mathbb{K}^{n\times n}) \tag{3.6}$$

を満たす正定数 $C, C'$ が存在することを示せば十分である．

$\boldsymbol{x} = (x_i) \in \mathbb{K}^n$ とする．三角不等式，ノルムの同次性，コーシー–シュワルツの不等式（問題 2.2.6）により，

$$\|\boldsymbol{x}\| \leq \sum_{i=1}^{n} \|x_i \boldsymbol{e}_i\| = \sum_{i=1}^{n} |x_i| \|\boldsymbol{e}_i\| \leq \underbrace{\left(\sum_{i=1}^{n} \|\boldsymbol{e}_i\|^2\right)^{1/2}}_{=C} \|\boldsymbol{x}\|_2$$

となり，(3.6) の右側の不等式が示せた．

次に，$D = \{\boldsymbol{y} \in \mathbb{K}^n \mid \|\boldsymbol{y}\|_2 = 1\}$ とおく．早速，(3.6) の右側の不等式を使うと，$f(\boldsymbol{y}) = \|\boldsymbol{y}\|$ は有界閉集合 $D$ 上の連続関数となることがわかる．したがって，命題 3.1.6 により，$f(\boldsymbol{y})$ には最小値 $C'$ が存在する．$\boldsymbol{0} \notin D$ なので，ノルムの正値性により，$\boldsymbol{y} \in D$ ならば $f(\boldsymbol{y}) > 0$，すなわち，$C' > 0$ である．ここで，$\boldsymbol{0} \neq \boldsymbol{x} \in \mathbb{K}^n$ に対して，$\boldsymbol{y} = \boldsymbol{x}/\|\boldsymbol{x}\|_2$ とおくと，$\boldsymbol{y} \in D$．したがって，$C' \leq \|\boldsymbol{y}\|$．すなわち，$C'\|\boldsymbol{x}\|_2 \leq \|\boldsymbol{x}\|$ となり，(3.6) の左側の不等式が示せた． ■

**注意 3.1.8** $\mathbb{K}^n$ の 2 つのノルム $\|\cdot\|$，$|||\cdot|||$ について，(3.5) を満たすような正定数 $M$ と $M'$ が存在するとき，この 2 つのノルムは**同値**であるという．なお，$M'$ と $M$ は，$n$ に依存してもよい．命題 3.1.7 により，$\mathbb{K}^n$ の任意の 2 つのノルムは同値となる．なお，注意 6.1.22 もみよ． □

**定義 3.1.9**　$\boldsymbol{a} \in \mathbb{K}^n$，$r > 0$ と $1 \leq p \leq \infty$ に対して，

$$B_p(\boldsymbol{a}, r) = \{\boldsymbol{x} \in \mathbb{K}^n \mid \|\boldsymbol{x} - \boldsymbol{a}\|_p < r\},$$
$$\bar{B}_p(\boldsymbol{a}, r) = \{\boldsymbol{x} \in \mathbb{K}^n \mid \|\boldsymbol{x} - \boldsymbol{a}\|_p \leq r\}$$

と定義し，それぞれ，$\|\cdot\|_p$ に関する開球，閉球と呼ぶ（$p = 2$ のときはすでに定義した）．　□

**注意 3.1.10**　開集合，閉集合，近傍，有界集合などを定義した際に用いた開球を，$\|\cdot\|_p$ に関する開球で取り替えれば，$\|\cdot\|_p$ に関する開集合，閉集合，近傍，有界集合が定義される．あるいは，任意の $\mathbb{K}^n$ のノルム $\|\cdot\|$ を考えることで，$\|\cdot\|$ に関する開球，閉球，開集合，閉集合，近傍，有界集合を定義することができる．もちろん，ノルムを取り替えれば，開球や閉球の形は変わる．しかしながら，命題 3.1.7 により，任意の $\mathbb{K}^n$ のノルム $\|\cdot\|$ で定義された開集合，閉集合，有界集合という諸概念はすべて同一である（問題 3.1.14）．より数学的には，これを，$\mathbb{K}^n$ には単一の位相しか定義できないと表現する．とくに，命題 3.1.6 における有界閉集合は，どのノルムで定義されていてもよい．本書の以下の議論では，このことをとくに強調せず，断りなく用いる．なお，注意 6.1.13 もみよ．　□

**【問題 3.1.11】**　ヤング（Young）の不等式 $ab \leq \dfrac{a^p}{p} + \dfrac{b^q}{q}$ $(a, b \geq 0)$ を示せ．ただし，$p, q > 1$，$1/p + 1/q = 1$ である．

**【問題 3.1.12】**　$\|\boldsymbol{x}\|_1$ と $\|\boldsymbol{x}\|_\infty$ が三角不等式を満たすことを示せ．

**【問題 3.1.13】**　$\boldsymbol{x} \in \mathbb{K}^n$ を固定するとき，$\displaystyle\lim_{p\to\infty} \|\boldsymbol{x}\|_p = \|\boldsymbol{x}\|_\infty$ を示せ．

**【問題 3.1.14】**　$\mathbb{K}^n$ において，あるノルム $\|\cdot\|$ により定義された開集合，有界集合は，別のノルム $|||\cdot|||$ を用いても，開集合，有界集合となることを示せ．

**【問題 3.1.15】**　$\mathbb{K}^n$ の部分集合 $E$ について，$\boldsymbol{x} \in \overline{E}$ であるための必要十分条件は，$\boldsymbol{x}$ の任意の $\varepsilon$ 近傍（ただし，$\varepsilon > 0$）に $E$ の要素が少なくとも 1 つ存在することであることを示せ．

**【問題 3.1.16】**　$\mathbb{K}^n$ の部分集合 $E$ が閉集合であるための必要十分条件は，$E = \overline{E}$ であることを示せ．

## 3.2 行列のノルム

前節の記号をそのまま踏襲する．とくに，$\mathbb{K} = \mathbb{C}$ または $\mathbb{K} = \mathbb{R}$ である．$\|\cdot\|$ を $\mathbb{K}^n$ の任意のノルムとして，$A \in \mathbb{K}^{n\times n}$ に対して，関数 $f(\boldsymbol{x}) = \|A\boldsymbol{x}\|$ を考える．命題 3.1.5 より，

$$|f(\boldsymbol{x}) - f(\boldsymbol{y})| = |\ \|A\boldsymbol{x}\| - \|A\boldsymbol{y}\|\ | \leq \|A(\boldsymbol{x} - \boldsymbol{y})\| \quad (\boldsymbol{x}, \boldsymbol{y} \in \mathbb{K}^n)$$

が成り立つ．すなわち，$f(\boldsymbol{x})$ は $\mathbb{K}^n$ の連続関数であり，とくに，$\mathbb{K}^n$ の有界閉集合 $D = \{\boldsymbol{y} \in \mathbb{K}^n \mid \|\boldsymbol{y}\| = 1\}$ 上の連続関数でもある．ゆえに，命題 3.1.6 により，最大値 $L$ が存在する．このとき，

$$L = \max_{\boldsymbol{y}\in D} \|A\boldsymbol{y}\| = \max_{\boldsymbol{x}\in\mathbb{K}^n\setminus\{\boldsymbol{0}\}} \frac{\|A\boldsymbol{x}\|}{\|\boldsymbol{x}\|}$$

である．これにより，次のような定義を導入することができる．

**定義 3.2.1**（**行列ノルム**） $\|\cdot\|$ を $\mathbb{K}^n$ のノルムとする．このとき，（$\|\cdot\|$ に従属する）$\mathbb{K}^{n\times n}$ の**行列ノルム**を，

$$\|A\| = \max_{\boldsymbol{x}\in\mathbb{K}^n\setminus\{\boldsymbol{0}\}} \frac{\|A\boldsymbol{x}\|}{\|\boldsymbol{x}\|} \qquad (A \in \mathbb{K}^{n\times n})$$

で定義する．とくに，$1 \leq p \leq \infty$ に対して，$A$ の行列 $p$ ノルムを

$$\|A\|_p = \max_{\boldsymbol{x}\in\mathbb{K}^n\setminus\{\boldsymbol{0}\}} \frac{\|A\boldsymbol{x}\|_p}{\|\boldsymbol{x}\|_p} \qquad (A \in \mathbb{K}^{n\times n})$$

で定義する． □

**命題 3.2.2** 行列ノルムは次を満たす．

(i) $\|A\| \geq 0$ $(A \in \mathbb{K}^{n\times n})$，かつ $\|A\| = 0$ ならば $A = O$.

(ii) $\|\alpha A\| = |\alpha|\|A\| \quad (A \in \mathbb{K}^{n\times n}, \alpha \in \mathbb{K})$.

(iii) $\|A + B\| \leq \|A\| + \|B\| \quad (A, B \in \mathbb{K}^{n\times n})$.

(iv) $\|AB\| \leq \|A\| \cdot \|B\| \quad (A, B \in \mathbb{K}^{n\times n})$.

(v) $\|A\boldsymbol{x}\| \leq \|A\|\|\boldsymbol{x}\| \quad (A \in \mathbb{K}^{n\times n}, \boldsymbol{x} \in \mathbb{K}^n)$. □

(vi) $\|I\| = 1$.

**証明** (i)–(iii) および (v)，(vi) は，$\mathbb{K}^n$ のノルムの定義と行列ノルムの定義からただちにでる．一方で，(v) より，$\|AB\boldsymbol{x}\| \le \|A\| \cdot \|B\boldsymbol{x}\| \le \|A\| \cdot \|B\| \cdot \|\boldsymbol{x}\|$ $(\boldsymbol{x} \in \mathbb{K}^n)$ が成り立つので，(iv) がわかる． ■

**注意 3.2.3** 一般には, 命題 3.2.2 の (i)–(iv) を満たす実数値関数 $|\!|\!|\cdot|\!|\!| : \mathbb{K}^{n\times n} \to \mathbb{R}$ を行列ノルムという．一方で，$\mathbb{K}^n$ のノルム $\|\cdot\|$ と行列ノルム $|\!|\!|\cdot|\!|\!|$ について，

(v′) $\|A\boldsymbol{x}\| \le |\!|\!|A|\!|\!| \cdot \|\boldsymbol{x}\| \quad (A \in \mathbb{K}^{n\times n}, \boldsymbol{x} \in \mathbb{K}^n)$

が成り立つとき，$\|\cdot\|$ と $|\!|\!|\cdot|\!|\!|$ は互いに**整合**するという．上の定義における $\mathbb{K}^n$ のノルムに従属する行列ノルムは，$\mathbb{K}^n$ のノルムに整合する行列ノルムである．しかしながら，本書では，$\mathbb{K}^n$ のノルムに従属する行列ノルムのみを，行列ノルムと呼ぶ． □

**注意 3.2.4** 命題 3.1.7 により，$\mathbb{K}^n$ の任意の 2 つの行列ノルム $\|\cdot\|$ と $|\!|\!|\cdot|\!|\!|$ について，$C'\|A\| \le |\!|\!|A|\!|\!| \le C\|A\|$ $(A \in \mathbb{K}^n)$ を満たす正定数 $C, C'$ が存在する． □

**定義 3.2.5**（**スペクトル半径** (spectral radius)） $A \in \mathbb{K}^{n\times n}$ の固有値を $\lambda_1, \ldots, \lambda_n$ とするとき，$\rho(A) = \max_{1\le j\le n} |\lambda_j|$ を $A$ の**スペクトル半径**と呼ぶ． □

**命題 3.2.6** $A = (a_{i,j}) \in \mathbb{K}^{n\times n}$ について，次が成り立つ．

(i) $\|A\|_1 = \max_{1\le j\le n} \sum_{i=1}^n |a_{i,j}|$.

(ii) $\|A\|_\infty = \max_{1\le i\le n} \sum_{j=1}^n |a_{i,j}|$.

(iii) $\|A\|_2 = \sqrt{\rho(A^*A)} = \sqrt{\rho(AA^*)}$. □

**証明** (i) 示すべき式の右辺を $\alpha$ とおく．$\boldsymbol{x} \in \mathbb{K}^n$ を任意とすると，

$$\begin{aligned}\|A\boldsymbol{x}\|_1 &= \sum_{i=1}^n \left| \sum_{j=1}^n a_{i,j} x_j \right| \le \sum_{i=1}^n \sum_{j=1}^n |a_{i,j}| \cdot |x_j| \\ &= \sum_{j=1}^n |x_j| \left( \sum_{i=1}^n |a_{i,j}| \right) \le \sum_{j=1}^n |x_j| \alpha = \alpha \|\boldsymbol{x}\|_1.\end{aligned}$$

したがって，

$$\|A\|_1 = \max_{\boldsymbol{x}\in\mathbb{K}^n\setminus\{\boldsymbol{0}\}} \frac{\|A\boldsymbol{x}\|_1}{\|\boldsymbol{x}\|_1} \le \max_{\boldsymbol{x}\in\mathbb{K}^n\setminus\{\boldsymbol{0}\}} \frac{\alpha\|\boldsymbol{x}\|_1}{\|\boldsymbol{x}\|_1} = \alpha.$$

次に，$\alpha = \sum_{i=1}^{n} |a_{i,k}|$ とする．$\boldsymbol{v} = \boldsymbol{e}_k$ と選ぶと，$A\boldsymbol{v} = (a_{1,k},\ldots,a_{n,k})^{\mathrm{T}}$ かつ $\|\boldsymbol{v}\|_1 = 1$ より，$\|A\boldsymbol{v}\|_1 = \sum_{i=1}^{n} |a_{i,k}| = \alpha$．ゆえに，$\|A\|_1 \ge \dfrac{\|A\boldsymbol{v}\|_1}{\|\boldsymbol{v}\|_1} = \alpha$. これらを合わせて，$\|A\|_1 = \alpha$ を得る．

(ii) 示すべき式の右辺を $\alpha$ とおく．$\boldsymbol{x} \in \mathbb{K}^n$ を任意とすると，

$$\begin{aligned}\|A\boldsymbol{x}\|_\infty &= \max_{1\le i\le n} \left|\sum_{j=1}^{n} a_{i,j}x_j\right| \le \max_{1\le i\le n} \sum_{j=1}^{n} |a_{i,j}|\cdot|x_j| \\ &\le \max_{1\le j\le n} |x_j| \cdot \max_{1\le i\le n} \sum_{j=1}^{n} |a_{i,j}| \ = \alpha\|\boldsymbol{x}\|_\infty.\end{aligned}$$

したがって，$\|A\|_\infty \le \alpha$．次に，$\alpha = \sum_{j=1}^{n} |a_{k,j}|$ とする．そして，$\boldsymbol{v} = (v_i) \in \mathbb{K}^n$ を，$a_{k,j} \ne 0$ のときは $v_j = \overline{a_{k,j}}/|a_{k,j}|$，$a_{k,j} = 0$ のときは $v_j = 1$ と定義すると，$\|\boldsymbol{v}\|_\infty = 1$ であり，かつ各 $j$ について $a_{k,j}v_j = |a_{k,j}|$. したがって，

$$\begin{aligned}\|A\|_\infty &\ge \frac{\|A\boldsymbol{v}\|_\infty}{\|\boldsymbol{v}\|_\infty} = \|A\boldsymbol{v}\|_\infty \\ &= \max_{1\le i\le n} \left|\sum_{j=1}^{n} a_{i,j}v_j\right| \ge \left|\sum_{j=1}^{n} a_{k,j}v_j\right| = \sum_{j=1}^{n} |a_{k,j}| = \alpha.\end{aligned}$$

これらを合わせて，$\|A\|_\infty = \alpha$ を得る．

(iii) $\mathbb{K} = \mathbb{C}$ の場合について述べる．$B = A^*A$ とおき（これは半正定値エルミート行列．2.2 節を参照せよ），$\sigma_1 \ge \cdots \ge \sigma_n (\ge 0)$ を $B$ の固有値とする．このとき，ユニタリ行列 $U$ が存在して，$B$ は対角化可能．すなわち，$U^*BU = \mathrm{diag}\,(\sigma_i)$ と書ける．$\boldsymbol{x} \in \mathbb{C}^n$ をとり，$\boldsymbol{y} = U^*\boldsymbol{x}$ とおくと

$$\|\boldsymbol{x}\|_2^2 = \langle \boldsymbol{x},\boldsymbol{x}\rangle = \langle U\boldsymbol{y},U\boldsymbol{y}\rangle = \langle U^*U\boldsymbol{y},\boldsymbol{y}\rangle = \langle \boldsymbol{y},\boldsymbol{y}\rangle = \|\boldsymbol{y}\|_2^2,$$

$$\begin{aligned}\|A\boldsymbol{x}\|_2^2 &= \langle A\boldsymbol{x},A\boldsymbol{x}\rangle = \langle B\boldsymbol{x},\boldsymbol{x}\rangle = \langle BU\boldsymbol{y},U\boldsymbol{y}\rangle = \langle U^*BU\boldsymbol{y},\boldsymbol{y}\rangle \\ &= \langle \mathrm{diag}\,(\sigma_i)\boldsymbol{y},\boldsymbol{y}\rangle = \sum_{i=1}^{n} \sigma_i|y_i|^2 \le \sigma_1\|\boldsymbol{y}\|_2^2.\end{aligned}$$

ゆえに，$\|A\|_2 \leq \sqrt{\sigma_1}$ を得る．

次に，$\boldsymbol{v}$ を $\sigma_1$ の固有ベクトルとすると，

$$\|A\boldsymbol{v}\|_2^2 = \langle A\boldsymbol{v}, A\boldsymbol{v}\rangle = \langle B\boldsymbol{v}, \boldsymbol{v}\rangle = \sigma_1\langle \boldsymbol{v}, \boldsymbol{v}\rangle = \sigma_1\|\boldsymbol{v}\|_2^2.$$

ゆえに，$\|A\|_2 \geq \dfrac{\|A\boldsymbol{v}\|_2}{\|\boldsymbol{v}\|_2} = \sqrt{\sigma_1}$．したがって，$\|A\|_2 = \sqrt{\rho(A^*A)}$ が証明できた．$\|A\|_2 = \sqrt{\rho(AA^*)}$ の証明もまったく同様． ■

**注意 3.2.7** $A$ がエルミート行列あるいは実対称行列ならば，(iii) の証明で，$B = A^*A$ の代わりに，はじめから $A$ を考えることで，$\|A\|_2 = \rho(A)$ を示せる．したがって，このとき，とくに，$\|A\|_2^2 = \|A^*A\|_2 = \|AA^*\|_2$ となる． □

**命題 3.2.8** $\mathbb{C}^{n\times n}$ の行列ノルム $\|\cdot\|$ と $A \in \mathbb{C}^{n\times n}$ に対して，$\rho(A) \leq \|A\|$ が成り立つ． □

**証明** $\lambda \in \mathbb{C}$ を $A$ の任意の固有値，$\boldsymbol{v} \in \mathbb{C}^n$ を対応する固有ベクトルとすると，$|\lambda|\cdot\|\boldsymbol{v}\| = \|\lambda\boldsymbol{v}\| = \|A\boldsymbol{v}\| \leq \|A\|\cdot\|\boldsymbol{v}\|$．すなわち，$\rho(A) \leq \|A\|$ を得る． ■

**注意 3.2.9** $A \in \mathbb{R}^{n\times n}$ については，固有値がすべて実数であるという仮定の下で，$\mathbb{R}^{n\times n}$ の行列ノルム $\|\cdot\|$ についても，命題 3.2.8 の証明方法は適用でき，$\rho(A) \leq \|A\|$ が証明できる．しかし，一般には，実行列であっても，その固有値，固有ベクトルは複素数，複素ベクトルになり得るので，命題 3.2.8 の証明方法は適用できない． □

**命題 3.2.10** $A \in \mathbb{C}^{n\times n}$ と $\varepsilon > 0$ に対して，

$$\|A\| \leq \rho(A) + \varepsilon$$

を満たす $\mathbb{C}^{n\times n}$ の行列ノルム $\|\cdot\| = \|\cdot\|_{A,\varepsilon}$ が存在する． □

**証明** シューア分解（命題 2.8.1）により，$B = U^*AU$ が成り立つような，ユニタリ行列 $U$ と上三角行列 $B$ が存在する．さらに，$\lambda_1, \ldots, \lambda_n$ を $A$ の固有値として，$L = \mathrm{diag}\,(\lambda_i)$ と定義する．このとき，$S = B - L = (s_{i,j})$ は，対角線分が 0 であるような上三角行列である．いま，$0 < \delta < 1$ に対して，

$$D_\delta = \begin{pmatrix} 1 & & & \mathbf{0} \\ & \delta & & \\ & & \ddots & \\ \mathbf{0} & & & \delta^{n-1} \end{pmatrix} = \mathrm{diag}\,(\delta^{i-1})$$

と定義する．そうすると，

$$D_\delta^{-1} S D_\delta = \begin{pmatrix} 0 & \delta s_{1,2} & \cdots & \cdots & \delta^{n-1} s_{1,n} \\ & 0 & \delta s_{2,3} & \cdots & \delta^{n-2} s_{2,n} \\ & & \ddots & & \vdots \\ & & & 0 & \delta s_{n-1,n} \\ \mathbf{0} & & & & 0 \end{pmatrix}$$

となるので，命題 3.2.6 の (ii) より，

$$\begin{aligned} \|D_\delta^{-1} S D_\delta\|_\infty &= \max_{1 \le i \le n-1} \left( \delta |s_{i,i+1}| + \cdots + \delta^{n-i} |s_{i,n}| \right) \\ &\le \delta \max_{1 \le i \le n-1} \left( |s_{i,i+1}| + \cdots + |s_{i,n}| \right) = \delta \|S\|_\infty \end{aligned}$$

がわかる．さらに，$D_\delta^{-1} L D_\delta = L$ を用いると，

$$\begin{aligned} \|D_\delta^{-1} B D_\delta\|_\infty &= \|L + D_\delta^{-1} S D_\delta\|_\infty \\ &\le \|L\|_\infty + \|D_\delta^{-1} S D_\delta\|_\infty \le \rho(A) + \delta \|S\|_\infty \end{aligned}$$

を得る．さて，ここで，$\delta \|S\|_\infty \le \varepsilon$ を満たすように $\delta$ を固定する．そうして，$\mathbb{C}^n$ のノルムを

$$\|\boldsymbol{x}\| = \|D_\delta^{-1} U^* \boldsymbol{x}\|_\infty \qquad (\boldsymbol{x} \in \mathbb{C}^n)$$

と定義する．これに従属する行列ノルムは，

$$\begin{aligned} \|A\| &= \max_{\boldsymbol{x} \in \mathbb{C}^n \setminus \{\mathbf{0}\}} \frac{\|A\boldsymbol{x}\|}{\|\boldsymbol{x}\|} = \max_{\boldsymbol{x} \in \mathbb{C}^n \setminus \{\mathbf{0}\}} \frac{\|D_\delta^{-1} U^* A \boldsymbol{x}\|_\infty}{\|D_\delta^{-1} U^* \boldsymbol{x}\|_\infty} \\ &= \max_{\boldsymbol{y} \in \mathbb{C}^n \setminus \{\mathbf{0}\}} \frac{\|D_\delta^{-1} U^* A U D_\delta \boldsymbol{y}\|_\infty}{\|\boldsymbol{y}\|_\infty} = \|D_\delta^{-1} B D_\delta\|_\infty \le \rho(A) + \varepsilon \end{aligned}$$

を満たす．■

**命題 3.2.11**　$A \in \mathbb{K}^{n \times n}$ が，ある行列ノルムについて $\|A\| < 1$ を満たすならば，$I - A$ は正則であり，

$$\|(I - A)^{-1}\| \leq \frac{1}{1 - \|A\|} \tag{3.7}$$

が成り立つ．□

**証明**　$I - A$ を非正則と仮定する．このとき，$(I - A)\boldsymbol{x} = \boldsymbol{0}$ を満たす $\boldsymbol{x} \neq \boldsymbol{0}$ が存在するが，$A\boldsymbol{x} = \boldsymbol{x}$ より，$\|\boldsymbol{x}\| \leq \|A\| \cdot \|\boldsymbol{x}\|$ を得る．ゆえに，$\|A\| \geq 1$ となり矛盾する．したがって，$I - A$ は正則である．次に，$(I - A)(I - A)^{-1} = I$ を変形すると，$(I - A)^{-1} = I + A(I - A)^{-1}$ となるので，

$$\|(I - A)^{-1}\| \leq \|I\| + \|A\| \cdot \|(I - A)^{-1}\|.$$

これより，(3.7) を得る．■

**注意 3.2.12**　$\rho(A) < 1$ ならば，$I - A$ は正則である．実際，$I - A$ を非正則と仮定すると，$(I - A)\boldsymbol{x} = \boldsymbol{0}$ を満たす $\boldsymbol{x} \neq \boldsymbol{0}$ が存在するが，これは，$A$ が固有値 1 をもつことを意味し，$\rho(A) < 1$ に矛盾する．なお，この事実と，命題 3.2.8 より，$\|A\| < 1$ ならば，$I - A$ は正則となることがただちにわかる．□

**命題 3.2.13**　$A = (a_{i,j}) \in \mathbb{K}^{n \times n}$ と任意の行列ノルム $\|\cdot\|$ に対して，

$$C'\|A\| \leq \max_{1 \leq i,j \leq n} |a_{i,j}| \leq C\|A\|$$

を満たす正定数 $C, C'$ が存在する．とくに，$\|\cdot\|_\infty$ に対しては，$C = 1$, $C' = 1/n$ ととれる．□

**証明**　$\alpha = \max_{1 \leq i,j \leq n} |a_{i,j}|$, $A = (\boldsymbol{a}_1, \ldots, \boldsymbol{a}_n)$ と書く．任意の $1 \leq i, j \leq n$ に対して，$|a_{i,j}| \leq \|\boldsymbol{a}_j\|_\infty = \|A\boldsymbol{e}_j\|_\infty / \|\boldsymbol{e}_j\|_\infty \leq \|A\|_\infty$．したがって，$\alpha \leq \|A\|_\infty$．一方で，命題 3.2.6(ii) より，$\|A\|_\infty = \max_{1 \leq i \leq n} \sum_{j=1}^{n} |a_{i,j}| \leq n\alpha$ なので，$(1/n)\|A\|_\infty \leq \alpha$ を得る．注意 3.2.4 より，$M'\|A\| \leq \|A\|_\infty \leq M\|A\|$ を満たす正定数 $M, M'$ が存在する．これらを合わせれば，示すべき不等式を得る．■

**定義 3.2.14** 行列の列 $A_k = (a_{i,j}^{(k)}) \in \mathbb{K}^{n\times n}$ $(k = 1, 2, \ldots)$ と $A = (a_{i,j}) \in \mathbb{K}^{n\times n}$ に対して，

$$\lim_{k\to\infty} a_{i,j}^{(k)} = a_{i,j} \qquad (1 \le i, j \le n) \tag{3.8}$$

が成り立つとき，$A_k$ は $A$ に収束するといい，$\lim_{k\to\infty} A_k = A$ と書く． □

**命題 3.2.15** $A_k, A \in \mathbb{K}^{n\times n}$ $(k = 1, 2, \ldots)$ に対して，$\lim_{k\to\infty} A_k = A$ となるための必要十分条件は，ある行列ノルム $\|\cdot\|$ に対して，

$$\lim_{k\to\infty} \|A_k - A\| = 0 \tag{3.9}$$

が成り立つことである． □

**証明** 命題 3.2.13 を $A - A_k$ に対して適用すると，$C'\|A - A_k\| \le \max_{1\le i,j\le n} |a_{i,j} - a_{i,j}^{(k)}| \le C\|A - A_k\|$ を得る．これより明らか． ■

**注意 3.2.16** 命題 3.2.11 の仮定の下で，

$$(I - A)^{-1} = \sum_{l=0}^{\infty} A^l = \lim_{k\to\infty} \sum_{l=0}^{k} A^l \tag{3.10}$$

が成り立つ．実際，$I - A^{k+1} = (I - A)(I + A + \cdots + A^k)$ より，

$$\begin{aligned} \left\| (I - A)^{-1} - \sum_{l=0}^{k} A^l \right\| &= \left\| (I - A)^{-1} \left[ I - (I - A^{k+1}) \right] \right\| \\ &\le \|(I - A)^{-1}\| \cdot \|A\|^{k+1}. \end{aligned}$$

この不等式で，$k \to \infty$ とすれば，(3.10) を得る． □

**命題 3.2.17** $A \in \mathbb{C}^{n\times n}$ について，$\lim_{k\to\infty} A^k = O$ と $\rho(A) < 1$ は同値である． □

**証明** $\lim_{k\to\infty} A^k = O$ とする．$\rho(A) \ge 1$ を仮定すると，$A$ の固有値 $\lambda \in \mathbb{C}$ で，$|\lambda| \ge 1$ となるものが存在する．対応する固有ベクトルを $\boldsymbol{v}$ とする．このとき，$\|A^k\| \ge \dfrac{\|A^k \boldsymbol{v}\|}{\|\boldsymbol{v}\|} = \dfrac{|\lambda|^k \|\boldsymbol{v}\|}{\|\boldsymbol{v}\|} = |\lambda|^k$．しかし，$k \to \infty$ のとき，この不等式は成

立しえない．逆に，$\rho(A) < 1$ を仮定する．命題 3.2.10 より，$\varepsilon = \frac{1}{2}(1-\rho(A))$ に対して，$\|A\| \le \rho(A) + \varepsilon$ を満たす行列ノルム $\|\cdot\| = \|\cdot\|_{A,\varepsilon}$ が存在する．このとき，$\|A\| \le \frac{1}{2}(1+\rho(A)) < 1$ であるから，$\|A^k\| \le \|A\|^k \to 0\ (k \to \infty)$．したがって，$A^k \to O\ (k \to \infty)$ を得る． ■

**注意 3.2.18** $A \in \mathbb{R}^{n\times n}$ に対して，$\displaystyle\max_{\boldsymbol{x}\in\mathbb{C}^n\setminus\{\boldsymbol{0}\}} \frac{\|A\boldsymbol{x}\|}{\|\boldsymbol{x}\|}$ と $\displaystyle\max_{\boldsymbol{x}\in\mathbb{R}^n\setminus\{\boldsymbol{0}\}} \frac{\|A\boldsymbol{x}\|}{\|\boldsymbol{x}\|}$ を区別する必要はあるだろうか．実は，$1 \le p \le \infty$ に対して，

$$\max_{\boldsymbol{x}\in\mathbb{C}^n\setminus\{\boldsymbol{0}\}} \frac{\|A\boldsymbol{x}\|_p}{\|\boldsymbol{x}\|_p} = \max_{\boldsymbol{x}\in\mathbb{R}^n\setminus\{\boldsymbol{0}\}} \frac{\|A\boldsymbol{x}\|_p}{\|\boldsymbol{x}\|_p}$$

が成り立つことが知られている[1)]． □

さて，定理 2.4.2 の証明では，符号条件 (2.17) を満たす既約優対角行列が一般化狭義優対角行列であることを用いた．以下では，この証明を述べる．

**定義 3.2.19** $A = (a_{i,j}) \in \mathbb{R}^{n\times n}$ が，$a_{i,j} \ge 0\ (1 \le i,j \le n)$ を満たすことを，$A \ge O$ と書く．また，$\boldsymbol{x} = (x_i) \in \mathbb{R}^n$ が，$x_i \ge 0\ (1 \le i \le n)$ を満たすことを，$\boldsymbol{x} \ge \boldsymbol{0}$ と書く．$A > O$，$\boldsymbol{x} > \boldsymbol{0}$ の意味も同様である． □

**命題 3.2.20** $A = (a_{i,j}) \in \mathbb{R}^{n\times n}$ が，符号条件 (2.17) を満たすとする．このとき，次が成り立つ．

(i) $A$ が狭義優対角行列ならば，$A^{-1} \ge O$．

(ii) $A$ が正則かつ優対角行列ならば，$A^{-1} \ge O$．

(iii) $A$ が正則，優対角かつ既約行列ならば，$A^{-1} > O$． □

**証明** (i) 狭義優対角行列 $A$ を対角成分 $D = \mathrm{diag}\,(a_{i,i})$ と非対角成分 $E = A - D$ に分解する．仮定より，$a_{i,i} > 0$ なので，$D \ge O$ かつ $D^{-1} = \mathrm{diag}\,(1/a_{i,i}) \ge O$．次に，$A = D(I + D^{-1}E)$ と変形して，$G = -D^{-1}E = (g_{i,j})$ と定義すると，

$$g_{i,j} = -\frac{a_{i,j}}{a_{i,i}} \quad (i \ne j), \qquad g_{i,i} = 0$$

なので，仮定より $G \ge O$．さらに，$A$ の狭義優対角性により，

1) M. Crouzeix, A note on the complex and real operator norms of real matrices, *RAIRO Modél. Math. Anal. Numér.* **20** (1986) 427–428.

$$\sum_{j=1}^{n} |g_{i,j}| = \frac{1}{|a_{i,i}|} \sum_{j \neq i} |a_{i,j}| < 1.$$

すなわち，$\|G\|_\infty < 1$ である．したがって，命題 3.2.11 と注意 3.2.16 により，$I-G$ は正則で，$(I-G)^{-1} = \sum_{k=0}^{\infty} G^k \geq O$．ゆえに，$A^{-1} = (I-G)^{-1}D^{-1} \geq O$．
(ii) 正則な優対角行列 $A$ と $\varepsilon > 0$ に対して，$A_\varepsilon = A + \varepsilon I$ を考える．これは，狭義優対角行列なので，(i) より，$A_\varepsilon^{-1} \geq O$．さらに，問題 3.2.27 より，$\|A^{-1} - A_\varepsilon^{-1}\|_\infty \leq M\varepsilon$ である（$M = 2\|A^{-1}\|_\infty^2$ とおいた）．$A^{-1} = (b_{i,j})$，$A_\varepsilon^{-1} = (b_{i,j}^{(\varepsilon)})$ とおくと，命題 3.2.13 より，任意の $i,j$ に対して，$|b_{i,j} - b_{i,j}^{(\varepsilon)}| \leq \|A^{-1} - A_\varepsilon^{-1}\|_\infty$．これらを合わせて，$-M\varepsilon \leq b_{i,j} - b_{i,j}^{(\varepsilon)} \leq M\varepsilon$．したがって，$b_{i,j} \geq b_{i,j}^{(\varepsilon)} - M\varepsilon \geq -M\varepsilon$．ゆえに，$\varepsilon \to 0$ として，$b_{i,j} \geq 0$．すなわち，$A^{-1} \geq O$ が証明できた．
(iii) 正則な優対角行列 $A$ が，さらに既約であるとして，$A^{-1} > O$ を背理法で示す．すなわち，$A^{-1}$ の第 $j$ 列目 $\boldsymbol{v}$ に 0 が含まれていると仮定して，矛盾を導く．(ii) より，$A^{-1} \geq O$ は既知なので，$\boldsymbol{v} \geq \boldsymbol{0}$ だが，$A$ は正則なので $\boldsymbol{v} \neq \boldsymbol{0}$．したがって，

$$P\boldsymbol{v} = \begin{pmatrix} \tilde{\boldsymbol{v}} \\ \boldsymbol{0} \end{pmatrix} \qquad (\boldsymbol{0} < \tilde{\boldsymbol{v}} \in \mathbb{R}^m, \quad 1 \leq m < n)$$

を満たす置換行列 $P$ が存在する．ここで，

$$B = PAP^{\mathrm{T}} = \begin{pmatrix} B_{1,1} & B_{1,2} \\ B_{2,1} & B_{2,2} \end{pmatrix} \qquad (B_{1,1} \in \mathbb{R}^{m \times m} \text{ など})$$

と書く．いま，$A\boldsymbol{v} = \boldsymbol{e}_j$ なので，$B(P\boldsymbol{v}) = PA\boldsymbol{v} = P\boldsymbol{e}_j \geq \boldsymbol{0}$．これより，$B_{2,1}\tilde{\boldsymbol{v}} \geq \boldsymbol{0}$．一方で，$A$ の非対角成分は，$B$ においても非対角成分なので，(2.17) より，$B_{2,1} \leq O$．したがって，$B_{2,1} = O$ とならざるを得ない．しかし，これは $A$ が可約であることを意味し（問題 2.6.8 をみよ．$P$ と $P^{\mathrm{T}}$ の役割が逆になっていることに注意），矛盾である． ■

**命題 3.2.21** 符号条件 (2.17) を満たす正則な優対角行列 $A \in \mathbb{R}^{n \times n}$ は，一般化狭義優対角行列である． □

**証明**　命題 3.2.20 より，$A^{-1} \geq O$ は既知．$\boldsymbol{e} = (1, \ldots, 1)^{\mathrm{T}} \in \mathbb{R}^n$ とおき，$\boldsymbol{d} = (d_i) \in \mathbb{R}^n$ を，$\boldsymbol{d} = A^{-1}\boldsymbol{e} > \boldsymbol{0}$ と定義する．すると，$A\boldsymbol{d} = \boldsymbol{e} > \boldsymbol{0}$ となるが，この第 $i$ 成分は，$a_{i,i}d_i + \sum_{j \neq i} a_{i,j}d_j > 0$．ゆえに，$a_{i,j}$ の符号も考慮して，$|a_{i,i}|d_i > \sum_{j \neq i} |a_{i,j}|d_j$．すなわち，$A$ は一般化狭義優対角行列である．■

**【問題 3.2.22】**　$A \in \mathbb{C}^{n \times n}$ に対して，半正定値エルミート行列 $A^*A$ の固有値を $0 \leq \sigma_1^2 \leq \cdots \leq \sigma_n^2$ とする（ただし，$\sigma_i \geq 0$）．このとき，$A = U_1 B U_2^*$，$B = \mathrm{diag}\,(\sigma_i)$ を満たすユニタリ行列 $U_1, U_2$ が存在する．この分解を**特異値分解** (singular value decomposition)，$\sigma_1, \ldots, \sigma_n$ を $A$ の**特異値**と呼ぶ．この分解を用いて，$A = UH$ を満たすユニタリ行列 $U$ と，半正定値エルミート行列 $H$ が存在して，$\|A\|_2 = \|H\|_2$，$|\det A| = \det H$ を満たすことを示せ．また，$A$ が正則なら，$H$ は正定値で，$\|A^{-1}\|_2 = \|H^{-1}\|_2$ を満たすことを示せ．

**【問題 3.2.23】**　正定値エルミート行列 $A$ に対して，$0 < \lambda_1 \leq \lambda_2 \leq \cdots \leq \lambda_n$ を固有値とすると，

$$\lambda_2^{n-1} \leq |\det A| \cdot \|A^{-1}\|_2 \leq \lambda_n^{n-1}, \qquad \|A^{-1}\|_2 \leq \frac{\|A\|_2^{n-1}}{|\det A|}$$

が成り立つことを示せ．さらに，一般の正則行列 $A$ に対して，2 番目の不等式が成り立つことを示せ．

**【問題 3.2.24】**　エルミート行列 $A \in \mathbb{C}^{n \times n}$ に対して，$\|A\|_2 = \max_{\boldsymbol{x} \in \mathbb{C}^n \setminus \{\boldsymbol{0}\}} \dfrac{|\langle A\boldsymbol{x}, \boldsymbol{x} \rangle|}{\|\boldsymbol{x}\|_2^2}$ が成り立つことを示せ．

**【問題 3.2.25】**　$\|\boldsymbol{x}\|_2 = \max_{\boldsymbol{y} \in \mathbb{C}^n \setminus \{\boldsymbol{0}\}} \dfrac{|\langle \boldsymbol{x}, \boldsymbol{y} \rangle|}{\|\boldsymbol{y}\|_2}$ を示せ．また，$A \in \mathbb{C}^{n \times n}$ に対して，$\|A\|_2 = \|A^*\|_2$ を示せ．

**【問題 3.2.26】**　正則な $A \in \mathbb{R}^{n \times n}$ に対して，$A_k \in \mathbb{R}^{n \times n}$ $(k = 1, 2, \ldots)$ が $A_k \to A$ $(k \to \infty)$ を満たすとき，次を示せ．

(i)　$k \geq k_0$ ならば $A_k$ も正則になるような，$k_0 \in \mathbb{N}$ が存在する．

(ii)　任意の行列ノルム $\|\cdot\|$ に対して，$k \geq k_0$ のとき，$\|A_k^{-1}A\| \leq 2$．

(iii)　$k \geq k_0$ のとき，$\|A_k^{-1} - A^{-1}\| \leq 2\|A^{-1}\|^2 \cdot \|A - A_k\|$．とくに，$k \to \infty$ のとき，$A_k^{-1} \to A^{-1}$．

**【問題 3.2.27】**　正則な $A \in \mathbb{R}^{n \times n}$ に対して，$B \in \mathbb{R}^{n \times n}$ が $2\|A^{-1}B\| \leq 1$ を満たすとき，$A + B$ も正則であり，$\|(A+B)^{-1} - A^{-1}\| \leq 2\|A^{-1}\|^2\|B\|$ が成り

立つことを示せ.

## 3.3 定常反復法

この節では，連立一次方程式

$$A\boldsymbol{x} = \boldsymbol{b} \qquad \Leftrightarrow \qquad \sum_{j=1}^{n} a_{i,j}x_j = b_i \quad (1 \le i \le n) \tag{3.11}$$

に対する反復的な解法を解説する．ただし，$A = (a_{i,j}) \in \mathbb{R}^{n\times n}$ は係数行列，$\boldsymbol{b} = (b_i) \in \mathbb{R}^n$ は右辺ベクトル，$\boldsymbol{x} = (x_i) \in \mathbb{R}^n$ は解を表す．

**ヤコビ**（Jacobi）**法**：$\boldsymbol{x}^{(0)}$ を初期値として，反復列 $\boldsymbol{x}^{(k)} = (x_i^{(k)})$ $(k = 1, 2, \ldots)$ を次のように生成する．

$$\left\{\begin{array}{ccccccccc}
a_{1,1}x_1^{(k+1)} & + & a_{1,2}x_2^{(k)} & + & \cdots & + & a_{1,n}x_n^{(k)} & = & b_1, \\
a_{2,1}x_1^{(k)} & + & a_{2,2}x_2^{(k+1)} & + & \cdots & + & a_{2,n}x_n^{(k)} & = & b_2, \\
 & & & & & & & \vdots & \\
a_{n,1}x_1^{(k)} & + & a_{n,2}x_2^{(k)} & + & \cdots & + & a_{n,n}x_n^{(k+1)} & = & b_n.
\end{array}\right.$$

すなわち，各 $i = 1, \ldots, n$ に対して，$x_i^{(k+1)}$ は，

$$x_i^{(k+1)} = \frac{1}{a_{i,i}}\left(b_i - \sum_{j\ne i} a_{i,j}x_j^{(k)}\right)$$

により，独立に更新される．したがって，ヤコビ法は並列的，同時的であるといえる．

**ガウス–ザイデル**（Seidel）**法**：$\boldsymbol{x}^{(0)}$ を初期値として，反復列を次のように生成する．

$$\left\{\begin{array}{ccccccccc}
a_{1,1}x_1^{(k+1)} & + & a_{1,2}x_2^{(k)} & + & \cdots & + & a_{1,n}x_n^{(k)} & = & b_1, \\
a_{2,1}x_1^{(k+1)} & + & a_{2,2}x_2^{(k+1)} & + & \cdots & + & a_{2,n}x_n^{(k)} & = & b_2, \\
 & & & & & & & \vdots & \\
a_{n,1}x_1^{(k+1)} & + & a_{n,2}x_2^{(k+1)} & + & \cdots & + & a_{n,n}x_n^{(k+1)} & = & b_n.
\end{array}\right.$$

この方法では，$x_1^{(k+1)}$ の算出はヤコビ法とまったく同じであるが，$x_2^{(k+1)}$ の

算出の際，更新したばかりの $x_1^{(k+1)}$ の値を使って，

$$x_2^{(k+1)} = \frac{1}{a_{2,2}}\left(b_i - a_{2,1}x_1^{(k+1)} - \sum_{j=3}^{n} a_{2,j}x_j^{(k)}\right)$$

とする．同様に，$x_i^{(k+1)}$ の算出において，更新値 $x_1^{(k+1)}, \ldots, x_{i-1}^{(k+1)}$ を使って，

$$x_i^{(k+1)} = \frac{1}{a_{i,i}}\left(b_i - \sum_{j=1}^{i-1} a_{i,j}x_j^{(k+1)} - \sum_{j=i+1}^{n} a_{i,j}x_j^{(k)}\right) \tag{3.12}$$

とする．すなわち，ガウス–ザイデル法は逐次的である．

**SOR**（successive over-relaxation，**逐次過大緩和**）**法：**この方法では，補助変数 $y_i^{(k+1)}$ を (3.12) の右辺で定義し，緩和係数 $\omega$ を用いて，

$$x_i^{(k+1)} = x_i^{(k)} + \omega\left(y_i^{(k+1)} - x_i^{(k)}\right) \qquad (i = 1, \ldots, n)$$

とする．この方法も，逐次的である．また，緩和係数の選び方に恣意性が含まれる．なお，$\omega = 1$ の際，これはガウス–ザイデル法と一致する．

以上 3 つの方法を，行列・ベクトル形式で表現する．そのために，$A$ を対角成分 $D = \mathrm{diag}\,(a_{i,i})$，下三角成分 $E$，上三角成分 $F$ に分解しておく．すなわち，

$$E = \begin{pmatrix} 0 & & & \text{\Large 0} \\ a_{2,1} & 0 & & \\ \vdots & \ddots & \ddots & \\ a_{n,1} & \cdots & a_{n,n-1} & 0 \end{pmatrix}, \quad F = \begin{pmatrix} 0 & a_{1,2} & \cdots & a_{1,n} \\ & \ddots & \ddots & \vdots \\ & & 0 & a_{n-1,n} \\ \text{\Large 0} & & & 0 \end{pmatrix}.$$

このとき，上の 3 つの方法は，それぞれ次のように書ける．

- **ヤコビ法：**$D\boldsymbol{x}^{(k+1)} + (E+F)\boldsymbol{x}^{(k)} = \boldsymbol{b}$.
- **ガウス–ザイデル法：**$(D+E)\boldsymbol{x}^{(k+1)} + F\boldsymbol{x}^{(k)} = \boldsymbol{b}$.
- **SOR 法：**$D\boldsymbol{y}^{(k+1)} + E\boldsymbol{x}^{(k+1)} + F\boldsymbol{x}^{(k)} = \boldsymbol{b}$, $\boldsymbol{x}^{(k+1)} = \boldsymbol{x}^{(k)} + \omega(\boldsymbol{y}^{(k+1)} - \boldsymbol{x}^{(k)})$. あるいは，$\boldsymbol{y}^{(k+1)}$ を消去して，

$$\frac{1}{\omega}(D + \omega E)\boldsymbol{x}^{(k+1)} = \frac{1}{\omega}\left\{(1-\omega)D - \omega F\right\}\boldsymbol{x}^{(k)} + \boldsymbol{b}.$$

次に，これらの方法が収束することを考察するために，反復法の一般的な形を導入しておく．すなわち，係数行列 $A$ を，$A = M - N$ と分解し（ただし，$M$ は正則とする），連立一次方程式 $A\boldsymbol{x} = \boldsymbol{b}$ を，

$$\boldsymbol{x} = \underbrace{M^{-1}N}_{=H}\boldsymbol{x} + \underbrace{M^{-1}\boldsymbol{b}}_{=\boldsymbol{c}}$$

と変形する．この表示に基づき，一般の反復法

$$\boldsymbol{x}^{(k+1)} = H\boldsymbol{x}^{(k)} + \boldsymbol{c} \qquad (k = 0, 1, \ldots) \tag{3.13}$$

を考える．先の 3 つの方法では，次のように選んでいることになる．

- **ヤコビ法**：$M = D$，$N = -(E + F)$.
- **ガウス–ザイデル法**：$M = D + E$，$N = -F$.
- **SOR 法**：$M = \dfrac{1}{\omega}(D + \omega E)$，$N = \dfrac{1}{\omega}\{(1 - \omega)D - \omega F\}$.

**注意 3.3.1** (3.13) の形の反復法を**定常反復法**と呼ぶ．一方で，各反復において反復行列が変化する場合，たとえば，$\boldsymbol{x}^{(k+1)} = H^{(k)}\boldsymbol{x}^{(k)} + \boldsymbol{c}^{(k)}$ の形の反復法を，非定常反復法と呼ぶ．**非定常反復法**の代表例には，第 9 章で解説する共役勾配法がある． □

**定理 3.3.2** 任意の $\boldsymbol{x}^{(0)} \in \mathbb{R}^n$ と任意の $\boldsymbol{b} \in \mathbb{R}^n$ に対して，(3.13) で定義された反復列 $\boldsymbol{x}^{(k)}$ が，$k \to \infty$ のとき，$A\boldsymbol{x} = \boldsymbol{b}$ の解 $\boldsymbol{x}$ に収束するための必要十分条件は，$\rho(H) < 1$ が成り立つことである． □

**証明** $\boldsymbol{x}^{(k)} - \boldsymbol{x} = H\boldsymbol{x}^{(k-1)} + \boldsymbol{c} - \boldsymbol{x} = H(\boldsymbol{x}^{(k-1)} - \boldsymbol{x}) = H^k(\boldsymbol{x}^{(0)} - \boldsymbol{x})$. したがって，$\rho(H) < 1$ ならば，命題 3.2.17 より，$\boldsymbol{x}^{(k)} \to \boldsymbol{x}$. 逆に，任意の $\boldsymbol{x}^{(0)}$ に対して，$\boldsymbol{x}^{(k)} \to \boldsymbol{x}$ となるためには，$H^k \to O$ が必要である． ■

次の命題により，SOR 法が収束するためには，$0 < \omega < 2$ が必要であることがわかるが，これは十分条件ではなく，収束が保証されるわけではない．

**命題 3.3.3** $\omega \leq 0$ または $\omega \geq 2$ のとき，SOR 法は収束しない． □

**証明** $H = M^{-1}N$，$M = \frac{1}{\omega}(D + \omega E)$，$N = \frac{1}{\omega}\{(1 - \omega)D - \omega F\}$ について，

$\omega \notin (0,2)$ のとき，$\rho(H) \geq 1$ を示せばよい．$M, N$ はともに三角行列であり，その行列式は対角成分の積となる．したがって，

$$\begin{aligned}\det(H) &= \det(M^{-1})\det(N)\\ &= \left(\omega^{-n} a_{1,1}\cdots a_{n,n}\right)^{-1}\left[\left(\frac{1-\omega}{\omega}\right)^n a_{1,1}\cdots a_{n,n}\right] = (1-\omega)^n.\end{aligned}$$

一方で，$\lambda_1, \ldots, \lambda_n$ を $H$ の固有値とすると，$\det H = \lambda_1 \cdots \lambda_n$ である（問題 2.8.7）．これらより，$|\lambda_1|\cdots|\lambda_n| = |1-\omega|^n$ なので，$|1-\omega|^n \leq \rho(H)^n$．ゆえに，$\omega \leq 0$ または $\omega \geq 2$ なら，$\rho(H) \geq 1$ である． ■

まず，$A$ が優対角行列の場合の 3 つの反復法の収束性を考察する．それには，次の命題が役に立つ[2)]．

**命題 3.3.4** $A = (a_{i,j})$ を一般化狭義優対角行列または既約優対角行列とし，$M = (m_{i,j})$，$N = (n_{i,j})$ を，次の 3 つの条件を満たす分割 $A = M - N$ とする：

(i) $a_{i,i} n_{i,i} \geq 0 \quad (1 \leq i \leq n)$.

(ii) $|a_{i,j}| = |m_{i,j}| + |n_{i,j}| \quad (1 \leq i, j \leq n, i \neq j)$.

(iii) $M$ は正則.

このとき，$\rho(M^{-1}N) < 1$ が成り立つ． □

**証明** $A$ が既約優対角行列の場合を考える（一般化狭義優対角行列の場合は問題 3.3.11 で扱う）．$\rho(M^{-1}N) < 1$ を背理法で示す．すなわち，

$$M^{-1}N\boldsymbol{v} = \lambda\boldsymbol{v}, \quad \boldsymbol{v} = (v_i) \neq \boldsymbol{0}, \quad |\lambda| \geq 1$$

を仮定して，矛盾を導く．$M\boldsymbol{v} = \lambda^{-1}N\boldsymbol{v}$ の第 $i$ 成分を考えることにより，

$$(m_{i,i} - \lambda^{-1}n_{i,i})v_i = \sum_{j \neq i}(-m_{i,j} + \lambda^{-1}n_{i,j})v_j$$

を得るので，したがって，$|\lambda| \geq 1$ と仮定 (ii) を使って，

$$|m_{i,i} - \lambda^{-1}n_{i,i}| \leq \sum_{j \neq i}\left(|m_{i,j}| + |\lambda^{-1}| \cdot |n_{i,j}|\right)\frac{|v_j|}{|v_i|}$$

2) この命題は，2012 年に筆者の講義を受講していた有志数名によるものである．

$$\leq \sum_{j\neq i}\left(|m_{i,j}|+1\cdot|n_{i,j}|\right)\frac{|v_j|}{|v_i|} \leq \sum_{j\neq i}|a_{i,j}|\frac{|v_j|}{|v_i|}. \quad (3.14)$$

ここで，$\alpha = m_{i,i} - \lambda^{-1}n_{i,i} = m_{i,i} - n_{i,i} + (1-\lambda^{-1})n_{i,i} = a_{i,i} + (1-\lambda^{-1})n_{i,i}$ について考えると，

$$|\alpha|^2 = \alpha\overline{\alpha} = |a_{i,i}|^2 + |(1-\lambda^{-1})n_{i,i}|^2 + \underbrace{2\mathrm{Re}\,[a_{i,i}\overline{n_{i,i}(1-\lambda^{-1})}]}_{=\beta}$$

と計算できる．ただし，複素数 $z$ の実部を $\mathrm{Re}\,z$ で，虚部を $\mathrm{Im}\,z$ で表している．オイラー（Euler）の公式

$$e^{ikx} = \cos kx + i\sin kx \qquad (i=\sqrt{-1})$$

を用いて，$\lambda = re^{\theta i} = r(\cos\theta + i\sin\theta)$ $(r \geq 1,\ 0 \leq \theta < 2\pi)$ と書くと，$\beta = 2r^{-1}a_{i,i}n_{i,i}(r-\cos\theta)$ となる．したがって，仮定 (i) のもとで，$\beta \geq 0$，すなわち，$|\alpha| \geq |a_{i,i}|$ となる．ゆえに，(3.14) により，

$$|a_{i,i}| \leq \sum_{j\neq i}|a_{i,j}|\frac{|v_j|}{|v_i|}. \quad (3.15)$$

ここからは，$\mathbb{N}_n = \{1,\ldots,n\}$，$J = \{j \in \mathbb{N}_n \mid |v_j| = \|\boldsymbol{v}\|_\infty\}$ とおき，$J = \mathbb{N}_n$ と $J \subsetneq \mathbb{N}_n$ の場合とを分けて考える．

1) $J = \mathbb{N}_n$ の場合．このとき，$|v_1| = \cdots = |v_n| (\neq 0)$ であるが，(3.15) により，任意の $i \in \mathbb{N}_n$ で，$|a_{i,i}| \leq \sum_{j\neq i}|a_{i,j}|$ が成り立つことになり，狭義不等式 (2.15) が存在することに矛盾する．

2) $J \subsetneq \mathbb{N}_n$ の場合．$k \in J$ を任意に固定する．$j \in J$ なら，$|v_j|/|v_k| = 1$．一方で，$j \notin J$ ならば，$|v_j|/|v_k| < 1$ である．したがって，$j \notin J$ に対して，$a_{k,j} \neq 0$ となるものが存在すると，(3.15) より，$|a_{k,k}| < \sum_{j\neq k}|a_{k,j}|$ が成り立つことになってしまい，$A$ の優対角性に反する．したがって，$j \notin J$ ならば，$a_{k,j} = 0$ である．これは，$A$ が可約であることを意味するので，矛盾である．■

**定理 3.3.5**　$A$ が一般化狭義優対角行列あるいは既約優対角行列ならば，任意の $\boldsymbol{x}^{(0)}$ と任意の $\boldsymbol{b}$ に対して，ヤコビ法および緩和係数を $0 < \omega \leq 1$ としたときの SOR 法の反復列 $\boldsymbol{x}^{(k)}$ は，$k \to \infty$ のとき，$A\boldsymbol{x} = \boldsymbol{b}$ の解 $\boldsymbol{x}$ に収束する．□

**証明**　命題 3.3.4 の仮定 (i), (ii), (iii) を満たすことを確かめればよい．まず，SOR 法について考える．$n_{i,i} = [(1-\omega)/\omega]a_{i,i}$ なので，$0 < \omega \le 1$ のもとで，(i) が成り立つ．一方で，$i < j$ のとき，$m_{i,j} = 0$，$n_{i,j} = -a_{i,j}$，$i > j$ のとき，$m_{i,j} = a_{i,j}$，$n_{i,j} = 0$ なので，(ii) が成り立つ．さらに，一般化狭義優対角行列，既約優対角行列について，対角成分はいずれの場合も非零となる（問題 2.3.7）．したがって，$M$ は正則である．ヤコビ法についても同様に確かめられる．■

引き続き，$A$ が対称行列の場合を考察する．

**定理 3.3.6**　$A$ を正定値実対称行列とする．このとき，任意の $\boldsymbol{x}^{(0)}$ と任意の $\boldsymbol{b}$ に対して，緩和係数を $0 < \omega < 2$ の範囲で選ぶ限りにおいて，SOR 法の反復列 $\boldsymbol{x}^{(k)}$ は，$k \to \infty$ のとき，$A\boldsymbol{x} = \boldsymbol{b}$ の解 $\boldsymbol{x}$ に収束する．□

**証明**　$H = (D+\omega E)^{-1}\{(1-\omega)D - \omega F\}$ について，$\rho(H) < 1$ を示す．$\mu \in \mathbb{C}$ を $H$ の任意の固有値, $\boldsymbol{0} \neq \boldsymbol{v} \in \mathbb{C}^n$ をその固有ベクトルとする．まず, $H\boldsymbol{v} = \mu\boldsymbol{v}$ は,

$$\mu E\boldsymbol{v} + F\boldsymbol{v} = \frac{1-\omega-\mu}{\omega} D\boldsymbol{v}$$

と変形できる．この両辺と $\boldsymbol{v}$ との（$\mathbb{C}^n$ での）内積を次の 2 通りの方法でつくる：

$$\mu\langle E\boldsymbol{v}, \boldsymbol{v}\rangle + \langle F\boldsymbol{v}, \boldsymbol{v}\rangle = \frac{1-\omega-\mu}{\omega}\langle D\boldsymbol{v}, \boldsymbol{v}\rangle, \tag{3.16}$$

$$\overline{\mu}\langle \boldsymbol{v}, E\boldsymbol{v}\rangle + \langle \boldsymbol{v}, F\boldsymbol{v}\rangle = \frac{1-\omega-\overline{\mu}}{\omega}\langle \boldsymbol{v}, D\boldsymbol{v}\rangle. \tag{3.17}$$

一方で，$A = D + E + F$ なので,

$$\langle A\boldsymbol{v}, \boldsymbol{v}\rangle - \langle D\boldsymbol{v}, \boldsymbol{v}\rangle = \langle E\boldsymbol{v}, \boldsymbol{v}\rangle + \langle F\boldsymbol{v}, \boldsymbol{v}\rangle. \tag{3.18}$$

さて，$A$ の実対称性により $\langle \boldsymbol{v}, E\boldsymbol{v}\rangle = \langle F\boldsymbol{v}, \boldsymbol{v}\rangle$ かつ $\langle \boldsymbol{v}, F\boldsymbol{v}\rangle = \langle E\boldsymbol{v}, \boldsymbol{v}\rangle$ である．また，$D$ は実対角行列なので，$\langle \boldsymbol{v}, D\boldsymbol{v}\rangle = \langle D\boldsymbol{v}, \boldsymbol{v}\rangle$ である．このことを使って，(3.16)–(3.18) から，$\langle E\boldsymbol{v}, \boldsymbol{v}\rangle$ と $\langle F\boldsymbol{v}, \boldsymbol{v}\rangle$ を消去すると,

$$(1-|\mu|^2)\langle A\boldsymbol{v}, \boldsymbol{v}\rangle = \left(\frac{2}{\omega} - 1\right)|1-\mu|^2\langle D\boldsymbol{v}, \boldsymbol{v}\rangle \tag{3.19}$$

を得る．ここで，$\mu = 1$ とすると，(3.16) と (3.18) より，$\langle A\boldsymbol{v}, \boldsymbol{v}\rangle = 0$ となり $A$ の正定値性に矛盾する．ゆえに，$\mu \neq 1$ でなければならない．いま，$0 < \omega < 2$ を仮定しているので，このとき，(3.19) の右辺は正．したがって，$1 - |\mu|^2 > 0$，すなわち，$|\mu| < 1$ を得る． ■

**注意 3.3.7** 反復的な解法においては，反復をいつ停止して，そのときの解を近似解として採用するのかどうかという問題がある．(3.13) の形の反復法を考え，$\mathbb{R}^n$ のノルム $\|\cdot\|$ を1つ固定しよう．そして，$\rho = \|H\|$，$\delta_k = \|\boldsymbol{x}^{(k)} - \boldsymbol{x}^{(k-1)}\|$，$e_k = \|\boldsymbol{x}^{(k)} - \boldsymbol{x}\|$ とおく．このとき，$e_{k+1} \le \rho e_k$，$\delta_{k+1} \le \rho \delta_k$，$e_k \le \delta_{k+1} + e_{k+1}$ を示すことができる．これらを合わせると，反復列の相対誤差について，

$$\frac{\|\boldsymbol{x}^{(k)} - \boldsymbol{x}\|}{\|\boldsymbol{x}^{(k)}\|} \le \frac{1}{\|\boldsymbol{x}^{(k)}\|} \frac{1}{1-\rho} \delta_{k+1} \le \frac{\rho}{1-\rho} \cdot \frac{\delta_k}{\|\boldsymbol{x}^{(k)}\|} = \alpha_k \tag{3.20}$$

という見積もりを得る．もちろん，(3.20) において分母は $\|\boldsymbol{x}\|$ とするべきだが，これは未知なので，$k \to \infty$ の際には $\|\boldsymbol{x}\| \approx \|\boldsymbol{x}^{(k)}\|$ を期待して，$\|\boldsymbol{x}^{(k)}\|$ で代用した．そうして，あらかじめ与える許容誤差 $\varepsilon$ に対して，$\alpha_k \le \varepsilon$ となったときの $\boldsymbol{x}^{(k)}$ を，近似解として採用するわけである．ヤコビ法については，$H = -D^{-1}(E+F)$ なので，

$$\|H\|_\infty = \max_{1 \le i \le n} \sum_{j \ne i} \frac{1}{|a_{i,i}|} |a_{i,j}|$$

となり，$\rho$ の値が具体的に計算できる．しかし，ガウス–ザイデル法や SOR 法については，そもそも，この値を計算するのが難しい．なお，実際の計算では，$\alpha_k$ や $\delta_k$ の挙動をていねいに観察した後に，反復を停止すべきである． □

**【問題 3.3.8】** 行列

$$A = \begin{pmatrix} 1 & t & t \\ t & 1 & t \\ t & t & 1 \end{pmatrix}$$

を係数行列とする連立一次方程式に対するヤコビ法が収束するための $t \in \mathbb{R}$ の条件を求めよ．

**【問題 3.3.9】** 行列

$$A = \begin{pmatrix} 3 & 0 & t \\ 7 & 4 & 1 \\ -1 & 1 & 2 \end{pmatrix}$$

を係数行列とする連立一次方程式に対するガウス–ザイデル法が収束するための $t \in \mathbb{R}$ の条件を求めよ．

**【問題 3.3.10】** $A$ を一般化狭義優対角行列とする（すなわち，$AS$ が狭義優対角行列となるような対角行列 $S$ が存在する）．$A$ に対する，ヤコビ法，ガウス–ザイデル法，SOR 法の反復行列を，それぞれ，$H_1, H_2, H_3$ とする．また，$\tilde{A} = AS$ に対する，ヤコビ法，ガウス–ザイデル法，SOR 法の反復行列を，それぞれ，$\tilde{H}_1, \tilde{H}_2, \tilde{H}_3$ とする．このとき，$\rho(H_i) = \rho(\tilde{H}_i)$ $(i = 1, 2, 3)$ を示せ．

**【問題 3.3.11】** $A$ が一般化狭義優対角行列の場合について，命題 3.3.4 を証明せよ．

**【問題 3.3.12】** $A_1, A_2 \in \mathbb{R}^{n \times n}$ を正定値対称行列とする．$\boldsymbol{b}, \boldsymbol{x}^{(0)} \in \mathbb{R}^n$ と $r > 0$ を任意として，反復列 $\boldsymbol{x}^{(1/2)}, \boldsymbol{x}^{(1)}, \boldsymbol{x}^{(3/2)}, \boldsymbol{x}^{(2)}, \ldots$ を，

$$(rI + A_1)\boldsymbol{x}^{(k+1/2)} = (rI - A_2)\boldsymbol{x}^{(k)} + \boldsymbol{b},$$
$$(rI + A_2)\boldsymbol{x}^{(k+1)} = (rI - A_1)\boldsymbol{x}^{(k+1/2)} + \boldsymbol{b}$$

で定義する．このとき，$(A_1 + A_2)^{-1}\boldsymbol{b} = \lim_{k \to \infty} \boldsymbol{x}^{(k)}$ を示せ．

## 3.4　安定性と条件数

はじめに例を用いて本節の動機を説明する．

**【例 3.4.1】** 次の 2 つの連立一次方程式を考える．

$$\text{(a)} \begin{cases} 4.9x_1 - 5.3x_2 = 4.9, \\ 2.5x_1 + 2.7x_2 = 2.5 \end{cases} \qquad \text{(b)} \begin{cases} 4.9x_1 + 5.3x_2 = 4.9, \\ 2.5x_1 + 2.7x_2 = 2.5. \end{cases}$$

解はともに，$x_1 = 1$，$x_2 = 0$ である．次にこれらの方程式において，右辺の第 2 成分の値を 1/100 だけ摂動した問題を考える．

$$\text{(a}'\text{)} \begin{cases} 4.9x_1 - 5.3x_2 = 4.9, \\ 2.5x_1 + 2.7x_2 = 2.51 \end{cases} \qquad \text{(b}'\text{)} \begin{cases} 4.9x_1 + 5.3x_2 = 4.9, \\ 2.5x_1 + 2.7x_2 = 2.51. \end{cases}$$

(a$'$) の解は，$x_1 = \frac{26533}{26480} = 1.0020\cdots$，$x_2 = \frac{49}{26480} = 0.0018\cdots$ であり，解のずれは係数の摂動と同程度（後でもう少し正確に考察する）である．一方，(b$'$) の解は，$x_1 = 3.65$，$x_2 = -2.45$ となり一桁も合っていない．このような現

象の原因は方程式の幾何学的な意味を考えればすぐに説明ができる．すなわち，(a) と (b) はそれぞれ，平面内の 2 直線の交点を求める問題である．(a) の第 1 式（の表す直線）に平行な単位ベクトルは $(0.734, 0.678)^{\mathrm{T}}$（ただし，小数点以下 4 桁目以降は切り捨てた．以下同じ），第 2 式に平行な単位ベクトルは $(0.733, 0.694)^{\mathrm{T}}$ であり，内積を計算すると，$-0.077$ となり，二直線はほとんど直交している．ところが，(b) についても同様に，二直線に平行な単位ベクトルの内積を計算してみると，0.998 となり，二直線はほとんど平行である．したがって，(b) の場合は，一方の直線をわずかにずらしただけで，交点の位置が大きくずれてしまうのである． □

2 元の連立一次方程式ならば，このような幾何学的な考察が可能だが，一般に $n$ 変数の場合の解の挙動は複雑である．そこで，本節では，連立一次方程式

$$A\boldsymbol{x} = \boldsymbol{b} \qquad \Leftrightarrow \qquad \sum_{j=1}^{n} a_{i,j} x_j = b_i \quad (1 \le i \le n) \tag{3.21}$$

の係数 $(A,\ \boldsymbol{b})$ の摂動に対する解の安定性 (stability) を調べる．もちろん，係数行列 $A = (a_{i,j}) \in \mathbb{R}^{n\times n}$ は正則とする．とくに断らない限り，$\mathbb{R}^n$ のノルム $\|\cdot\|$ を 1 つ固定する．

(3.21) の右辺ベクトルを $\boldsymbol{b} + \Delta\boldsymbol{b}$ と摂動し，その結果，解 $\boldsymbol{x}$ が $\boldsymbol{x} + \Delta\boldsymbol{x}$ と摂動を受けたと仮定しよう．このとき，$\Delta\boldsymbol{x}$ は，

$$A(\boldsymbol{x} + \Delta\boldsymbol{x}) = \boldsymbol{b} + \Delta\boldsymbol{b} = A\boldsymbol{x} + \Delta\boldsymbol{b}$$

を満たす．これを変形すると，$\Delta\boldsymbol{x} = A^{-1}\Delta\boldsymbol{b}$ となるので，これより，$\|\Delta\boldsymbol{x}\| \le \|A^{-1}\| \cdot \|\Delta\boldsymbol{b}\|$．これと，$\|\boldsymbol{b}\| = \|A\boldsymbol{x}\| \le \|A\| \cdot \|\boldsymbol{x}\|$ より，

$$\frac{\|\Delta\boldsymbol{x}\|}{\|\boldsymbol{x}\|} \le \|A^{-1}\| \cdot \frac{\|\Delta\boldsymbol{b}\|}{\|\boldsymbol{x}\|} \cdot \frac{\|A\|}{\|A\|} \le \|A^{-1}\| \cdot \|A\| \frac{\|\Delta\boldsymbol{b}\|}{\|\boldsymbol{b}\|} \tag{3.22}$$

を得る．

**定義 3.4.2（行列の条件数 (condition number)）** $A \in \mathbb{R}^{n\times n}$ と $\mathbb{R}^{n\times n}$ の行列ノルム $\|\cdot\|$ に対して，

$$\mathrm{cond}\,(A) = \begin{cases} \|A\| \cdot \|A^{-1}\| & (A \text{ が正則のとき}), \\ \infty & (A \text{ が正則でないとき}) \end{cases}$$

を $A$ の**条件数**と呼ぶ．とくに，$1 \leq p \leq \infty$ に対して，$\mathrm{cond}_p(A) = \|A\|_p \|A^{-1}\|_p$ と表す．なお，条件数は $A \in \mathbb{C}^{n \times n}$ の際にも，まったく同様に定義される．

□

**注意 3.4.3** $A \cdot A^{-1} = I$ より，$\mathrm{cond}(A) \geq 1$ である．等号成立は，$A = kI$ ($k \in \mathbb{R},\ k \neq 0$) のとき，すなわち，$\mathrm{cond}(kI) = 1$．なお，(3.22) は明らかに

$$\frac{\|\Delta \boldsymbol{x}\|}{\|\boldsymbol{x}\|} \leq \mathrm{cond}(A) \frac{\|\Delta \boldsymbol{b}\|}{\|\boldsymbol{b}\|}$$

と書ける．□

**【例 3.4.4】** 次の行列 $A_1, A_2$ の条件数を計算してみる．

$$A_1 = \begin{pmatrix} 4.9 & -5.3 \\ 2.5 & 2.7 \end{pmatrix}, \quad A_2 = \begin{pmatrix} 4.9 & 5.3 \\ 2.5 & 2.7 \end{pmatrix}.$$

この場合，逆行列が $A_1^{-1} = \dfrac{1}{1324}\begin{pmatrix} 135 & 265 \\ -125 & 245 \end{pmatrix}$，$A_2^{-1} = \begin{pmatrix} -135 & 265 \\ 125 & -245 \end{pmatrix}$ と具体的に計算できるので，1 ノルムでの条件数は，

$$\mathrm{cond}_1(A_1) = \|A_1\|_1 \cdot \|A_1^{-1}\|_1 = 8 \times 0.38519 \cdots \leq 3.082,$$
$$\mathrm{cond}_1(A_2) = \|A_2\|_1 \cdot \|A_2^{-1}\|_1 = 8 \times 510 = 4080$$

と計算できる．

例 3.4.1 で考察した問題 (a), (b), (a′), (b′) を再び考えよう．$\boldsymbol{b} = (4.9, 2.5)^{\mathrm{T}}$，$\Delta \boldsymbol{b} = (0, 0.01)^{\mathrm{T}}$，$\boldsymbol{x} = (1, 0)^{\mathrm{T}}$ なので，$\|\boldsymbol{b}\|_1 = 7.4$，$\|\Delta \boldsymbol{b}\|_1 = 0.01$，$\|\boldsymbol{x}\|_1 = 1$ である．したがって，(a) に関しては，$\|\Delta \boldsymbol{x}\|_1 \leq 4.17 \times 10^{-3}$ が保証される．そして，実際に，$\|\Delta \boldsymbol{x}\|_1 = 3.85 \times 10^{-3}$ 程度のずれで解が求まっている．一方で，(b) に関しては，$\|\Delta \boldsymbol{x}\|_1 \leq 5.51$ しか保証されない．実際には，$\|\Delta \boldsymbol{x}\|_1 = 5.1$ のずれを生じている．□

例 3.4.4 が示すように，条件数の大きな係数行列をもつ連立一次方程式は，係数のわずかな摂動が，解において相当に拡大されてしまう恐れがある．そして，条件数が "任意に" 大きい行列は確かに存在する．

**【例 3.4.5】** $n$ 次のヒルベルト（Hilbert）行列 $H_n = (h_{i,j}) \in \mathbb{R}^{n \times n}$ とは，各成

分が

$$h_{i,j} = \frac{1}{i+j-1}$$

で定義される行列のことである．$H$ は正定値対称行列となる (問題 6.4.12)．ヒルベルト行列の条件数は, たとえば, $\mathrm{cond}_1(H_3) = 748$, $\mathrm{cond}_1(H_8) \geq 3.4\times 10^{10}$, $\mathrm{cond}_1(H_{12}) \geq 3.8 \times 10^{16}$ となる．なお，ヒルベルト行列は，けっして悪い例を示すためだけの人工的な行列ではなく，関数の最小自乗近似において，ごく自然な考察から導かれるものである (例 6.4.2 をみよ)．　□

さて，いままでは，係数といっても，右辺ベクトルの摂動のみを考えてきたが，実際には，係数行列に対する摂動も考慮しなければならない．

**定理 3.4.6**　$A \in \mathbb{R}^{n\times n}$ は正則，$\Delta A \in \mathbb{R}^{n\times n}$ は $\|A^{-1}\Delta A\| < 1$ を満たすものとする．このとき，$A + \Delta A$ は正則である．さらに，任意の $\Delta b \in \mathbb{R}^n$ に対して，$(A + \Delta A)\boldsymbol{y} = \boldsymbol{b} + \Delta\boldsymbol{b}$ の一意解を $\boldsymbol{y} \in \mathbb{R}^n$ とすると，$\Delta\boldsymbol{x} = \boldsymbol{y} - \boldsymbol{x}$ は，

$$\frac{\|\Delta\boldsymbol{x}\|}{\|\boldsymbol{x}\|} \leq \frac{\mathrm{cond}\,(A)}{1 - \|A^{-1}\Delta A\|}\left(\frac{\|\Delta A\|}{\|A\|} + \frac{\|\Delta\boldsymbol{b}\|}{\|\boldsymbol{b}\|}\right)$$

を満たす．ただし，$\boldsymbol{x} \in \mathbb{R}^n$ は方程式 $A\boldsymbol{x} = \boldsymbol{b}$ の解である．　□

**証明**　$B = -A^{-1}\Delta A$ とおく．$\|B\| < 1$ より, 命題 3.2.11 が適用できて, $I - B$ は正則で,

$$\|(I - B)^{-1}\| \leq \frac{1}{1 - \|B\|}$$

が成り立つ．したがって，$A + \Delta A = A(I - B)$ も正則であり,

$$\|(A + \Delta A)^{-1}\| \leq \|(I - B)^{-1}\| \cdot \|A^{-1}\| \leq \frac{\|A^{-1}\|}{1 - \|A^{-1}\Delta A\|} \tag{3.23}$$

を得る．次に，$(A + \Delta A)(\boldsymbol{x} + \Delta\boldsymbol{x}) = \boldsymbol{b} + \Delta\boldsymbol{b}$ を変形すると，$\Delta\boldsymbol{x} = (A + \Delta A)^{-1}(\Delta\boldsymbol{b} - \Delta A\boldsymbol{x})$ となる．したがって，(3.23) を用いて，

$$\begin{aligned}\|\Delta\boldsymbol{x}\| &\leq \|(A + \Delta A)^{-1}\|(\|\Delta\boldsymbol{b}\| + \|\Delta A\| \cdot \|\boldsymbol{x}\|)\\ &\leq \frac{\|A^{-1}\|}{1 - \|A^{-1}\Delta A\|}(\|\Delta\boldsymbol{b}\| + \|\Delta A\| \cdot \|\boldsymbol{x}\|).\end{aligned}$$

すなわち，

$$\frac{\|\Delta \boldsymbol{x}\|}{\|\boldsymbol{x}\|} \leq \frac{\|A^{-1}\|}{1-\|A^{-1}\Delta A\|}\left(\frac{\|\Delta \boldsymbol{b}\|}{\|\boldsymbol{x}\|}+\|\Delta A\|\right)$$
$$\leq \frac{\|A^{-1}\|\cdot\|A\|}{1-\|A^{-1}\Delta A\|}\left(\frac{\|\Delta \boldsymbol{b}\|}{\|A\|\cdot\|\boldsymbol{x}\|}+\frac{\|\Delta A\|}{\|A\|}\right).$$

あとは，$\|\boldsymbol{b}\| \leq \|A\|\cdot\|\boldsymbol{x}\|$ を用いれば，示すべき不等式を得る． ■

ガウスの消去法で得られた解には，前節で考察したような定常反復法のように，反復による誤差は混入しない．しかし，定理 3.4.6 が示すように，係数行列と右辺ベクトルを浮動小数点数で近似したときに発生する丸め誤差が，解において，拡大されている可能性は残っている．さらに，実際の計算では，ガウスの消去法の各段階で行われる演算そのものにも，丸め誤差が含まれる．このような丸め誤差の振る舞い（拡大）を，順番にひとつひとつ追いかけていくことは，とても難しく，また，極端な不等式が得られるだけで，あまり実用的でない．そこで，視点を逆（“後ろ向き”）にして，連立一次方程式 (3.21) を，（部分ピボット選択付きの）ガウスの消去法で解き，数値解 $\tilde{\boldsymbol{x}}$ が得られたと仮定しよう．$\tilde{\boldsymbol{x}}$ には，$A$ と $\boldsymbol{b}$ に対する丸め誤差と途中の演算で生ずる丸め誤差の影響が，すべて含まれている．しかし，残差 $\boldsymbol{r}=\boldsymbol{b}-A\tilde{\boldsymbol{x}}$ が十分に小さいという仮定の下で，

$$(A+E)\tilde{\boldsymbol{x}}=\boldsymbol{b}+\boldsymbol{c}, \quad \|E\| \leq \varepsilon_M \alpha \|A\|, \quad \|\boldsymbol{c}\| \leq \varepsilon_M \alpha \|\boldsymbol{b}\| \tag{3.24}$$

を満たす $E \in \mathbb{R}^{n\times n}$，$\boldsymbol{c} \in \mathbb{R}^n$ と $(0<)\alpha \in \mathbb{R}$ の存在が証明できる．ただし，$\alpha$ は次元 $n$ とノルム $\|\cdot\|$ に依存する．また，$\varepsilon_M$ は計算機イプシロンである．このような $E$ と $\boldsymbol{c}$ を後退誤差 (backward error) と呼ぶ．後退誤差の選び方は一意ではない．後退誤差の存在証明は相当に専門的であるので，ここでは述べない（興味のある読者は杉原・室田[15, §2.3] を参照せよ）．なお，このような方針で行う解析を，**後退誤差解析**という．これは，連立一次方程式のみならず，数値解析の各分野で活躍する基本方針である．

**定理 3.4.7**　$A \in \mathbb{R}^{n\times n}$ は正則，連立一次方程式 $A\boldsymbol{x}=\boldsymbol{b}$ を，（部分ピボット選択付きの）ガウスの消去法で解き，数値解 $\tilde{\boldsymbol{x}}$ が得られたとする．$E \in \mathbb{R}^{n\times n}$ と $\boldsymbol{c} \in \mathbb{R}^n$ を，(3.24) を満たす後退誤差とする．このとき，$\|E\| < \|A^{-1}\|^{-1}$ ならば，

$$\frac{\|\tilde{\boldsymbol{x}} - \boldsymbol{x}\|}{\|\boldsymbol{x}\|} \le \frac{2\varepsilon_M \alpha \cdot \mathrm{cond}\,(A)}{1 - \varepsilon_M \alpha \cdot \mathrm{cond}\,(A)}$$

が成り立つ. □

**証明** 仮定より, $\|A^{-1}E\| \le \|A^{-1}\|\cdot\|E\| < 1$ に注意して, 定理 3.4.6 と (3.24) を使う. ■

この定理は, $\varepsilon_M$ が非常に小さい "優秀な" 浮動小数点数系を使っても, $\mathrm{cond}\,(A) \approx (\alpha\varepsilon_M)^{-1}$ となるほど係数行列 $A$ の条件数が大きければ, ガウスの消去法では, よい数値解が得られる保証がないことを意味している.

**【例 3.4.8】** 例 3.4.5 で導入した, ヒルベルト行列 $H_n$ を考え, $\boldsymbol{b} = \left(\sum_{j=1}^{n} h_{ij}\right)$ と定義して, 連立一次方程式 $H_n\boldsymbol{x} = \boldsymbol{b}$ を考えると, この解は $\boldsymbol{x} = (1, \ldots, 1)^{\mathrm{T}}$ である. この方程式を倍精度で実際に求めてみると, $n = 5$ のとき, $x_1 = \cdots = x_5 = 1.000000$ と正しい答えが得られる. しかし, $n = 20$ とすると, $x_1 = 1.000000$, $x_2 = 0.999977$, …, $x_{17} = -35.789650$, …, $x_{20} = 1.479449$ となってしまう. □

**注意 3.4.9** 以上の議論により, あらかじめ行列の条件数がわかれば都合がよいが, これは一般には難しい. ただし, 条件数の厳密な値がわからなくても, おおよその値がわかれば, 上記の定理などを実際の計算に役立てることは可能である. そこで, 種々の条件数の推定方法が研究されている[3]. □

**【問題 3.4.10】** 次の行列 $A$ について $\mathrm{cond}_1\,(A)$ と $\mathrm{cond}_\infty\,(A)$ を計算せよ.

$$A = \begin{pmatrix} 5 & 7 & 3 \\ 7 & 11 & 2 \\ 3 & 2 & 6 \end{pmatrix}.$$

**【問題 3.4.11】** $A \in \mathbb{C}^{n\times n}$ を正則なエルミート行列, $|\lambda_1| \le \cdots \le |\lambda_n|$ をその固有値とすると, $\mathrm{cond}_2\,(A) = |\lambda_n|/|\lambda_1|$ となることを示せ.

**【問題 3.4.12】** $\boldsymbol{x} \in \mathbb{R}^n$ を連立一次方程式 $A\boldsymbol{x} = \boldsymbol{b}$ の一意な解とする. 任意

3) 松尾宇泰・杉原正顯・森正武,「行列の条件数の推定方法の数値的評価」,『日本応用数理学会誌』, 第 7 巻, 第 3 号 (1997) 307–319.

の $\tilde{\boldsymbol{x}} \in \mathbb{R}^n$ に対して，$\boldsymbol{r} = \boldsymbol{b} - A\tilde{\boldsymbol{x}}$ とおくとき，

$$\frac{\|\boldsymbol{x} - \tilde{\boldsymbol{x}}\|}{\|\tilde{\boldsymbol{x}}\|} \le \mathrm{cond}\,(A) \frac{\|\boldsymbol{r}\|}{\|A\tilde{\boldsymbol{x}}\|}$$

が成り立つことを示せ．ただし，$\|\cdot\|$ は，$\mathbb{R}^n$ のノルムである．

**【問題 3.4.13】** $A \in \mathbb{R}^{n\times n}$ を正則とする．このとき，$B \in \mathbb{R}^{n\times n}$ と $\mathbb{R}^{n\times n}$ の行列ノルム $\|\cdot\|$ について，次を示せ．

$$\frac{\|A^{-1} - B\|}{\|A^{-1}\|} \le \min\{\|AB - I\|,\ \|BA - I\|\},$$
$$\|BA - I\| \le \mathrm{cond}\,(A)\|AB - I\| \le \mathrm{cond}\,(A)^2\|BA - I\|.$$

# 第 4 章 非線形方程式

第 2，3 章であつかった $A\boldsymbol{x}=\boldsymbol{b}$ の形に表現できない方程式を非線形方程式という．典型的な例は，$n$ 次の代数方程式 $f(x)=x^n+a_{n-1}x^{n-1}+\cdots+a_1x+a_0=0$ である．$n\geq 2$ のとき，これは非線形方程式となる．そして，$n\geq 5$ のとき，根の公式が存在しないことは有名である．ここで根の公式とは，四則演算と冪根の有限回の適用により根を表現することを意味する．ただし，このような根の公式が仮に存在しても，それに実用的な価値があるという保証はない．たとえば，中学校において二次方程式に対する根の公式を学ぶが，例 1.2.6 でみたように，これは根の数値を具体的に求める際に必ずしも有用ではない．本章では，$f(x)$ としては多項式ばかりでなく，一般の連続関数を考える．いま述べたように，一般には "有限の手続き" で解くことはあきらめなければならない．したがって，反復解法を考えることになる．すなわち，何らかの手順で，数列 $x_0,x_1,\ldots$ を解に収束するように生成し，十分大きな $k$ に対する $x_k$ を近似解として採用するわけである．このような手順の正当性は，実数の完備性および縮小写像の原理によって保証される．さらに，本章では，非線形の連立方程式の解法についても考察する．

## 4.1 $C^k$ 級関数とテイラーの定理

$\mathbb{R}$ の開区間 $I=(a,b)$ 上で定義された連続な関数の全体の集合を $C^0(I)$，あるいは，$C^0((a,b))$ で表す．ただし，関数は実数値をとるもののみを考える[1]．なお，$C^0((a,b))$ では，表記が煩雑になるので，今後はこれを $C^0(a,b)$ と書くことにする．閉区間 $\bar{I}=[a,b]$ に対して，$C^0(\bar{I})$，$C^0[a,b]$ の意味も同様である．一般に，（有界な）区間 $I$ に対して，端点を加えてできる閉区間を $\bar{I}$ と書くことにする．$I$ がもともと閉区間なら，$\bar{I}=I$ である．

開区間 $(a,b)$ において，微分可能（したがって連続）であり導関数も連続であるような関数を，$(a,b)$ **上の $C^1$ 級関数**と呼ぶ．文脈上明らかな場合には，"$(a,b)$ 上の" を省略する．$z$ を含むような開区間を $z$ の**近傍**という．$z$ のある

1)　本書を通じて，関数は実数値のもののみを考える．

近傍で $C^1$ 級の関数を，$z$ **の近傍で** $C^1$ **級**という．$(a,b)$ 上の $C^1$ 級関数全体のなす集合を $C^1(a,b)$ と書く．通常，微分係数は，区間の内部の点において定義されるが，端点でもその値を考慮した方が便利である．そこで，たとえば，$f \in C^1[a,b]$ とは，$[a,b]$ 上で連続，$(a,b)$ で $C^1$ 級であり，さらに，

$$A = \lim_{x \to a+0} f'(x), \qquad B = \lim_{x \to b-0} f'(x)$$

が存在するような関数 $f(x)$ を表すものとする．また，$f'(a) = A$，$f'(b) = B$ と定義して，$f'(x)$ を $[a,b]$ 上の連続関数とみなす．

**注意 4.1.1**　$[a,b]$ 上の関数 $f(x)$ の端点 $x = a, b$ における微分係数の定義としては，$[a,b]$ を含むような開区間 $(a', b')$ をとり，$f(x)$ を $(a', b')$ に拡張した関数 $\tilde{f}(x)$ を考え，$f'(a) = \tilde{f}'(a)$ と $f'(b) = \tilde{f}'(b)$ を採用してもよい．しかし，こうすると，$f(x)$ の形が具体的にわかっていないときに，その拡張 $\tilde{f}(x)$ が明らかではなく，扱いにくいことがある．あるいは，もっと簡単に片側微分 $f'(a) = \lim_{h \to +0} \dfrac{f(a+h) - f(a)}{h}$ を採用してもよい．しかし，この場合，後で現れる (7.82) のような関数を扱うときに面倒である．したがって，本書では，上のような定義を採用する．　□

さて，$I$ を $\mathbb{R}$ の区間として（開区間でも閉区間でもよい），帰納的に，

$$C^k(I) = \{f \in C^{k-1}(I) \mid f^{(k-1)} \in C^1(I)\} \qquad (k = 2, 3, \ldots)$$

および，$f^{(k)} = (f^{(k-1)})'$ と定義する．さらに，

$$C^\infty(I) = \bigcap_{k \geq 0} C^k(I)$$

と書く．$f \in C^k(I)$ を，$I$ 上の $C^k$ **級関数**と呼ぶ．$z$ の近傍で $C^k$ 級の意味も明らかであろう．普通，"滑らかな関数" といったら，文脈上，必要とされる微分可能性をもった関数のことを意味する．したがって，$f \in C^2(a,b)$ を意味していたり，$f \in C^{13}[a,b]$ を意味していたりするので注意が必要である．"十分に滑らかな関数" も，同じ意味で用いられることが多いが，$f \in C^\infty(I)$ を意味することもある．いずれにせよ，文脈をよく吟味する必要がある．

テイラー（Taylor）の定理は，今後の解析においてとくに重要である．通常は，

$$f(x) = \sum_{m=0}^{k-1} \frac{f^{(m)}(x)}{m!}(x-y)^m + \frac{1}{k!}f^{(k)}(x+\theta(y-x))(x-y)^k$$

の形をしている．ただし，$0<\theta<1$ は，$x, y$ に応じて定まる．右辺の第 2 項目を剰余項というが，一般には，$\theta$ の $x, y$ への依存性が具体的でなく，不便なことも多い．その代わりに，剰余項を積分の形で表現しておくとよい．それを導くために，まず，$\varphi \in C^k[0,1]$ に対して，

$$I_k = \frac{1}{(k-1)!}\int_0^1 (1-s)^{k-1}\varphi^{(k)}(s)\, ds$$

と定義する．そうすると，部分積分により，

$$\begin{aligned} I_k &= \frac{1}{(k-1)!}\Big[(1-s)^{k-1}\varphi^{(k-1)}(s)\Big]_0^1 + \frac{1}{(k-2)!}\int_0^1 (1-s)^{k-2}\varphi^{(k-1)}(s)\, ds \\ &= -\frac{1}{(k-1)!}\varphi^{(k-1)}(0) + I_{k-1} = \cdots = -\sum_{m=1}^{k-1}\frac{1}{m!}\varphi^{(m)}(0) + I_1 \\ &= -\sum_{m=1}^{k-1}\frac{1}{m!}\varphi^{(m)}(0) + \varphi(1) - \varphi(0). \end{aligned}$$

すなわち，

$$\varphi(1) = \sum_{m=0}^{k-1}\frac{1}{m!}\varphi^{(m)}(0) + \frac{1}{(k-1)!}\int_0^1 (1-s)^{k-1}\varphi^{(k)}(s)\, ds \qquad (4.1)$$

を得る．一般の区間で定義された関数については，次が成り立つ．

**命題 4.1.2**（テイラーの定理）　$f \in C^k[a,b]$ と，$x, y \in [a,b]$ に対して，

$$\begin{aligned} f(x) = &\sum_{m=0}^{k-1}\frac{f^{(m)}(y)}{m!}(x-y)^m \\ &+ \frac{1}{(k-1)!}\int_0^1 (1-s)^{k-1}(x-y)^k f^{(k)}(y+s(x-y))\, ds \end{aligned} \qquad (4.2)$$

が成り立つ． □

**証明**　$\varphi(s) = f(y+s(x-y))$ と定義すると，$\varphi(1) = f(x)$，$\varphi(0) = f(y)$，さらに，$t = y+s(x-y)$ とおくと，合成関数の微分法により，$\varphi'(s) = f'(t)\cdot(dt/ds) = f'(t)(x-y)$ なので，$\varphi^{(m)}(s) = (x-y)^m f^{(m)}(y+s(x-y))$ となる．これらを (4.1) に代入すると，(4.2) が出る． ■

**【問題 4.1.3】** $f(x)$ が，有界閉区間 $[a,b]$ 上で連続，$(a,b)$ 上で $C^1$ 級，かつ $f(a)=f(b)$ を満たすとき，$f'(c)=0$ を満たす $a<c<b$ が存在することを示せ（**ロル**（Rolle）**の定理**）．

## 4.2　二分法

$\mathbb{R}$ 上の区間 $I$ で定義された実数値関数 $f(x)$ について，方程式

$$f(a)=0, \quad a \in I \tag{4.3}$$

の解 $a$ を計算する方法を考察する．具体的な例が必要な際には，次の例 4.2.1 にあげる方程式を考えることにしよう．

**【例 4.2.1】** 方程式

$$f(a)=e^a-2a-1=0 \tag{4.4}$$

について，解の存在・非存在および，解の個数などを調べておこう．まず，$f'(x)=e^x-2$ により，$f(x)$ は，$x<\log 2$ で（狭義）単調減少，$x>\log 2$ で（狭義）単調増加であるから，したがって，$f(a)=0$ の解の個数は高々 2 個である．$f(0)=0$ なので，$a=0$ は 1 つの解である．一方で，$f(1)=e-3<0$ かつ $f(2)=e^2-5>0$ であるから，区間 $(0,2)$ の間にもう 1 つの解が存在する（図 4.1）．このことは直感的には明らかであろうが，厳密には，以下に述べる中間値の定理からの帰結である．　□

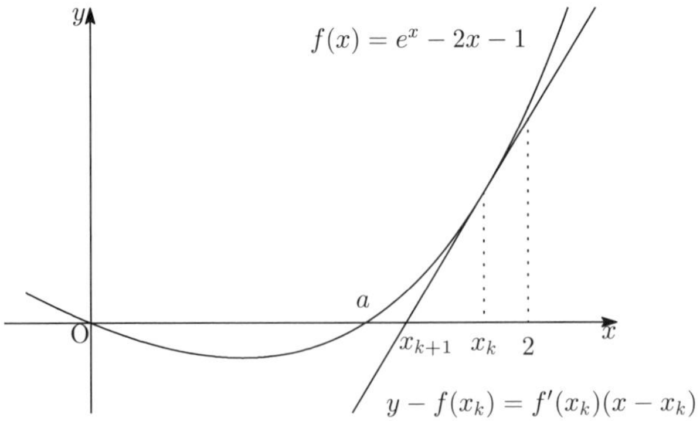


図 4.1　関数 $f(x)=e^x-2x-1$ とニュートン法の例．

**命題 4.2.2（中間値の定理）** $f \in C^0[\alpha, \beta]$ が $f(\alpha)f(\beta) < 0$ を満たすとき（すなわち，$f(\alpha)$ と $f(\beta)$ が異符号のとき），区間 $(\alpha, \beta)$ 内に $f(a) = 0$ を満たす $a$ が（少なくとも 1 つ）存在する． □

**証明** $f(\alpha) > 0$ かつ $f(\beta) < 0$ の場合を考える．$\alpha_0 = \alpha$，$\beta_0 = \beta$ とおく．そして，$k \geq 0$ に対して，漸化的に，$x_k$ と区間 $[\alpha_{k+1}, \beta_{k+1}]$ を，$x_k = \frac{1}{2}(\alpha_k + \beta_k)$，および，

$$[\alpha_{k+1}, \beta_{k+1}] = \begin{cases} [\alpha_k, x_k] & (f(x_k)f(\beta_k) \geq 0 \text{ のとき}) \\ [x_k, \beta_k] & (f(x_k)f(\beta_k) < 0 \text{ のとき}) \end{cases}$$

で定める．このとき，$\alpha_0 \leq \alpha_1 \leq \cdots \leq \alpha_k < \beta_k \leq \cdots \leq \beta_1 \leq \beta_0$ なので，$\{\alpha_k\}$ は上に有界な単調増加列，$\{\beta_k\}$ は下に有界な単調減少列である．したがって，極限値 $\alpha^* = \lim_{k\to\infty} \alpha_k$，$\beta^* = \lim_{k\to\infty} \beta_k$ が存在する．しかし，一方で，$0 < \beta_k - \alpha_k = (1/2)^k(\beta - \alpha)$ より，$a = \alpha^* = \beta^*$ でなければならない．さらに，$f(\alpha_k) \geq 0$ かつ $f(\beta_k) \leq 0$ なので（問題 4.2.4），$f(x)$ の連続性により，$f(a) = \lim_{k\to\infty} f(\alpha_k) \geq 0$ かつ $f(a) = \lim_{k\to\infty} f(\beta_k) \leq 0$ となり，すなわち，$f(a) = 0$ を満たす $a \in (\alpha, \beta)$ の存在が示せた． ■

中間値の定理の証明は，そのまま，近似解法へのヒントになっている．すなわち，はじめに，$f(\alpha_0)$ と $f(\beta_0)$ が異符号になるような区間 $[\alpha_0, \beta_0]$ をみつけておく．ただし，単調性は要請しない．そして，$x_k$ と $[\alpha_{k+1}, \beta_{k+1}]$ を，命題の証明のように定める．$[\alpha_0, \beta_0]$ 内に $f(x) = 0$ の解 $x = a$ がただ 1 つしか存在しないならば，$x_k$ は確かに $a$ の近似となる．この方法を**二分法** (bisection method) という．とくに，

$$|x_k - a| \leq \beta_{k+1} - \alpha_{k+1} = \left(\frac{1}{2}\right)^{k+1} (\beta_0 - \alpha_0)$$

が保証される．これより，$|x_k - a| \leq \varepsilon$ を満たす近似解がほしい場合には，反復回数が $k^* = \dfrac{1}{\log 2} \log \dfrac{|\beta - \alpha|}{\varepsilon}$ 程度必要となることもわかる．

**【例 4.2.3】** 方程式 (4.4) の正の解 $a$ を二分法で計算してみよう．例 4.2.1 の考察により，$\alpha_0 = 0$，$\beta_0 = 2$ とすればよい．結果を表 4.1 に示す． □

**【問題 4.2.4】** 命題 4.2.2 の証明において，$f(\alpha_k) \geq 0$ かつ $f(\beta_k) \leq 0$ を示せ．

表 **4.1** 二分法による (4.4) の正の解 $a$ の計算．

| $k$ | $x_k$ | $\beta_k - \alpha_k$ |
|---|---|---|
| 0 | 1 | 1 |
| 1 | 1.5 | $5.0 \cdot 10^{-1}$ |
| 16 | 1.256423 | $1.5 \cdot 10^{-5}$ |
| 17 | 1.256431 | $7.6 \cdot 10^{-6}$ |

## 4.3 反復法と不動点定理

引き続き，区間 $I \subset \mathbb{R}$ で定義された実数値関数 $f(x)$ について，方程式 (4.3) の解 $a$ を計算する方法を考察する．この節と次節を通じて，$I$ は開区間とする．このような一般の非線形方程式を解く方法として，**ニュートン法** (Newton's method) が有名である．この方法でも，二分法と同じく，初期値 $x_0$ から出発して，反復的に近似列 $x_1, x_2, \ldots$ を生成する．$x_k$ から $x_{k+1}$ の決め方は次の幾何学的な考察に基づいている．すなわち，$y = f(x)$ の $x = x_k$ における接線 $y - f(x_k) = f'(x_k)(x - x_k)$ と $x$ 軸との交点を $x_{k+1}$ とするわけである（図 4.1）．具体的には，

$$x_{k+1} = x_k - \frac{f(x_k)}{f'(x_k)} \tag{4.5}$$

となる．なお，反復列を定義するために，少なくとも $f$ を $C^1$ 級と仮定している．導関数 $f'(x)$ の値が定義域 $I$ の各点で利用できない場合もある．そのような場合には，**簡易ニュートン法** (simplified Newton's method)

$$x_{k+1} = x_k - \frac{f(x_k)}{f'(x_0)} \tag{4.6}$$

が便利である．また，同様の趣旨で，**セカント法** (secant method)

$$x_{k+1} = x_k - \frac{x_k - x_{k-1}}{f(x_k) - f(x_{k-1})} f(x_k) \tag{4.7}$$

や**線形逆補間法** (inverse linear interpolation method)

$$x_{k+1} = x_k - \frac{x_k - x_0}{f(x_k) - f(x_0)} f(x_k) \tag{4.8}$$

を応用することもできる．ただし，これらの方法では，反復を開始するのに初期値が 2 つ $(x_0 \neq x_1)$ 必要となる．また，定数 $\beta$ に対して，

$$x_{k+1} = x_k - \beta f(x_k) \tag{4.9}$$

を**緩和反復法** (relaxation iteration method) と呼ぶ．

これらの反復法は，すべて $x_{k+1} = x_k - \varphi(x_k)f(x_k)$ の形をしている．さらに，$g(x) = x - \varphi(x)f(x)$ とおけば，

$$x_{k+1} = g(x_k) \tag{4.10}$$

の形をしている．近似列 $x_0, x_1, \ldots$ が $a$ に収束するならば，$a = g(a)$ が成り立つはずである．この $a$ を $g(x)$ の**不動点**と呼ぶ．明らかに，

$$f(a) = 0 \quad \Leftrightarrow \quad a = g(a)$$

である．本節では，一般の反復法 (4.10) が収束するための $g(x)$ と $x_0$ についての条件を考察する．収束性を根底で保証しているのは，次に述べる**実数の完備性**である（証明は各自で復習してほしい）．

**命題 4.3.1（実数の完備性）** 実数の数列 $\{x_k\}_{k\geq 0}$ が，$|x_k - x_m| \to 0$ $(m, k \to \infty)$ を満たすとき（すなわち，**コーシー列**であるとき），$a = \lim_{k\to\infty} x_k$ を満たす $a \in \mathbb{R}$ が（一意的に）存在する．また，収束する数列は，コーシー列である． □

二分法がそうであったように，方程式の近似解の構成と解の存在は，表裏一体の関係にある．

**命題 4.3.2（縮小写像の定理）** 区間 $I \subset \mathbb{R}$ 上で定義された関数 $g(x)$ に対して，次の (H1) と (H2) を満たす閉区間 $J \subset I$ と定数 $0 < \lambda < 1$ の存在を仮定する：

(H1) $g(x) \in J \quad (x \in J)$.

(H2) $|g(x) - g(x')| \leq \lambda |x - x'| \quad (x,\ x' \in J)$.

このとき，次の 2 つが成立する：

(i) $g(x)$ には唯一の不動点 $a \in J$ が存在する；$a = g(a)$.

(ii) 初期値を $x_0 \in J$ と選ぶ限りにおいて，反復法 $x_{k+1} = g(x_k)$ によって $J$ 内の数列 $\{x_k\}_{k\geq 0}$ が生成され，$|x_k - a| \leq \dfrac{1}{1-\lambda}\lambda^k|x_1 - x_0|$ が成り立つ．とくに，$a = \lim_{k\to\infty} x_k$ である． □

**証明**　まず，(H1) により，(ii) のような数列 $\{x_k\}_{k\geq 0}$ は確かに定義できるが，さらに，(H2) により，

$$|x_{k+1} - x_k| = |g(x_k) - g(x_{k-1})| \leq \lambda|x_k - x_{k-1}| \leq \cdots \leq \lambda^k|x_1 - x_0|.$$

ここで，$k > m$ とすると，

$$\begin{aligned} |x_k - x_m| &\leq |x_k - x_{k-1}| + |x_{k-1} - x_{k-2}| + \cdots + |x_{m+1} - x_m| \\ &\leq (\lambda^{k-1} + \lambda^{k-2} + \cdots + \lambda^m)|x_1 - x_0| \\ &= \lambda^m \frac{1-\lambda^{k-m}}{1-\lambda}|x_1 - x_0| \leq \frac{\lambda^m}{1-\lambda}|x_1 - x_0|. \end{aligned} \tag{4.11}$$

これより，$k, m \to \infty$ の際，$|x_k - x_m| \to 0$ となり，ゆえに，$\{x_k\}_{k\geq 0}$ はコーシー列となる．したがって，実数の完備性により，$a = \lim_{k\to\infty} x_k$ を満たす $a \in \mathbb{R}$ が存在する．このとき，$a \in J$ となる．実際，$J = [\alpha, \beta]$ とおいて，$a > \beta$ を仮定しよう．ところが，十分大きな $k$ で，$0 < a - x_k \leq (a-\beta)/2$ となるものが存在するが，一方で，$a - x_k = (a-\beta) + (\beta - x_k) > (a-\beta)/2$ なので，これらは矛盾である．$a < \alpha$ の場合も同様．したがって，$\alpha \leq a \leq \beta$，すなわち，$a \in J$ である．

次に，(H2) より，$g(x)$ は連続関数なので，

$$a = \lim_{k\to\infty} x_{k+1} = \lim_{k\to\infty} g(x_k) = g\left(\lim_{k\to\infty} x_k\right) = g(a).$$

また，(4.11) で $k \to \infty$ とすれば，$|x_m - a| \leq \dfrac{1}{1-\lambda}\lambda^m|x_1 - x_0|$ を得る．

最後に，一意性を確認するために，$b \neq a$，$b = g(b)$ を仮定する．すると，再び (H2) により，$0 < |a-b| = |g(a) - g(b)| \leq \lambda|a-b| < |a-b|$ となり，これは矛盾である． ■

**定義 4.3.3**（リプシッツ（Lipschitz）連続）　$\lambda > 0$ に対して，(H2) を満たす関数 $g(x)$ を，$J$ における**リプシッツ連続関数**という．また，$\lambda$ を**リプシッツ係数**という．とくに，$0 < \lambda < 1$ が成り立つとき，$g(x)$ を $J$ における**縮小写像**という． □

**命題 4.3.4** 関数 $g(x)$ には，唯一の不動点 $a = g(a)$ が存在すると仮定する．そして，$g(x)$ は $a$ の近傍で $C^1$ 級であり，$|g'(a)| < 1$ を満たすとする．このとき，$\delta > 0$ を十分小さく選ぶことで，$J = [a - \delta, a + \delta]$ と $g$ が，命題 4.3.2 の条件 (H1) と (H2) を満たすようにできる．とくに，$\lambda = (1/2)(1 + |g'(a)|)$ ととれる．したがって，命題 4.3.2 の (ii) が成立する． □

**証明** $g'$ の連続性により，

$$|x - a| \le \delta \quad \Rightarrow \quad |g'(x) - g'(a)| \le \frac{1 - |g'(a)|}{2}$$

を満たす $\delta > 0$ が存在する．三角不等式 $|A| - |B| \le |A - B|$ を用いて，$(1 - |g'(a)|)/2 \ge |g'(x) - g'(a)| \ge |g'(x)| - |g'(a)|$．ゆえに，$J = [a - \delta, a + \delta]$ とおくと，

$$x \in J \quad \Rightarrow \quad |g'(x)| \le \frac{1 - |g'(a)|}{2} + |g'(a)| = \frac{1 + |g'(a)|}{2} = \lambda < 1.$$

$x, x' \in J$，$x \ge x'$ とする．微分積分学の基本定理により，

$$|g(x) - g(x')| = \left| \int_{x'}^{x} g'(y)\, dy \right| \le \int_{x'}^{x} |g'(y)|\, dy \le \lambda |x - x'|$$

となり，(H2) が成り立つ．一方で，$x \in J$ とすると，

$$|g(x) - a| = |g(x) - g(a)| \le \lambda |x - a| \le \lambda\delta < \delta.$$

すなわち，$g(x) \in J$ なので，(H1) が成り立つ． ■

**注意 4.3.5** 命題 4.3.4 の証明ですでに用いたが，$g \in C^1[a, b]$ ならば，$g(x)$ は，$[a, b]$ でリプシッツ連続となる．とくに，$\lambda = \max_{a \le x \le b} |g'(x)|$ である． □

**【例 4.3.6】** 方程式 (4.4) の正の解 $a$ を，次の方法で計算する．

(A) ニュートン法　　(B) 簡易ニュートン法

(C) $x_{k+1} = g_1(x_k) = \log(2x_k + 1)$　　(D) $x_{k+1} = g_2(x_k) = e^{x_k} - x_k - 1$

求める解は $a = 1.256431208626\cdots$ なので，$|x_k - a| \le 10^{-5}$ となる最小の $k$ を計算する（表 4.2）．(C) は収束するが，(D) は収束しない．これは次のように説明できる．まず，$g_1'(x) = \dfrac{2}{2x + 1}$ は $x > 0$ で単調減少なので，たとえば，$J = [1, \infty)$ ととると，$0 < g_1'(x) \le 2/3$ $(x \in J)$．とくに，$|g_1'(a)| \le 2/3$

(実際には，$g_1'(a) \approx 0.5714$)．一方で，$g_2'(x) = e^x - 1$ は単調増加関数なので，$g_2'(a) > g_2'(1) = e - 1 > 1$．したがって，問題 4.3.16 より，いかなる初期値 $x_0$ から出発してもこの反復法は収束しない．□

**表 4.2** $|x_k - a| \le 10^{-5}$ となる最小の $k$ (例 4.3.6)．

| | (A) | (B) | (C) | (D) |
|---|---|---|---|---|
| $x_0 = 2$ | 5 | 31 | 20 | — |
| $x_0 = 5$ | 8 | 1049 | 21 | — |

例 4.3.6 が示唆するように，ニュートン法とそれ以外の方法では，収束の様子が大きく異なる．これを区別するために，次の定義を述べる．

**定義 4.3.7** $p > 1$ とする．数列 $\{x_k\}_{k\ge 0}$ が，$a$ に $p$ **次収束** (convergence of order $p$) するとは，

$$|x_k - a| \le Cr^{p^{k-k_0}} \qquad (k \ge k_0)$$

を満たすような $0 \le k_0 \in \mathbb{Z}$，$C > 0$，$0 < r < 1$ が存在することである．また，

$$|x_k - a| \le Cr^{k-k_0} \qquad (k \ge k_0)$$

が成り立つときを**線形収束**あるいは**一次収束**と呼ぶ．□

**注意 4.3.8** 線形収束と $p$ 次収束は，まったく異なる概念であり，線形収束を $p$ 次収束の特別な場合と考えるのは誤りである．たとえば，$\{x_k\}_{k\ge 0}$ を $a$ に 2 次収束する数列として，新しい数列 $\{y_k\}_{k\ge 0}$ を，$y_k = x_{2k}$ で定義すると，これは（簡単のため $k_0 = 0$ とする)，

$$|y_k - a| = |x_{2k} - a| \le Cr^{2^{2k}} = Cr^{4^k}$$

を満たし，$a$ に 4 次収束する．同様の考え方で，$p(> 1)$ 次収束する数列から $q(> 1)$ 次収束する数列をつくることができる．もちろん，これは，$\{x_k\}_{k\ge 0}$ を解釈し直しただけであり，本質的に収束が加速されているわけではない．

しかし，線形収束は，どのように解釈しても，線形収束しかしない． □

**注意 4.3.9** 命題 4.3.2 の仮定を満たす反復法 $x_{k+1} = g(x_k)$ で生成された数列は線形収束する． □

**命題 4.3.10** 命題 4.3.2 と同じ仮定の下で，さらに，整数 $p \geq 2$ に対して，$g \in C^p(J)$ かつ

$$g'(a) = \cdots = g^{(p-1)}(a) = 0 \tag{4.12}$$

を仮定する．このとき，$\{x_k\}_{k\geq 0}$ は $a$ に $p$ 次収束する． □

**証明** (4.12) と命題 4.1.2 により，$x \in J$ に対して，

$$g(x) = g(a) + \frac{1}{(p-1)!}\int_0^1 (1-s)^{p-1}(x-a)^p g^{(p)}(a+s(x-a))\, ds.$$

したがって，$k \geq 0$ ならば，

$$\begin{aligned}
|x_{k+1} - a| &= |g(x_k) - g(a)| \\
&\leq \int_0^1 (1-s)^{p-1}|x_k - a|^p |g^{(p)}(a + s(x_k - a))|\, ds \\
&\leq |x_k - a|^p \underbrace{\max_{y\in J}|g^{(p)}(y)| \int_0^1 (1-s)^{p-1}\, ds}_{=M}.
\end{aligned}$$

これを用いると，$l, m \geq 0$ に対して，

$$\begin{aligned}
|x_{l+m} - a| &\leq M|x_{l+m-1} - a|^p \leq M \cdot M^p |x_{l+m-2} - a|^{p^2} \\
&\leq \cdots \leq M^{1+p+\cdots+p^{l-1}}|x_m - a|^{p^l} \\
&= \left(M^{\frac{1}{p-1}}|x_m - a|\right)^{p^l - 1}|x_m - a|
\end{aligned}$$

が成り立つ．ここで，$0 < r < 1$ を任意に固定する．$m \to \infty$ のとき，$x_m$ は $a$ に収束するので，$m$ を十分に大きくすれば，$M^{\frac{1}{p-1}}|x_m - a| < r$ とできる．以下，このような $m$ を 1 つ固定する．このとき，$k = l + m$ とおくと，$k \geq m$ のとき，

$$|x_k - a| \leq r^{p^{k-m}-1}|x_m - a| = r^{p^{k-m}} \underbrace{r^{-1}|x_m - a|}_{=C} = Cr^{p^{k-m}}$$

が成り立つ．すなわち，$x_k$ は $a$ に $p$ 次収束する． ■

**注意 4.3.11** 上の命題の証明により，

$$|x_{k+1} - a| \le M|x_k - a|^p, \quad p > 1$$

を満たす収束数列（$\lim_{k\to\infty} x_k = a$）は，$a$ に $p$ 次収束する． □

次に，ニュートン法の収束と収束の速さをくわしく調べる．

**定理 4.3.12（ニュートン法の収束）** $f \in C^2(I)$ に対して，方程式 $f(a) = 0$ には唯一の解 $a \in I$ が存在するとする．$f'(a) \ne 0$ を仮定する．このとき，ニュートン法 $x_{k+1} = x_k - f(x_k)/f'(x_k)$ に対して，命題 4.3.2(ii) が成り立つような閉区間 $J \subset I$ と $0 < \lambda < 1$ が存在する．さらに，この収束は 2 次収束である． □

**証明** 命題 4.3.4 を適用するために，$g(x) = x - f(x)/f'(x)$ とおいて，$g'(a) = 0$ を示す．$f'$ の連続性と $f'(a) \ne 0$ より，$f'(x) \ne 0$ $(x \in J \subset I)$ を満たすような閉区間 $J$ が存在する．$g$ は $J$ 上では $C^1$ 級である．とくに，

$$g'(x) = 1 - \frac{f'(x)^2 - f(x)f''(x)}{f'(x)^2} = \frac{f(x)f''(x)}{f'(x)^2} \quad (x \in J).$$

これより，$g'(a) = 0$ を得る．次に，2 次収束することを示す．$g$ が $C^2$ 級ならば命題 4.3.10 が適用できるが，そのためには，$f$ を $C^3$ 級としなければならない．しかし，以下で述べるように，$f$ は $C^2$ 級とすれば十分である．まず，

$$\mu_1 = \max_{x\in J} \frac{1}{|f'(x)|}, \quad \mu_2 = \max_{x\in J} |f''(x)|$$

とする．テイラーの定理（命題 4.1.2）により，

$$f(a) = f(x) + f'(x)(a-x) + \int_0^1 (1-s)f''((1-s)a + sx)(a-x)^2\, ds$$

だが，$f(a) = 0$ なので，

$$\begin{aligned}|f(x) - f'(x)(a-x)| &\le |a-x|^2 \int_0^1 (1-s)|f''((1-s)a+sx)|\, ds \\ &\le \frac{\mu_2}{2}|a-x|^2 \quad (x \in J).\end{aligned}$$

したがって，$k \geq 0$ に対して，

$$
\begin{aligned}
|x_{k+1} - a| &= \left| x_k - \frac{f(x_k)}{f'(x_k)} - a \right| \\
&\leq \frac{1}{|f'(x_k)|} |f'(x_k)(x_k - a) - f(x_k)| \leq \frac{\mu_1 \mu_2}{2} |x_k - a|^2.
\end{aligned}
$$

ここから，2 次収束を示すのは，命題 4.3.10 の証明と同じである（注意 4.3.11）.

■

$f'(a) = 0$ のときにも，ニュートン法は収束するが，線形収束のみしか保証されない.

**定理 4.3.13（ニュートン法の収束．$f'(a) = 0$ 場合）** $m > 1$, $F(a) \neq 0$, $F \in C^2(I)$ に対して，$f(x) = (x-a)^m F(x)$ の形を仮定する．このとき，方程式 $f(a) = 0$ には唯一の解 $a \in I$ が存在する．このとき，ニュートン法に対して，命題 4.3.2 の (ii) が成り立つような閉区間 $J \subset I$ と $0 < \lambda < 1$ が存在する． □

**証明** 命題 4.3.4 の条件を検証する．$g(x) = x - f(x)/f'(x)$ とする．$F(a) \neq 0$ と $F \in C^2(I)$ により，$mF(x) + (x-a)F'(x) \neq 0$ $(x \in J)$ を満たすような閉区間 $J$ が存在するので，

$$
g(x) = x - \frac{(x-a)F(x)}{mF(x) + (x-a)F'(x)}
$$

は $J$ で $C^1$ 級となる．さらに，直接の計算により，$g'(a) = \lim_{x \to a} g'(x) = 1 - 1/m < 1$ となる． ■

**注意 4.3.14** 定理 4.3.13 で述べたように，求める解 $a$ が $f'(a) = 0$ を満たす場合には，ニュートン法を適用しても線形収束のみしか保証されない．しかし，$f(x) = (x-a)^m F(x)$ の形を仮定したとき，**修正ニュートン法**

$$
x_{k+1} = x_k - m \frac{f(x_k)}{f'(x_k)} \tag{4.13}
$$

を考えると，2 次収束する（問題 4.3.21）が，これを利用するためには，あらかじめ，$m$ が既知でなければならない． □

**注意 4.3.15** 実際の計算では，反復を有限回で停止して，そのときの $x_k$ を

近似解として採用することになる（注意 3.3.7 も参照せよ）．よく用いられる停止条件としては，次の 2 つがある．

(i) **残差条件**：$|f(x_k)| \le \varepsilon$ が成立した時点で反復を停止する．$\varepsilon > 0$ は使用している浮動小数点数の規格と $f$ から定まる，丸め誤差の限界（杉原・室田[14, §4.1]，篠原[1, §3.3]）．

(ii) **増分条件**：$|x_k - x_{k-1}| \le \varepsilon'$ が成立した時点で反復を停止する．$\varepsilon' > 0$ はあらかじめ定めておく許容誤差限界．

厳密に，コンピュータ内で $f(a) = 0$ を表現することはできないので，方程式 $f(a) = 0$ を解くということは，$|f(a)| \le \varepsilon$ を満たす $a$ をみつけることと考えて，(i) のように反復を停止するのは自然な考えである．一方で，(ii) については，$\varepsilon'$ の選び方に恣意性が残る．ただし，(i) についても，反復の停止条件としては自然であるが，精度については何も保証しない．とくに，$f'(a) \approx 0$ の場合には，いずれの方法を用いても，必要な精度が達成されている保証はない．このような場合には，かえって，二分法のような素朴な方法の方が確実である．

以上は，一般的な $f(x)$ に対する，一般的な停止条件に関する注意であり，個別の問題に対してつねに教訓的というわけではない．たとえば，滑らかな関数 $f(x)$ に対して，先験的な情報として，$|f(x)| \le \varepsilon \Rightarrow |x - a| \le N\varepsilon$ がわかっていれば，必要な精度に応じて，$\hat{\varepsilon} > 0$ を選んで，$|f(x_k)| \le \hat{\varepsilon}/N$ となるまで反復をすればよい．反復解法の話に限ったことではないが，非線形方程式を扱う際に，方程式の個性に応じた個別の議論なしに，"万能薬" を安直に適用してはいけないのである． □

**【問題 4.3.16】** 一変数の方程式 $f(x) = 0$ が唯一の解 $a \in \mathbb{R}$ をもつとする．$f(a) = 0$ を $a = g(a)$ と変形して，$g(x)$ が $C^1$ 級であり，$|g'(a)| > 1$ を満たすとする．このとき，反復法 $x_{k+1} = g(x_k)$ は，どんな初期値から出発しても $a$ に収束しないことを示せ．

**【問題 4.3.17】** $g(x)$ と $\{x_k\}_{k\ge 0}$ を命題 4.3.2 で述べたものとする．$\varepsilon > 0$ に対して，

$$N \ge \frac{\log|x_1 - x_0| - \log(\varepsilon(1-\lambda))}{\log(1/\lambda)}$$

を満たす整数 $N$ をとる．このとき，$k \ge N$ ならば，$|x_k - a| \le \varepsilon$ が成り立つことを示せ．

【問題 4.3.18】 $f \in C^1(I)$ に対して，方程式 $f(a) = 0$ には唯一の解 $a \in I$ が存在するとする．このとき，$0 < \beta f'(a) < 2$ ならば，緩和反復法 (4.9) に対して，命題 4.3.2 の (ii) が成り立つような閉区間 $J \subset I$ と $0 < \lambda < 1$ が存在することを示せ．

【問題 4.3.19】 3 次方程式 $f(x) = x^3 - 3x - 1 = 0$ に相異なる 3 つの実根が存在すること，さらに，そのうち 1 つ $(= a)$ は正であることを示せ．$a$ を求めるために，適当な初期値 $x_0$ からニュートン法を適用し，$x_1, x_2, x_3$ を計算せよ．また，この方程式を解くために，**カルダーノ**（Cardano）**の公式**を用いたときの問題点を指摘せよ．ただし，カルダーノの公式とは $x^3 + px + q = 0$ の根を，

$$x = \sqrt[3]{-\frac{q}{2} + \sqrt{\frac{q^2}{4} + \frac{p^3}{27}}} + \sqrt[3]{-\frac{q}{2} - \sqrt{\frac{q^2}{4} + \frac{p^3}{27}}}$$

と表すものである．

【問題 4.3.20】 滑らかな関数 $f(x)$ が唯一の解 $a$ をもち，$f'(a) \neq 0$ を満たすとする．このとき，初期値 $x_0$ に対して，反復列を

$$x_{k+1} = \frac{1}{2}(y_{k+1} + z_{k+1}), \quad y_{k+1} = x_k - \frac{f(x_k)}{f'(x_k)}, \quad z_{k+1} = x_k - \frac{g(x_k)}{g'(x_k)}$$

と定める．ただし，$g(x) = f(x)/f'(x)$ とおいている．$\lim_{k\to\infty} x_k = a$ を仮定するとき，$x_k$ は $a$ に 3 次収束することを示せ．

【問題 4.3.21】 $f(x) = (x-a)^m F(x)$ の形を仮定したとき，修正ニュートン法 (4.13) が $a$ に 2 次収束することを示せ．

【問題 4.3.22】 $f \in C^1(I)$ に対して，方程式 $f(a) = 0$ には唯一の解 $a \in I$ が存在するとする．このとき，$0 < f'(a)/f'(x_0) < 2$ ならば，簡易ニュートン法 (4.6) に対して，命題 4.3.2 の (ii) が成り立つような閉区間 $J \subset I$ と $0 < \lambda < 1$ が存在することを示せ．

## 4.4 ベクトル値関数の微分

$\mathbb{R}^n$ の開集合 $\Omega$ で定義された多変数関数 $f(\boldsymbol{x})$ $(\boldsymbol{x} = (x_i) \in \Omega)$ の，点 $\boldsymbol{a} = (a_i) \in \Omega$ における，変数 $x_i$ $(1 \leq i \leq n)$ に関する**偏微分係数**は，

$$f_{x_i}(\boldsymbol{a}) = \frac{\partial f}{\partial x_i}(\boldsymbol{a}) = \lim_{h\to 0} \frac{f(\boldsymbol{a} + h\boldsymbol{e}_i) - f(\boldsymbol{a})}{h}$$

で定義される（右辺の極限が存在するならば，それを偏微分係数と呼ぶ）．$\Omega$ の各点において偏微分係数が存在するならば，これも多変数の関数と考え，$f_{x_i}(\boldsymbol{x}) = (\partial f/\partial x_i)(\boldsymbol{x})$ を，$f(\boldsymbol{x})$ の変数 $x_i$ に関する**偏導関数**と呼ぶ．

$\Omega$ 上の連続関数全体の集合を $C^0(\Omega)$ と書く．そして，

$$C^1(\Omega) = \left\{ f \in C^0(\Omega) \mid \frac{\partial f}{\partial x_i} \in C^0(\Omega)\ (1 \le i \le n) \right\}$$

と定義する．さらに，$1 \le k \in \mathbb{Z}$ に対して，$C^k(\Omega)$ を定義するには，**多重指数** $\alpha = (\alpha_1, \ldots, \alpha_n)$ を導入すると便利である．ここで，各 $\alpha_i$ は非負の整数であり，さらに，$|\alpha| = \alpha_1 + \cdots + \alpha_n$,

$$D^\alpha f(\boldsymbol{x}) = \frac{\partial^{|\alpha|}}{\partial x_1^{\alpha_1} \cdots \partial x_n^{\alpha_n}} f(x_1, \ldots, x_n)$$

と書く．そして，

$$C^k(\Omega) = \left\{ f \in C^0(\Omega) \mid D^\alpha f \in C^0(\Omega)\ (1 \le |\alpha| \le k) \right\}$$

と定義する．$f \in C^k(\Omega)$ を，**$\Omega$ 上の $C^k$ 級関数**という．$\Omega$ が閉集合の場合は，$\tilde{f}(\boldsymbol{x}) = f(\boldsymbol{x})\ (\boldsymbol{x} \in \Omega)$，$\Omega \subset \tilde{\Omega}$ を満たす，開集合 $\tilde{\Omega}$ と $\tilde{f} \in C^k(\tilde{\Omega})$ が存在するとき，$(\partial f/\partial x_i)(\boldsymbol{x}) = (\partial \tilde{f}/\partial x_i)(\boldsymbol{x})\ (\boldsymbol{x} \in \Omega)$ と定義して，$f(\boldsymbol{x})$ は $\Omega$ で $C^k$ 級であるといい，$f \in C^k(\Omega)$ と書く．

多変数関数 $f(\boldsymbol{x})\ (\boldsymbol{x} = (x_i) \in \Omega)$ に対するテイラーの定理は，一変数版（命題 4.1.2）の簡単な応用である．すなわち，$\boldsymbol{x}, \boldsymbol{y} \in \Omega$ を，$\boldsymbol{p}_s = \boldsymbol{y} + s(\boldsymbol{x} - \boldsymbol{y}) \in \Omega$ $(0 \le s \le 1)$ を満たす点として，$\varphi(s) = f(\boldsymbol{p}_s)$ とおく．そうすると，

$$\varphi(0) = f(\boldsymbol{y}), \quad \varphi(1) = f(\boldsymbol{x}), \quad \varphi'(s) = \sum_{j=1}^{n} \frac{\partial f}{\partial x_j}(\boldsymbol{p}_s)(x_j - y_j).$$

したがって，命題 4.1.2 により，

$$f(\boldsymbol{x}) = \varphi(1) = \varphi(0) + \int_0^1 \varphi'(t)\, dt = f(\boldsymbol{y}) + \int_0^1 \sum_{j=1}^{n} \frac{\partial f}{\partial x_j}(\boldsymbol{p}_s)(x_j - y_j)\, ds$$

を得る．これは，$f(\boldsymbol{x})$ の**勾配**

$$\nabla f(\boldsymbol{x}) = \begin{pmatrix} \dfrac{\partial f}{\partial x_1}(\boldsymbol{x}) \\ \vdots \\ \dfrac{\partial f}{\partial x_n}(\boldsymbol{x}) \end{pmatrix} \tag{4.14}$$

を導入することにより，

$$f(\boldsymbol{x}) = f(\boldsymbol{y}) + \int_0^1 \nabla f(\boldsymbol{p}_s) \cdot (\boldsymbol{x} - \boldsymbol{y})\, ds \tag{4.15}$$

と書ける．ここで，$\cdot$ は $\mathbb{R}^n$ の内積を表す．次に，

$$\varphi''(s) = \sum_{k=1}^n \sum_{j=1}^n \frac{\partial^2 f}{\partial x_k \partial x_j}(\boldsymbol{p}_s)(x_k - y_k)(x_j - y_j)$$

と命題 4.1.2 により，

$$\begin{aligned} f(\boldsymbol{x}) = f(\boldsymbol{y}) &+ \sum_{j=1}^n \frac{\partial f}{\partial x_j}(\boldsymbol{y})(x_j - y_j) \\ &+ \int_0^1 (1-s) \sum_{k=1}^n \sum_{j=1}^n \frac{\partial^2 f}{\partial x_k \partial x_j}(\boldsymbol{p}_s)(x_k - y_k)(x_j - y_j)\, ds \end{aligned}$$

となる．したがって，ヘッセ（Hesse）**行列**

$$\nabla^2 f(\boldsymbol{x}) = \begin{pmatrix} \dfrac{\partial^2 f}{\partial x_1^2}(\boldsymbol{x}) & \cdots & \dfrac{\partial^2 f}{\partial x_1 \partial x_n}(\boldsymbol{x}) \\ \vdots & \ddots & \vdots \\ \dfrac{\partial^2 f}{\partial x_n \partial x_1}(\boldsymbol{x}) & \cdots & \dfrac{\partial^2 f}{\partial x_n^2}(\boldsymbol{x}) \end{pmatrix} \tag{4.16}$$

を導入することにより，

$$f(\boldsymbol{x}) = f(\boldsymbol{y}) + \nabla f(\boldsymbol{x}) \cdot (\boldsymbol{x} - \boldsymbol{y}) + \int_0^1 (1-s)(\nabla^2 f(\boldsymbol{p}_s))(\boldsymbol{x} - \boldsymbol{y}) \cdot (\boldsymbol{x} - \boldsymbol{y})\, ds \tag{4.17}$$

と書けるのである．

次に，**ベクトル値の関数（ベクトル場）** $\boldsymbol{f}(\boldsymbol{x}) = (f_i(\boldsymbol{x})) = (f_1(\boldsymbol{x}), \ldots, f_n(\boldsymbol{x}))^{\mathrm{T}}$ を考える．各 $f_i(\boldsymbol{x})$ が，$f_i \in C^k(\Omega)$ を満たすとき，$\boldsymbol{f}(\boldsymbol{x})$ を $C^k$ 級のベクトル値関数といい，$\boldsymbol{f} \in C^k(\Omega)^n$ と書くことにする．ベクトル値の関数についても，等式 (4.15)，(4.17) に対応したものを導出したい．

まず，各 $f_i(\boldsymbol{x})$ が (4.15) を満たすのだから，$\boldsymbol{f}(\boldsymbol{x})$ の $\boldsymbol{x}$ における**ヤコビ行列**

$$D\boldsymbol{f}(\boldsymbol{x}) = \begin{pmatrix} \dfrac{\partial f_1}{\partial x_1}(\boldsymbol{x}) & \cdots & \dfrac{\partial f_1}{\partial x_n}(\boldsymbol{x}) \\ \vdots & \ddots & \vdots \\ \dfrac{\partial f_n}{\partial x_1}(\boldsymbol{x}) & \cdots & \dfrac{\partial f_n}{\partial x_n}(\boldsymbol{x}) \end{pmatrix} \tag{4.18}$$

を定義することにより，

$$\boldsymbol{f}(\boldsymbol{x}) = \boldsymbol{f}(\boldsymbol{y}) + \int_0^1 D\boldsymbol{f}(\boldsymbol{p}_s)(\boldsymbol{x}-\boldsymbol{y})\, ds \tag{4.19}$$

を得る．次に，各 $f_i(\boldsymbol{x})$ が (4.17) を満たすのだから，

$$\boldsymbol{F}(s) = \left( \sum_{k,j=1}^{n} \frac{\partial^2 f_i}{\partial x_j \partial x_k}(\boldsymbol{p}_s)(x_k - y_k)(x_j - y_j) \right) \in C^0(\Omega)^n$$

というベクトル値関数を定義しておけば，

$$\boldsymbol{f}(\boldsymbol{x}) = \boldsymbol{f}(\boldsymbol{y}) + D\boldsymbol{f}(\boldsymbol{y})(\boldsymbol{x}-\boldsymbol{y}) + \int_0^1 (1-s)\boldsymbol{F}(s)\, ds$$

という表記を得る．したがって，さらに，$\boldsymbol{f}(\boldsymbol{x})$，$\boldsymbol{x}$，$\boldsymbol{y}$ への依存性をわかりやすくするために，$\boldsymbol{u} = (u_k), \boldsymbol{v} = (v_j) \in \mathbb{R}^n$ に対して，

$$(D^2\boldsymbol{f}(\boldsymbol{x}))(\boldsymbol{u},\boldsymbol{v}) = \left( \sum_{k,j=1}^{n} \frac{\partial^2 f_i}{\partial x_j \partial x_k}(\boldsymbol{x}) u_k v_j \right) \in C^0(\Omega)^n \tag{4.20}$$

と定義すると，

$$\boldsymbol{f}(\boldsymbol{x}) = \boldsymbol{f}(\boldsymbol{y}) + D\boldsymbol{f}(\boldsymbol{y})(\boldsymbol{x}-\boldsymbol{y}) + \int_0^1 (1-s)(D^2\boldsymbol{f}(\boldsymbol{p}_s))(\boldsymbol{x}-\boldsymbol{y},\boldsymbol{x}-\boldsymbol{y})\, ds \tag{4.21}$$

を得る．ただし，(4.20) の左辺はこれで 1 つの記号を表すものと理解すること．あるいは，(4.20) は，

$$(D^2\boldsymbol{f}(\boldsymbol{x}))(\boldsymbol{u},\boldsymbol{v}) = D\boldsymbol{g}(\boldsymbol{x})\boldsymbol{v}, \quad \boldsymbol{g}(\boldsymbol{x}) = D\boldsymbol{f}(\boldsymbol{x})\boldsymbol{u} \tag{4.22}$$

と定義しても同じである．ここで，$\|\cdot\|$ を $\mathbb{R}^n$ のノルムとして，さらに，

$$\|D^2\boldsymbol{f}(\boldsymbol{x})\| = \max_{\boldsymbol{u},\boldsymbol{v}\in\mathbb{R}^n\setminus\{\boldsymbol{0}\}} \frac{\|(D^2\boldsymbol{f}(\boldsymbol{x}))(\boldsymbol{u},\boldsymbol{v})\|}{\|\boldsymbol{u}\|\ \|\boldsymbol{v}\|} \tag{4.23}$$

と定義すると (問題 4.4.4)，次の命題を得る．なお，$\mathbb{R}^n$ の部分集合 $\Omega$ が**凸集合**であるとは，

$$\boldsymbol{x},\boldsymbol{y}\in\Omega,\ 0\le t\le 1 \quad \Rightarrow \quad (1-t)\boldsymbol{y} + t\boldsymbol{x} \in \Omega$$

が成り立つことである．閉球は明らかに凸集合となる．

**命題 4.4.1**　$\Omega$ を $\mathbb{R}^n$ の凸な部分集合, $\boldsymbol{x}, \boldsymbol{y} \in \Omega$ とする．このとき, $\boldsymbol{f} \in C^1(\Omega)^n$ に対して, (4.19), および,

$$\|\boldsymbol{f}(\boldsymbol{x}) - \boldsymbol{f}(\boldsymbol{y})\| \leq \|\boldsymbol{x} - \boldsymbol{y}\| \int_0^1 \|D\boldsymbol{f}(\boldsymbol{p}_s)\| \, ds \tag{4.24}$$

が成り立つ．また, $\boldsymbol{f} \in C^2(\Omega)^n$ に対して, (4.21) と

$$\|D\boldsymbol{f}(\boldsymbol{y})(\boldsymbol{x} - \boldsymbol{y}) - \boldsymbol{f}(\boldsymbol{x}) + \boldsymbol{f}(\boldsymbol{y})\| \leq \|\boldsymbol{x} - \boldsymbol{y}\|^2 \int_0^1 \|D^2\boldsymbol{f}(\boldsymbol{p}_s)\| \, ds \tag{4.25}$$

が成り立つ．□

**証明**　$\Omega$ が凸集合なので, (4.19) と (4.21) の成立は, すでに確かめられている．不等式を示すには,

$$\left\| \int_a^b \boldsymbol{g}(s) \, ds \right\| \leq \int_a^b \|\boldsymbol{g}(s)\| \, ds \qquad (\boldsymbol{g} \in C^0[a,b]^n) \tag{4.26}$$

を使えばよい（問題 4.4.5）．■

次に, 各 $1 \leq i, j \leq n$ に対して, 関数 $a_{i,j}(\boldsymbol{x})$ が対応しているとき, 行列値の関数 $A(\boldsymbol{x}) = (a_{i,j}(\boldsymbol{x}))$ を考えることができる．これに対しても, 各 $a_{i,j}(\boldsymbol{x})$ が, $a_{i,j} \in C^k(\Omega)$ を満たすとき, $A(\boldsymbol{x})$ を $C^k$ 級の行列値関数といい, $A \in C^k(\Omega)^{n \times n}$ と書くことにする．

**注意 4.4.2**　$\boldsymbol{f} \in C^1(\Omega)^n$ のヤコビ行列 $D\boldsymbol{f}(\boldsymbol{x})$ は, $\boldsymbol{x}$ を固定すれば, 1 つの行列を表すにすぎない．しかし, 関数空間 $V = C^1(\Omega)^n$ と $W = C^0(\Omega)^{n \times n}$ を導入して, $V$ の要素 $\boldsymbol{f}$ に $D\boldsymbol{f}$ を対応させると, これは $V$ から $W$ への写像（作用素）となる．この対応 $D : V \to W$ は,

$$D(\boldsymbol{f} + \boldsymbol{g}) = D\boldsymbol{f} + D\boldsymbol{g}, \quad D(\alpha \boldsymbol{f}) = \alpha D\boldsymbol{f} \quad (\boldsymbol{f}, \boldsymbol{g} \in V, \ \alpha \in \mathbb{R}) \tag{4.27}$$

を満たす線形写像である．□

**注意 4.4.3**　$D\boldsymbol{f}(\boldsymbol{x})$ に関しては, 上の注意とは別の解釈も有用である．しばらく, $\boldsymbol{x} \in \Omega$ を固定しておく．このとき, $\boldsymbol{f} \in C^1(\Omega)^n$ に対して, $D\boldsymbol{f}(\boldsymbol{x})$ は, $X = \mathbb{R}^n$ から $X$ への連続な線形写像である（これは, $D\boldsymbol{f}(\boldsymbol{x})$ が行列であることを言い換えたにすぎない）．なお, 線形写像 $A : X \to X$ が連続とは,

$\|A\boldsymbol{y}\| \le C\|\boldsymbol{y}\|$ ($\boldsymbol{y} \in X$) を満たす正定数 $C$ が存在するときをいう．実際，$\|D\boldsymbol{f}(\boldsymbol{x})\boldsymbol{y}\| \le \|D\boldsymbol{f}(\boldsymbol{x})\| \cdot \|\boldsymbol{y}\|$ が成り立つ．ここで，$X$ から $X$ への連続な線形写像全体のなす集合を $\mathcal{L}(X)$ と書くことにすると，$D\boldsymbol{f}(\boldsymbol{x}) \in \mathcal{L}(X)$ である（実は，$\mathcal{L}(X) = \mathbb{R}^{n\times n}$ にすぎない）．次に，$\boldsymbol{f} \in C^2(\Omega)^n$ に対して，(4.20) で定義した $(D^2\boldsymbol{f})(\boldsymbol{u},\boldsymbol{v})$ は，$\boldsymbol{v}$ を固定したとき $\boldsymbol{u}$ について線形，一方，$\boldsymbol{u}$ を固定したとき $\boldsymbol{v}$ について線形となる．これを，$D^2\boldsymbol{f}(\boldsymbol{x})$ は，$X \times X$ で定義された（$X$ の値をとる）**双線形写像**であるという．また，$\boldsymbol{u}$ と $\boldsymbol{v}$ の両方の変数に関して連続になるので，さらに，連続な双線形写像でもある．前に習って，$X \times X$ から $X$ への連続な双線形写像全体のなす集合を $\mathcal{L}_2(X)$ と書くことにすると，$D^2\boldsymbol{f}(\boldsymbol{x}) \in \mathcal{L}_2(X)$ である．したがって，あらためて，$\boldsymbol{x}$ を変数と考えると，

$$D\boldsymbol{f} : \Omega \to \mathcal{L}(X), \qquad D^2\boldsymbol{f} : \Omega \to \mathcal{L}_2(X)$$

と解釈できる．□

**【問題 4.4.4】** (4.23) の右辺の max を達成するような $\boldsymbol{u},\boldsymbol{v}$ が存在することを示せ．

**【問題 4.4.5】** (4.26) を示せ．

## 4.5　多変数の反復法

この節では，$n$ 個の未知数 $a_1,\ldots,a_n$ に対する $n$ 本の方程式

$$\begin{cases} f_1(a_1,\ldots,a_n) &= 0, \\ \qquad\vdots & \\ f_n(a_1,\ldots,a_n) &= 0 \end{cases}$$

に対する反復的な解法を考察する．ただし，各 $f_i$ は，$\mathbb{R}^n$ の開集合 $\Omega$ で定義された実数値の連続関数とする．ベクトル値の関数を $\boldsymbol{f}(\boldsymbol{x}) = (f_i(\boldsymbol{x}))$ と定義すると，考察する連立方程式は，

$$\boldsymbol{f}(\boldsymbol{a}) = \boldsymbol{0}, \qquad \boldsymbol{a} \in \Omega \tag{4.28}$$

と書ける．以下では，混乱の恐れがない限り，“ベクトル値の” は省略して，単に，関数と呼ぶ．

このような多変数の方程式に対してもニュートン法が有効である．その反復列 $\{\boldsymbol{x}^{(k)}\}_{k\geq 0}$ は，

$$\boldsymbol{x}^{(k+1)} = \boldsymbol{x}^{(k)} - D\boldsymbol{f}(\boldsymbol{x}^{(k)})^{-1}\boldsymbol{f}(\boldsymbol{x}^{(k)}) \tag{4.29}$$

で定義される．$\boldsymbol{x}^{(0)}$ は初期値として与えることになる．ここで，右辺を計算する際に，$D\boldsymbol{f}(\boldsymbol{x}^{(k)})$ の逆行列を直接計算することは推奨しない．その代わりに，次のような手順で計算すればよい：$\boldsymbol{x}^{(k)}$ が求まったとする．そして，

(1) 連立一次方程式 $D\boldsymbol{f}(\boldsymbol{x}^{(k)})\boldsymbol{y} = \boldsymbol{f}(\boldsymbol{x}^{(k)})$ を解いて，$\boldsymbol{y} \in \mathbb{R}^n$ を求める．

(2) $\boldsymbol{x}^{(k+1)} = \boldsymbol{x}^{(k)} - \boldsymbol{y}$ とする．

したがって，反復の中のもっとも主要な部分は，(1) の連立一次方程式を解く作業である．第 2 章でみたように，これは，変数の数が多い場合にはけっこうな負担となる．一方で，簡易ニュートン法

$$\boldsymbol{x}^{(k+1)} = \boldsymbol{x}^{(k)} - D\boldsymbol{f}(\boldsymbol{x}^{(0)})^{-1}\boldsymbol{f}(\boldsymbol{x}^{(k)}) \tag{4.30}$$

を考えると，同じように，各反復で連立一次方程式を 1 回解かなければならないが，係数行列は共通なので，LU 分解を 1 回行えば，後の計算では再利用ができ効率的である．また，緩和反復法の多変数版

$$\boldsymbol{x}^{(k+1)} = \boldsymbol{x}^{(k)} - \beta\boldsymbol{f}(\boldsymbol{x}^{(k)}) \tag{4.31}$$

を使うこともできる．$\beta$ は定数である．

4.4 節で考察した一変数の場合と同様に，これらの反復法は，(4.28) の同値な表現

$$\boldsymbol{a} = \boldsymbol{g}(\boldsymbol{a}), \qquad \boldsymbol{a} \in \Omega \tag{4.32}$$

に基づいた反復法

$$\boldsymbol{x}^{(k+1)} = \boldsymbol{g}(\boldsymbol{x}^{(k)}) \tag{4.33}$$

に対応している．

$\|\cdot\|$ を $\mathbb{R}^n$ のノルムとする．$\mathbb{R}^n$ の点列 $\{\boldsymbol{x}^{(k)}\}_{k\geq 0}$ が，$\|\boldsymbol{x}^{(k)} - \boldsymbol{x}^{(m)}\| \to 0$ $(k, m \to \infty)$ を満たすとき，$\{\boldsymbol{x}^{(k)}\}_{k\geq 0}$ をコーシー列であるという．命題 3.1.7 により，あるノルムでコーシー列なら任意の別のノルムでもコーシー列となる．実数の完備性（命題 4.3.1）を成分ごとに使うことによって，

$$\{\boldsymbol{x}^{(k)}\}_{k\geq 0}\text{がコーシー列} \quad \Leftrightarrow \quad \boldsymbol{x}^{(k)}\text{がある } \boldsymbol{x}\in\mathbb{R}^n \text{ に収束する}$$

を得る．

**命題 4.5.1（縮小写像の定理（$\mathbb{R}^n$ 版））**　$\mathbb{R}^n$ の集合 $\Omega$ で定義された関数 $\boldsymbol{g}(\boldsymbol{x})$ と，$\mathbb{R}^n$ のノルム $\|\cdot\|$ について，次の 2 つの条件を満たす閉集合 $K\subset\Omega$ と定数 $0<\lambda<1$ の存在を仮定する：

(H1) $\boldsymbol{g}(\boldsymbol{x})\in K \quad (\boldsymbol{x}\in K)$.

(H2) $\|\boldsymbol{g}(\boldsymbol{x})-\boldsymbol{g}(\boldsymbol{x}')\|\leq\lambda\|\boldsymbol{x}-\boldsymbol{x}'\| \quad (\boldsymbol{x},\boldsymbol{x}'\in K)$.

このとき，次の 2 つが成立する：

(i) $\boldsymbol{g}$ は $K$ 内に唯一の不動点 $\boldsymbol{a}$ をもつ：$g(\boldsymbol{a})=\boldsymbol{a}$.

(ii) 初期値を $\boldsymbol{x}^{(0)}\in K$ と選ぶ限りにおいて，反復法 $\boldsymbol{x}^{(k+1)}=\boldsymbol{g}(\boldsymbol{x}^{(k)})$ により $K$ 内の点列 $\{\boldsymbol{x}^{(k)}\}_{k\geq 0}$ が定義でき，$\|\boldsymbol{x}^{(k)}-\boldsymbol{a}\|\leq\dfrac{1}{1-\lambda}\lambda^k\|\boldsymbol{x}^{(1)}-\boldsymbol{x}^{(0)}\|$ を満たす．とくに，$\boldsymbol{a}=\lim_{k\to\infty}\boldsymbol{x}^{(k)}$ である．□

**証明**　命題 4.3.2 の証明において $|\cdot|$ を $\|\cdot\|$ に読み替えればよい．■

**定義 4.5.2（リプシッツ連続）**　$K\subset\mathbb{R}^n$ で定義された関数 $\boldsymbol{g}(\boldsymbol{x})$ が，$\lambda>0$ に対して，(H2) を満たすとき，（ノルム $\|\cdot\|$ に関して）**リプシッツ連続**であるという．とくに，$0<\lambda<1$ の場合を縮小写像という．□

$p\geq 1$ とする．一変数の場合（定義 4.3.7）と同様に，点列 $\{\boldsymbol{x}^{(k)}\}_{k\geq 0}$ が $\boldsymbol{a}$ に（$\|\cdot\|$ に関して）$p$ 次収束しているとは，$k\geq k_0$ のとき，

$$\|\boldsymbol{x}^{(k)}-\boldsymbol{a}\|\leq\begin{cases} Cr^{p^{k-k_0}} & (p>1),\\ Cr^{k-k_0} & (p=1)\end{cases}$$

を満たすような $0\leq k_0\in\mathbb{Z}$, $C>0$, $0<r<1$ が存在することである．$p=1$ のときは線形収束するという．命題 4.5.1 の仮定を満たす反復法で生成された点列は，(ii) により，少なくとも線形収束する．

$\boldsymbol{g}$ が $C^1$ 級で，不動点の存在範囲があらかじめわかっているときには，前定理の仮定に現れた $K$ や $\lambda$ は，具体的には次のように与えられる．

**定理 4.5.3** 開集合 $\Omega \subset \mathbb{R}^n$ 上で定義された関数 $\boldsymbol{g}(\boldsymbol{x})$ が，$\Omega$ 内に唯一の不動点 $\boldsymbol{a}$ をもつとする．さらに，$\delta > 0$ に対して，$K = \bar{B}(\boldsymbol{a}, \delta)$ とおいたとき，$K \subset \Omega$ かつ $\boldsymbol{g} \in C^1(K)^n$ であり，

$$\lambda = \max_{\boldsymbol{x} \in K} \|D\boldsymbol{g}(\boldsymbol{x})\| < 1 \tag{4.34}$$

を満たすとする．このとき，$\boldsymbol{g}(\boldsymbol{x})$，$K$，$\lambda$ は，命題 4.5.1 の仮定 (H1) と (H2) を満たす．したがって，命題 4.5.1 の結論 (ii) が成り立つ． □

**証明** $\boldsymbol{x}, \boldsymbol{y} \in K$ とする．$K$ は閉球なので，$\boldsymbol{y} + s(\boldsymbol{x} - \boldsymbol{y}) \in K$ である．したがって，(4.26) より，

$$\begin{aligned}\|\boldsymbol{g}(\boldsymbol{x}) - \boldsymbol{g}(\boldsymbol{y})\| &\le \|\boldsymbol{x} - \boldsymbol{y}\| \int_0^1 \|(D\boldsymbol{g})(\boldsymbol{y} + s(\boldsymbol{x} - \boldsymbol{y}))\| \, ds \\ &\le \|\boldsymbol{x} - \boldsymbol{y}\| \max_{\boldsymbol{x} \in K} \|D\boldsymbol{g}(\boldsymbol{x})\| \left( \int_0^1 1 \, ds \right) = \lambda \|\boldsymbol{x} - \boldsymbol{y}\|.\end{aligned}$$

ゆえに，(H2) を得る．一方で，$\boldsymbol{x} \in K$ とすると，(H2) を使って，

$$\|\boldsymbol{g}(\boldsymbol{x}) - \boldsymbol{a}\| = \|\boldsymbol{g}(\boldsymbol{x}) - \boldsymbol{g}(\boldsymbol{a})\| \le \lambda \|\boldsymbol{x} - \boldsymbol{a}\| \le \lambda\delta < \delta.$$

ゆえに，$\boldsymbol{g}(\boldsymbol{x}) \in K$ であり，(H1) が示せた． ■

**定理 4.5.4** 開集合 $\Omega \subset \mathbb{R}^n$ 上で定義された関数 $\boldsymbol{g}(\boldsymbol{x})$ が，$\Omega$ 内に唯一の不動点 $\boldsymbol{a}$ をもつとする．$\boldsymbol{g}(\boldsymbol{x})$ が $\boldsymbol{a}$ の近傍で $C^1$ 級であり，

$$\|D\boldsymbol{g}(\boldsymbol{a})\|_\infty < 1 \tag{4.35}$$

を満たすならば，（$\|\cdot\| = \|\cdot\|_\infty$ に対して）定理 4.5.3 の仮定を満たすような正数 $\delta$ が存在する．したがって，命題 4.5.1 の結論 (ii) が成り立つ． □

**証明** $1 \le i \le n$ を固定する．命題 3.2.6(ii) と (4.35) より，

$$\sum_{j=1}^n \left| \frac{\partial g_i}{\partial x_j}(\boldsymbol{a}) \right| \le \|D\boldsymbol{g}(\boldsymbol{a})\|_\infty < 1.$$

この最左辺を $\mu_i$ として，$\varepsilon = (1 - \mu_i)/(2n)$ とおく．各 $j$ に対して，$\partial g_i / \partial x_j$

の連続性により，

$$\left|\frac{\partial g_i}{\partial x_j}(\boldsymbol{x}) - \frac{\partial g_i}{\partial x_j}(\boldsymbol{a})\right| \le \varepsilon \quad (\|\boldsymbol{x}-\boldsymbol{a}\|_\infty \le \tilde{\delta}_j)$$

を満たす $\tilde{\delta}_j > 0$ が存在する．これより，

$$\left|\frac{\partial g_i}{\partial x_j}(\boldsymbol{x})\right| \le \varepsilon + \left|\frac{\partial g_i}{\partial x_j}(\boldsymbol{a})\right| \quad (\|\boldsymbol{x}-\boldsymbol{a}\|_\infty \le \tilde{\delta}_j).$$

$\delta_i = \min_{1\le j\le n} \tilde{\delta}_j$ とおいて，この式を $j = 1,\ldots,n$ について足すと，

$$\begin{aligned}\sum_{j=1}^{n}\left|\frac{\partial g_i}{\partial x_j}(\boldsymbol{x})\right| &\le n\varepsilon + \sum_{j=1}^{n}\left|\frac{\partial g_i}{\partial x_j}(\boldsymbol{a})\right| \\ &\le \frac{1-\mu_i}{2} + \mu_i = \frac{1+\mu_i}{2} < 1 \qquad (\|\boldsymbol{x}-\boldsymbol{a}\|_\infty \le \delta_i).\end{aligned}$$

したがって，$\delta = \min_{1\le i\le n} \delta_i$，$\lambda = \max_{1\le i\le n}(1+\mu_i)/2 < 1$ とおくと，(4.34) が成り立つ．必要ならば，$\bar{B}_\infty(\boldsymbol{a},\delta) \subset D$ となるように $\delta$ は小さく取り直せばよい． ■

命題 4.5.1 における $K$ を初期値を用いてもう少し具体的に与えることもできる（問題 4.5.10）．また，それにより，定理 4.5.3 における不動点の存在についての仮定が不要となる（問題 4.5.11）．

緩和反復法については，次の定理が成り立つ．

**定理 4.5.5** $\boldsymbol{f}(\boldsymbol{x}) = (f_i(\boldsymbol{x}))$ を開集合 $\Omega \subset \mathbb{R}^n$ 上で定義された $C^1$ 級関数とし，方程式 $\boldsymbol{f}(\boldsymbol{a}) = \boldsymbol{0}$ には唯一の解 $\boldsymbol{a} \in \Omega$ が存在するとする．このとき，$\boldsymbol{f}(\boldsymbol{x})$ が

$$\frac{\partial f_i}{\partial x_i}(\boldsymbol{a}) > \sum_{\substack{1\le j\le n \\ j\ne i}} \left|\frac{\partial f_i}{\partial x_j}(\boldsymbol{a})\right| \qquad (i = 1,\ldots,n) \tag{4.36}$$

を満たすならば，次が成り立つような正数 $\delta$ と $\beta_1$ が存在する．すなわち，任意の $\boldsymbol{x}^{(0)} \in K = \bar{B}_\infty(\boldsymbol{a},\delta)$ と任意の $\beta \in (0,\beta_1)$ に対して，緩和反復法 (4.31) で $K$ 内の点列 $\{\boldsymbol{x}^{(k)}\}_{k\ge 0}$ が生成でき，$k \to \infty$ のとき，$\boldsymbol{a}$ に収束する． □

**証明** $\boldsymbol{g}(\boldsymbol{x}) = \boldsymbol{x} - \beta\boldsymbol{f}(\boldsymbol{x})$ と定義して，反復法 $\boldsymbol{x}^{(k+1)} = \boldsymbol{g}(\boldsymbol{x}^{(k)})$ を考える．このとき，(4.35) の成立を確かめれば，定理 4.5.4 が適用でき，収束が結論でき

る．まず，

$$\sum_{j=1}^{n}\left|\frac{\partial g_i}{\partial x_j}(\boldsymbol{a})\right| = \left|1-\beta\frac{\partial f_i}{\partial x_i}(\boldsymbol{a})\right| + \beta\sum_{j\neq i}\left|\frac{\partial f_i}{\partial x_j}(\boldsymbol{a})\right|.$$

したがって，$\beta_1 = 1/\beta_0$，$\beta_0 = \max_{1\le i\le n}\dfrac{\partial f_i}{\partial x_i}(\boldsymbol{a}) > 0$ と定義すると，$\beta \in (0,\beta_1)$ のとき，(4.36) を使って，

$$\sum_{j=1}^{n}\left|\frac{\partial g_i}{\partial x_j}(\boldsymbol{a})\right| = 1-\beta\frac{\partial f_i}{\partial x_i}(\boldsymbol{a}) + \beta\sum_{j\neq i}\left|\frac{\partial f_i}{\partial x_j}(\boldsymbol{a})\right| < 1.$$

したがって，$\|D\boldsymbol{g}(\boldsymbol{a})\|_\infty < 1$，すなわち，(4.35) が確かめられた． ■

多変数の場合も一変数の場合と同様に，ニュートン法は 2 次収束する．

**定理 4.5.6（ニュートン法の収束）** $\boldsymbol{f}(\boldsymbol{x})$ を開集合 $\Omega \subset \mathbb{R}^n$ 上で定義された $C^2$ 級関数とし，方程式 $\boldsymbol{f}(\boldsymbol{a}) = \boldsymbol{0}$ には唯一の解 $\boldsymbol{a} \in \Omega$ が存在するとする．さらに，$D\boldsymbol{f}(\boldsymbol{a})$ は正則と仮定する．このとき，次を満たす $\delta > 0$ が存在する．すなわち，$K = \bar{B}_\infty(\boldsymbol{a},\delta)$ とおくと，任意の $\boldsymbol{x}^{(0)} \in K$ に対して，ニュートン法 (4.29) により $K$ 内の点列 $\{\boldsymbol{x}^{(k)}\}_{k\ge 0}$ が生成でき，これは $\boldsymbol{a}$ に収束する．さらに，この収束は，$\|\cdot\|_\infty$ に関して 2 次となる． □

**証明**　考え方は定理 4.3.12 の証明とまったく同じである．まず，定理 4.5.4 の仮定が満たされることを確かめる．$\det D\boldsymbol{f}(\boldsymbol{x})$ の（$\boldsymbol{x}$ の関数としての）連続性と，$\det D\boldsymbol{f}(\boldsymbol{a}) \neq 0$ より，

$$\det D\boldsymbol{f}(\boldsymbol{x}) \neq 0 \quad (\boldsymbol{x} \in K' = B(\boldsymbol{a},\delta'))$$

を満たす $\delta' > 0$ が存在する．したがって，$\boldsymbol{x} \in K'$ に対しては $D\boldsymbol{f}(\boldsymbol{x})^{-1}$ が存在する．このとき，$\boldsymbol{f}$ が $C^2$ 級なので，$\boldsymbol{g}(\boldsymbol{x}) = \boldsymbol{x} - D\boldsymbol{f}(\boldsymbol{x})^{-1}\boldsymbol{f}(\boldsymbol{x})$ は $K'$ 上で $C^1$ 級となる．次に，$\boldsymbol{x} \in K'$ に対して，

$$D\boldsymbol{g}(\boldsymbol{x}) = D\boldsymbol{x} - B(\boldsymbol{x}) - D\boldsymbol{f}(\boldsymbol{x})^{-1}(D\boldsymbol{f}(\boldsymbol{x})) = -B(\boldsymbol{x})$$

が成り立つ（$D\boldsymbol{x} = I$ に注意）．ただし，$D\boldsymbol{f}(\boldsymbol{x})^{-1} = (a_{i,j}(\boldsymbol{x}))$ とおいて，

$$B(\boldsymbol{x}) = (b_{i,j}(\boldsymbol{x})) = \left(\sum_{k=1}^{n} f_k(\boldsymbol{x})\frac{\partial}{\partial x_j}a_{i,k}(\boldsymbol{x})\right) \in C^0(\Omega)^{n\times n}$$

と書いている．これより，$Dg(a) = -B(a) = O$，すなわち，$\|Dg(a)\|_\infty = 0 < 1$ が結論でき，定理 4.5.4 の仮定が満たされることが確かめられた．したがって，定理の主張のような $\delta > 0$ が存在する．

次に，2 次収束性を示す．一般性を失うことなく，$\delta < \delta'$ を仮定して，

$$\mu_1 = \max_{\boldsymbol{x} \in K} \|D\boldsymbol{f}(\boldsymbol{x})^{-1}\|_\infty, \quad \mu_2 = \max_{\boldsymbol{x} \in K} \|D^2 \boldsymbol{f}(\boldsymbol{x})\|_\infty$$

とおく．まず，(4.21) より，

$$\begin{aligned}
\|\boldsymbol{f}(\boldsymbol{x}) + D\boldsymbol{f}(\boldsymbol{x})(\boldsymbol{a} - \boldsymbol{x})\|_\infty &\le \int_0^1 (1-s)\|(D^2\boldsymbol{f}(\boldsymbol{p}_s))(\boldsymbol{a}-\boldsymbol{x}, \boldsymbol{a}-\boldsymbol{x})\|_\infty \, ds \\
&\le \|\boldsymbol{a} - \boldsymbol{x}\|_\infty^2 \int_0^1 (1-s)\|D^2\boldsymbol{f}(\boldsymbol{p}_s)\|_\infty \, ds \\
&\le \frac{\mu_2}{2}\|\boldsymbol{a} - \boldsymbol{x}\|_\infty^2 \qquad (\boldsymbol{x} \in K).
\end{aligned}$$

したがって，

$$\begin{aligned}
\|\boldsymbol{x}^{(k+1)} - \boldsymbol{a}\|_\infty &= \|\boldsymbol{x}^{(k)} - D\boldsymbol{f}(\boldsymbol{x}^{(k)})^{-1}\boldsymbol{f}(\boldsymbol{x}^{(k)}) - \boldsymbol{a}\|_\infty \\
&\le \|D\boldsymbol{f}(\boldsymbol{x}^{(k)})^{-1}\|_\infty \cdot \|\boldsymbol{f}(\boldsymbol{x}^{(k)}) + D\boldsymbol{f}(\boldsymbol{x}^{(k)})^{-1}(\boldsymbol{a} - \boldsymbol{x}^{(k)})\|_\infty \\
&\le \frac{\mu_1\mu_2}{2}\|\boldsymbol{x}^{(k)} - \boldsymbol{a}\|_\infty^2.
\end{aligned}$$

ここから 2 次収束を示すのは，命題 4.3.10 の証明と同様である（注意 4.3.11）.

■

**【例 4.5.7】** $A \in \mathbb{R}^{n\times n}$ に対して，固有値問題 $A\boldsymbol{x} = \lambda\boldsymbol{x}$，$\boldsymbol{x} \neq \boldsymbol{0}$ を考える．固有ベクトルを一意的に定めるために，$\|\boldsymbol{x}\|_2 = 1$ という付加条件を課し，連立一次方程式

$$\boldsymbol{f}(\boldsymbol{z}) = \begin{pmatrix} A\boldsymbol{x} - \lambda\boldsymbol{x} \\ \frac{1}{2} - \frac{1}{2}\|\boldsymbol{x}\|_2^2 \end{pmatrix} = \begin{pmatrix} \boldsymbol{0} \\ 0 \end{pmatrix}, \quad \boldsymbol{z} = \begin{pmatrix} \boldsymbol{x} \\ \lambda \end{pmatrix}$$

を考え，ニュートン法を適用する．$\boldsymbol{z}^{(k)} = (\boldsymbol{x}^{(k)}, \lambda^{(k)})^{\mathrm{T}}$ と書くと，

$$\begin{pmatrix} A - \lambda^{(k)} I & -\boldsymbol{x}^{(k)} \\ -(\boldsymbol{x}^{(k)})^{\mathrm{T}} & 0 \end{pmatrix} \begin{pmatrix} \boldsymbol{x}^{(k+1)} - \boldsymbol{x}^{(k)} \\ \lambda^{(k+1)} - \lambda^{(k)} \end{pmatrix} = -\begin{pmatrix} A\boldsymbol{x}^{(k)} - \lambda^{(k)}\boldsymbol{x}^{(k)} \\ \frac{1}{2}(1 - \|\boldsymbol{x}^{(k)}\|_2^2) \end{pmatrix}$$

となる．これは，補助的なベクトル $\boldsymbol{y}^{(k)}$ を使って，

$$
\begin{aligned}
(A-\lambda^{(k)}I)\boldsymbol{y}^{(k)} &= \boldsymbol{x}^{(k)},\\
\lambda^{(k+1)} &= \lambda^{(k)} + \frac{1}{2}\frac{\|\boldsymbol{x}^{(k)}\|_2^2+1}{\langle \boldsymbol{x}^{(k)}, \boldsymbol{y}^{(k)}\rangle},\\
\boldsymbol{x}^{(k+1)} &= (\lambda^{(k+1)}-\lambda^{(k)})\boldsymbol{y}^{(k)}
\end{aligned}
$$

と書ける． □

定理 4.5.6 で示したように，ニュートン法は多変数の場合も 2 次収束する．さらに，ニュートン法の収束は，（方程式に対応した）ある簡単な 2 次方程式に対する 1 次元のニュートン法の反復列を用いて，より精密に評価できる．簡易ニュートン法についても同様のことがいえ（ただし，線形収束），しかも，そのための条件は，まったく同じとなる．ニュートン法や簡易ニュートン法は，近似解獲得の目的ばかりでなく，（連立）非線形方程式の解の一意存在を証明するための手法としても広く応用されている．とくに，理論を一般のバナッハ空間（注意 6.1.19）に拡張した後に，非線形偏微分方程式の解の一意存在や精度保証付きの数値計算へ応用することができ，それは応用解析の華々しい成功例である．このような理論は，ロシアの数学者・経済学者カントロヴィッチ（Kantorovich）によって，いち早く詳細に研究され，現在に至るまで，さまざまな方向へ拡張されている．ここでは，定理を述べるのみにとどめておくが，興味のある読者は，たとえば，杉原・室田[14, §4.3] などで証明を勉強してほしい．

**定理 4.5.8（カントロヴィッチ）** $\boldsymbol{f}(\boldsymbol{x})$ を $\mathbb{R}^n$ の開集合 $\Omega$ 上で定義された連続関数とする．$\boldsymbol{x}^{(0)} \in \Omega$ と $r > 0$ を，$K = \bar{B}(\boldsymbol{x}^{(0)}, r) \subset \Omega$ を満たすものとする．そして，$\boldsymbol{f} \in C^2(K)^n$，および，次を満たす正数 $p$，$q$ の存在を仮定する：

(1) $h = pq \le 1/2$.

(2) $G_0 = D\boldsymbol{f}(x^{(0)})^{-1}$ が存在し，$\|G_0\boldsymbol{f}(\boldsymbol{x}^{(0)})\| \le q$.

(3) $\|D^2G_0\boldsymbol{f}(\boldsymbol{x})\| \le p$ $(\boldsymbol{x} \in K)$.

このとき，

$$
r \ge t^* = \frac{1-\sqrt{1-2h}}{h}q
$$

ならば，方程式 $\boldsymbol{f}(\boldsymbol{a}) = \boldsymbol{0}$ には解 $\boldsymbol{a} \in K$ が存在する．そして，ニュートン法 (4.29) および簡易ニュートン法 (4.30) は，$K$ 内の点列 $\{\boldsymbol{x}^{(k)}\}_{k\ge 0}$ を生成し，これは $\boldsymbol{a}$ に収束する．さらに，

$$r \begin{cases} < t^{**} = \dfrac{1+\sqrt{1-2h}}{h} q & (h < 1/2 \text{ のとき}), \\ = t^{**} (= t^*) & (h = 1/2 \text{ のとき}) \end{cases}$$

ならば，$\boldsymbol{a}$ は $K$ 内で一意である．

最後に，ニュートン法 (4.29) の収束の速さは

$$\|\boldsymbol{x}^{(k)} - \boldsymbol{a}\| \le \frac{1}{2^n}(2h)^{2^n}\frac{q}{h} \qquad (k = 0, 1, \ldots)$$

で特徴づけられ，確かに 2 次収束している．一方，簡易ニュートン法 (4.30) の収束の速さは，条件 $h < 1/2$ の下で，

$$\|\boldsymbol{x}^{(k)} - \boldsymbol{a}\| \le \left(1 - \sqrt{1-2h}\right)^{n+1}\frac{q}{h} \qquad (k = 0, 1, \ldots)$$

と特徴づけられる． □

**注意 4.5.9** $n$ 次方程式

$$f(z) = z^n + c_1 z^{n-1} + c_2 z^{n-2} + \cdots + c_{n-1} z + c_n = 0$$

の根を数値的に求めることを考える．ただし，$z = x + iy$，$i = \sqrt{-1}$，$c_j \in \mathbb{C}$ $(j = 0, \ldots, n)$ として，実根ばかりでなく，$n$ 個の複素根 $a_1, \ldots, a_n$ を求めたい．まずは，**複素ニュートン法**

$$z^{(k+1)} = z^{(k)} - \frac{f(z^{(k)})}{f'(z^{(k)})} \tag{4.37}$$

の適用が考えられる．ただし，$f'(z)$ は複素変数 $z$ に関する微分を表す．ある近似根 $a$ が求まったら，$f(z)/(z-a)$ に対して，再び複素ニュートン法を適用すればよい．とはいえ，この割り算は，丸め誤差の影響を受けやすく，あまり実用的ではない．そこで，

$$f'(a_k) = \prod_{j \ne k}(a_k - a_j)$$

という関係に着目しよう．もし，$a_j$ に対する，十分よい近似値 $z_j$ が得られているならば，$\displaystyle\prod_{j \ne k}(z_k - z_j)$ は，$f'(a_k)$ の十分よい近似値になっていることが期待で

きる．したがって，すべての根を同時に求める趣旨で，反復列 $(z_1^{(k)},\ldots,z_n^{(k)})$ を，

$$z_k^{(k+1)} = z_k^{(k)} - \frac{f(z_k^{(k)})}{\prod_{j\neq k}(z_k^{(k)} - z_j^{(k)})} \qquad (k=1,\ldots,n)$$

で生成する．これを，**デュラン** (Durand) **–ケルナー** (Kerner) **法**という．この方法は，単根のみなら 2 次収束することが知られている．くわしくは，杉原・室田[14, §5.2] や山本[4, §5.5] を参照されたい． □

**【問題 4.5.10】** $\boldsymbol{g}(\boldsymbol{x})$ を開集合 $\Omega \subset \mathbb{R}^n$ 上の関数とする．$\boldsymbol{x}^{(0)} \in \Omega$ と $\delta > 0$ に対して，$K = \bar{B}(\boldsymbol{x}^{(0)}, \delta) \subset \Omega$ とおき，これらと $0 < \lambda < 1$ が，

$$\|\boldsymbol{x}^{(0)} - \boldsymbol{g}(\boldsymbol{x}^{(0)})\| \leq (1-\lambda)\delta, \tag{4.38}$$

および，(H2) を満たすとする．このとき，次の 2 つが成り立つことを示せ．

(i) 反復列 $\boldsymbol{x}^{(k+1)} = \boldsymbol{g}(\boldsymbol{x}^{(k)}) \in K' = B(\boldsymbol{x}^{(0)}, \delta)$ $(k=0,1,\ldots)$ が定義できる．

(ii) $\boldsymbol{g}(\boldsymbol{x})$ は $K$ 内に唯一の不動点をもち，$\boldsymbol{x}^{(k)}$ は $\boldsymbol{a}$ に収束する．とくに，$\|\boldsymbol{x}^{(k)} - \boldsymbol{a}\| \leq \lambda^k \delta$ が成り立つ．

**【問題 4.5.11】** $\boldsymbol{g}(\boldsymbol{x})$ を $\Omega \subset \mathbb{R}^n$ 上の関数とする．$\boldsymbol{x}^{(0)} \in \Omega$ と $\delta > 0$ に対して，$K = \bar{B}_\infty(\boldsymbol{x}^{(0)}, \delta)$ とおき，$K \subset \Omega$，$\boldsymbol{g} \in C^1(\Omega)^n$，

$$\lambda = \max_{\boldsymbol{x}\in K} \|D\boldsymbol{g}(\boldsymbol{x})\|_\infty < 1, \tag{4.39}$$

および，(4.38) を仮定する．このとき，問題 4.5.10 の結論 (i) と (ii) が $\|\cdot\| = \|\cdot\|_\infty$ に対して成立することを示せ．

**【問題 4.5.12】** 正則な複素関数 $f(z) = u(x,y) + iv(x,y)$ $(z = x+iy)$ に対する複素ニュートン法 (4.37) が，連立方程式 $u(x,y) = 0$，$v(x,y) = 0$ に対するニュートン法に一致することを示せ．

**【問題 4.5.13】** 連立方程式 $f(x,y) = x^2 + y^2 - 2 = 0$，$g(x,y) = x - y = 0$ にニュートン法を適用する．初期値 $\boldsymbol{x}^{(0)} = (x_0, y_0)^{\mathrm{T}}$ に応じて，反復列の挙動を分類せよ．

# 第 5 章 固有値問題

行列の固有値は，数学のほとんどすべての分野で登場する基本的な概念である．これが，数値解析でも重要な役割を果たすことは，すでに実感できているであろう．数学のみにとどまらず，固有値は，固有振動数などの物理的な意味があるし，また，最近では，ウェッブページの検索エンジンにおいて，推移確率行列の絶対値最大の固有値（の固有ベクトル）が応用されている．したがって，固有値や固有ベクトルの成分の具体的な数値を計算することには大きな意義がある．

## 5.1 固有値の包み込み

すでに，例 4.5.7 で考察したように，固有値問題は連立非線形方程式として定式化できるので，ニュートン法などの反復法で近似値を計算することが可能である．しかし，そのためには，求めたい固有値に十分近い初期値を別の方法で計算しておかねばならない．一方で，固有値問題を扱う際には，正確な近似値よりも，多少粗くても，厳密な存在範囲の評価が役に立つことも多い．すなわち，対象としている固有値が実固有値 $\lambda$ ならば，厳密な上下界 $\mu_1 \le \lambda \le \mu_2$ を知りたいことは多いのである．このように固有値の存在範囲を特定することを固有値の包み込みという．本節では，固有値の存在範囲を特定するのに便利な定理を解説する．

$A = (a_{i,j}) \in \mathbb{C}^{n\times n}$ に対して，

$$r_i = \sum_{\substack{1\le j\le n \\ j\ne i}} |a_{i,j}|, \qquad G_i = \{z \in \mathbb{C} \mid |z - a_{i,i}| \le r_i\} \tag{5.1}$$

と定義する．$G_i$ はゲルシュゴリン（Gershgorin）の円と呼ばれる．

**定理 5.1.1**（ゲルシュゴリン） $A = (a_{i,j}) \in \mathbb{C}^{n\times n}$ のすべての固有値は

$G = \bigcup_{i=1}^{n} G_i$ の中に含まれる． □

**証明** $\lambda \in \mathbb{C}$ を $A$ の任意の固有値，$\boldsymbol{v} = (v_i) \in \mathbb{C}^n$ を対応する固有ベクトルとする．$|v_k| = \|\boldsymbol{v}\|_\infty$ を仮定して，$(A - \lambda I)\boldsymbol{v} = \boldsymbol{0}$ の第 $k$ 成分を考えると，

$$|a_{k,k} - \lambda| \cdot |v_k| = \left| \sum_{l \neq k} a_{k,l} v_l \right| \leq \sum_{l \neq k} |a_{k,l}| \cdot |v_l| \leq r_k |v_k|.$$

これは，$\lambda \in G_k \subset G$ を意味する． ■

以下，エルミート行列 $A \in \mathbb{C}^{n \times n}$ の固有値の包み込みを考える．$\lambda_1 \leq \cdots \leq \lambda_n$ を $A$ の固有値，$\boldsymbol{v}_1, \ldots, \boldsymbol{v}_n$ を対応する（正規化された）固有ベクトルとする．すなわち，$\langle \boldsymbol{v}_i, \boldsymbol{v}_j \rangle = 0 \ (i \neq j)$，$\|\boldsymbol{v}_i\|_2^2 = 1$ が成り立つ．$\{\boldsymbol{v}_1, \ldots, \boldsymbol{v}_n\}$ は $\mathbb{C}^n$ の正規直交基底をなすから，任意の $\boldsymbol{x} \in \mathbb{C}^n$ に対して，

$$\boldsymbol{x} = c_1 \boldsymbol{v}_1 + \cdots + c_n \boldsymbol{v}_n \tag{5.2}$$

を満たす $c_1, \ldots, c_n \in \mathbb{C}^n$ が存在する．具体的には，$c_i = \langle \boldsymbol{x}, \boldsymbol{v}_i \rangle \ (1 \leq i \leq n)$ で与えられる．これは，(5.2) の両辺と $\boldsymbol{v}_i$ との内積をつくることにより確かめられる．この表記を使うと，直接の計算により，

$$\|\boldsymbol{x}\|_2^2 = |c_1|^2 + \cdots + |c_n|^2 \tag{5.3}$$

を得る．さらに，$A\boldsymbol{x} = c_1 A\boldsymbol{v}_1 + \cdots + c_n A\boldsymbol{v}_n = c_1 \lambda_1 \boldsymbol{v}_1 + \cdots + c_n \lambda_n \boldsymbol{v}_n$ なので，

$$\langle A\boldsymbol{x}, \boldsymbol{x} \rangle = \sum_{i=1}^{n} \sum_{j=1}^{n} \lambda_i c_i \overline{c_j} \langle \boldsymbol{v}_i, \boldsymbol{v}_j \rangle = \sum_{i=1}^{n} \lambda_i |c_i|^2, \tag{5.4}$$

$$\|A\boldsymbol{x}\|_2^2 = \langle A\boldsymbol{x}, A\boldsymbol{x} \rangle = \sum_{i=1}^{n} \sum_{j=1}^{n} \lambda_i \lambda_j c_i \overline{c_j} \langle \boldsymbol{v}_i, \boldsymbol{v}_j \rangle = \sum_{i=1}^{n} \lambda_i^2 |c_i|^2 \tag{5.5}$$

と計算できる．

**定義 5.1.2（レイリー（Rayleigh）商）** $A \in \mathbb{C}^{n \times n}$ に対して，

$$R_A(\boldsymbol{x}) = \frac{\langle A\boldsymbol{x}, \boldsymbol{x} \rangle}{\|\boldsymbol{x}\|_2^2} \in \mathbb{C} \qquad (\boldsymbol{x} \in \mathbb{C}^n \backslash \{\boldsymbol{0}\}) \tag{5.6}$$

を**レイリー商**と呼ぶ．ただし，$\langle \boldsymbol{x}, \boldsymbol{y} \rangle = \sum_{i=1}^{n} x_i \overline{y_i}$ は $\mathbb{C}^n$ の内積を表す． □

**注意 5.1.3**　レイリー商が次の性質を満たすことは今後よく使う．

(1) $A\boldsymbol{v} = \lambda\boldsymbol{v}$，$\boldsymbol{v} \neq \boldsymbol{0}$ ならば，$R_A(\boldsymbol{v}) = \lambda$．

(2) 任意の $\alpha \in \mathbb{C}\backslash\{0\}$ に対して，$R_A(\alpha\boldsymbol{x}) = R_A(\boldsymbol{x})$．

(3) $A$ がエルミート行列ならば，$R_A(\boldsymbol{x}) \in \mathbb{R}$．　□

**定理 5.1.4**（レイリー）　$A \in \mathbb{C}^{n\times n}$ をエルミート行列，$\lambda_1 \leq \cdots \leq \lambda_n$ をその固有値，$\boldsymbol{v}_1, \ldots, \boldsymbol{v}_n$ を対応する（正規化された）固有ベクトルとすると，

$$\lambda_k = \max_{\boldsymbol{x}\in M_k\backslash\{\boldsymbol{0}\}} R_A(\boldsymbol{x}) \qquad (1 \leq k \leq n)$$

が成り立つ．ただし，$M_n = \mathbb{C}^n$，$M_k = \{\boldsymbol{x} \in \mathbb{C}^n \mid \langle \boldsymbol{x}, \boldsymbol{v}_i\rangle = 0\ (k+1 \leq i \leq n)\}$ $(k = 1, \ldots, n-1)$ としている．とくに，$\lambda_n \geq R_A(\boldsymbol{x})\ (\boldsymbol{x} \in \mathbb{C}^n)$ である．　□

**証明**　まず，$\boldsymbol{0} \neq \boldsymbol{x} \in \mathbb{C}^n$ を任意として，これを (5.2) の形に書く．$1 \leq k \leq n$，$\boldsymbol{0} \neq \boldsymbol{x} \in M_k$ を仮定すると，$c_i = 0\ (k+1 \leq i \leq n)$ なので，

$$\langle A\boldsymbol{x}, \boldsymbol{x}\rangle = \sum_{i=1}^{k} \lambda_i |c_i|^2 \leq \lambda_k \sum_{i=1}^{k} |c_i|^2 = \lambda_k \|\boldsymbol{x}\|_2^2.$$

これより，証明すべき等式の右辺を $\alpha_k$ と書くと，$\alpha_k \leq \lambda_k$．一方で，$\alpha_k \geq R_A(\boldsymbol{v}_k) = \lambda_k$ なので，これらを合わせて，$\alpha_k = \lambda_k$ が示せた．　■

次に，$1 \leq k \leq n$ に対して，

$$\mathcal{V}_k = \{V \subset \mathbb{C}^n \mid V \text{ は } \mathbb{C}^n \text{ の部分空間，} \dim V = k\}$$

と定義する．

**定理 5.1.5**（クーラント（Courant）–フィッシャー（Fisher））　$\lambda_1 \leq \lambda_2 \leq \cdots \leq \lambda_n$ をエルミート行列 $A \in \mathbb{C}^{n\times n}$ の固有値とすると，

$$\lambda_k = \min_{V_k\in\mathcal{V}_k} \max_{\boldsymbol{x}\in V_k} R_A(\boldsymbol{x}) \qquad (1 \leq k \leq n)$$

が成り立つ．　□

**証明**　$1 \le k \le n$ として，証明すべき等式の右辺を $\alpha_k$ と書く．$\boldsymbol{v}_1, \ldots, \boldsymbol{v}_n$ を，それぞれ，$\lambda_1, \ldots, \lambda_n$ に対応する $A$ の固有ベクトルで，正規化されたものとする．$U_k = \mathrm{span}\,\{\boldsymbol{v}_k, \boldsymbol{v}_{k+1}, \ldots, \boldsymbol{v}_n\}$ とおく．まず，$V_k \in \mathcal{V}_k$ を任意とする．このとき，$V_k \cap U_k \neq \emptyset$ なので（問題 5.1.10），$\boldsymbol{0} \neq \boldsymbol{y} \in V_k \cap U_k$ が存在する．$\boldsymbol{y} \in U_k$ より，$c_j = \langle \boldsymbol{y}, \boldsymbol{v}_j \rangle \in \mathbb{C}$ とおくことで，$\boldsymbol{y} = \displaystyle\sum_{j=k}^{n} c_j \boldsymbol{v}_j$ と書ける．このとき，

$$\langle A\boldsymbol{y}, \boldsymbol{y} \rangle = \sum_{i=k}^{n} \lambda_i |c_i|^2 \ge \lambda_k \sum_{i=k}^{n} |c_i|^2 = \lambda_k \|\boldsymbol{y}\|_2^2.$$

これより，$\alpha_k \ge \min\limits_{V_k \in \mathcal{V}_k} \langle A\boldsymbol{y}, \boldsymbol{y} \rangle / \|\boldsymbol{y}\|_2^2 = \min\limits_{V_k \in \mathcal{V}_k} \lambda_k = \lambda_k$．なお，最後の等号は，$V_k$ の選び方と $\lambda_k$ は無関係なことによる．次に，逆向きの不等式を導くために，$W_k = \mathrm{span}\,\{\boldsymbol{v}_1, \ldots, \boldsymbol{v}_k\}$ とおく．今度も，$\boldsymbol{x} \in W_k$ を $\boldsymbol{x} = \displaystyle\sum_{j=1}^{k} c_j \boldsymbol{v}_j$ と書くと，

$$\langle A\boldsymbol{x}, \boldsymbol{x} \rangle = \sum_{i=1}^{k} \lambda_i |c_i|^2 \le \lambda_k \sum_{i=1}^{k} |c_i|^2 = \lambda_k \|\boldsymbol{x}\|_2^2.$$

したがって，$\alpha_k \le \max\limits_{\boldsymbol{x} \in W_k} \langle A\boldsymbol{x}, \boldsymbol{x} \rangle / \|\boldsymbol{x}\|_2^2 \le \lambda_k$．以上を合わせて，$\alpha_k = \lambda_k$ が証明できた．■

**定理 5.1.6（摂動定理）**　エルミート行列 $A, B \in \mathbb{C}^{n \times n}$ の固有値を，それぞれ，$\lambda_1 \le \lambda_2 \le \cdots \le \lambda_n$，$\mu_1 \le \mu_2 \le \cdots \le \mu_n$ とすると，

$$|\lambda_k - \mu_k| \le \|A - B\| \quad (1 \le k \le n) \tag{5.7}$$

が成り立つ．ただし，$\|\cdot\|$ は $\mathbb{C}^n$ の任意のノルムに従属する行列ノルムである．□

**証明**　$\boldsymbol{x} \neq \boldsymbol{0}$ を任意とする．コーシー–シュワルツの不等式により，

$$\langle A\boldsymbol{x} - B\boldsymbol{x}, \boldsymbol{x} \rangle \le \|(A - B)\boldsymbol{x}\|_2 \|\boldsymbol{x}\|_2 \le \|A - B\|_2 \|\boldsymbol{x}\|_2^2.$$

すなわち，

$$\frac{\langle A\boldsymbol{x}, \boldsymbol{x} \rangle}{\|\boldsymbol{x}\|_2^2} \le \frac{\langle B\boldsymbol{x}, \boldsymbol{x} \rangle}{\|\boldsymbol{x}\|_2^2} + \|A - B\|_2.$$

したがって，定理 5.1.5 により，$\lambda_k \le \mu_k + \|A - B\|_2$．$A$ と $B$ の役割を入

れ替えて，同じ議論を繰り返せば，$\mu_k \leq \lambda_k + \|A - B\|_2$．これらを合わせて，$|\lambda_k - \mu_k| \leq \|A - B\|_2$ を得る．ところで，注意 3.2.7 と命題 3.2.8 により，$\|A - B\|_2 = \rho(A - B) \leq \|A - B\|$ なので，示すべき不等式を得る． ■

**定理 5.1.7**（**加藤敏夫**）　エルミート行列 $A \in \mathbb{C}^{n\times n}$ と $\mathbf{0} \neq \boldsymbol{w} \in \mathbb{C}^n$ に対して，

$$\mu = R_A(\boldsymbol{w}), \qquad \varepsilon = \frac{\|A\boldsymbol{w} - \mu\boldsymbol{w}\|_2}{\|\boldsymbol{w}\|_2} \tag{5.8}$$

とおく．区間 $(\alpha, \beta)$ 内に，$A$ の固有値 $\lambda_0$ がただ 1 つ存在すると仮定する．このとき，

$$\varepsilon^2 < (\mu - \alpha)(\beta - \mu) \tag{5.9}$$

が成り立てば，$\lambda_0$ は，

$$\alpha < \mu - \frac{\varepsilon^2}{\beta - \mu} \leq \lambda_0 \leq \mu + \frac{\varepsilon^2}{\mu - \alpha} < \beta$$

を満たす． □

**証明**　$\lambda_1 \leq \cdots \leq \lambda_n$ を $A$ の固有値，$\boldsymbol{v}_1, \ldots, \boldsymbol{v}_n$ を対応する（正規化された）固有ベクトルとする．仮定により，区間 $(\alpha, \lambda_0)$ 内には $A$ の固有値は存在しないから，$(\lambda_i - \alpha)(\lambda_i - \lambda_0) \geq 0$ $(1 \leq i \leq n)$ が成り立つ．したがって，

$$\sum_{i=1}^{n} (\lambda_i - \alpha)(\lambda_i - \lambda_0)|c_i|^2 \geq 0.$$

これを変形して，(5.3)，(5.4)，(5.5) を使うと，

$$\frac{\|A\boldsymbol{w}\|_2^2}{\|\boldsymbol{w}\|_2^2} - (\alpha + \lambda_0)R_A(\boldsymbol{w}) + \alpha\lambda_0 \geq 0$$

を得る．ここで，直接の計算により，$\|A\boldsymbol{w} - \mu\boldsymbol{w}\|_2^2 = \|A\boldsymbol{w}\|_2^2 + \mu^2\|\boldsymbol{w}\|_2^2 - 2\mu\langle A\boldsymbol{w}, \boldsymbol{w}\rangle = \|A\boldsymbol{w}\|_2^2 - \mu^2\|\boldsymbol{w}\|_2^2$ なので，$\|A\boldsymbol{w}\|_2^2 = (\mu^2 + \varepsilon^2)\|\boldsymbol{w}\|_2^2$．これを上の不等式に代入すると，

$$\mu^2 + \varepsilon^2 - (\alpha + \lambda_0)\mu + \alpha\lambda_0 \geq 0 \quad \Leftrightarrow \quad \lambda_0 \leq \mu + \frac{\varepsilon^2}{\mu - \alpha}$$

を得る．ここで，仮定 (5.9) より，$\alpha < \mu < \beta$ であることを用いている．ま

た，(5.9) の下では，$\mu + \varepsilon^2/(\mu - \alpha) < \beta$ となる．左側の不等式も同様である． ■

**注意 5.1.8** 定理 5.1.7 において，$\boldsymbol{w}$ は近似固有ベクトル，$\mu$ は近似固有値，$\varepsilon$ は相対残差を表している．$\alpha' = \mu - \varepsilon^2/(\beta - \mu)$，$\beta' = \mu + \varepsilon^2/(\mu - \alpha)$ とおいて，再び定理を適用することにより，固有値の存在区間を狭くしていくことができる． □

**【問題 5.1.9】** $A = (a_{i,j}) \in \mathbb{C}^{n\times n}$ に対して，

$$C_{i,j} = \{z \in \mathbb{C} \mid |z - a_{i,i}| \cdot |z - a_{j,j}| \leq r_i r_j\}$$

をカッシーニ（Cassini）の卵形と呼ぶ（$r_i$ は (5.1) で定義したもの）．$A$ のすべての固有値は $C = \displaystyle\bigcup_{i,j=1, i\neq j}^{n} C_{i,j}$ に含まれることを示せ．また，定理 5.1.1 に現れた $G$ について，$C \subset G$ を示せ．

**【問題 5.1.10】** 定理 5.1.5 の証明において，$V_k \cap U_k \neq \emptyset$ を示せ．

**【問題 5.1.11】** $\boldsymbol{x}, \boldsymbol{y} \in \mathbb{C}^n$，$\|\boldsymbol{x}\|_2 > \|\boldsymbol{y}\|_2$，$A \in \mathbb{C}^{n\times n}$ に対して，

$$|R_A(\boldsymbol{x} + \boldsymbol{y}) - R_A(\boldsymbol{x})| \leq \frac{6\|A\|_2}{(\|\boldsymbol{x}\|_2 - \|\boldsymbol{y}\|_2)^2}\|\boldsymbol{x}\|_2\|\boldsymbol{y}\|_2 \tag{5.10}$$

を示せ（とくに，$R_A(\boldsymbol{x})$ は $\mathbb{C}^n \backslash \{\boldsymbol{0}\}$ 上の連続関数となる）．

## 5.2 冪乗法と逆冪乗法

$A \in \mathbb{C}^{n\times n}$ の特定の固有値，たとえば絶対値が最大の固有値 $\lambda$ を求めたいことは多い．このとき，対応する固有ベクトル $\boldsymbol{v}$ を近似するようなベクトル $\tilde{\boldsymbol{v}}$ を何らかの手段で求めておけば，定理 5.1.4 により，$\tilde{\lambda} = R_A(\tilde{\boldsymbol{v}})$ は，$\lambda$ のよい近似になっていることが期待できる．とくに，片側からの関係 $\tilde{\lambda} \leq \lambda$ は厳密に正しい．また，注意 5.1.3 により，$R_A(\alpha\boldsymbol{v}) = R_A(\boldsymbol{v})$ $(\alpha \in \mathbb{C}\backslash\{0\})$ なので，$\boldsymbol{v}$ の向きのみを近似できればよいのである．そこで，

$$\boldsymbol{u}^{(k+1)} = A\boldsymbol{u}^{(k)} \qquad (k = 0, 1, \ldots) \tag{5.11}$$

という反復法を考える．ただし，$\boldsymbol{u}^{(0)} \in \mathbb{C}^n$ は初期値として与える．この反復法は，$\boldsymbol{u}^{(k)} = A^k\boldsymbol{u}^{(0)}$ と書けるので，命題 3.2.17 により，$k \to \infty$ とすると，

$\rho(A) < 1$ ならば $\|\boldsymbol{u}^{(k)}\| \to 0$, $\rho(A) > 1$ ならば $\|\boldsymbol{u}^{(k)}\| \to \infty$ となる．$\|\cdot\|$ は，$\mathbb{C}^n$ のノルムである．しかし，$\boldsymbol{u}^{(k)}$ の向きに着目すると，ここから有益な情報が得られる．$A$ の固有値を $\lambda_1, \ldots, \lambda_n$，対応する固有ベクトルを $\boldsymbol{v}_1, \ldots, \boldsymbol{v}_n$ として，次を仮定する：

$$|\lambda_1| \le \cdots \le |\lambda_{n-1}| < |\lambda_n| \quad \text{かつ} \quad A \text{ は対角化可能.} \tag{5.12}$$

このとき，$\{\boldsymbol{v}_1, \ldots, \boldsymbol{v}_n\}$ は $n$ 本の一次独立なベクトルとなるから (問題 2.2.9)，とくに，$\mathbb{C}^n$ の基底となる．すなわち，$\boldsymbol{u}^{(0)} = c_1\boldsymbol{v}_1 + \cdots + c_n\boldsymbol{v}_n$ を満たす $c_1, \ldots, c_n \in \mathbb{C}$ が存在するので，$c_n \ne 0$ ならば，

$$\begin{aligned} \boldsymbol{u}^{(k)} &= A^k\boldsymbol{u}^{(0)} = c_1\lambda_1^k\boldsymbol{v}_1 + \cdots + c_n\lambda_n^k\boldsymbol{v}_n \\ &= c_n\lambda_n^k\left[\frac{c_1}{c_n}\left(\frac{\lambda_1}{\lambda_n}\right)^k\boldsymbol{v}_1 + \cdots + \frac{c_{n-1}}{c_n}\left(\frac{\lambda_{n-1}}{\lambda_n}\right)^k\boldsymbol{v}_{n-1} + \boldsymbol{v}_n\right] \end{aligned} \tag{5.13}$$

と書ける．仮定により，$|\lambda_i/\lambda_n| < 1$ $(i \ne n)$ なので，$k$ が十分に大きいときに，$\boldsymbol{u}^{(k)} \approx \lambda_n^k c_n\boldsymbol{v}_n$ が期待できる．これにより，近似固有値 $\tilde{\lambda} = R_A(\boldsymbol{u}^{(k)})$ を得る．しかしながら，上で述べたように，$\boldsymbol{u}^{(k)}$ の向きは有益でも，その大きさは，（ごく特殊な例外を除き）発散するか 0 に減衰するかのいずれかであり，計算上は扱いにくい．そこで，(5.11) の代わりに，$\mathbb{C}^n$ のノルム $\|\cdot\|$ を 1 つ固定したうえで，ベクトルの大きさを毎回正規化して

$$\boldsymbol{y}^{(k)} = A\boldsymbol{x}^{(k)}, \quad \boldsymbol{x}^{(k+1)} = \frac{1}{r_n}\boldsymbol{y}^{(k)}, \quad r_n = \|\boldsymbol{y}^{(k)}\| \quad (k = 0, 1, \ldots) \tag{5.14}$$

という反復法を考える．これを**冪乗法**という．この反復列は明らかに，$\|\boldsymbol{x}^{(k)}\| = 1$ $(k = 1, 2, \ldots)$ を満たす．今後の解析の便宜上，初期値についても，$\|\boldsymbol{x}^{(0)}\| = 1$ を仮定する．

**定理 5.2.1** $\lambda_1, \ldots, \lambda_n \in \mathbb{C}$ を $A \in \mathbb{C}^{n\times n}$ の固有値，対応する固有ベクトルを $\boldsymbol{v}_1, \ldots, \boldsymbol{v}_n$ とする．(5.12) と $\boldsymbol{x}^{(0)} \notin \mathrm{span}\,\{\boldsymbol{v}_1, \ldots, \boldsymbol{v}_{n-1}\}$ を仮定して，$\{\boldsymbol{x}^{(k)}\}_{k\ge 0}$ を冪乗法 (5.14) で生成した点列とする．そして，$\mu^{(k)} = R_A(\boldsymbol{x}^{(k)})$ と定義する．このとき，$r = |\lambda_{n-1}/\lambda_n| (< 1)$ と書くと，

$$|\lambda_n - \mu^{(k)}| \le Cr^k \qquad (k \ge k_0) \tag{5.15}$$

を満たす定数 $C > 0$ と $0 < k_0 \in \mathbb{Z}$ が存在する．すなわち，$\mu^{(k)}$ は $\lambda_n$ に線形

収束する．また，固有ベクトルについても，

$$\left\| \frac{\|A^k \boldsymbol{x}^{(0)}\|}{c_n \lambda_n^k} \boldsymbol{x}^{(k)} - \boldsymbol{v}_n \right\|_2 \le C' r^k \qquad (k \ge k_0) \tag{5.16}$$

を満たす定数 $C' > 0$ が存在する． □

**証明**　初期値を $\boldsymbol{u}^{(0)} = \boldsymbol{x}^{(0)}$ として，反復列 (5.11) を考えると，

$$\boldsymbol{x}^{(k)} = \frac{1}{t_k} \boldsymbol{u}^{(k)}, \quad t_k = \|\boldsymbol{u}^{(k)}\| \quad (k = 0, 1, \ldots) \tag{5.17}$$

が成り立つことを帰納法で示す．$k = 0$ のときは明らか．$k$ のときの成立を仮定すると，

$$\begin{aligned} \boldsymbol{x}^{(k+1)} &= \frac{1}{\|\boldsymbol{y}^{(k)}\|} \boldsymbol{y}^{(k)} = \frac{1}{\|A\boldsymbol{x}^{(k)}\|} A\boldsymbol{x}^{(k)} = \frac{1}{\|A(t_k^{-1} \boldsymbol{u}^{(k)})\|} A(t_k^{-1} \boldsymbol{u}^{(k)}) \\ &= \frac{1}{\|A\boldsymbol{u}^{(k)}\|} A\boldsymbol{u}^{(k)} = \frac{1}{\|\boldsymbol{u}^{(k+1)}\|} \boldsymbol{u}^{(k+1)} \end{aligned}$$

となり，$k+1$ のときも成立する．したがって，(5.17) が示せた．一方で，(5.12) により，$\boldsymbol{v}_1, \ldots, \boldsymbol{v}_n$ は $\mathbb{C}^n$ の基底となるので，$\boldsymbol{x}^{(0)} = c_1 \boldsymbol{v}_1 + \cdots + c_n \boldsymbol{v}_n$ を満たす $c_1, \ldots, c_n \in \mathbb{C}$ が存在する．仮定 $\boldsymbol{x}^{(0)} \notin \mathrm{span}\,\{\boldsymbol{v}_1, \ldots, \boldsymbol{v}_{n-1}\}$ より，$c_n \ne 0$ である．よって，(5.13) により，

$$\boldsymbol{u}^{(k)} = c_n \lambda_n^k \left( \boldsymbol{v}_n + \boldsymbol{z}^{(k)} \right), \quad \boldsymbol{z}^{(k)} = \sum_{i=1}^{n-1} \frac{c_i}{c_n} \left( \frac{\lambda_i}{\lambda_n} \right)^k \boldsymbol{v}_i \tag{5.18}$$

と書ける．これらを合わせて，$R_A(\alpha \boldsymbol{v}) = R_A(\boldsymbol{v})$ $(\alpha \in \mathbb{C} \backslash \{0\})$ を使うと，

$$\begin{aligned} \mu^{(k)} &= R_A(\boldsymbol{x}^{(k)}) = R_A \left( t_k^{-1} \boldsymbol{u}^{(k)} \right) = R_A(\boldsymbol{u}^{(k)}) \\ &= R_A(c_n \lambda_n^k (\boldsymbol{v}_n + \boldsymbol{z}^{(k)})) = R_A(\boldsymbol{v}_n + \boldsymbol{z}^{(k)}). \end{aligned}$$

ここで，

$$\|\boldsymbol{z}^{(k)}\|_2 \le \sum_{i=1}^{n-1} \left| \frac{c_i}{c_n} \right| \left| \frac{\lambda_i}{\lambda_n} \right|^k \|\boldsymbol{v}_i\|_2 \le r^k \underbrace{\sum_{i=1}^{n-1} \left| \frac{c_i}{c_n} \right| \|\boldsymbol{v}_i\|_2}_{=C'} \tag{5.19}$$

より，

$$k \ge k_0 \quad \Rightarrow \quad \|\boldsymbol{z}^{(k)}\|_2 \le \frac{1}{2} \|\boldsymbol{v}_n\|_2$$

を満たす $0 < k_0 \in \mathbb{Z}$ が存在する．したがって，$k \geq k_0$ とすると，不等式 (5.10) の適用が可能で，

$$\begin{aligned}|\lambda_n - \mu^{(k)}| &= |R_A(\boldsymbol{v}_n) - R_A(\boldsymbol{v}_n + \boldsymbol{z}^{(k)})| \\ &\leq \frac{6\|A\|_2}{\frac{1}{4}\|\boldsymbol{v}_n\|_2^2}\|\boldsymbol{v}_n\|_2\|\boldsymbol{z}^{(k)}\|_2 \leq r^k \cdot \underbrace{24\|A\|_2 \sum_{i=1}^{n-1}\left|\frac{c_i}{c_n}\right| \frac{\|\boldsymbol{v}_i\|_2}{\|\boldsymbol{v}_n\|_2}}_{=C}.\end{aligned}$$

すなわち，(5.15) が証明できた．一方で，(5.18) より，

$$\left\|\frac{\|A^k\boldsymbol{x}^{(0)}\|}{c_n\lambda_n^k}\boldsymbol{x}^{(k)} - \boldsymbol{v}_n\right\|_2 = \left\|\frac{1}{c_n\lambda_n^k}\boldsymbol{u}^{(k)} - \boldsymbol{v}_n\right\|_2 = \|\boldsymbol{z}^{(k)}\|_2$$

なので，(5.19) と合わせれば，(5.16) を得る． ■

$A \in \mathbb{C}^{n\times n}$ に対して，$\lambda_1, \ldots, \lambda_n \in \mathbb{C}$ を固有値，対応する固有ベクトルを $\boldsymbol{v}_1, \ldots, \boldsymbol{v}_n$ とする．冪乗法は，絶対値最大の固有値を求めることしかできないが，$A$ が正則ならば，$A\boldsymbol{v}_i = \lambda_i\boldsymbol{v}_i \Leftrightarrow A^{-1}\boldsymbol{v}_i = \lambda_i^{-1}\boldsymbol{v}_i$ なので，$\lambda_i^{-1}$ は $A^{-1}$ の固有値，$\boldsymbol{v}_i$ は対応する固有ベクトルになる（$A$ が正則なら，$\lambda_i \neq 0$ である）．したがって，$A^{-1}$ に冪乗法を適用することで，$|\lambda_i^{-1}| = 1/|\lambda_i|$ が最大，すなわち，絶対値が最小の固有値 $\lambda_k$ とその固有ベクトルを求めることができる．

もっと一般に，$\alpha \in \mathbb{C}$ に対して，$A - \alpha I$ の固有値は $\lambda_i - \alpha$，対応する固有ベクトルは $\boldsymbol{v}_i$ となる．ここで，

$$|\lambda_k - \alpha| < |\lambda_i - \alpha| \quad \Leftrightarrow \quad \frac{1}{|\lambda_i - \alpha|} < \frac{1}{|\lambda_k - \alpha|} \quad (i \neq k)$$

を満たす $\lambda_k$ の存在を仮定する．すなわち，$\lambda_k$ は $\alpha$ にもっとも近い $A$ の固有値である．このような $\lambda_k$ は，$(A - \alpha I)^{-1}$ に冪乗法を適用することで計算できる．このとき，反復列は，

$$\boldsymbol{y}^{(k)} = (A - \alpha I)^{-1}\boldsymbol{x}^{(k)}, \quad \boldsymbol{x}^{(k+1)} = \frac{1}{\|\boldsymbol{y}^{(k)}\|}\boldsymbol{y}^{(k)} \quad (k = 0, 1, \ldots)$$

で定義されるが，これを実行する際には，もちろん，

$$(A - \alpha I)\boldsymbol{y}^{(k)} = \boldsymbol{x}^{(k)}, \quad \boldsymbol{x}^{(k+1)} = \frac{1}{\|\boldsymbol{y}^{(k)}\|}\boldsymbol{y}^{(k)} \tag{5.20}$$

と考え，各反復で連立一次方程式を解くことになる．この方法を，**逆冪乗法**（**逆反復法**）という．なお，$\boldsymbol{x}^{(k)}$ よりも $\boldsymbol{x}^{(k+1)}$ の方が，固有ベクトルのよい

近似になっているはずなので，この情報を取り入れて，$\alpha$ を毎回，

$$(A-\alpha_k I)\boldsymbol{y}^{(k)}=\boldsymbol{x}^{(k)},\quad \boldsymbol{x}^{(k+1)}=\frac{1}{\|\boldsymbol{y}^{(k)}\|}\boldsymbol{y}^{(k)},\quad \alpha_{k+1}=R_A(\boldsymbol{x}^{(k+1)}) \tag{5.21}$$

と更新する方法も考えられる．これを，**レイリー商反復法**と呼ぶ．

**注意 5.2.2** 例 4.5.7 で考察したニュートン法とレイリー商反復法 (5.21) の比較は興味深い．実は，(5.21) は，$A$ が正規行列のとき，3 次収束することが知られており，ニュートン法よりも優位である[1])． □

## 5.3 QR 法

$A=(a_{i,j})\in\mathbb{R}^{n\times n}$ のすべての固有値を，反復的にかつ同時的に計算する方法である **QR 法**について述べる．そのために，$A$ が，相異なる $n$ 個の実固有値 $\lambda_1,\ldots,\lambda_n$ をもつと仮定する．注意 2.8.4 によれば，このとき，$A$ は適当な直交行列 $U$ により，

$$U^{\mathrm{T}}AU=\begin{pmatrix} b_{1,1} & \cdots & b_{1,n} \\ & \ddots & \vdots \\ \text{\Large 0} & & b_{n,n}\end{pmatrix}=B,\qquad b_{i,i}=\lambda_i \quad (1\le i\le n) \tag{5.22}$$

と表現できる．したがって，このような $U$ を求めることができれば，すべての固有値が同時に求まることになるが，もちろんそれは難しい．そこで，$U$ に "十分近い" 行列 $\tilde{Q}$ をつくって，$\tilde{Q}^{\mathrm{T}}A\tilde{Q}$ を計算すれば，この対角成分が求めたい $A$ の固有値の近似値であろうことが期待できる．もう少し具体的には，"何らかの基準" で直交行列の列 $\{Q_1,Q_2,\ldots\}$ をつくって，

$$\begin{aligned} &A_1=A,\\ &A_{k+1}=Q_k^{\mathrm{T}}A_kQ_k=Q_k^{\mathrm{T}}Q_{k-1}^{\mathrm{T}}\cdots Q_1^{\mathrm{T}}A\underbrace{Q_1\cdots Q_{k-1}Q_k}_{=\tilde{Q}_k}=\tilde{Q}_k^{\mathrm{T}}A\tilde{Q}_k \end{aligned} \tag{5.23}$$

とする．明らかに，$\tilde{Q}_k$ は直交行列である．"何らかの基準" は，当然，$k\to\infty$ の際，$\tilde{Q}_k\to U$，$A_k\to B$ となるように設定しなければならない．そして，十

1) B. N. Parlett, The Rayleigh quotient iteration and some generalizations for nonnormal matrices, *Mathematics of Computation*, **28** (1974) 679–693.

分大きな $k$ をとり，$A_k$ の対角成分を $\lambda_1, \ldots, \lambda_n$ の近似値として採用するわけである．

QR 法は，その名前から想像できるように，QR 分解を応用して直交行列の列 $\{Q_1, Q_2, \ldots\}$ を生成する方法である．具体的には，

(1) $A_1 = A$ とする．

(2) $k = 1, 2, \ldots$ に対して，$A_k$ を $A_k = Q_k R_k$（$Q_k$ は直交行列，$R_k$ は上三角行列）と QR 分解し，

$$A_{k+1} = R_k Q_k$$

と更新する．

このように，QR 法の算法はきわめて単純である．しかも，$R_k = Q_k^{-1} A_k = Q_k^{\mathrm{T}} A_k$ なので，$A_{k+1} = Q_k^{\mathrm{T}} A_k Q_k$ と書け，確かに，(5.23) の形をしている．さらに，

$$A^k = \tilde{Q}_k \tilde{R}_k, \quad \tilde{Q}_k = Q_1 \cdots Q_k, \quad \tilde{R}_k = R_k \cdots R_1 \quad (k \geq 1) \tag{5.24}$$

が成り立つ（問題 5.3.4）．

QR 法の収束の鍵は，次の QR 分解の連続性にある．なお，一般に，正則な $P \in \mathbb{R}^{n \times n}$ に対して，$P^{-\mathrm{T}} = (P^{\mathrm{T}})^{-1} = (P^{-1})^{\mathrm{T}}$ と書く（問題 2.2.2）．

**定理 5.3.1** $Q, Q_k \in \mathbb{R}^{n \times n}$ $(k = 1, 2, \ldots)$ を直交行列，$R, R_k \in \mathbb{R}^{n \times n}$ $(k = 1, 2, \ldots)$ を上三角行列として，$QR$ を正則と仮定する（すなわち，$R$ も正則）．さらに，$d_k = \|Q_k R_k - QR\|_2$ とおいて，$d_k \to 0$ $(k \to \infty)$ を仮定する．このとき，次を満たすような，$k$ に無関係な正定数 $C_1, \ldots, C_7$ と自然数 $k_0$ が存在する：

(i) $k \geq k_0$ ならば，$R_k$ が正則となる．

(ii) $M_k = R_k R^{-1}$ と定義する．$k \geq k_0$ のとき，

$$\|M_k^{\mathrm{T}} M_k - I\|_2 \leq C_1 d_k, \quad \|(M_k^{\mathrm{T}} M_k)^{-1} - I\|_2 \leq C_2 d_k,$$
$$\|M_k\|_2 \leq C_3, \quad \|M_k^{-\mathrm{T}}\|_2 \leq C_4.$$

(iii) 適当な符号行列 $S_k$ が存在して，$k \geq k_0$ のとき，

$$\|S_k M_k - I\|_2 \le C_5 d_k,$$
$$\|S_k R_k - R\|_2 \le C_6 d_k, \quad \|Q_k S_k - Q\|_2 \le C_7 d_k.$$

とくに，$k \to \infty$ のとき，$Q_k S_k \to Q$ かつ $S_k R_k \to R$ が成り立つ． □

**証明** (i) 問題 3.2.26 より，十分大きな $k$ に対して，$Q_k R_k$ も正則となる．とくに，$k \ge k_1$ のとき，$Q_k R_k$ は正則とする．$Q_k$ は正則だから，このとき $R_k$ も正則である．
(ii) $k \ge k_2$ のとき $d_k \le 1$ となるように，十分大きな整数 $k_2 \ge k_1$ を固定する．以下，$k \ge k_2$ とする．三角不等式より $\|Q_k R_k\|_2 = \|(Q_k R_k - QR) + QR\|_2 \le d_k + \|QR\|_2 \le 1 + \|QR\|_2$．次に，

$$\begin{aligned} M_k^{\mathrm T} M_k &= (R^{-\mathrm T} R_k^{\mathrm T})(R_k R^{-1}) = R^{-\mathrm T}(Q_k R_k)^{\mathrm T}(Q_k R_k) R^{-1} \\ &= R^{-\mathrm T}[(Q_k R_k)^{\mathrm T} - (QR)^{\mathrm T}](Q_k R_k) R^{-1} \\ &\quad + R^{-\mathrm T}(QR)^{\mathrm T}[(Q_k R_k) - QR] R^{-1} + \underbrace{R^{-\mathrm T}(QR)^{\mathrm T}(QR) R^{-1}}_{=I}. \end{aligned}$$

これらと，$\|(Q_k R_k - QR)^{\mathrm T}\|_2 = d_k$（問題 3.2.25）を使って，

$$\|M_k^{\mathrm T} M_k - I\|_2 \le \underbrace{\|R^{-\mathrm T}\|_2 \|R^{-1}\|_2 (2\|QR\|_2 + 1)}_{=C_1} d_k$$

を得る．したがって，さらに，三角不等式により，$\|M_k^{\mathrm T} M_k\|_2 = \|(M_k^{\mathrm T} M_k - I) + I\|_2 \le \|M_k^{\mathrm T} M_k - I\|_2 + 1 \le C_1 d_k + 1 \le C_1 + 1$．再び，問題 3.2.25 と注意 3.2.7 を使うと，$\|M_k\|_2^2 = \|M_k^{\mathrm T} M_k\|_2 \le C_3^2$ を得る（$C_3 = (C_1+1)^{1/2}$ とおいた）．問題 3.2.26(iii) より，十分大きな $k$ に対して，$\|(M_k^{\mathrm T} M_k)^{-1} - I\|_2 \le 2 \cdot 1^2 \cdot \|M_k^{\mathrm T} M_k - I\|_2 = C_2 d_k$（$C_2 = 2C_1$ とおいた）が成り立つ．$k \ge k_3 \ge k_2$ でこの不等式が成立するとして，以下 $k \ge k_3$ とする．これよりさらに，$\|(M_k^{\mathrm T} M_k)^{-1}\|_2 \le C_2 d_k + 1 \le C_2 + 1$．次に，$[(M_k^{\mathrm T})^{-1}]^{\mathrm T}(M_k^{\mathrm T})^{-1} = M_k^{-1} M_k^{-\mathrm T} = (M_k^{\mathrm T} M_k)^{-1}$ なので，注意 3.2.7 を使うと，$\|(M_k^{\mathrm T})^{-1}\|_2^2 = \|(M_k^{\mathrm T} M_k)^{-1}\|_2 \le C_4^2$ を得る．ただし，$C_4 = (C_2 + 1)^{1/2}$ とおいた．
(iii) $R_k$ と $R$ はともに上三角行列なので，$R^{-1}$ も上三角行列で，さらに，$M_k = R_k R^{-1}$ も上三角行列となる（問題 2.1.1）．$M_k = (m_{i,j}^{(k)})$ と書いて，$D_k = \mathrm{diag}\,(m_{i,i}^{(k)})$，$U_k = M_k - D_k$，$S_k = \mathrm{diag}\,(m_{i,i}^{(k)}/|m_{i,i}^{(k)}|)$ と定義する．$M_k$

は正則だから，$m_{i,i}^{(k)} \neq 0$．また，$U_k = (u_{i,j})$ は，下三角成分が 0 である；$u_{i,j} = 0$ $(i \geq j)$．さらに，$S_k$ は符号行列であり，$S_k D_k = \mathrm{diag}\,(|m_{i,i}^{(k)}|)$ $(= K_k$とおく$)$，$\|S_k\|_2 = 1$ を満たすことに注意する．さて，$M_k = (M_k^{\mathrm{T}})^{-1} + F_k$，$F_k = (M_k^{\mathrm{T}})^{-1}(M_k^{\mathrm{T}} M_k - I)$ と分解して，(ii) の結果を用いると，

$$\|F_k\|_2 \leq \|(M_k^{\mathrm{T}})^{-1}\|_2 \|M_k^{\mathrm{T}} M_k - I\|_2 \leq C_4 C_1 d_k.$$

$M_k^{\mathrm{T}}$ が下三角行列なので，$(M_k^{\mathrm{T}})^{-1}$ も下三角行列．一方で，$M_k$ は上三角行列なので，$F_k$ の狭義上三角成分は，$M_k$ および $U_k$ の狭義上三角成分に等しい．言い換えると，$F_k = U_k + \tilde{F}_k$，$\tilde{F}_k = (\tilde{f}_{i,j})$，$\tilde{f}_{i,j} = 0$ $(j > i)$ の形に書ける．いま，命題 3.2.6(ii) より，$\|U_k\|_\infty \leq \|F_k\|_\infty$．したがって，さらに注意 3.2.4 により，$\|U_k\|_2 \leq C_8 \|F_k\|_2$ を満たす定数 $C_8 > 0$ が存在する．すなわち，$C_9 = C_1 C_4 C_8$ とおくと，$\|U_k\|_2 \leq C_9 d_k$ が成り立つ．次に，$D_k^2 = D_k^{\mathrm{T}} D_k = (M_k^{\mathrm{T}} - U_k^{\mathrm{T}})(M_k - U_k) = M_k^{\mathrm{T}} M_k - M_k^{\mathrm{T}} U_k - U_k^{\mathrm{T}} M_k + U_k^{\mathrm{T}} U_k$ より，(ii) の結果と，さらに問題 3.2.25 の関係式を使って，

$$\begin{aligned}\|D_k^2 - I\|_2 &\leq \|M_k^{\mathrm{T}} M_k - I\|_2 + (2\|M_k\|_2 + \|U_k\|_2)\|U_k\|_2 \\ &\leq \underbrace{[C_1 + 2C_3 + C_9]}_{=C_{10}} d_k\end{aligned}$$

を得る．また，$(K_k + I)^{-1}$ は対角行列であるから，その固有値は $(|m_{i,i}^{(k)}| + 1)^{-1}$ $(1 \leq i \leq n)$ となり，したがって，$\|(K_k + I)^{-1}\|_2 \leq 1$ を満たす．これと，$K_k - I = (K_k^2 - I)(K_k + I)^{-1}$ と $D_k^2 = K_k^2$ より，$\|K_k - I\|_2 \leq \|D_k^2 - I\|_2$ を得る．一方で，$S_k M_k - I = S_k D_k + S_k U_k - I = K_k^2 - I + S_k U_k$ と書けるので，以上の結果をすべて合わせて，

$$\|S_k M_k - I\|_2 \leq \|D_k^2 - I\|_2 + \|S_k\|_2 \|U_k\|_2 \leq \underbrace{(C_{10} + C_9)}_{=C_5} d_k.$$

このとき，さらに，

$$\|S_k R_k - R\|_2 = \|(S_k M_k - I) R\|_2 \leq \|R\|_2 \|S_k M_k - I\|_2 \leq C_6 d_k.$$

ただし，$C_6 = C_5 \|R\|_2$ とおいている．これより，$E_k = S_k R_k - R$ とおくと，十分大きな $k_0 \geq k_3$ に対して，$k \geq k_0$ ならば，$\|E_k\|_2 \leq 1/2$ が成り立つよう

にできる．したがって，問題 3.2.27 の不等式が使えて，

$$\|(S_kR_k)^{-1} - R^{-1}\|_2 \le 2\|R^{-1}\|_2^2\|E_k\|_2 \le \underbrace{2\|R^{-1}\|_2^2C_6}_{=C_{11}}d_k.$$

最後に，$S_k^2 = I$ より $S_k^{-1} = S_k$ に注意して，

$$\begin{aligned} Q_kS_k - Q &= Q_kR_kR_k^{-1}S_k^{-1} - Q = (Q_kR_k)(S_kR_k)^{-1} - Q \\ &= (Q_kR_k - QR)[(S_kR_k)^{-1} - R^{-1}] \\ &\qquad + (Q_kR_k - QR)R^{-1} + QR[(S_kR_k)^{-1} - R^{-1}]. \end{aligned}$$

これらを合わせて，$k \ge k_0$ のとき，

$$\begin{aligned} \|Q_kS_k - Q\|_2 &\le d_kC_{11}d_k + d_k\|R^{-1}\|_2 + \|QR\|_2C_{11}d_k \\ &\le (C_{11} + \|R^{-1}\|_2 + C_{11}\|QR\|_2)d_k. \end{aligned}$$

これで，証明すべきことは，すべて証明できた． ■

**定理 5.3.2**　正則行列 $A \in \mathbb{R}^{n\times n}$ が，相異なる $n$ 個の実固有値 $\lambda_1, \ldots, \lambda_n$ をもつと仮定して，それらを，$|\lambda_n| < \cdots < |\lambda_1|$ と並べる．対応する固有ベクトル $\boldsymbol{v}_1, \ldots, \boldsymbol{v}_n$ に対して，$V = (\boldsymbol{v}_1, \ldots, \boldsymbol{v}_n) \in \mathbb{R}^{n\times n}$ と定義したとき，$V^{-1}$ が LU 分解可能（定理 2.5.1）であると仮定する．このとき，QR 法で生成した行列の列 $A_k = (a_{i,j}^{(k)}) \in \mathbb{R}^{n\times n}$ に対して，

$$\|A_k - S_kBS_k\|_2 \le Cr^k, \quad \max_{1\le i\le n} |\lambda_i - a_{i,i}^{(k)}| \le Cr^k \quad (k \ge k_0) \tag{5.25}$$

を満たすような正定数 $C$ と自然数 $k_0$ が存在する．ただし，$S_k$ は適当な符号行列，$B$ は (5.22) の形の上三角行列であり，

$$r = \max_{1\le i\le n-1} \left|\frac{\lambda_{i+1}}{\lambda_i}\right| < 1$$

と定義している． □

**証明**　$V$ を QR 分解して $V = \hat{Q}\hat{R}$ とする（$\hat{Q}$ は直交行列，$\hat{R}$ は上三角行列）．さらに，$D = \mathrm{diag}\,(\lambda_i)$ とおく．このとき，

$$\|A_k - S_k\hat{R}D\hat{R}^{-1}S_k\|_2 \leq Cr^k \quad (k \geq k_0) \tag{5.26}$$

を満たす正定数 $C$ と自然数 $k_0$，および符号行列 $S_k$ が存在することが示せたならば，$B = \hat{R}D\hat{R}^{-1}$ とおくことで，(5.25) の最初の不等式を得る（問題 5.3.3）．二番目の不等式は，命題 3.2.13 の結果である．

したがって，(5.26) を証明すればよい．そのために，$V^{-1} = LU$ と LU 分解する．$L = (l_{i,j})$ は単位下三角行列，$U$ は上三角行列である．そして，$L_k = D^kLD^{-k}$ とおくと，注意 3.2.4 と命題 3.2.6(ii) により，適当な正定数 $C'$ が存在して，

$$\|L_k - I\|_2 \leq C'\|L_k - I\|_\infty = C' \max_{2\leq i\leq n} \sum_{j=1}^{i-1} \left|\frac{\lambda_i}{\lambda_j}\right|^k |l_{i,j}| \leq C'r^k\|L\|_\infty$$

と評価できる．

次に，$\hat{R}L_k$ は正則なので，これを，$\hat{R}L_k = Q'_kR'_k$ と QR 分解する（$Q'_k$ は直交行列，$R'_k$ は上三角行列）．そして，$d_k = \|Q'_kR'_k - \hat{R}\|_2$ と定義する．すると，$d_k = \|\hat{R}(L_k - I)\|_2 \leq \|\hat{R}\|_2\|L_k - I\|_2 \leq C'\|L\|_\infty r^k$ となるから，$k \to \infty$ のとき，$d_k \to 0$ である．したがって，定理 5.3.1 が適用できて，

$$\|Q'_kS'_k - I\|_2 \leq C_0r^k, \quad \|S'_kR'_k - \hat{R}\|_2 \leq C_0r^k \quad (k \geq k_0) \tag{5.27}$$

を満たす正定数 $C_0$ と自然数 $k_0$，および符号行列 $S'_k$ が存在することがわかる（$I$ は直交行列なので，$\hat{R} = I\hat{R}$ と解釈する）．あらためて，$\hat{Q}_k = Q'_kS'_k$，$\hat{R}_k = S'_kR'_k$ とおくと，QR 分解の一意性により，$\hat{R}L_k = \hat{Q}_k\hat{R}_k$ が成り立つ．

さて，$A^k$ は，

$$A^k = VD^kV^{-1} = \hat{Q}\hat{R}D^kLU = \hat{Q}\hat{R}L_kD^kU = \underbrace{\hat{Q}\hat{Q}_k}_{\text{直交}}\underbrace{\hat{R}_kD^kU}_{\text{上三角}}$$

と書ける．一方で，(5.24) により，$A^k = \tilde{Q}_k\tilde{R}_k$，$\tilde{Q}_k = Q_1\cdots Q_k$，$\tilde{R}_k = R_1\cdots R_k$ と分解できている．したがって，再び QR 分解の一意性により，$\tilde{Q}_k = \hat{Q}\hat{Q}_kS_{k+1}$ と $\tilde{R}_k = S_{k+1}\hat{R}_kD^kU$ を満たす符号行列 $S_{k+1}$ が存在する．このとき，

$$Q_k = \tilde{Q}_{k-1}^{-1}\tilde{Q}_k = S_k^{-1}\hat{Q}_{k-1}^{-1}\hat{Q}^{-1}\hat{Q}\hat{Q}_kS_{k+1} = S_k^{-1}\hat{Q}_{k-1}^{-1}\hat{Q}_kS_{k+1},$$
$$R_k = \tilde{R}_k\tilde{R}_{k-1}^{-1} = S_{k+1}\hat{R}_kD^kUU^{-1}D^{-(k-1)}\hat{R}_{k-1}^{-1}S_k^{-1} = S_{k+1}\hat{R}_kD\hat{R}_{k-1}^{-1}S_k^{-1}$$

より，

$$A^k = Q_k R_k = S_k^{-1} \hat{Q}_{k-1}^{-1} \hat{Q}_k \hat{R}_k D \hat{R}_{k-1}^{-1} S_k^{-1}$$

という表現を得る．煩雑になるので詳細は記さないが，これと (5.27) を用いれば，定理 5.3.1 の証明と同様の計算で (5.26) を示すことができる． ■

**【問題 5.3.3】** $R$ を正則な上三角行列，$D$ を対角行列とすると，$RDR^{-1}$ と $D$ の対角成分が一致することを示せ．

**【問題 5.3.4】** (5.24) を示せ．

**【問題 5.3.5】** $\boldsymbol{v}_1, \ldots, \boldsymbol{v}_n$ を対角化可能な行列 $A \in \mathbb{R}^{n \times n}$ の固有ベクトルとして，$V = (\boldsymbol{v}_1, \ldots, \boldsymbol{v}_n)$ とおく．このとき，$V^{-1}$ が LU 分解可能であるための必要十分条件が，

$$\mathrm{span}\,\{\boldsymbol{e}_1, \ldots, \boldsymbol{e}_m\} \cap \mathrm{span}\,\{\boldsymbol{v}_{m+1}, \ldots, \boldsymbol{v}_n\} = \{\boldsymbol{0}\} \quad (1 \leq m \leq n-1) \quad (5.28)$$

であることを示せ．

# 第6章 関数近似

ここまでは，ベクトルや数を近似する問題を扱ってきたが，今後は，関数の近似を考えることになる．本章では，具体的な近似の構成に進む前の準備として，関数の集合（関数空間）の性質についてくわしく調べておく．本章で扱う内容は，他の章と比べると抽象的であり，回り道をしているように感じるかもしれない．しかし，たとえば $a=\sqrt{2}$ という無理数の近似値を求めるために，ニュートン法により，$x_{k+1}=x_k-\frac{x_k^2-2}{2x_k}=\frac{1}{x_k}+\frac{x_k}{2}$, $x_0=1$ という有理数の数列を利用したが，この手順を正当化するためには，実数とは何か，有理数とは何かという問題を解決しておくことが必要不可欠であったことを思い出してほしい（命題 4.2.2，命題 4.3.1）．本章では，この趣旨で，関数の集合についての基礎的な内容を説明する．

## 6.1 ノルム空間

すでに関数の集合 $C^0[a,b]$ を考えているが，これは，和とスカラー倍を，

$$(f+g)(x)=f(x)+g(x) \quad (f,g\in C^0[a,b]),$$
$$(\alpha f)(x)=\alpha f(x) \quad (f\in C^0[a,b],\ \alpha\in\mathbb{R})$$

と定義することにより**線形空間**となる．なお，前節に引き続き，関数としては実数値のもののみを考えている．したがって，また，ここでいう線形空間とは，係数体として実数体 $\mathbb{R}$ を採用した線形空間，すなわち**実線形空間**を意味する．

一般に，線形空間 $V$ の部分集合 $W$ が，

$$\alpha u+\beta v\in W \qquad (u,w\in W,\ \alpha,\beta\in\mathbb{R})$$

を満たすとき，$W$ を $V$ の**部分空間**，あるいは，**線形部分集合**と呼ぶ．部分空間は，それ自体が 1 つの線形空間である．

【例 6.1.1】 次の集合は，いずれも $C^0[a,b]$ の部分空間である．

$$C^0_{\rm per}[a,b] = \{f \in C^0[a,b] \mid f(a) = f(b)\}, \tag{6.1}$$

$$C^0_{\rm bdy}[a,b] = \{f \in C^0[a,b] \mid f(a) = 0,\ f(b) = 0\}, \tag{6.2}$$

$$C^0_{\rm supp}[a,b] = \{f \in C^0[a,b] \mid \mathrm{supp}\ f \subset (a,b)\}. \tag{6.3}$$

$f \in C^0_{\rm per}[a,b]$ を $[a,b]$ 上の連続な**周期関数** (periodic function) と呼ぶ (注意 7.5.5 も参照せよ)．$f \in C^0_{\rm bdy}[a,b]$ は**境界条件** (boundary condition) $f(a) = f(b) = 0$ を満たす関数である．一般に，区間 $I$ で定義された関数 $f(x)$ について，

$$\mathrm{supp}\ f = \overline{\{x \in I \mid f(x) \neq 0\}} \tag{6.4}$$

を $f(x)$ の**台** (support) と呼ぶ．$\mathrm{supp}\ f$ は定義により閉集合なので，$f \in C^0_{\rm supp}[a,b]$ については，十分小さな $\delta > 0$ をとれば，$f(x) = 0$ $(a \le x \le a+\delta,\ b-\delta \le x \le b)$ が成り立つ．したがって，とくに，$C^0_{\rm supp}[a,b] \subset C^0_{\rm bdy}[a,b]$ である． □

【例 6.1.2】 $n \ge 1$ とする．集合

$$C^n_{\rm per}[a,b] = \{f \in C^n[a,b] \mid f^{(k)}(a) = f^{(k)}(b)\ (0 \le k \le n)\}, \tag{6.5}$$

$$C^n_{\rm bdy}[a,b] = \{f \in C^n[a,b] \mid f^{(k)}(a) = 0,\ f^{(k)}(b) = 0\ (0 \le k \le n)\} \tag{6.6}$$

は，いずれも，$C^n[a,b]$ の部分空間である． □

【例 6.1.3】 線形空間 $V$ において，$w_1, \ldots, w_n \in V$ をとり，

$$\mathrm{span}\ \{w_1, \ldots, w_n\} = \{c_1 w_1 + \cdots + c_n w_n \mid c_1, \ldots, c_n \in \mathbb{R}\} \tag{6.7}$$

と定義すると，$V$ の部分空間となる．これを，$\{w_1, \ldots, w_n\}$ **の張る部分空間**と呼ぶ． □

【例 6.1.4】 次の空間は，いずれも，$C^0[a,b]$ の部分空間である．

$$\mathcal{P}_n = \mathrm{span}\{1, x, \ldots, x^n\}, \tag{6.8}$$

$$\mathcal{T}_n = \mathrm{span}\{1, \cos x, \sin x, \ldots, \cos nx, \sin nx\}, \tag{6.9}$$

$$\mathcal{CT}_n = \mathrm{span}\{1, \cos x, \ldots, \cos nx\}, \tag{6.10}$$

$$\mathcal{ST}_n = \mathrm{span}\{\sin x, \ldots, \sin nx\}. \tag{6.11}$$

さらに，

$$\mathcal{P} = \bigcup_{n\geq 1} \mathcal{P}_n, \quad \mathcal{T} = \bigcup_{n\geq 1} \mathcal{T}_n, \quad \mathcal{CT} = \bigcup_{n\geq 1} \mathcal{CT}_n, \quad \mathcal{ST} = \bigcup_{n\geq 1} \mathcal{ST}_n \tag{6.12}$$

もすべて $C^0[a,b]$ の部分空間である． □

いろいろな関数の集合をみてきたが，これから先は，これらの集合そのものというよりは，むしろ，これらの集合を舞台として，目的とする関数の近似の問題を考えることになる．このように，解析の舞台となる関数の集合を**関数空間**と呼ぶ．関数近似の問題は，調べやすい関数空間の要素を使って，目的とする関数 $f(x)$ に収束するような関数の列，すなわち，**関数列** $\{f_n\}_{n\geq 1} = \{f_n(x)\}_{n\geq 1} = \{f_1(x), f_2(x), \ldots\}$ をつくること，といってもよい（本章のはじめに述べたように，実数を有理数列で近似することを念頭におけばよい）．したがって，必然的に，**関数列の収束** $f_n(x) \to f(x)$ を考える必要が出てくる．点列の収束を扱う際に，ベクトルのノルムが有用であったのと同様に，関数空間にもノルムを定義しておけば，関数空間における収束という概念が自然に導入できる．なお，文脈上明らかな場合には，関数列 $\{f_n(x)\}$ を，単に，$f_n$ や $f_n(x)$ とだけ書くことも多い．

**定義 6.1.5**（ノルムとノルム空間） 集合 $V$ 上の実数値関数 $\|\cdot\| = \|\cdot\|_V : V \to \mathbb{R}$ が，次の 3 つの条件を満たすとき，これを $V$ の**ノルム**と呼ぶ．

(1) **正値性．** $\|u\| \geq 0$ $(u \in V)$，かつ $\|u\| = 0$ ならば $u = 0$．

(2) **同次性．** $\|\alpha u\| = |\alpha| \cdot \|u\| \quad (u \in V,\ \alpha \in \mathbb{R})$．

(3) **三角不等式．** $\|u + v\| \leq \|u\| + \|v\| \quad (u, v \in V)$．

ノルムを備えた線形空間を**ノルム空間**と呼ぶ．ノルム空間 $V$ の要素の列 $\{u_n\}_{n\geq 1} \subset V$ と要素 $u \in V$ について，$\displaystyle\lim_{n\to\infty} \|u_n - u\| = 0$ が成り立つとき，$u_n$ は $u$ に**収束する**という． □

**定義 6.1.6**（$L^p$ ノルムと収束） $1 \leq p \leq \infty$ とする．$f \in C^0[a,b]$ に対して，

$$\|f\|_p = \|f\|_{L^p(a,b)} = \begin{cases} \left( \displaystyle\int_a^b |f(x)|^p \, dx \right)^{1/p} & (1 \leq p < \infty), \\ \displaystyle\max_{x\in[a,b]} |f(x)| & (p = \infty) \end{cases} \tag{6.13}$$

を $L^p$ **ノルム**と呼ぶ．また，区間 $[a,b]$ で定義された関数列 $\{f_n(x)\}_{n\geq 1}$ が，関数 $f(x)$ に $L^p$ **収束**するとは，$\lim_{n\to\infty} \|f_n - f\|_p = 0$ が成り立つことをいう．$L^\infty$ 収束は，ふつう，**一様収束** (uniform convergence) と呼ばれる．また，$L^2$ 収束を**自乗（二乗）平均収束**ということもある． □

**注意 6.1.7** 連続な関数に対してのみ $L^p$ ノルムを定義したが，不連続であっても，(6.13) の右辺が定義されるような関数であれば，$L^p$ ノルムを考えることができる．たとえば，区間 $[a,b]$ が，$[a,b] = I_1 \cup I_2 \cup \cdots \cup I_m$ と分割されているとしよう．ただし，$I_i \cap I_j = \emptyset \ (i \neq j)$ を仮定する．このとき，$f(x)$ が $[a,b]$ 全体では不連続であっても，各 $I_i$ 上で連続であり（このような関数を $[a,b]$ 上の**区分的連続な関数**と呼ぶ），さらに，$\int_{I_i} |f(x)|^p \, dx < \infty \ (i = 1, \ldots, m)$ を満たすならば，このような $f(x)$ に対して $L^p$ ノルムは定義できる．$p = \infty$ の場合も同様である． □

**命題 6.1.8** $1 \leq p \leq \infty$ とする．$V = C^0[a,b]$ はノルム $\|\cdot\|_V = \|\cdot\|_p$ を備えたノルム空間となる． □

**証明** $C^0[a,b]$ が線形空間であることは，すでにわかっている．$\|\cdot\|_p$ が $C^0[a,b]$ にノルムを定めることを確かめればよい．$f \in C^0[a,b]$ が，$\|f\| = 0$ を満たすならば，$f \equiv 0$ である[1)]（問題 6.1.27）．三角不等式は，命題 3.1.2 の証明と同じようにして示せる．後は，明らかであろう． ■

なお，関数列の収束を考える際には，$L^p$ 収束とは別に，次の概念を定義しておくと便利である．

**定義 6.1.9（各点収束）** $[a,b]$ 上の関数の列 $\{f_n(x)\}_{n\geq 1}$ と関数 $f(x)$ について，$x \in [a,b]$ を任意に固定し $f_n(x)$ を $n$ についての数列と考えた際に，$\lim_{n\to\infty} f_n(x) = f(x)$ となるとき，$f_n(x)$ は $f(x)$ に**各点収束**するという． □

**【例 6.1.10】** $[0,1]$ で，$f_n(x) = nx^n(1-x)$ を考える．$0 \leq x < 1$ を固定する

---

1) "$f \equiv 0$" は，"$f$ は恒等的に 0 に等しい"，すなわち，"$f(x) = 0 \ (x \in [a,b])$" を意味する．

と，$nx^n \to 0$ なので，各点収束の極限関数は $f \equiv 0$ である．一方，$n \to \infty$ のとき，

$$\|f_n - f\|_\infty = \max_{x\in[0,1]} nx^n(1-x) = \left(1+\frac{1}{n}\right)^{-n-1} \to \frac{1}{e}$$

なので，この収束は一様収束ではない．しかし，積分を直接実行して，

$$\begin{aligned}\|f_n - f\|_2^2 &= \int_0^1 n^2x^{2n}(1-x)^2\ dx \\ &= n^2\left(\frac{1}{2n+1} - \frac{2}{2n+2} + \frac{1}{2n+3}\right) \to 0\end{aligned}$$

を得るので，この収束は $L^2$ 収束である． □

**注意 6.1.11** ノルム空間 $V$ の部分空間 $W$ は，それ自体が，$V$ と同じノルムを備えたノルム空間とみなせる．したがって，$C^n[a,b]$，$C^n_{\mathrm{supp}}[a,b]$，$C^n_{\mathrm{per}}[a,b]$，$C^n_{\mathrm{bdy}}[a,b]$，$\mathcal{P}$，$\mathcal{T}$，$\mathcal{CT}$，$\mathcal{ST}$，$\mathcal{P}_n$，$\mathcal{T}_n$，$\mathcal{CT}_n$，$\mathcal{ST}_n$ などは，すべて，ノルム $\|\cdot\|_p$ を備えたノルム空間である． □

**命題 6.1.12**（ヘルダーの不等式） $1 \le p,q \le \infty$，$1/p + 1/q = 1$ に対して，

$$\left|\int_a^b f(x)g(x)\ dx\right| \le \|f\|_p\|g\|_q \qquad (f,g \in C^0[a,b]) \tag{6.14}$$

が成り立つ（$p=\infty$ のときは，$1/p = 0$ と解釈する）．とくに，$p=q=1/2$ のときを，**シュワルツの不等式**と呼ぶ． □

**証明** 命題 3.1.3 の証明と同様． ■

ノルム $\|\cdot\|_V$ を備えたノルム空間 $V$ には，3.1 節で $\mathbb{K}^n$ について行ったのとまったく同様に，位相が定義できる．結果として，関数空間を "あたかも $\mathbb{K}^n$ のように" 扱うことができる．

- $a \in V$ と $r > 0$ に対して，

$$B(a,r) = \{u \in V \mid \|u-a\|_V < r\},$$
$$\bar{B}(a,r) = \{u \in V \mid \|u-a\|_V \le r\}$$

を，それぞれ，中心 $a$，半径 $r>0$ の開球，閉球という．

- $V$ の部分集合 $D$ が開集合であるとは，任意の $u \in D$ に対して $B(u,r) \subset D$ を満たす $r > 0$ が存在するときをいう．
- $D \subset B(a,r)$ を満たす $a \in V$ と $r > 0$ が存在するとき，$V$ の部分集合 $D$ は有界であるという．
- $K$ の要素からなる列 $u_0, u_1, \ldots$ の極限に等しいような $u \in V$ の全体の集合を，$K$ の閉包といい，$\overline{K}$ と書く．すなわち，

$$\overline{K} = \{u \in V \mid \|u_n - u\|_V \to 0 \text{ となる } K \text{ の列 } \{u_n\}_{n\geq 0} \text{が存在 }\}.$$

一般に，$K \subset \overline{K}$ が成り立つ．
- $K$ の補集合 $K^c = V \backslash K = \{u \in V \mid u \notin K\}$ が開集合のとき，$K$ は閉集合であるという．これは，$K = \overline{K}$ が成り立つことと同値である（問題 3.1.16）．
- $M_1$ と $M_2$ をノルム空間 $V$ の部分集合で $M_1 \subset M_2$ を満たすものとする．このとき，さらに，$\overline{M_1} = M_2$ が成り立つならば，$M_1$ は $M_2$ で**稠密**であるという．次の 3 つは同値である：
  (1) $M_1$ は $M_2$ で稠密である．
  (2) 任意の $u \in M_2$ と任意の $\varepsilon > 0$ に対して，$\|u - v\|_V \leq \varepsilon$ を満たす $v \in M_1$ が存在する（問題 3.1.15）．
  (3) 任意の $u \in M_2$ に対して，$\lim_{n\to\infty} \|u - v_n\|_V = 0$ を満たす $\{v_n\} \subset M_1$ が存在する．
- $w_1, w_2, \ldots \in V$ が与えられていて，関数空間 $\mathrm{span}\,\{w_1, w_2, \ldots\}$ が $V$ で稠密になるとき，関数列 $\{w_1, w_2, \ldots\}$ を $V$ の**基本系**と呼ぶ．後で示すように，$\mathcal{P}$ は，$C^0[a,b]$ で（$\|\cdot\|_\infty$ に関して）稠密になる．

**注意 6.1.13** $1 \leq p < q \leq \infty$ のとき，

$$\|f\|_p \leq (b-a)^{\frac{1}{p}-\frac{1}{q}} \|f\|_q \qquad (f \in C^0[a,b]) \tag{6.15}$$

が成り立つ．実際，$1 \leq p < q < \infty$ に対して，$r = q/p > 1$ とおき，$1/r + 1/r' = 1$ とすると，ヘルダーの不等式より，

$$\begin{aligned}\|f\|_p^p &= \int_a^b |f(x)|^p \cdot 1\, dx \leq \left(\int_a^b |f(x)|^{pr}\, dx\right)^{1/r} \left(\int_a^b 1^{r'}\, dx\right)^{1/r'} \\ &= (b-a)^{1-p/q} \|f\|_q^p.\end{aligned}$$

一方，$q = \infty$ の際は明らか．しかし，逆向きの不等式 $\|f\|_q \leq M\|f\|_p$ は，一般の $f \in C^0[a,b]$ に対しては成立しない（ただし，$M$ は $a,b,p,q$ に依存する正定数）．すなわち，いかなる $L^p$ ノルムも同値なノルムにはならない．これは，ベクトルの $p$ ノルム，さらに，任意の $\mathbb{R}^n$ のノルムがすべて同値であったのとは対照的である．言い方を変えれば，$C^0[a,b]$ には位相が無数の方法で入れられるのである． □

**注意 6.1.14**　$C_0^\infty(a,b) = C^\infty(a,b) \cap C^0_{\mathrm{supp}}[a,b]$ と書くことにする．$1 \leq p < \infty$ に対して，$C_0^\infty(a,b)$ の $\|\cdot\|_p$ に関する閉包を $L^p(a,b)$ と書く．ルベーグ (Lebesgue) 積分論では，これが $p$ 乗可積分な可測関数全体の集合に一致することを学ぶ． □

$C^0[a,b]$ には，いろいろなノルムが入れられるが，そのうち $\|\cdot\|_\infty$，すなわち，一様収束は特別な意味をもっている．以下では，それをみていこう．

**【例 6.1.15】**　$I = [-1,1]$ として，$f_n(x) = \dfrac{e^{nx} - e^{-nx}}{e^{nx} + e^{-nx}}$ を考える．$x > 0$ を固定すると，$f_n(x) = \dfrac{1 - e^{-2nx}}{1 + e^{-2nx}} \to 1 \ (n \to \infty)$．同様に，$x < 0$ を固定すると，$f_n(x) \to -1 \ (n \to \infty)$．一方で，$f_n(0) = 0$ なので，$f_n(x)$ の各点収束についての極限関数は，

$$f(x) = \begin{cases} x/|x| & (x \neq 0), \\ 0 & (x = 0) \end{cases}$$

である．各 $f_n(x)$ は連続関数（とくに，十分滑らかな関数）だが，極限関数 $f(x)$ は不連続となる． □

この例が示すように，各点収束は関数の連続性を保存しない．このことは，関数列の部分和のつくる新たな関数列

$$F_n(x) = \sum_{k=1}^{n} f_k(x) \tag{6.16}$$

を考える際に，より顕著な問題となる．すなわち，各 $f_k(x)$ が連続であるにもかかわらず，その "無限和" $\displaystyle\sum_{k=1}^{\infty} f_k(x)$ は不連続になり得るのである．しかし，次の命題で述べるように，一様収束は関数の連続性を保存する．

**命題 6.1.16**　$C^0[a,b]$ の関数列 $\{f_n\}_{n\geq 1}$ が，関数 $f$ に一様収束するならば，

$f \in C^0[a,b]$ である． □

**証明** $c \in [a,b]$ を任意とする．このとき，任意の $\varepsilon > 0$ に対して，

$$x \in [a,b],\ |x-c| \le \delta \quad \Rightarrow \quad |f(x)-f(c)| \le \varepsilon$$

を満たす $\delta > 0$ の存在を示せばよい．$x \in [a,b]$ に対して，

$$|f(x)-f(c)| \le |f(x)-f_n(x)| + |f_n(x)-f_n(c)| + |f_n(c)-f(c)|$$

であるが，$|f_n(x)-f(x)|, |f_n(c)-f(c)| \le \|f_n - f\|_\infty$ なので，

$$|f(x)-f(c)| \le 2\|f_n - f\|_\infty + |f_n(x)-f_n(c)|$$

となる．$f_n(x)$ は $f(x)$ に一様収束するので，$n \ge N$ ならば，$\|f_n - f\|_\infty \le \varepsilon/2$ を満たす，整数 $N$ が存在する．$n \ge N$ を満たす $n$ を 1 つ固定する．そうすると，$f_n(x)$ の連続性により，$|x-c| \le \delta$ ならば，$|f_n(x)-f_n(c)| \le \varepsilon/2$ となるような $\delta > 0$ が存在する．したがって，このとき，$|f(x)-f(c)| \le \varepsilon/2 + \varepsilon/2 = \varepsilon$ となり証明が完了する． ■

**命題 6.1.17** $C^0[a,b]$ の関数列 $\{f_n(x)\}_{n\ge1}$ が，$\lim_{n,m\to\infty} \|f_n - f_m\|_\infty = 0$ を満たすなら，$\lim_{n\to\infty} \|f_n - f\|_\infty = 0$ となる $f \in C^0[a,b]$ が一意的に存在する． □

**証明** $x' \in [a,b]$ を任意に固定して，$\{f_n(x')\}$ を $n$ に関する数列と考える．このとき，$|f_n(x') - f_m(x')| \le \|f_n - f_m\|_\infty$ なので，$\{f_n(x')\}$ は $\mathbb{R}$ のコーシー列である．したがって，実数の完備性（命題 4.3.1）により，$\lim_{n\to\infty} f_n(x') = a$ となる $a \in \mathbb{R}$ が一意的に存在する．この対応を $a = f(x')$ と書けば，$f_n(x)$ の各点収束極限 $f(x)$ が得られる．また，$f(x)$ は，

$$0 = \lim_{n,m\to\infty} \|f_n - f_m\|_\infty = \lim_{n\to\infty}\lim_{m\to\infty} \|f_n - f_m\|_\infty = \lim_{n\to\infty} \|f_n - f\|_\infty$$

を満たす． ■

**定義 6.1.18（コーシー列と完備性）** ノルム空間 $V$ の関数列 $\{u_k\}_{k\ge0}$ が，$\|u_m - u_n\|_V \to 0\ (m,n \to \infty)$ を満たすとき，これを $V$ のコーシー列と呼ぶ．$V$ の任意のコーシー列が，$V$ のある要素に収束するとき，$V$ は**完備**であるという． □

**注意 6.1.19**　命題 6.1.17 により，$C^0[a,b]$ は，ノルム $\|\cdot\|_\infty$ の下で完備なノルム空間となる．しかし，他のノルムの下では，ノルム空間にはなっても，完備にはならない．実際，例 6.1.15 で考察した関数列 $\{f_n(x)\}_{n\geq 0}$ は，不連続関数 $f(x)$ に各点収束しているが，さらに，$1\leq p<\infty$ に対して，$\|f_n-f\|_p\to 0$ $(n\to\infty)$ であり，$f(x)$ に $L^p$ 収束している．したがって，この関数列は，ノルム $\|\cdot\|_p$ の下で $C^0[a,b]$ のコーシー列となり，しかも収束するが，その極限は $f\notin C^0[a,b]$ となってしまう．この事実により，$C^0[a,b]$ をノルム空間として扱う場合には，何も断りがなければ，ノルムとしては $\|\cdot\|_\infty$ を採用するのがふつうである．なお，完備なノルム空間を**バナッハ** (Banach) **空間**といい，これは現代の解析学において，もっとも基本的な概念の 1 つである．　□

**注意 6.1.20**　ノルム空間 $V$ の部分空間 $W$ が閉集合であるとき，それを**閉部分空間**と呼ぶ．もし，$V$ が完備ならば，同じノルムの下で，$W$ も完備となる．すなわち，閉部分空間は，完備性を保存する．　□

線形空間 $V$ において，一次独立な要素が任意の数だけとれるとき，$V$ は**無限次元**であるといい，$\dim V=\infty$ と書く．無限次元でないときには，**有限次元**であるという．このとき，次のような $n$ が存在する．すなわち，$n$ 個の一次独立な要素は存在するが，$n+1$ 個の一次独立な要素は存在しない．この $n$ を $V$ の次元といい，$\dim V=n$ と書く．ただし，$V=\{0\}$ に対しては，$\dim V=0$ と定義する．

**【例 6.1.21】**　$C^0[a,b]$，$C^0_{\mathrm{supp}}[a,b]$，$C^n_{\mathrm{per}}[a,b]$，$C^n_{\mathrm{bdy}}[a,b]$，$\mathcal{P}$，$\mathcal{T}$，$\mathcal{CT}$，$\mathcal{ST}$ はすべて無限次元である．一方で，$\mathcal{P}_n$，$\mathcal{T}_n$，$\mathcal{CT}_n$，$\mathcal{ST}_n$ はすべて有限次元である．実際，$\dim\mathcal{P}_n=n+1$，$\dim\mathcal{T}_n=2n+1$，$\dim\mathcal{CT}_n=n+1$，$\dim\mathcal{ST}_n=n$ となる．　□

**注意 6.1.22**　命題 3.1.7（$\mathbb{R}^n$ の任意の 2 つのノルムは同値）は，一般の有限次元ノルム空間 $V$ での命題に拡張される．$\{\varphi_1,\ldots,\varphi_n\}$ を $V$ の基底とする．このとき，任意の $u\in V$ は $u=c_1\varphi_1+\cdots+c_n\varphi_n$ $(c_i\in\mathbb{R})$ と書ける．この表記を用いて，$\|u\|_\infty=\max\limits_{1\leq i\leq n}|c_i|$ と定義すると，これは $V$ のノルムとなる．後は，命題 3.1.7 の証明とまったく同様の議論を経て，$V$ の任意の 2 つのノルム $\|\cdot\|$ と $|||\cdot|||$ に対して，$C'\|u\|\leq |||u|||\leq C\|u\|$ $(u\in V)$ を満たす正定数 $C,C'$ の存在が示せる．すなわち，有限次元ノルム空間において，任意の 2 つ

のノルムは同値である. □

**注意 6.1.23** ノルム空間 $V$ の有限次元部分空間 $M$ は閉部分空間となる. これを確かめよう. $M$ は $\|\cdot\|_V$ を備えたノルム空間とみなせる. さて, $u_k \in M$ $(k=0,1,\ldots)$, $\|u_k - v\|_V \to 0$ $(k\to\infty)$ が, ある $v \in V$ に対して成立していることを仮定して, $v \in M$ を示せばよい. $\{\varphi_1,\ldots,\varphi_n\}$ を $M$ の基底として, 注意 6.1.22 のように $u$ を表現し, さらにノルム $\|u\|_\infty$ を定義して, $M$ をノルム空間とみなす. このとき, $|c_i| \le \|u\|_\infty \le C\|u\|_V$ を満たす正定数 $C$ が存在する. いま, $u_k = c_1^k\varphi_1 + \cdots + c_n^k\varphi_n$ と書けば, $|c_i^k - c_i^l| \le C\|u_k - u_l\|_V$. 仮定より, $\{u_k\}$ は $M$ のコーシー列なので, この不等式により, 各 $i$ に対して, $\{c_i^k\}_{k\ge1}$ も $\mathbb{R}$ のコーシー列となる. 実数の完備性により, $c_i^* = \lim_{k\to\infty} c_i^k$ を満たす $c_i^* \in \mathbb{R}$ が存在する. $u^* = c_1^*\varphi_1 + \cdots + c_n^*\varphi_n$ とおくと, 明らかに, $u^* \in M$ である. さらに,

$$\|u^* - u_k\|_V = \left\|\sum_{i=1}^n (c_i^* - c_i^k)\varphi_i\right\|_V \le \sum_{i=1}^n |c_i^* - c_i^k|\,\|\varphi_i\|_V \to 0 \quad (k\to\infty).$$

極限の一意性により $v = u^* \in M$. したがって, $M$ は閉集合である. □

**注意 6.1.24** 本節では, $I=[a,b]$ が有界閉区間の場合を考察してきたが, $I$ が開区間あるいは無限区間であっても, 登場する量に意味がある限り, 上記の議論はすべて正しい. なお, 一般の区間において $L^\infty$ ノルムは,

$$\|f\|_\infty = \sup_{x\in I}|f(x)| = \min\{M \mid |f(x)| \le M\ (x\in I)\}$$

と定義される. □

**注意 6.1.25** 連続的なパラメータ $\varepsilon$ に関数 $f_\varepsilon(x)$ が対応している場合も, 上記の議論はそのまま適用できる. すなわち, 関数列 (この場合は, 関数族といった方がよい) $\{f_\varepsilon(x)\}_{\varepsilon>0}$ ついて, $\varepsilon\to0$ の際の挙動に興味がある場合には, $\varepsilon_n = 1/n$ とおいて, 関数列 $\{\tilde{f}_n(x) = f_{\varepsilon_n}(x)\}_{n\ge1}$ の $n\to\infty$ の際の挙動を考察すればよい. □

**【問題 6.1.26】** $f \in C^0[a,b]$ に対して, $\lim_{p\to\infty}\|f\|_p = \|f\|_\infty$ を示せ.

**【問題 6.1.27】** $1 \le p \le \infty$ とする. $f \in C^0[a,b]$ が $\|f\|_p = 0$ を満たすなら

ば，$f \equiv 0$ を示せ．

【**問題 6.1.28**】 $C^0[a,b]$ の（$\|\cdot\|_\infty$ に関する）コーシー列 $\{f_n\}_{n\geq 0}$ が，定数 $M>0$ に対して，$|f_n(x)| \leq M$ $(x \in [a,b])$ を満たすとき，極限関数 $f(x)$ も $|f(x)| \leq M$ $(x \in [a,b])$ を満たすことを示せ．

【**問題 6.1.29**】 $V$ と $W$ を，それぞれ，ノルム $\|\cdot\|_V$ と $\|\cdot\|_W$ を備えたノルム空間とする．このとき，直積空間 $V \times W$ が，ノルム $\|u\| = \|v\|_V + \|w\|_W$ $(u=(v,w) \in V \times W)$ を備えたノルム空間となることを示せ．

【**問題 6.1.30**】 $1 \leq p \leq \infty$ とする．$u \in C^1[a,b]$ に対して，$|\!|\!|u|\!|\!|_{1,p} = \|u\|_p + \|u'\|_p$ と定義する．このとき，$|\!|\!|u|\!|\!|_{1,p}$ は $C^1[a,b]$ のノルムとなることを示せ．また，$|\!|\!|u|\!|\!|_{2,p} = \|u\|_p + \|u'\|_p + \|u''\|_p$ は $C^2[a,b]$ のノルムとなることを示せ．

【**問題 6.1.31**】 $C^0_{\mathrm{supp}}[a,b]$ は $C^0_{\mathrm{bdy}}[a,b]$ で稠密であることを示せ．

【**問題 6.1.32**】 $f(x) = \sqrt{1-x^2}$ $(0 \leq x \leq 1)$ について，$\|f'\|_p < \infty$ $(1 \leq p < 2)$，$\|f'\|_p = \infty$ $(p \geq 2)$，$\|f''\|_p = \infty$ $(p \geq 1)$ を示せ．

## 6.2 ワイエルシュトラスの近似定理

有界な閉区間 $[a,b]$ 上で定義された連続関数に対する近似を考察するうえでは，次のワイエルシュトラスの近似定理がもっとも基本的である．なお，$\mathcal{P}$ は，例 6.1.4 で定義した多項式全体の集合である．また，本節を通じて，$C^0[a,b]$ のノルムとしては $\|\cdot\|_\infty$ を採用している．

**定理 6.2.1**（ワイエルシュトラス） $\mathcal{P}$ は $C^0[a,b]$ で稠密である．すなわち，$\{1, x, x^2, \ldots\}$ は $C^0[a,b]$ で基本系をなす． □

すなわち，任意の $f \in C^0[a,b]$ に対して，

$$\lim_{n\to\infty} \|f - p_n\|_\infty = 0 \tag{6.17}$$

を満たす多項式の列 $p_n \in \mathcal{P}$ が存在する．定理 6.2.1 を示すには，$p_n$ を具体的に構成すればよい．以下で述べる**ベルンシュタイン**（Bernstein）**多項式**は，この性質を満たす（命題 6.2.3）．まずは，主に，$[a,b]=[0,1]$ の場合を考察す

る．$n \in \mathbb{N}$ と $f \in C^0[0,1]$，および基底関数

$$\beta_{k,n}(x) = \binom{n}{k} x^k (1-x)^{n-k} \tag{6.18}$$

に対して，

$$b_n(x) = \sum_{k=0}^{n} f\left(\frac{k}{n}\right) \beta_{k,n}(x) \qquad (0 \le x \le 1) \tag{6.19}$$

で定義される多項式をベルンシュタイン多項式という．ただし，

$$\binom{n}{k} = \frac{n!}{k!(n-k)!} \tag{6.20}$$

は**二項係数**である．各 $\beta_{k,n}(x)$ は $n$ 次の多項式なので，$b_n(x)$ も $n$ 次の多項式となる．$n$ を任意に固定して，$f$ から $b_n$ をつくる操作を $b_n(x) = (B_n f)(x)$ と書こう．これは，$C^0[0,1]$ から $\mathcal{P}_n$ への写像と考えられる．$\sum$ の線形性により，

$$B_n(\alpha_1 f + \alpha_2 g) = \alpha_1 B_n f + \alpha_2 B_n g \quad (f, g \in C^0[0,1],\ \alpha_1, \alpha_2 \in \mathbb{R}) \tag{6.21}$$

が成り立つ．すなわち，$B_n$ は線形写像である．また，$0 \le x \le 1$ では $\beta_{k,n}(x) \ge 0$ なので，非負値性の保存

$$0 \le f \in C^0[0,1] \quad \Rightarrow \quad B_n f \ge 0 \tag{6.22}$$

が成り立つ．ただし，$f \in C^0[0,1]$ に対して，$f(x) \ge 0$ $(x \in [0,1])$ となることを，単に，$f \ge 0$ と書いている．さらに，これと線形性を合わせれば，順序保存性

$$f, g \in C^0[0,1],\ f \ge g \quad \Rightarrow \quad B_n f \ge B_n g \tag{6.23}$$

も得る．典型的な多項式に対するベルンシュタイン多項式は，次のようになる．

**命題 6.2.2** $f_0(x) = 1$，$f_1(x) = x$，$f_2(x) = x^2$ とすると，

$$(B_n f_0)(x) = 1, \quad (B_n f_1)(x) = x, \quad (B_n f_2)(x) = \frac{n-1}{n} x^2 + \frac{1}{n} x$$

が成り立つ． □

**証明**　$f_0(x) = 1$ のときは，二項定理

$$(X+Y)^n = \sum_{k=0}^{n} \binom{n}{k} X^k Y^{n-k} \tag{6.24}$$

を，$X = x$，$Y = 1 - x$ に対して適用すればよい．次に，上の式の両辺を $X$ について微分して得られる

$$n(X+Y)^{n-1} = \sum_{k=1}^{n} \binom{n}{k} k X^{k-1} Y^{n-k} \tag{6.25}$$

の両辺に $X/n$ を掛けると，

$$X(X+Y)^{n-1} = \sum_{k=1}^{n} \frac{k}{n} \binom{n}{k} X^k Y^{n-k} = \sum_{k=0}^{n} \frac{k}{n} \binom{n}{k} X^k Y^{n-k}$$

となる．これに，$X = x$，$Y = 1 - x$ を代入して，$f_1(x) = x$ の場合を得る．最後に，$f_2(x) = x^2$ の場合を証明するために，(6.25) の両辺を $X$ について微分する；

$$n(n-1)(X+Y)^{n-2} = \sum_{k=2}^{n} \binom{n}{k} k(k-1) X^{k-2} Y^{n-k}.$$

この両辺に $X^2/n^2$ を掛けると，

$$\begin{aligned}\frac{n-1}{n} X^2 (X+Y)^{n-2} &= \sum_{k=2}^{n} \frac{k(k-1)}{n^2} \binom{n}{k} X^k Y^{n-k} \\ &= \sum_{k=0}^{n} \frac{k(k-1)}{n^2} \binom{n}{k} X^k Y^{n-k}.\end{aligned}$$

これに，$X = x$，$Y = 1 - x$ を代入して，$f_1(x) = x$ の場合の結果を使うと，

$$\begin{aligned}\frac{n-1}{n} x^2 &= \sum_{k=0}^{n} \frac{k(k-1)}{n^2} \binom{n}{k} x^k (x-1)^{n-k} \\ &= \sum_{k=0}^{n} \left(\frac{k}{n}\right)^2 \binom{n}{k} x^k (x-1)^{n-k} - \frac{1}{n} \underbrace{\sum_{k=0}^{n} \frac{k}{n} \binom{n}{k} x^k (x-1)^{n-k}}_{=x}\end{aligned}$$

すなわち，$f_2(x) = x^2$ の場合が証明できた．　■

**命題 6.2.3** $f \in C^0[0,1]$ に対して，$\lim_{n\to\infty} \|f - B_n f\|_\infty = 0$ が成り立つ． □

**証明** $\varepsilon > 0$ と $f \in C^0[0,1]$ を任意とする．有界閉区間上の連続関数は一様連続，すなわち，

$$x_1, x_2 \in [0,1],\ |x_1 - x_2| \le \delta \quad \Rightarrow \quad |f(x_1) - f(x_2)| \le \varepsilon \tag{6.26}$$

を満たす $\delta > 0$ が存在する．$z$ を $[0,1]$ 内の任意の点とし，固定する．そして，2 つの 2 次関数

$$p(x) = f(z) + \varepsilon + \frac{2}{\delta^2}\|f\|_\infty (x-z)^2, \quad q(x) = f(z) - \varepsilon - \frac{2}{\delta^2}\|f\|_\infty (x-z)^2$$

を考える．まず，$|x - z| \le \delta$ のときには，(6.26) より $-\varepsilon \le f(z) - f(x) \le \varepsilon$ なので，

$$p(x) - f(x) \ge f(z) + \varepsilon + \frac{2}{\delta^2}\|f\|_\infty (x-z)^2 + (-f(z) - \varepsilon) \ge 0.$$

一方，$|x - z| > \delta$ のときには，$|f(x)|, |f(z)| \le \|f\|_\infty$ に注意して，

$$\begin{aligned} p(x) - f(x) &\ge f(z) + \varepsilon + \frac{2}{\delta^2}\|f\|_\infty \delta^2 - f(x) \\ &\ge -|f(z)| + \varepsilon + 2\|f\|_\infty - |f(x)| \ge \varepsilon > 0. \end{aligned}$$

したがって，$f \le p$ が成り立つ．同様に，$q \le f$ も示せるので，$B_n$ の順序保存性 (6.23) と合わせると，任意の自然数 $n$ に対して，

$$B_n q \le B_n f \le B_n p \tag{6.27}$$

が成り立つ．

次に，$\phi_i(x) = x^i$ $(i = 0, 1, 2)$ と定義して，$p(x) = c_0\phi_0(x) + c_1\phi_1(x) + c_2\phi_2(x)$，および $q(x) = c_3\phi_0(x) + c_4\phi_1(x) + c_5\phi_2(x)$ と書こう．このとき，$\varepsilon$，$\delta$，$\|f\|_\infty$ には依存するが，$z$ とは無関係な定数 $M > 0$ を用いて $|c_i| \le M$ $(i = 2, 5)$ とできる．また，命題 6.2.2 により，任意の自然数 $n$ に対して，

$$\phi_0 - B_n\phi_0 = 0, \quad \phi_1 - B_n\phi_1 = 0, \quad \phi_2 - B_n\phi_2 = \frac{x^2 - x}{n}$$

である．したがって，$B_n$ の線形性 (6.21) を用いて，

$$\|p - B_n p\|_\infty \le |c_2| \cdot \|\phi_2 - B_n\phi_2\|_\infty \le \frac{M}{4n}, \quad \|q - B_n q\|_\infty \le \frac{M}{4n}$$

を得る．ゆえに，$N = M/(4\varepsilon)$ と定義すれば，

$$n \ge N \quad \Rightarrow \quad \|p - B_n p\|_\infty \le \varepsilon, \quad \|q - B_n q\|_\infty \le \varepsilon \tag{6.28}$$

となる．以下, $n \ge N$ とする．このとき, (6.28) より, $-\varepsilon \le p(z) - (B_n p)(z) \le \varepsilon$ なので，(6.27) を使って，$(B_n f)(z) \le (B_n p)(z) \le p(z) + \varepsilon = f(z) + 2\varepsilon$．同様にして，$(B_n f)(z) \ge f(z) - 2\varepsilon$ も出るので，これらを合わせて，

$$n \ge N \quad \Rightarrow \quad |f(z) - (B_n f)(z)| \le 2\varepsilon$$

を得る．$z$ は $N$ にも $\varepsilon$ にも無関係な任意の点であったので，これより，

$$n \ge N \quad \Rightarrow \quad \|f - B_n f\|_\infty \le 2\varepsilon$$

が結論でき，証明が完了する．■

定理 6.2.1 を証明するには，

$$\eta(x) = \frac{1}{b-a}(x-a), \qquad \xi(y) = (b-a)y + a$$

とおいて，$f \in C^0[a,b]$ に対して，

$$\tilde{f}(y) = f(\xi(y)), \qquad p_n(x) = (B_n\tilde{f})(\eta(x))$$

と定義する．明らかに $\tilde{f} \in C^0[0,1]$，$p_n \in \mathcal{P}_n$ であり．命題 6.2.3 により，$\|f - p_n\|_{L^\infty(a,b)} = \|\tilde{f} - B_n\tilde{f}\|_{L^\infty(0,1)} \to 0$ $(n \to \infty)$．すなわち，(6.17) を満たす $p_n \in \mathcal{P}_n$ の存在が示せたので，定理 6.2.1 が証明できたことになる．

次に，ワイエルシュトラスの定理から導かれる重要な系を述べる．$\mathcal{T}$，$\mathcal{CT}$，$\mathcal{ST}$ などは，例 6.1.4 で定義した空間である．

**定理 6.2.4**　$\mathcal{CT}$ は $C^0[0,\pi]$ で稠密である．すなわち，$\{1, \cos x, \cos 2x, \ldots\}$ は $C^0[0,\pi]$ で基本系となる．□

**証明** $\varepsilon > 0$ を任意とする．$f \in C^0[0,\pi]$ に対して，

$$g(t) = f(\arccos t) = f(\cos^{-1} t), \qquad g(\cos x) = f(x)$$

で，$g \in C^0[-1,1]$ を定義する．すると，定理 6.2.1 により，

$$\left| g(t) - \sum_{k=0}^{n} c_k t^k \right| \le \varepsilon \qquad (t \in [-1,1]) \tag{6.29}$$

を満たす $n \in \mathbb{N}$ と $c_0, \ldots, c_n \in \mathbb{R}$ が存在する．ここで，問題 6.2.7 より，$\cos^k x$ は，$\{1, \cos x, \ldots, \cos kx\}$ の一次結合で表現できるから，(6.29) より，

$$\left| f(x) - \sum_{k=0}^{n} c'_k \cos kx \right| \le \varepsilon \qquad (x \in [0,\pi])$$

を満たす $c'_0, \ldots, c'_n \in \mathbb{R}$ が存在する． ■

**定理 6.2.5** $\mathcal{ST}$ は $C^0_{\mathrm{bdy}}[0,\pi]$ で稠密となる．すなわち，$\{\sin x, \sin 2x, \ldots\}$ は $C^0_{\mathrm{bdy}}[0,\pi]$ の基本系である．

**証明** 前定理のように直接の証明は難しいので，回り道をする．$\varepsilon > 0$ と $f \in C^0_{\mathrm{bdy}}[0,\pi]$ を任意とする．$C^0_{\mathrm{supp}}[0,\pi]$ は $C^0_{\mathrm{bdy}}[0,\pi]$ で稠密なので（問題 6.1.31），$\|f - g\|_\infty < \varepsilon/2$ を満たす $g \in C^0_{\mathrm{supp}}[0,\pi]$ が存在する．この $g$ に対して，

$$w(x) = \frac{g(x)}{\sin x} \qquad (x \in [0,\pi])$$

とおく．$w(x)$ が $(0,\pi)$ で連続なのは明らか．$x = 0, \pi$ における連続性を確かめる．$\operatorname{supp} g = (\alpha, \beta)$，$0 < \alpha < \beta < \pi$ とすると，

$$\lim_{x \to +0} w(x) = \lim_{\substack{x \to +0 \\ x < \alpha}} \frac{g(x)}{\sin x} = \lim_{\substack{x \to +0 \\ x < \alpha}} \frac{0}{\sin x} = 0$$

なので，$w(x)$ は，$x = 0, \pi$ でも連続，すなわち，$w \in C^0[0,\pi]$ である．したがって，定理 6.2.4 により，

$$\left| w - \sum_{k=0}^{n} c_k \cos^k x \right| \le \frac{\varepsilon}{2} \qquad (x \in [0,\pi])$$

を満たす $n \in \mathbb{N}$ と $c_0, \ldots, c_n \in \mathbb{R}$ が存在する．これより，

$$\left| g(x) - \sum_{k=0}^{n} c_k \sin x \cos^k x \right| \leq \frac{\varepsilon}{2} |\sin x| \leq \frac{\varepsilon}{2} \qquad (x \in [0, \pi])$$

を得るが，$2 \sin x \cos kx = \sin(k+1)x - \sin(k-1)x$ に注意すれば，これは，$g(x)$ が正弦関数の多項式で，誤差 $\varepsilon/2$ 以内で近似できることを示している．結果的に，$f(x)$ は正弦関数の多項式で，誤差 $\varepsilon$ 以内で近似できる．すなわち，$\mathcal{ST}[0, \pi]$ は $C^0_{\mathrm{bdy}}[0, \pi]$ で稠密である． ■

**定理 6.2.6** $\mathcal{T}$ は $C^0_{\mathrm{per}}[-\pi, \pi]$ で稠密である．すなわち，$\{1, \sin x, \cos x, \sin 2x, \cos 2x, \ldots\}$ は $C^0_{\mathrm{per}}[-\pi, \pi]$ の基本系である． □

**証明** $f \in C^0_{\mathrm{per}}[-\pi, \pi]$ に対して，

$$f_e(x) = \frac{f(x) + f(-x)}{2}, \qquad f_o(x) = \frac{f(x) - f(-x)}{2}$$

と定義する．$f_e \in C^0[0, \pi]$ なので，定理 6.2.4 により，任意の $\varepsilon > 0$ に対して，

$$\left| f_e(x) - \sum_{k=0}^{n} c_k \cos kx \right| \leq \frac{\varepsilon}{2}$$

を満たす $n \in \mathbb{N}$ と $c_0, \ldots, c_n \in \mathbb{R}$ が存在する．この不等式は，もともと $0 \leq x \leq \pi$ で成立するが，$f_e(x)$ も $\cos kx$ も偶関数であるから，$-\pi \leq x \leq \pi$ でも成立する．

次に，$f_o(0) = (f(0) - f(0))/2 = 0$，$f_o(\pi) = (f(\pi) - f(-\pi))/2 = 0$ なので，定理 6.2.5 が適用できて，

$$\left| f_o(x) - \sum_{k=1}^{m} c'_k \sin kx \right| \leq \frac{\varepsilon}{2}$$

を満たす $m \in \mathbb{N}$ と $c'_0, \ldots, c'_m \in \mathbb{R}$ が存在する．$f_o(x)$ も $\sin kx$ も奇関数であるから，この不等式も $-\pi \leq x \leq \pi$ で成立する．

最後に，$f(x) = f_e(x) + f_o(x)$ に注意して，三角不等式を使うと，

$$\left| f(x) - \sum_{k=0}^{n} c_k \cos^k x - \sum_{k=1}^{m} c'_k \sin^k x \right| \leq \varepsilon \qquad (x \in [-\pi, \pi])$$

を得る． ■

**【問題 6.2.7】** 整数 $m \geq 2$ に対して，$\cos^m x$ は，$\{1, \cos x, \ldots, \cos mx\}$ の一次結合で表現できることを示せ．

## 6.3 最良近似多項式

ワイエルシュトラスの近似定理により，有界閉区間 $[a,b]$ で定義された任意の連続関数は，多項式でいくらでも正確に近似できる．一般には，よい近似を得るには，多項式の次数を高くする必要がある（ただし，7.1 節で示すように，やみくもに高くすればよいというわけではない）．一方で，多項式の次数が固定されているときは，任意の連続関数をいくらでも精密に近似するわけにはいかない．しかしながら，自然数 $n$ を任意に固定するとき，任意の $f \in C^0[a,b]$ に対して，

$$\|f - p\|_\infty \leq \|f - q\|_\infty \quad (q \in \mathcal{P}_n) \tag{6.30}$$

を満たす $n$ 次多項式 $p$ は必ず存在し，しかも一意である．これは，

$$\|f - p\|_\infty = \min_{q \in \mathcal{P}_n} \|f - q\|_\infty$$

と書いても同じである．本節では，この事実に対する証明を与える．なお，$C^0[a,b]$ のノルムとしては $\|\cdot\|_\infty$ 以外の選択肢もあり得るので，次のように定義しておく．

**定義 6.3.1（最良近似多項式）** 自然数 $n$ と $f \in C^0[a,b]$，および $C^0[a,b]$ のノルム $\|\cdot\|$ に対して，

$$\|f - p\| \leq \|f - q\| \quad (q \in \mathcal{P}_n) \tag{6.31}$$

を満たす $p \in \mathcal{P}_n$ を，$f$ の $\|\cdot\|$ に関する $n$ **次の最良近似多項式** (best approximation polynomial) と呼ぶ．なお，$\|\cdot\| = \|\cdot\|_\infty$ の場合を，単に，$n$ **次の最良近似多項式**，あるいは $n$ **次のチェビシェフ（Chebyshev）近似**[2] と呼ぶ．また，文脈上明らかな場合は，"$n$ 次の" を省略する． □

2) チェビシェフはロシア人の数学者である．名前のローマ字の綴りはいろいろあって一定していない．他には，Chebysheff，Tchebysheff などと綴る場合がある．

**定理 6.3.2（最良近似多項式の存在）** $\|\cdot\|$ を $C^0[a,b]$ のノルムとするとき，任意の自然数 $n$ と任意の $f \in C^0[a,b]$ に対して，$f$ の $\|\cdot\|$ に関する最良近似多項式 $p \in \mathcal{P}_n$ が存在する． □

**証明** $\boldsymbol{s} = (s_k) \in \mathbb{R}^{n+1}$ に，$n$ 次多項式 $P_{\boldsymbol{s}}(x) = \sum_{k=0}^{n} s_k x^k$ を対応させ，

$$|||\boldsymbol{s}||| = \|P_{\boldsymbol{s}}\|_\infty \qquad (\boldsymbol{s} = (s_k) \in \mathbb{R}^{n+1})$$

と定義する．これは，$\mathbb{R}^{n+1}$ のノルムとなる．そこで，$f \in C^0[a,b]$ を任意に固定して，

$$B = \{\boldsymbol{t} \in \mathbb{R}^{n+1} \mid |||\boldsymbol{t}||| \leq 2\|f\|\}$$

と定義すると，これは，$\mathbb{R}^{n+1}$ 内の中心 $\boldsymbol{0}$，半径 $2\|f\|$ の閉球であり，とくに有界閉集合である（命題 3.1.7，注意 3.1.10）．次に，$\boldsymbol{s} \in \mathbb{R}^{n+1}$ を変数とする関数

$$F(\boldsymbol{s}) = \|P_{\boldsymbol{s}} - f\| \qquad (\boldsymbol{s} \in \mathbb{R}^{n+1})$$

を考えると，これは連続関数となる．したがって，命題 3.1.6 により，$F(\boldsymbol{s})$ の $B$ 上での最小値 $\boldsymbol{a} \in B$ が存在する．すなわち，

$$\|P_{\boldsymbol{a}} - f\| \leq \|P_{\boldsymbol{t}} - f\| \quad (\boldsymbol{t} \in B). \tag{6.32}$$

実は，この $\boldsymbol{a}$ に対応する多項式 $P_{\boldsymbol{a}}$ が求める最良近似となる．それを確かめるために，$\boldsymbol{s} \notin B$ をとる．この $\boldsymbol{s}$ は $\|P_{\boldsymbol{s}}\| = |||\boldsymbol{s}||| > 2\|f\|$ を満たす．したがって，$\boldsymbol{0} \in B$，$P_{\boldsymbol{0}} = 0$ かつ (6.32) に注意して，

$$\|P_{\boldsymbol{s}} - f\| \geq \|P_{\boldsymbol{s}}\| - \|f\| > \|f\| = \|P_{\boldsymbol{0}} - f\| \geq \|P_{\boldsymbol{a}} - f\|.$$

明らかに，$\mathcal{P}_n = \{P_{\boldsymbol{s}} \mid \boldsymbol{s} \in \mathbb{R}^{n+1}\}$ なので，$p = P_{\boldsymbol{a}}$ は (6.30) を満たす． ■

**注意 6.3.3** さらに証明を検討すれば，次の事実もまったく同様に示せる．$V$ を，ノルム $\|\cdot\|$ を備えたノルム空間，$M$ をその有限次元部分空間とするとき，任意の $f \in V$ に対して，

$$\|f - p\| \leq \|f - q\| \quad (q \in M)$$

を満たす $p \in M$ が存在する．これを，$f$ の $M$ **における最良近似** (best approximation) と呼ぶ．証明は，$M$ の基底を $\{\varphi_0, \dots, \varphi_n\}$ とし，$P_{\boldsymbol{s}}$ の代わりに $s_0\varphi_0 + \cdots + s_n\varphi_n$ を考えればよい． □

定理 6.3.2 によって最良近似の存在は保証された．次に一意性を考えるが，次の例が示すように，これは明らかなことではない．

**【例 6.3.4】** $V = C^0[0,1]$ において，有限次元部分空間 $M = \{cx \mid c \in \mathbb{R}\}$ を考える (明らかに，$\dim M = 1$，$M$ の基底 $= x$)．このとき，$f = 1$ の $M$ におけるノルム $\|\cdot\|_\infty$ に関する最良近似の存在は，注意 6.3.3 で保証されている．

$$\max_{0 \le x \le 1} |ct - 1| = \begin{cases} c - 1 & (c \ge 2), \\ 1 & (0 \le c \le 2), \\ 1 - c & (c \le 0) \end{cases}$$

なので，$\displaystyle\min_{q \in M} \|f - q\|_\infty = 1$ であるが，これを満たす関数は，$cx$ $(0 \le c \le 2)$ であり，無数に存在する． □

**定理 6.3.5**（**最良近似多項式の一意性，I**） $C^0[a,b]$ のノルム $\|\cdot\|$ が，

$$f, g \in C^0[a,b],\ \|f\|, \|g\| \le 1,\ f \not\equiv g \quad \Rightarrow \quad \|f + g\| < 2 \tag{6.33}$$

を満たすならば[3]，$f \in C^0[a,b]$ のノルム $\|\cdot\|$ に関する最良近似多項式は一意である．とくに，任意の $1 < p < \infty$ に対して，$f$ のノルム $\|\cdot\|_p$ に関する最良近似多項式は一意である． □

**証明** 前半部分を背理法で示す．$p, q$ を $f \in C^0[a,b]$ のノルム $\|\cdot\|$ に関する（異なる）最良近似多項式と仮定する．すなわち，

$$p \not\equiv q, \quad d = \|f - p\| = \|f - q\| \le \|f - w\| \qquad (w \in \mathcal{P}_n)$$

を仮定する．$u = (p - f)/d$，$v = (q - f)/d$ とおくと，$\|u\| = \|v\| = 1$ である．このとき，(6.33) を使って，

$$\left\| \frac{1}{2}(p + q) - f \right\| = \left\| \frac{1}{2}(p - f) + \frac{1}{2}(q - f) \right\| = \frac{d}{2}\|u + v\| < d.$$

3) "$f \not\equiv g$" は，"$f(x) \neq g(x)$ $(x \in [a,b])$" を意味する．

しかし，これは $w = (1/2)(p+q) \in \mathcal{P}_n$ が，$\|f-w\| < d$ を満たすことを意味し，矛盾である．$1 < p < \infty$ に対して，$\|\cdot\|_p$ が (6.33) を満たすことの確認は問題 6.3.14 と問題 6.4.17 で行う． ■

**注意 6.3.6** (6.33) を満たすノルムを**狭義凸**なノルムと呼ぶ．$1 < p < \infty$ に対して $\|\cdot\|_p$ は狭義凸なノルムである (問題 6.3.14 と問題 6.4.17)．また，後に登場する重み付きの $L^2$ ノルム $\|\cdot\|_{2,w}$ も狭義凸である (問題 6.4.17)．ただし，$\|\cdot\|_1$ と $\|\cdot\|_\infty$ は狭義凸ではない．たとえば，$[a,b] = [-1,1]$ で関数 $f(x) = 1 - x^2$ と $g(x) = 1 - x^4$ を考えると，$\|f\|_\infty = 1$，$\|g\|_\infty = 1$，$\|f+g\|_\infty = 2$ となってしまう． □

注意 6.3.6 で指摘した通り，定理 6.3.5 からは，$\|\cdot\|_1$ と $\|\cdot\|_\infty$ に関する最良近似多項式の一意性は結論できない．したがって，各ノルムの具体的な性質に基づいた個別の議論を行わなければならない．以下では，$\|\cdot\|_\infty$ についての最良近似の一意性を議論する（$\|\cdot\|_1$ については注意 6.3.13 をみよ)．

**命題 6.3.7** 自然数 $n$ と $f \in C^0[a,b]$ を任意とする．$p \in \mathcal{P}_n$ に対して，$e(x) = p(x) - f(x)$ とおく．このとき，$p$ が，$f$ の $\|\cdot\|_\infty$ に関する $n$ 次の最良近似多項式であるための必要十分条件は，次の (i)，(ii) を満たすような $n+2$ 個の異なる点 $a \le x_0 < x_1 < \cdots < x_{n+1} \le b$ が存在することである：

(i) $|e(x_i)| = \|p-f\|_\infty$ $(i = 0, \ldots, n+1)$,

(ii) $e(x_i)e(x_{i+1}) \le 0$ $(i = 0, \ldots, n)$.

すなわち，$|e(x)|$ の最大値 $\|p-f\|_\infty$ は，$n+2$ 個の点 $x_0, \ldots, x_{n+1}$ で達成され，しかも，$e(x_i)$ は交互に $\|p-f\|_\infty$，$-\|p-f\|_\infty$ の値をとる． □

**証明** （必要性）$p(x)$ を $f(x)$ の最良近似多項式と仮定して，$d = \|p-f\|_\infty$ とおく．背理法で示す．すなわち，(i) と (ii) を満たすような $n+2$ 個の点は存在しないと仮定する．まず，$|e(x)|$ が最大値 $d$ を達成する点の存在は保証されているので，そのうち最小の $x$ を $x_0$ とする．仮に $e(x_0) = d$ とする（そうでない場合は，以下で符号を取り替える)．次に，$x_0 < x \le b$ の範囲で，$e(x) = -d$ となる最小の $x$ を $x_1$，$x_1 < x \le b$ の範囲で，$e(x) = d$ となる最小の $x$ を $x_2$ とし，以下同様に進む．背理法の仮定により，この操作は，$x_k$ $(k \le n)$ で終わる．$e(x_0)$ と $e(x_1)$ は異符号なので，$e(x)$ は $x_0 < x < x_1$

の範囲で少なくとも 1 回は $e(x) = 0$ となる．そのような $x$ のうち最大のものを $z_1$ とする．同様に，$z_2, \ldots, z_k$ を定め，$I_1 = [a, z_1]$, $I_2 = [z_1, z_2], \ldots$, $I_k = [z_{k-1}, z_k]$, $I_{k+1} = [z_k, b]$ とおく．このとき，$I_i$ $(i = 1, 3, \ldots)$ 上では $e(x)$ の最大値が $d$ であり，一方で，$I_i$ $(i = 2, 4, \ldots)$ 上では $e(x)$ の最小値が $-d$ となっている．さて，

$$q(x) = (x - z_1)(x - z_2) \cdots (x - z_k)$$

を考えると，$k \leq n$ より，これは $n$ 次以下の多項式である．したがって，任意の $\lambda \in \mathbb{R}$ に対して，$p_\lambda(x) = p(x) - \lambda q(x)$ は $n$ 次の多項式となる．実は，$\lambda$ をうまく選ぶと，$\|p_\lambda - f\|_\infty < d$ となり，$p(x)$ が最良近似であることに反する．以下では，$k$ が偶数の場合についてのみ，$\lambda$ の具体的な選び方を述べるが，$k$ が奇数の場合への修正は容易である．まず，区間 $I_1$ に着目すると，$q(x) > 0$ $(x \in I_1)$ なので，$d > e(x) - \lambda q(x) = p_\lambda(x) - f(x)$ $(x \in I_1)$ となる．ここで，

$$\eta_1 = \min_{x \in I_1} e(x) > -d, \qquad \lambda_1 = \frac{d + \eta_1}{2\|q\|_\infty} > 0$$

とおく．そうすると，$\lambda \in (0, \lambda_1)$ かつ $x \in I_1$ である限りにおいて，

$$p_\lambda(x) - f = e(x) - \lambda q(x) \geq \eta_1 - \lambda_1 \|q\|_\infty = \frac{\eta_1 - d}{2} > -d.$$

したがって，$I_1$ 上では，$|p_\lambda(x) - f(x)| < d$ となる．同様の操作で，$\lambda_2, \ldots, \lambda_k$ を定める．そして，$0 < \lambda < \min\{\lambda_1, \ldots, \lambda_k\}$ を 1 つ固定すると，

$$\|p_\lambda - f\|_\infty = \max_{1 \leq i \leq k} \max_{x \in I_i} |p_\lambda(x) - f(x)| < d$$

となり，$p(x)$ が最良近似多項式であることに矛盾する．

（十分性）$p \in \mathcal{P}_n$ を定理の仮定で述べたものとし，これが実際に最良近似多項式となることを示す．それには，任意の $q \in \mathcal{P}_n$ に対して，$d = \|p - f\|_\infty \leq \|(p - q) - f\|_\infty = \|e - q\|_\infty$ となることを示せばよい．これを背理法で示す．すなわち，$q \in \mathcal{P}_n$ が $\|e - q\|_\infty < d$ を満たすと仮定する．すると，とくに，$|e(x_i) - q(x_i)| < d$ $(i = 0, \ldots, n+1)$ が成り立つ．$e(x_i) = \pm d$ なので，$q(x_i)$ は $e(x_i)$ と同符号でなければならない．ところが，$e(x_i)$ の符号は，$n + 2$ 個の点 $a \leq x_0 < x_1 < \cdots < x_{n+1} \leq b$ で順次に交互に変化するので，$q(x_i)$ の符号もまたそう変化する．しかし，これは，$n$ 次多項式 $q(x)$ が，$n + 1$ 個の零点をもつことを意味するので，矛盾である． ■

**定理 6.3.8（最良近似多項式の一意性，II）** 任意の $n \in \mathbb{N}$ と $f \in C^0[a,b]$ に対して，$f$ の $\|\cdot\|_\infty$ に関する最良近似多項式 $p \in \mathcal{P}_n$ は一意である． □

**証明** $p$ と $q$ を $f \in C^0[a,b]$ の任意の 2 つの最良近似多項式として，これが $p \equiv q$ となることを示せばよい．$d = \|p-f\|_\infty = \|q-f\|_\infty$ とおく．このとき，

$$\left\|\frac{1}{2}(p+q)-f\right\|_\infty \le \frac{1}{2}\|p-f\|_\infty + \frac{1}{2}\|q-f\|_\infty = d.$$

もし，$\|(1/2)(p+q)-f\|_\infty < d$ なら，$p$ と $q$ が最良近似多項式であることに矛盾するので，$\|(1/2)(p+q)-f\|_\infty = d$ でなければならない．すなわち，$(1/2)(p+q)$ もまた $f$ の最良近似多項式である．命題 6.3.7 により，次を満たすような $a \le x_0 < x_1 < \cdots < x_{n+1} \le b$ が存在する；

$$\frac{1}{2}[p(x_i)+q(x_i)] - f(x_i) = \frac{1}{2}[p(x_i)-f(x_i)] + \frac{1}{2}[q(x_i)-f(x_i)] = \pm d.$$

ところで，$|p(x_i)-f(x_i)|, |q(x_i)-f(x_i)| \le d$ なので，この不等式が成立するのは，

$$p(x_i)-f(x_i) = q(x_i)-f(x_i) = \pm d$$

の場合に限られる．これより，$p(x_i) = q(x_i)$ $(i = 0,\ldots,n+1)$ を得る．すなわち，$n$ 次多項式 $p, q$ が $n+2$ 個の異なる点で一致するのだから，$p \equiv q$ でなければならない． ■

**注意 6.3.9** $M$ をノルム空間 $V$ の有限次元部分空間とする．このとき，例 6.3.4 で指摘したように，$M$ における $f \in V$ の（ノルム $\|\cdot\|$ に関する）最良近似の一意性は，一般には保証されない．そして，$p, q \in M$ を $f$ の最良近似とすると，上の証明と同様の方法で，$(1-\theta)p + \theta q$ $(0 \le \theta \le 1)$ の形のすべての関数も，また，最良近似となる．このことを，$\|p-f\|$ の最小値を与える $p \in M$ の全体は凸集合をつくるという． □

**【例 6.3.10】** $[a,b] = [-1,1]$ および $n \ge 1$ として，関数 $f(x) = x^n$ に対する $n-1$ 次の最良近似多項式 $p_{n-1}$ を具体的に計算する．$d = \|f - p_{n-1}\|_\infty$ とおく．ここで，やや唐突であるが，関数 $\cos k\theta$ を考えよう．たとえば，$k$ が偶数のとき，$\theta_i = (\pi/k)i$ $(i = 0, 2, \ldots, k)$ で最大値 1 をとり，$\theta_i$ $(i = 1, 3, \ldots, k-1)$ で最小値 $-1$ をとる．そこで，

$$T_n(x) = \cos(n \arccos x) = \cos(n\ \cos^{-1} x) \qquad (-1 \le x \le 1) \tag{6.34}$$

と定義して, $\arccos x = \theta$ で, 変数を $\theta$ から $x$ に変換すれば, $T_n(x)$ は, $x_i = \cos\theta_i$ $(i = 0, 2, \ldots, n)$ で最大値 1 をとり, $x_i$ $(i = 1, 3, \ldots, n-1)$ で最小値 $-1$ をとることになる. なお, $T_n(x)$ は確かに $n$ 次の多項式となる. 実際, 三角関数の公式 $\cos(n+1)\theta + \cos(n-1)\theta = 2\cos n\theta \cos\theta$ より, 漸化式

$$T_{n+1}(x) = 2xT_n(x) - T_{n-1}(x) \qquad (n = 1, 2, \ldots) \tag{6.35}$$

を得る. 定義よりただちに $T_0(x) = 1$, $T_1(x) = x$ なので, 漸化式より, $n \ge 2$ についても $T_n(x)$ は $n$ 次の多項式となることがわかる. たとえば, $T_2(x) = 2x^2 - 1$, $T_3(x) = 4x^3 - 3x$ など. また, やはり漸化式により, $T_n(x)$ の最高次の係数が $2^{n-1}$ となることもわかる. (6.34) で定義される多項式を**チェビシェフ多項式**という (この段階では, $[-1, 1]$ での表現が与えられているのみであるが, 多項式であるから $\mathbb{R}$ 全体で定義されている. 命題 9.2.2 をみよ). 一方で, 明らかに, $|T_n(x)| \le 1$ なので, 関数 $e(x) = dT_n(x)$ は, 命題 6.3.7 の条件 (i) と (ii) を満たしている ($n \to n-1$ として適用しなければならないことに注意). すなわち, $\pm dT_n(x) = p_{n-1}(x) - f(x)$ だが, 両辺の最高次の係数と符号を比較して, $\pm d = -2^{1-n}$ を得る. これで, 求める $n-1$ 次の最良近似多項式が $p_{n-1}(x) = x^n - 2^{1-n}T_n(x)$ であり, さらに, $\|f - p_{n-1}\|_\infty = 2^{1-n}$ となることがわかった. なお, 最良近似多項式の定義により,

$$\|2^{1-n}T_n\|_\infty = \min_{(c_1,\ldots,c_n)\in\mathbb{R}^n} \max_{x\in[-1,1]} |x^n + c_n x^{n-1} + \cdots + c_1| \tag{6.36}$$

が成り立つ. すなわち, $2^{1-n}T_n(x)$ は, 最高次の係数が 1 の $n$ 次多項式のうち, $[-1, 1]$ での**最大値が最小**となる関数である. □

**注意 6.3.11** $f \in C^0[a, b]$ に対して, その $n$ 次の最良近似多項式 $p_n \in \mathcal{P}_n$ との差 $E_n(f) = \min_{q\in\mathcal{P}_n} \|f - q\|_\infty$ の “見積もり” に関してはいろいろな事実が知られている. 説明の便宜上, $[a, b] = [-1, 1]$ の場合を考える. $f$ の**連続率** (modulus of continuity) とは,

$$\omega(f; \delta) = \sup\{|f(x) - f(y)| \mid x, y \in [-1, 1],\ |x - y| \le \delta\}$$

で定義される量のことである. このとき,

$$E_n(f) \le M_1 \omega(f, 1/n)$$

を満たすような正定数 $M_1$ が存在する．これをジャクソン（Jackson）**の定理**と呼ぶ．さらに，$f$ がリプシッツ係数 $L$ のリプシッツ連続関数ならば，

$$E_n(f) \le M_1 \frac{L}{n}$$

が，$f \in C^m[-1,1]$ $(n \ge m)$ ならば，

$$E_n(f) \le \frac{M_1^m}{n(n-1)\cdots(n-m+1)} \|f^{(m)}\|_\infty$$

が成り立つ．くわしくは，杉原・室田[14, §8.3] を参照すること．□

**注意 6.3.12**　$f \in C^0[a,b]$ に対して，その $n$ 次の最良近似多項式 $p_n \in \mathcal{P}_n$ を具体的に計算する方法がいくつか知られているが，ここでは述べない（杉原・室田[14, §8.2]）．ただし，$f \in C^0[-1,1]$ に対して，そのチェビシェフ多項式展開の部分和

$$S_n(x) = \frac{a_0}{2} + \sum_{k=1}^{n} a_k T_k(x), \qquad a_k = \frac{2}{\pi} \int_{-1}^{1} f(y) T_k(y) \frac{dy}{\sqrt{1-y^2}}$$

は

$$E_n(f) \le \|f - S_n\|_\infty \le \left(4 + \frac{4}{\pi^2} \log n\right) E_n(f)$$

を満たすので，最良近似の代用として使用できる（杉原・室田[14, §8.3]）．また，定理 7.1.3 で述べる関数も最良近似の代用となり得る．□

**注意 6.3.13**　$f \in C^0[a,b]$ に対して，$\|\cdot\|_1$ に関する最良近似多項式 $p \in \mathcal{P}_n$ も一意的に存在する（たとえば，Powell[25, Chapter 14]）．□

**【問題 6.3.14】**　$1 < p < \infty$ のとき，$\|\cdot\|_p$ が (6.33) を満たすことを，クラークソン（Clarkson）の不等式

$$\left\|\frac{u-v}{2}\right\|_p^q + \left\|\frac{u+v}{2}\right\|_p^q \le \left[\frac{1}{2}\left(\|u\|_p^p + \|v\|_p^p\right)\right]^{q-1} \quad (1 < p \le 2), \tag{6.37}$$

$$\left\|\frac{u-v}{2}\right\|_p^p + \left\|\frac{u+v}{2}\right\|_p^p \le \frac{1}{2}\left(\|u\|_p^p + \|v\|_p^p\right) \quad (2 \le p < \infty). \tag{6.38}$$

を用いて示せ（この不等式の証明は岡本・中村[16, §7.1] をみよ）．ただし，$u, v \in C^0[a,b]$，$1/p + 1/q = 1$，$q > 1$ である．

## 6.4　最小自乗近似多項式と内積空間

本節では，$L^2$ ノルムに関する最良近似多項式についてくわしく考察する．そのために，より一般に，重み付きの $L^2$ ノルムを考える．

有界な開区間 $(a,b)$ 上の連続関数で

$$w(x) > 0 \quad (a < x < b), \qquad \int_a^b w(x)\,dx < \infty \tag{6.39}$$

を満たすものをとり（これを，**重み関数**あるいは**密度関数**という），

$$(f,g)_w = \int_a^b f(x)g(x)w(x)\,dx, \quad \|f\|_{2,w} = \left(\int_a^b |f(x)|^2 w(x)\,dx\right)^{1/2} \tag{6.40}$$

と定義すると，$\|\cdot\|_{2,w}$ は $C^0[a,b]$ のノルムとなる．したがって，定理 6.3.2 により，任意の $n \in \mathbb{N}$ と任意の $f \in C^0[a,b]$ に対して，

$$\|f-p\|_{2,w} \le \|f-q\|_{2,w} \qquad (q \in \mathcal{P}_n)$$

を満たす $p \in \mathcal{P}_n$，すなわち，$\|\cdot\|_{2,w}$ に関する $n$ 次の最良多項式が存在する．なお，これをとくに，**最小自乗近似多項式** (least squares approximation polynomial) と呼ぶことがある．さらに，定理 6.3.5 と問題 6.4.17 により，最小自乗近似多項式は一意である．

さて，一般に，$p, q \in \mathcal{P}_n$ に対して，$r = p - q$ と書くと，

$$\begin{aligned}\|f-q\|_{2,w}^2 &= \|(f-p)+r\|_{2,w}^2 \\ &= \|f-p\|_{2,w}^2 + \|r\|_{2,w}^2 + 2(f-p,r)_w \\ &\ge \|f-p\|_{2,w}^2 + 2(f-p,r)_w\end{aligned} \tag{6.41}$$

と計算できる．したがって，$p$ が $f$ の最小自乗近似多項式であるための必要十分条件が，

$$(f-p,r)_w = 0 \qquad (r \in \mathcal{P}_n) \tag{6.42}$$

であることがわかる．ここで，$\{\varphi_1,\ldots,\varphi_{n+1}\}$ を $\mathcal{P}_n$ の基底として，$p(x) = c_1\varphi_1(x) + \cdots + c_{n+1}\varphi_{n+1}(x)$ と仮定する．$n+1$ 個の係数 $c_1,\ldots,c_{n+1}$ を決めるには，(6.42) で異なる $n+1$ 個の $r$ を代入すればよい．もっとも単純な

選択は，$r = \varphi_i$ $(i = 1, \ldots, n+1)$ とすることである；

$$(f, \varphi_i)_w = (p, \varphi_i)_w = \sum_{j=1}^{n+1} c_j (\varphi_j, \varphi_i)_w \qquad (j = 1, \ldots, n+1). \tag{6.43}$$

すなわち，$A = ((\varphi_j, \varphi_i)_w) \in \mathbb{R}^{(n+1)\times(n+1)}$，$\boldsymbol{c} = (c_i) \in \mathbb{R}^{n+1}$，$\boldsymbol{f} = ((f, \phi_i)_w) \in \mathbb{R}^{n+1}$ と定義して，連立一次方程式 $A\boldsymbol{c} = \boldsymbol{f}$ を解けばよい．これをまとめると，次のようになる．

**定理 6.4.1（最小自乗多項式）** $\{\varphi_n\}_{n\geq 0}$ を $\mathcal{P}_n$ の基底とする．$f \in C^0[a,b]$ に対して，$\boldsymbol{c} = (c_i) \in \mathbb{R}^{n+1}$ を式 (6.43) の連立一次方程式 $A\boldsymbol{c} = \boldsymbol{f}$ の解とする．このとき，

$$p(x) = \sum_{i=0}^{n} c_i \varphi_i(x)$$

は $f$ の唯一の最小自乗近似多項式となる． □

**【例 6.4.2】** $f \in C^0[0,1]$ に対して，最小自乗多項式を具体的に求めてみよう．$w \equiv 1$ の場合を考える．$\mathcal{P}_n$ の基底として，$\{1, x, \ldots, x^n\}$ をとる．すなわち，$\varphi_k(x) = x^{k-1}$ とする．$(\varphi_j, \varphi_i)_w = 1/(i+j-1)$ と計算できるので，このときの係数行列 $A$ は，例 3.4.5 で導入したヒルベルト行列 $H_n$ に他ならない．したがって，係数を求める際に，条件数の大きな方程式を解くことになるので，実際の計算では推奨されない． □

この例が示唆するように，最小自乗近似多項式を具体的に構成する際には，基底の取り方を工夫する必要がある．この点についての考察は次節でくわしく行うことにして，本節の残りでは，三角関数の空間における最小自乗近似を考察する．

$\mathcal{T}_n = \mathrm{span}\,\{1, \cos x, \sin x, \ldots, \cos nx, \sin nx\}$ は，$C^0_{\mathrm{per}}[-\pi, \pi]$ の有限次元部分空間なので，任意の $f \in C^0_{\mathrm{per}}[-\pi, \pi]$ に対して，

$$\|f - f_n\|_2 \leq \|f - v\|_2 \qquad (v \in \mathcal{T}_n) \tag{6.44}$$

を満たす $f_n \in \mathcal{T}_n$，すなわち，$f$ の $\mathcal{T}_n$ における最良近似が存在する（注意 6.3.3）．ただし，

$$\|u\|_2 = \|u\|_{L^2(-\pi,\pi)} = \sqrt{(u,u)}, \quad (u,v) = \int_{-\pi}^{\pi} u(x)v(x)\,dx$$

としている．$f$ から $f_n$ への対応を $F_n$ と書くことにしよう；$f_n(x) = (F_n f)(x)$. 最小自乗近似多項式の場合と同じように，$F_n f$ は，次のように特徴づけられる；

$$(f - F_n f, v) = 0 \qquad (v \in \mathcal{T}_n). \tag{6.45}$$

ここで，

$$f_n(x) = (F_n f)(x) = \frac{1}{2}a_0 + \sum_{k=1}^{n}(a_k \cos kx + b_k \sin kx) \tag{6.46}$$

の形を仮定して，係数 $\{a_k\}_{k=0}^n$，$\{b_k\}_{k=1}^n$ を具体的に計算してみよう（$a_0$ の係数 1/2 は後の表記の便宜のために付けただけであり，本質的ではない）．そのために，(6.45) において，$v(x) = \cos mx$ $(m \geq 0)$，そして $v(x) = \sin mx$ $(m \geq 1)$ を代入して，三角関数の直交性（問題 6.4.13）を利用すると，

$$a_k = \frac{1}{\pi}\int_{-\pi}^{\pi} f(x)\cos kx\,dx, \qquad b_k = \frac{1}{\pi}\int_{-\pi}^{\pi} f(x)\sin kx\,dx$$

を得る．すなわち，$F_n f$ は $f$ の**フーリエ**（Fourier）**級数展開**

$$f(x) = \frac{1}{2}a_0 + \sum_{k=1}^{\infty}(a_k \cos kx + b_k \sin kx) \tag{6.47}$$

の（第 $n$ 項までの）部分和に他ならない．

**注意 6.4.3** $f \in C^1_{\mathrm{per}}[-\pi,\pi]$ ならば，部分和 $(F_n f)(x)$ は，$f(x)$ に一様収束する．すなわち，$\|f - F_n f\|_\infty \to 0$ $(n \to \infty)$ が成り立つことが知られている．これが，フーリエ級数展開 (6.47) における等号の正確な意味である． □

最小自乗近似に関する上記の議論では，(6.42) や (6.45)，すなわち内積の存在が本質的である．したがって，次のような定義を導入するのは自然であろう．

**定義 6.4.4**（**内積と内積空間**） 線形空間 $V$ に対して，写像 $(\cdot,\cdot) = (\cdot,\cdot)_V : V \times V \to \mathbb{R}$ が，次の 3 つの条件を満たすとき，$(\cdot,\cdot)$ を $V$ の**内積**と呼ぶ．

(1) $(u,u) \geq 0$ $(u, v \in V)$. $(u,u) = 0$ ならば $u = 0$.

(2) $(u,v)=(v,u) \quad (u,v\in V)$.

(3) $(\alpha u+\beta v,w)=\alpha(u,w)+\beta(v,w) \quad (u,v,w\in V,\ \alpha,\beta\in\mathbb{R})$.

内積を備えた線形空間を**内積空間**と呼ぶ．□

$(\cdot,\cdot)_w$ は $C^0[a,b]$ に内積を定義する．したがって，$C^0[a,b]$ は内積 $(\cdot,\cdot)_w$ を備えた内積空間である．

**命題 6.4.5**（シュワルツの不等式）　内積空間 $V$ において，

$$|(u,v)_V|\le\|u\|_V\|v\|_V \qquad (u,v\in V)$$

が成り立つ．ただし，$\|u\|_V=\sqrt{(u,u)_V}$ としている．□

**証明**　ベクトルの場合（問題 2.2.6）と同様である．■

**命題 6.4.6**　内積 $(\cdot,\cdot)_V$ を備えた内積空間 $V$ には，$\|\cdot\|_V=\sqrt{(\cdot,\cdot)_V}$ によりノルムが定義でき，とくに，$V$ はノルム空間となる．□

**証明**　正値性と同値性は，内積の定義 (1)，(2)，(3) よりただちにわかる．三角不等式を示す．$u,v\in V$ とする．(2) とシュワルツの不等式（命題 6.4.5）を用いて，$\|u+v\|_V^2=(u+v,u+v)_V=\|u\|_V^2+2(u,v)_V+\|v\|_V^2\le\|u\|_V^2+2\|u\|_V\|v\|_V+\|v\|_V^2=(\|u\|_V+\|v\|_V)^2$．これより，$\|u+v\|_V\le\|u\|_V+\|v\|_V$．■

**定義 6.4.7**（直交性と正射影）　$V$ を内積空間とする．$u,v\in V$ が，

$$(u,v)_V=0,\quad u\ne 0,\ v\ne 0$$

を満たすとき，$u$ と $v$ は**直交する**という．$M$ を $V$ の部分集合とする．$u\in V$ に対して，

$$(u-Pu,v)_V=0 \qquad (v\in M)$$

を満たす $Pu\in M$ を $u$ の $M$ への**正射影** (projection) という．□

次の定理で述べるように，内積空間において，内積から導かれるノルムに関する最良近似は正射影に他ならない．証明は，注意 6.3.3 や定理 6.4.1 などと同じである．

**定理 6.4.8** 内積空間 $V$ の有限次元部分空間 $M$ に対して，$u \in V$ の $M$ への正射影 $Pu$ が一意的に存在し，

$$\|u - Pu\|_V \leq \|u - v\|_V \qquad (v \in M)$$

を満たす． □

**注意 6.4.9** 定義 6.4.4 で述べた内積は，正確には実線形空間における内積である．複素線形空間 $V$ における内積は，写像 $(\cdot,\cdot)_V : V \times V \to \mathbb{C}$ で，

(1) $(u,u)_V \geq 0 \ \ (u, v \in V)$. $(u,u)_V = 0$ ならば $u = 0$.

(2) $(u,v)_V = \overline{(v,u)_V} \qquad (u, v \in V)$.

(3) $(\alpha u + \beta v, w)_V = \alpha(u,w)_V + \beta(v,w)_V \quad (u,v,w \in V,\ \alpha,\beta \in \mathbb{C})$

を満たすものである． □

**【問題 6.4.10】** 重み付きの内積 $(\cdot,\cdot)_w$ を考え，$p \in \mathcal{P}_n$ を $f \in C^0[a,b]$ の最小自乗多項式とすると，$\|f\|_{2,w}^2 = \|f-p\|_{2,w}^2 + \|p\|_{2,w}^2$ が成り立つことを示せ．

**【問題 6.4.11】** $[a,b] = [0,1]$，$w(x) \equiv 1$ とするとき，$f(x) = x^2$ の $\mathcal{P}_1$ における最小自乗多項式 $p(x)$ を求めよ．また，問題 6.4.10 の等式の成立を確かめよ．

**【問題 6.4.12】** ヒルベルト行列が正定値対称行列であることを示せ．

**【問題 6.4.13】** 次の等式を示せ（三角関数の直交性）．

$$\int_{-\pi}^{\pi} \cos mx \cos kx \; dx = \begin{cases} 2\pi & (k = m = 0), \\ \pi & (k = m \neq 0), \\ 0 & (k \neq m), \end{cases}$$

$$\int_{-\pi}^{\pi} \sin mx \sin kx \; dx = \begin{cases} \pi & (k = m \neq 0), \\ 0 & (k \neq m) \end{cases}, \quad \int_{-\pi}^{\pi} \cos mx \sin kx \; dx = 0.$$

【問題 6.4.14】 $C^0[0,\pi]$ から $\mathcal{CT}$ への正射影を求めよ．$C^0_{\mathrm{bdy}}[0,\pi]$ から $\mathcal{ST}$ への正射影を求めよ．

【問題 6.4.15】 $f \in C^0[-\pi,\pi]$ が，ベッセル (Bessel) の不等式 $\frac{1}{2}a_0^2+\sum_{n=1}^{\infty}(a_k^2+b_k^2) \le \|f\|_2^2$ を満たすことを示せ．

【問題 6.4.16】 内積空間 $V$ において，

$$(u,v)_V = \frac{1}{4}\left(\|u+v\|_V^2 - \|u-v\|_V^2\right),$$

$$\|u+v\|_V^2 + \|u-v\|_V^2 = 2(\|u\|_V^2 + \|v\|_V^2)$$

が成り立つことを示せ．

【問題 6.4.17】 $\|\cdot\|_{2,w}$ が (6.33) を満たすことを示せ．

## 6.5　直交多項式

再び，(6.39) を満たす重み関数 $w \in C^0(a,b)$ に対する重み付き $L^2$ 内積と $L^2$ ノルム (6.40) を導入して，最小自乗多項式近似 $p \in \mathcal{P}_n$ を考察する．$p$ を表現するには，連立一次方程式 (6.43) を解かねばならなかった．しかし，例 6.4.2 で指摘したように，このとき，$\mathcal{P}_n$ の基底として $\{1,x,x^2,\ldots\}$ を選ぶことは適切でない．一方で，この連立一次方程式の係数行列が対角行列であれば，方程式を解くことは容易になる．そのためには，$\mathcal{P}_n$ の基底 $\{\varphi_n\}_{n\ge 0}$ が，$(\varphi_n,\varphi_m)_w = 0\ (i \ne j)$ を満たせばよい．そこで，次のように定義する．

**定義 6.5.1**（**直交多項式** (orthogonal polynomial) **系**）　多項式の列 $\{\phi_n\}_{n\ge 0}$ が（重み関数 $w$ に対する）**直交多項式系**であるとは，各 $n \ge 0$ について，$\phi_n \in \mathcal{P}_n$，$(\phi_n,\phi_m)_w = 0\ (m \ne n)$ かつ $(\phi_n,\phi_n)_w > 0$ が成り立つことである．ただし，$\phi_0$ は非零の定数関数とする．　□

任意の重み関数 $w$ に対して，直交多項式系は確かに存在する．たとえば，まず，$\phi_0(x) = 1$ と定義して，$\phi_1,\phi_2,\ldots$ を次のように帰納的に構成すればよい．多項式の列 $\{\phi_n\}_{k=0}^{n}$ で，各 $\phi_k$ は $k$ 次多項式であり $(\phi_k,\phi_m) = 0$ $(0 \le k,m \le n,\ k \ne m)$ を満たすようなものが得られていると仮定しよう．

このとき，

$$q(x) = x^{n+1} - \sum_{j=0}^{n} a_j \phi_j(x), \qquad a_j = \frac{\displaystyle\int_a^b x^{n+1}\phi_j(x)w(x)\,dx}{\displaystyle\int_a^b \phi_j(x)^2 w(x)\,dx}$$

と定義する．$q$ は $n+1$ 次多項式であり，$0 \le k \le n$ に対して，

$$\begin{aligned}
&\int_a^b q(x)\phi_k(x)w(x)\,dx \\
&= \int_a^b x^{n+1}\phi_k(x)w(x)\,dx - \sum_{j=0}^{n} a_j \int_a^b \phi_j(x)\phi_k(x)w(x)\,dx \\
&= \int_a^b x^{n+1}\phi_k(x)w(x)\,dx - a_i \int_a^b \phi_k(x)^2 w(x)\,dx = 0
\end{aligned}$$

となるので，$\{\phi_0, \ldots, \phi_n, q\}$ も要請される性質をすべて満たす．

この定義の下で，前節の結果をまとめると次のようになる．

**定理 6.5.2（直交多項式展開）** $\{\phi_n\}_{n\ge0}$ を，重み関数 $w$ に対する直交多項式系とする．このとき，$f \in C^0[a,b]$ に対して，

$$p(x) = \sum_{i=0}^{n} \alpha_i \phi_i(x), \qquad \alpha_i = (f, \phi_i)_w \quad (i = 0, \ldots, n)$$

と定義すると，これは，$f$ の $\mathcal{P}_n$ への正射影，すなわち，$f$ の最小自乗近似多項式となる． □

以下しばらく，$\{\phi_n\}_{n\ge0}$ を（重み関数 $w$ に対する）直交多項式系としよう．

**命題 6.5.3** 任意の $n$ 次多項式は $\{\phi_k\}_{k=0}^{n}$ の一次結合で表現できる． □

**証明** 帰納法で示す．$n = 0$ のときは明らか．$n-1$ のとき成立，すなわち，任意の $n-1$ 次多項式は $\{\phi_k\}_{i=0}^{n-1}$ の一次結合で書けることを仮定する．このとき，$\phi_n(x) = b_0 + b_1 x + \cdots + b_n x^n$，$b_n \ne 0$ とおくと

$$x^n = \frac{1}{b_n}\left(\phi_n(x) - \sum_{i=0}^{n-1} b_i x^i\right).$$

任意の $n$ 次多項式を $q(x) = a_0 + a_1 x + \cdots + a_n x^n$，$a_n \neq 0$ として，上の $x^n$ の表現を代入すると，

$$q(x) = \sum_{i=0}^{n-1} a_i x^i + \frac{a_n}{b_n}\left(\phi_n(x) - \sum_{i=0}^{n-1} b_i x^i\right) = \sum_{i=0}^{n-1}\left(a_i - \frac{a_n}{b_n} b_i\right) x^i + \frac{a_n}{b_n}\phi_n(x)$$

となる．最右辺の第 1 項は $n-1$ 次の多項式なので，帰納法の仮定により $\{\phi_k\}_{i=0}^{n-1}$ の一次結合で書けている．よって，$q(x)$ は $\{\phi_i\}_{i=0}^{n}$ の一次結合で書けている． ■

**命題 6.5.4**　$k < n$，$q \in \mathcal{P}_k$ ならば，$(\phi_n, q)_w = 0$. □

**証明**　$k < n$ とする．命題 6.5.3 より，$q(x) = c_0\phi_0(x) + \cdots + c_k\phi_k(x)$ と書けているので，$(\phi_n, q) = \sum_{i=0}^{k} c_i(\phi_n, \phi_i) = 0$ となる． ■

**命題 6.5.5**　$\{\phi_n\}_{n\geq 0}$ と $\{\hat{\phi}_n\}_{n\geq 0}$ を直交多項式系とする．このとき, 各 $\phi_n, \hat{\phi}_n$ は，定数倍の不定さを除けば一意である．すなわち，$\phi_n = \lambda_n\hat{\phi}_n$ を満たす定数 $\lambda_n$ が存在する． □

**証明**　$\phi_n(x) = a_n x^n + \cdots$ および $\hat{\phi}_n(x) = b_n x^n + \cdots$ と書く．ただし, $a_n, b_n \neq 0$ である．このとき，$q(x) = \frac{1}{a_n}\phi_n(x) - \frac{1}{b_n}\hat{\phi}_n(x)$ と定義すると，これは $n-1$ 次（以下）の多項式なので，命題 6.5.4 より，

$$(q, q)_w = \left(q,\ \frac{1}{a_n}\phi_n - \frac{1}{b_n}\hat{\phi}_n\right)_w = \frac{1}{a_n}(q, \phi_n)_w - \frac{1}{b_n}(q, \hat{\phi}_n)_w = 0.$$

すなわち，$q = 0$ を得るが，これは，$\phi_n = (a_n/b_n)\hat{\phi}_n$ を意味する． ■

**命題 6.5.6**　$n \geq 1$ に対して，方程式 $\phi_n(x) = 0$ は $(a, b)$ 内に相異なる $n$ 個の根をもつ． □

**証明**　$n \geq 1$ とする．$\phi_0(x) = \lambda(\neq 0)$ とする．このとき，

$$(\phi_n, \phi_0)_w = \lambda\int_a^b \phi_n(x)w(x)\,dx = 0.$$

これと，$w(x) > 0$ より，$\phi_n(x)$ は $(a,b)$ 内で少なくとも一度は符号が変化する．この符号変化を起こす点を $x_1,\ldots,x_k$ $(1 \le k \le n)$ とする．ここで，$q(x) = (x-x_1)(x-x_2)\cdots(x-x_k)$ とおくと，$\phi_n(x)q(x)$ は $(a,b)$ 上で定符号なので，

$$(\phi_n, q)_w = \int_a^b \phi_n(x)q(x)w(x)\,dx \neq 0$$

となる．$q$ は $k$ 次多項式だから，$1 \le k < n$ とすると，命題 6.5.4 より，$(\phi_n, q)_w = 0$ とならねばならず矛盾する．したがって，$k = n$．これは，方程式 $\phi_n(x) = 0$ が $(a,b)$ 内に相異なる $n$ 個の根をもつことを意味している． ■

**注意 6.5.7** 任意の $n-1$ 次以下の多項式 $q$ に対して，$(p,q)_w = 0$ を満たす $n$ 次多項式 $p$ を $n$ **次直交多項式**という．直交多項式系 $\{\phi_n\}_{n\ge 0}$ について，各 $\phi_n$ は $n$ 次直交多項式である． □

直交多項式系の具体例を与える．

**【例 6.5.8】** 例 6.3.10 で考察したチェビシェフ多項式系 $\{T_n(x)\}_{k\ge 0}$ は，$-1 < x < 1$ において重み関数 $w(x) = (1-x^2)^{-\frac{1}{2}}$ に対する直交多項式系をなす．実際，$\theta = \arccos x$ と変数変換することにより，

$$\begin{aligned}\int_{-1}^1 T_n(x)T_m(x)\frac{dx}{\sqrt{1-x^2}} &= \int_\pi^0 \cos n\theta \cos m\theta \frac{1}{\sin\theta}(-\sin\theta)\,d\theta \\ &= \begin{cases} 0 & (n \neq m), \\ \pi/2 & (n = m \neq 0), \\ \pi & (n = m = 0) \end{cases}\end{aligned}$$

と計算できる． □

**【例 6.5.9】** ルジャンドル（Legendre）**多項式**は，

$$P_n(x) = \frac{1}{2^n n!}\frac{d^n}{dx^n}(x^2-1)^n$$

で定義される．$(x^2-1)^n$ は $2n$ 次の多項式なので，$P_n(x)$ は $n$ 次の多項式となる．たとえば，$P_0(x) = 1$，$P_1(x) = x$，$P_2(x) = \frac{3}{2}x^2 - \frac{1}{2}$，$P_3(x) = \frac{5}{2}x^3 - \frac{3}{2}x$ など．$P_n(x)$ は，

$$\int_{-1}^1 P_n(x)P_m(x)\,dx = \begin{cases} 0 & (n \neq m), \\ \frac{2}{2n+1} & (n = m) \end{cases}$$

を満たす．すなわち，ルジャンドル多項式系は，$-1 \leq x \leq 1$ において重み関数 $w(x)=1$ に対する直交多項式系をなす．これを確かめるために，

$$\left.\frac{d^{n-s}}{dx^{n-s}}(x^2-1)^n\right|_{x=\pm 1}=0 \qquad (s=1,2,\ldots,n-1)$$

を使う．$m=0,1,\ldots,n-1$ を 1 つ固定して，部分積分を行うと，

$$\begin{aligned}\int_{-1}^{1} x^m P_n(x)\,dx &= \frac{1}{2^n n!}\int_{-1}^{1} x^m \frac{d^n}{dx^n}(x^2-1)^n\,dx \\ &= -\frac{m}{2^n n!}\int_{-1}^{1} x^{m-1}\frac{d^{n+1}}{dx^{n+1}}(x^2-1)^n\,dx = \cdots = 0.\end{aligned}$$

ここで，$n>m$ に対して，$\int_{-1}^{1} P_n(x)P_m(x)\,dx$ を考えると，上の計算により，$P_m(x)$ の各項と $P_n(x)$ の積分が 0 になるのだから，この積分自体が 0 である．したがって，$n \neq m$ の場合が示せた．次に，部分積分を $n$ 回行って，

$$\begin{aligned}\int_{-1}^{1} P_n(x)^2\,dx &= \left(\frac{1}{2^n n!}\right)^2 \int_{-1}^{1}\frac{d^n}{dx^n}(x^2-1)^n \frac{d^n}{dx^n}(x^2-1)^n\,dx \\ &= (-1)^n\left(\frac{1}{2^n n!}\right)^2\int_{-1}^{1}(x^2-1)^n\frac{d^{2n}}{dx^{2n}}(x^2-1)^n\,dx \\ &= \frac{(2n)!}{2^{2n}(n!)^2}\int_{-1}^{1}(1-x^2)^n\,dx. \end{aligned} \tag{6.48}$$

計算を進めるためには，ベータ関数 $B(p,q)$ $(p,q>0)$ とガンマ関数 $\Gamma(s)$ $(s>0)$ が必要になるので復習しておこう．これらは，

$$B(p,q)=\int_0^1 t^{p-1}(1-t)^{q-1}\,dt, \qquad \Gamma(s)=\int_0^{\infty} e^{-t}t^{s-1}\,dt$$

で定義されるものであり，

$$B(p,q)=\frac{\Gamma(p)\Gamma(q)}{\Gamma(p+q)}, \qquad \Gamma(n+1)=n! \quad (n=1,2,\ldots)$$

を満たす．さて，$x=2t-1$ とおいて，(6.48) に戻ると，

$$\int_{-1}^{1} P_n(x)^2\,dx = \frac{2(2n)!}{(n!)^2}\int_0^1 t^n(1-t)^n\,dt = \frac{2(2n)!}{(n!)^2}\frac{[\Gamma(n+1)]^2}{\Gamma(2n+2)} = \frac{2}{2n+1}$$

となり，$n=m$ の場合が示せた． □

ここまでは，有界な閉区間 $[a,b]$ 上で定義された関数のみを扱ってきたが，以上の議論は，登場する積分に意味がある限り，$-\infty<x<\infty$，$0<x<\infty$

などで定義された関数に対しても同様である．

**【例 6.5.10】 エルミート多項式は，**

$$H_n(x) = (-1)^n e^{x^2} \frac{d^n}{dx^n} e^{-x^2}$$

で定義される．この式を微分すると，$\dfrac{d}{dx}H_n(x) = 2xH_n(x) - H_{n+1}(x)$ となるが，これと

$$\frac{d^{n+1}}{dx^{n+1}} e^{-x^2} = \frac{d^n}{dx^n}(-2xe^{-x^2}) = -2x\frac{d^n}{dx^n}e^{-x^2} - 2n\frac{d^{n-1}}{dx^{n-1}}e^{-x^2}$$

より漸化式

$$H_{n+1}(x) = 2xH_n(x) - 2nH_{n-1}(x) \qquad (n \geq 1)$$

を得る．$H_0(x) = 1$，$H_1(x) = 2x$ なので，$H_n(x)$ は確かに $n$ 次の多項式であり，$x^n$ の係数は $2^n$ となる．エルミート多項式系は，$-\infty < x < \infty$ において重み関数 $w(x) = e^{-x^2}$ に対する直交多項式系をなす．実際，

$$\int_{-\infty}^{\infty} H_n(x)H_m(x)e^{-x^2}\,dx = \begin{cases} 0 & (n \neq m), \\ \sqrt{\pi}\ 2^n n! & (n = m) \end{cases} \tag{6.49}$$

が成り立つ（問題 6.5.13）． □

**【例 6.5.11】 ラゲール（Laguerre）多項式は，**

$$\begin{aligned} L_n(x) &= e^x \frac{d^n}{dx^n}(e^{-x}x^n) \\ &= (-1)^n \left[x^n - \frac{n^2}{1}x^{n-1} + \frac{n^2(n-1)^2}{2!}x^{n-2} + \cdots + (-1)^n n!\right] \end{aligned}$$

で定義される．直交性については，

$$\int_0^{\infty} L_n(x)L_m(x)e^{-x}\,dx = \begin{cases} 0 & (n \neq m), \\ (n!)^2 & (n = m) \end{cases} \tag{6.50}$$

が成り立つ（問題 6.5.14）．すなわち，ラゲール多項式系は，$0 \leq x < \infty$ において重み関数 $w(x) = e^{-x}$ に対する直交多項式系をなす． □

**【問題 6.5.12】** 区間 $[0,1]$ において，重み関数 $w(x)=1$ に対する直交多項式系 $\{\varphi_0(x),\ldots,\varphi_3(x)\}$ を具体的に決定せよ．ただし，最高次の項の係数はすべて 1 とする．

**【問題 6.5.13】** (6.49) を示せ．

**【問題 6.5.14】** (6.50) を示せ．

# 第7章 補間と積分

平面内に相異なる $n+1$ 個の点 $(x_0, y_0), \ldots, (x_n, y_n)$ があるとき，これらの数字の組がすべて $y_i = f(x_i)$ という関数の関係にあることを仮定して，関数 $f(x)$ を推定し，新しい点 $\hat{x}$ における $f(\hat{x})$ 値を求めたいことは多い．本章では，すべての $(x_0, y_0), \ldots, (x_n, y_n)$ を通る多項式を構成する方法，すなわち，多項式補間の問題を考える．多項式補間の問題は，定積分の近似値を求める際にも重要である．本章では，$[a, b]$ 上の実数値関数 $f(x)$ の定積分

$$Q(f) = \int_a^b f(x)\ dx \quad \text{あるいは} \quad Q_w(f) = \int_a^b f(x)w(x)\ dx$$

の値を近似的に求める方法も考察する．なお，$Q$ という記号は，数値積分を意味する “quadrature” からとった．これは，与えられた曲線と $x$ 軸（のある範囲）が囲む部分の面積と同じ面積の正方形をつくる問題を “quadrature” と呼んでいたことの名残である．

## 7.1 補間多項式

平面内に相異なる $n+1$ 個の点 $(x_0, y_0), \ldots, (x_n, y_n)$ があるとする．このとき，$n$ 次の多項式 $p_n(x)$ で，これらすべての点を通過するようなものを求めたい．すなわち，**補間条件** $y_i = p_n(x_i)$ $(i = 0, 1, \ldots, n)$ を満たすように，$p_n(x)$ の各項の係数を求めるのである．それには，$p_n(x) = c_0 + c_1 x + \cdots + c_n x^n$ とおいて，係数 $\{c_i\}$ を，連立一次方程式

$$\underbrace{\begin{pmatrix} 1 & x_0 & x_0^2 & \cdots & x_0^n \\ 1 & x_1 & x_1^2 & \cdots & x_1^n \\ \vdots & \vdots & \vdots & \ddots & \vdots \\ 1 & x_n & x_n^2 & \cdots & x_n^n \end{pmatrix}}_{=V} \begin{pmatrix} c_0 \\ c_1 \\ \vdots \\ c_n \end{pmatrix} = \begin{pmatrix} y_0 \\ y_1 \\ \vdots \\ y_n \end{pmatrix} \tag{7.1}$$

を解いて求めればよい．実際，係数行列 $V$ はファンデルモンド (Vandermonde) 行列と呼ばれ，その行列式は $\det V = \prod_{i>k}(x_i - x_k)$ となることが知られている（ファンデルモンドの行列式．問題 7.1.9）．したがって，$x_0, \ldots, x_n$ がすべて相異なるという仮定の下で，$\det V \neq 0$ となり，上記の連立一次方程式には一意な解が存在する．すなわち，このとき，補間条件を満たす $n$ 次多項式 $p_n(x)$ は確かに存在するのである．このような $p_n(x)$ を，補間データ $(x_i, y_i)$ $(i = 0, \ldots, n)$ に関する $n$ 次の**ラグランジュ補間多項式** (Lagrange interpolation) と呼ぶ．あるいは，先に $f(x)$ の存在を仮定して，補間条件

$$p_n(x_i) = f(x_i) \qquad (i = 0, \ldots, n)$$

を満たす $n$ 次多項式 $p_n(x)$ を考えることもできる．この $\{x_i\}$ を**標本点**，そして多項式を，標本点 $\{x_i\}$ に関する $f(x)$ の $n$ 次のラグランジュ補間多項式と呼ぶ．なお，ラグランジュ補間多項式は，存在するならば一意である．実際，$p_n$ と $q_n$ が，ともにラグランジュ補間多項式であったとしよう；$p_n(x_i) = f(x_i)$, $q_n(x_i) = f(x_i)$ $(i = 0, \ldots, n)$．このとき，$r(x) = p_n(x) - q_n(x)$ は $n$ 次以下の多項式で，$n+1$ 個の点 $\{x_i\}$ で 0 となる．したがって，$r \equiv 0$ であり，これは，$p_n \equiv q_n$ を意味する．

次に，$p_n(x)$ の表現を具体的に求めてみよう．そのためには，連立一次方程式 (7.1) を解いて，係数 $\{c_i\}$ を求めればよいのだが，一般に，$V$ の条件数はとても大きくなり，この方法で $p_n(x)$ の具体的な形を決定するのは，（理論的には価値があるが）現実的でない．たとえば，$x_0 = 1$，$x_1 = 1.01$，$x_2 = 1.02$ とすると，

$$V = \begin{pmatrix} 1 & 1 & 1 \\ 1 & 1.01 & 1.0001 \\ 1 & 1.02 & 1.0402 \end{pmatrix}$$

であるが，このときの 1 ノルムに基づく条件数を求めてみると $\mathrm{cond}_1(V) = 1.236\cdots \times 10^5$ となってしまう．一意性はわかっているのだから，$n$ 次多項式を求めるからといって，$c_0 + c_1 x + \cdots + c_n x^n$ の形にこだわる必要はない．次のように記号を定めよう．

$$F_n(x) = (x - x_0)(x - x_1)\cdots(x - x_n) = \prod_{k=0}^{n}(x - x_k), \tag{7.2}$$

$$L_i(x) = \frac{F_n(x)}{(x-x_i)F_n'(x_i)} = \prod_{\substack{k=0\\k\neq i}}^{n} \frac{x-x_k}{x_i-x_k} \qquad (i=0,\ldots,n). \tag{7.3}$$

明らかに，$L_i(x)$ は $n$ 次多項式であり，さらに，

$$L_i(x_j) = \begin{cases} 1 & (i=j) \\ 0 & (i\neq j) \end{cases} \qquad (i,j=0,\ldots,n)$$

を満たす．したがって，

$$p_n(x) = \sum_{i=0}^{n} f(x_i)L_i(x)$$

は，求めるべき $n$ 次のラグランジュ補間多項式である（このような補間多項式の表現を**ラグランジュの表現**という）．

**定理 7.1.1**　$f \in C^{n+1}[a,b]$ とする．標本点 $\{x_i\}_{i=0}^{n}$，$x_i \neq x_j$ $(i\neq j)$ に関する $f(x)$ の $n$ 次のラグランジュ補間多項式を $p_n(x)$ とする．ただし，$a \le x_i \le b$ $(i=0,\ldots,n)$ を仮定する．このとき，任意の $x\in[a,b]$ に対して，

$$f(x) - p_n(x) = \frac{f^{(n+1)}(\xi_x)}{(n+1)!}F_n(x) \tag{7.4}$$

を満たすような $\xi_x$ が，

$$x_m = \min\{x, x_0, \ldots, x_n\} < \xi_x < x_M = \max\{x, x_0, \ldots, x_n\} \tag{7.5}$$

の範囲に存在する（$\xi_x$ が $x$ の選び方に依存することに注意すること）．□

**証明**　$x = x_i$ のときは明らかに成立しているので，$x\neq x_i$ の場合を考える．補助的に関数

$$g(t) = f(t) - p_n(t) - \frac{F_n(t)}{F_n(x)}(f(x)-p_n(x))$$

を導入すると，$g(x)=0$，$g(x_i)=0$ $(0\le i\le n)$ を満たす．$\{x_i\}$ と $x$ を順に並べて，$\xi_0^{(0)} < \xi_1^{(0)} < \cdots < \xi_n^{(0)} < \xi_{n+1}^{(0)}$ と番号を付ける．このとき，$g(\xi_i^{(0)})=0$ $(0\le i\le n{+}1)$ なので，ロルの定理（問題 4.1.3）より，各 $i$ に対して，$g'(\xi_i^{(1)})=0$

を満たす $\xi_i^{(1)} \in (\xi_i^{(0)},\, \xi_{i+1}^{(0)})$ が存在する．同様に考えて，$0 \le i \le n-1$ に対して，ロルの定理より，$g^{(2)}(\xi_i^{(2)}) = 0$ を満たす $\xi_i^{(2)} \in (\xi_i^{(1)},\, \xi_{i+1}^{(1)})$ が存在する．これを繰り返すことで，$g^{(n+1)}(\xi) = 0$ を満たす $\xi \in (\xi_0^{(n)},\, \xi_1^{(n)})$ の存在が結論できる．一方で，$p^{(n+1)}(t) = 0$ と $F_n^{(n+1)}(t) = (n+1)!$ より，$g^{(n+1)}(\xi) = 0$ となる．この等式を変形すれば，示すべき (7.4) を得る． ■

**【例 7.1.2】** $f(x) = \dfrac{1}{1+25x^2}$ $(-1 \le x \le 1)$ について，等間隔標本点

$$x_i = -1 + \frac{2}{n}i \quad (i = 0, 1, \ldots, n)$$

に関するラグランジュ補間多項式 $p_n(x)$ を考える．計算結果を図 7.1 に示す．$x = 0$ 付近では，$p_n(x)$ は $f(x)$ の近似となっているが，端点 $x = \pm 1$ 付近で，誤差が大きくなっている．このような現象を**ルンゲ**（Runge）**の現象**という． □

ルンゲの現象は，標本点の取り方を工夫することで回避できる．とくに，

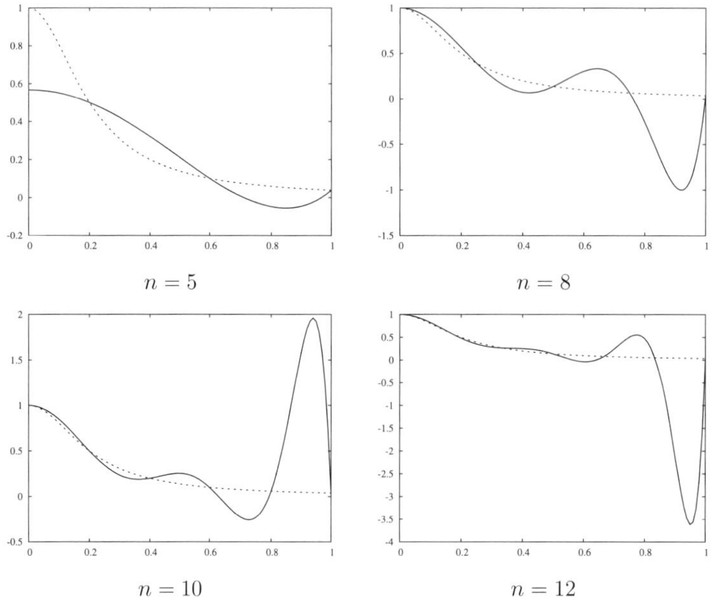

図 7.1 $f(x) = \dfrac{1}{1+25x^2}$（破線）の等間隔標本点 $x_i = -1 + \dfrac{2}{n}i$ $(i = 0, \ldots, n)$ に基づくラグランジュ補間多項式 $p_n(x)$（実線）（例 7.1.2）．対称性により $0 \le x \le 1$ のみ描画．

$[a,b]=[-1,1]$ の場合には，標本点を，(6.34) で定義したチェビシェフ多項式 $T_{n+1}(t)$ の零点

$$t_i=\cos\frac{(i+\frac{1}{2})\pi}{n+1}\qquad(i=0,1,\ldots,n)$$

にするとよい．一般の区間 $[a,b]$ の場合は，1 次関数 $\xi(t)=\frac{1}{2}(b-a)t+\frac{1}{2}(b+a)$ を使って，$x_i=\xi(t_i)$ と定義する．くわしくは，次の定理が成り立つ．

**定理 7.1.3** $f\in C^{n+1}[a,b]$ とする．標本点

$$x_i=\frac{1}{2}(b-a)\cos\frac{(i+\frac{1}{2})\pi}{n+1}+\frac{1}{2}(b+a)\qquad(i=0,1,\ldots,n)\tag{7.6}$$

を考え，この標本点に関する $f(x)$ の $n$ 次ラグランジュ補間多項式を $p_n(x)$ とする．$0<r<1$ を任意に固定して，$2rn_0\geq b-a$ を満たす自然数 $n_0$ を 1 つとり固定する．このとき，

$$\|f-p_n\|_\infty\leq C\|f^{(n+1)}\|_\infty\left(\frac{r}{2}\right)^n\qquad(n\geq n_0)$$

が成り立つ．ただし，$C$ は，$b,a,n_0,r$ に依存して定まる正定数である．したがって，さらに，$\|f^{(n+1)}\|_\infty\leq M'$ を満たす正定数 $M'>0$ が存在すれば，$p_n$ は $f$ に一様収束する． □

**証明** $\{t_i\}$ を上で述べたように，チェビシェフ多項式 $T_{n+1}(t)$ の零点とする．$T_{n+1}(t)$ における $t^{n+1}$ の係数は $2^n$ であった（例 6.3.10）ので，$T_{n+1}(t)=2^n(t-t_0)\cdots(t-t_n)$ と書ける．さて，$\xi(t)$ を上で定めた 1 次関数とする．そして，任意の $x\in[a,b]$ に対して，$x=\xi(t)$ とおくと，

$$\begin{aligned}(x-x_0)\cdots(x-x_n)&=(\xi(t)-\xi(t_0))\cdots(\xi(t)-\xi(t_n))\\&=\left(\frac{b-a}{2}\right)^{n+1}(t-t_0)\cdots(t-t_n)\\&=\left(\frac{b-a}{2}\right)^{n+1}2^{-n}T_{n+1}(t).\end{aligned}$$

したがって，定理 7.1.1 より，$x\in[a,b]$ に対して，

$$|f(x)-p_n(x)|\leq\frac{\|f^{(n+1)}\|_\infty}{(n+1)!}\frac{(b-a)^{n+1}}{2^{n+1}}\cdot\frac{1}{2^n}\cdot|T_{n+1}(t)|$$

$$\le \frac{\|f^{(n+1)}\|_\infty}{2^n} \cdot \frac{b-a}{2(n+1)} \cdots \frac{b-a}{2(n_0+1)} \cdot \frac{b-a}{2n_0} \cdots \frac{b-a}{2\cdot 1} \cdot 1$$
$$\le \frac{\|f^{(n+1)}\|_\infty}{2^n} r^n \underbrace{r^{1-n_0}\left(\frac{b-a}{2}\right)^{n_0}\frac{1}{n_0!}}_{=C}$$

となり，示すべき不等式を得る． ■

**【例 7.1.4】** 例 7.1.2 で扱った $f(x) = \dfrac{1}{1+25x^2}$ $(-1 \le x \le 1)$ を，チェビシェフ多項式の零点 (7.6) を標本点に用いたラグランジュ多項式で補間する．結果は図 7.2 のようになる． □

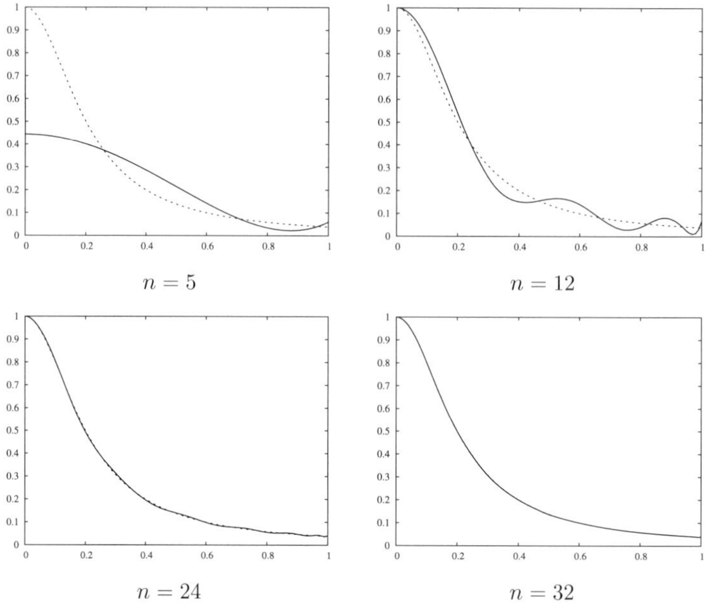

**図 7.2** $f(x) = \dfrac{1}{1+25x^2}$（破線）のチェビシェフ多項式の零点 (7.6) を標本点に用いたラグランジュ補間多項式 $p_n(x)$（実線）（例 7.1.2）．対称性により $0 \le x \le 1$ のみ描画．

さて，ラグランジュ補間多項式は，関数の値のみを補間するものだが，導関数の値も補間の条件に入れた補間多項式も考えることができる．すなわち，補間データ $(x_0, y_0, z_0), \ldots, (x_n, y_n, z_n)$ に対して，補間条件

$$\tilde{p}_{2n+1}(x_i) = y_i, \quad \tilde{p}'_{2n+1}(x_i) = z_i \qquad (i = 0, 1, \ldots, n) \tag{7.7}$$

を満たす $2n+1$ 次の多項式 $\tilde{p}_{2n+1}$ を**エルミート補間多項式** (Hermite interpolation) と呼ぶ．あるいは，先に $f(x)$ の存在を仮定して，補間条件

$$\tilde{p}_{2n+1}(x_i) = f(x_i), \quad \tilde{p}'_{2n+1}(x_i) = f'(x_i) \qquad (i = 0, \ldots, n)$$

を満たす $2n+1$ 次多項式 $\tilde{p}_{2n+1}(x)$ を考えることもできる．この多項式を，標本点 $\{x_i\}$ に関する $f(x)$ の $2n+1$ 次のエルミート補間多項式と呼ぶ．

エルミート補間多項式の存在と一意性は，ラグランジュ補間多項式と同様に証明できるので，さっそく具体的な表現を考えよう．(7.3) で定義した，$L_i(x)$ を用いて，

$$H_i(x) = L_i(x)^2\{1 - 2L'_i(x_i)(x - x_i)\}, \quad K_i(x) = L_i(x)^2(x - x_i)$$

と定義しよう．これらは，ともに $2n+1$ 次の多項式となる．このとき，

$$H_i(x_j) = \begin{cases} 1 & (i = j), \\ 0 & (i \neq j) \end{cases}, \qquad H'_i(x_j) = 0,$$

$$K_i(x_j) = 0, \qquad K'_i(x_j) = \begin{cases} 1 & (i = j), \\ 0 & (i \neq j) \end{cases}$$

が成り立っている．これを用いて，

$$\tilde{p}_{2n+1}(x) = \sum_{i=0}^{n} [y_i H_i(x) + z_i K_i(x)], \quad \sum_{i=0}^{n} \left[f(x_i)H_i(x) + f'(x_i)K_i(x)\right]$$

とすれば，これが求めるエルミート補間多項式となる．次の誤差の表現公式も定理 7.1.1 と同様に示せる（証明は問題 7.1.8）．

**定理 7.1.5** $f \in C^{2n+2}[a,b]$ とする．標本点 $\{x_i\}_{i=0}^n$, $x_i \neq x_j$ $(i \neq j)$ に関する $f(x)$ のエルミート補間多項式を $\tilde{p}_{2n+1}$ とする．このとき，任意の $x \in [a,b]$ に対して，

$$f(x) - \tilde{p}_n(x) = \frac{f^{(2n+2)}(\xi_x)}{(2n+2)!} F_n(x)^2 \qquad (x_m < \xi_x < x_M)$$

が成り立つ．ここで，$\xi_x$ は $x$ に依存する数であり，$x_m$ と $x_M$ は (7.5) で定義したものである． □

**注意 7.1.6** 関数 $f(x) = 1/(1+25x^2)$ $(-1 \le x \le 1)$ に対して，等間隔標本点 $x_i = -1 + (2/n)j$ $(j = 0, \ldots, n)$ によるラグランジュ補間 $p_n(x)$ を適用しても，うまく近似ができないこと，とくに，端点の近くで振動が激しくなることを例 7.1.2 で紹介した．実は，その理由は複素関数論を応用することで説明できる．区間 $[-1, 1]$ を含む領域 $D$ で正則な複素関数 $f(z)$ は，コーシーの積分表示公式により，

$$f(x) = \frac{1}{2\pi i} \oint_C \frac{f(z)}{z - x}\, dz \qquad (x \in [0, 1])$$

と書ける．ただし，$C$ は，$(0, 1)$ を含むような $D$ 内の（正の向きをもつ）閉曲線，$\oint$ は複素周回積分を表す．このとき，さらに，$p_n(x)$ は，

$$p_n(x) = \frac{1}{2\pi i} \oint_C \frac{F_n(z) - F_n(x)}{(z - x)F_n(z)} f(z)\, dz \qquad (x \in [0, 1])$$

と書ける．ただし，$F_n(x) = (x - x_0) \cdots (x - x_n)$ とおいている．実際，$(F_n(z) - F_n(x))/(z - x)$ は $n$ 次の多項式なので，$C$ の内部にある被積分関数の特異点は $F_n(z)$ の零点 $x_0, \ldots, x_n$ のみで，これらはすべて単純極である．したがって，留数定理と留数計算の公式から，上のような表示を得る．これらを合わせて，誤差を次のように表示する：

$$E_n(x) = \frac{1}{2\pi i} \oint_C \Phi_{n,x}(z) f(z)\, dz \quad (x \in (0, 1)).$$

ここで，$\Phi_{n,x}(z) = F_n(x)/[(z - x)F_n(z)]$ は**誤差の特性関数**であり，$x$ と標本点のとり方にのみ依存し，$f(x)$ とは無関係である．この表示より，もし，

$$\lim_{n \to \infty} \|\phi_n\|_\infty = 0, \qquad \phi_n(x) = \max_{z \in C} |\Phi_{n,x}(z)| \tag{7.8}$$

ならば，$\lim_{n \to \infty} \|E_n\|_\infty = 0$ となる．一方で，$z \in \mathbb{C}$ に対して，

$$\lim_{n \to \infty} |\Phi_{n,x}(z)| = 0 \quad (x \text{ について一様収束})$$

となるための，$z$ に関する必要条件が

$$\eta(z) = \frac{1}{4} \left| \frac{(z+1)^{z+1}}{(z-1)^{z-1}} \right| \ge 1,$$

さらに，十分条件が $\eta(z) > 1$ であることが証明できる．これらをまとめると

次のことがわかる．もし，$f(z)$ が $S=\{z\in\mathbb{C}\mid\eta(z)<1\}$ 内に特異点をもたなければ，$S$ を囲むように $D$ と $C$ がとれるから，(7.8) が使えて，このとき，等間隔補間点を用いたラグランジュ補間多項式は，$n\to\infty$ の際に，$f(x)$ に一様に収束する．一方で，特異点が $S$ の内に存在するときには，上記のような $D$ や $C$ をとろうとすると，$C$ はどうしても $S$ を通ってしまい，(7.8) が成立し得なく，収束はしない．ところで，$f(z)=1/(1+25z^2)$ は単純極 $z_\pm=\pm i/5$ をもつが，ともに $z_\pm\in S$ であり，したがって，収束しない．くわしいことは，森[3, §4.10] や森[5, §6.2] を参照してほしい． □

**【問題 7.1.7】** 標本点 $x_0=-1$, $x_1=0$, $x_2=1$ に対する，$f(x)=e^x$ の 2 次ラグランジュ補間多項式 $p_2(x)$ を求めよ．

**【問題 7.1.8】** 定理 7.1.5 を証明せよ．

**【問題 7.1.9】** (7.1) で定義される行列 $V$ の行列式（ファンデルモンドの行列式）が $\det V=\prod_{0\le i<k\le n}(x_i-x_k)$ となることを示せ．

## 7.2　区分的多項式補間

有界な閉区間 $[a,b]$ 上に，標本点

$$a=x_0<x_1<\cdots<x_i<\cdots<x_{m-1}<x_m=b$$

をとる．7.1 節で注意したように，与えられた関数 $f(x)$ を，各標本点で $p(x_i)=f(x_i)$ を満たすように，定義域 $[a,b]$ 全体で 1 つの多項式 $p(x)$ で近似するのは，推奨されない．その代わりに，小区間 $I_i=(x_{i-1},x_i)$, $\bar{I}_i=[x_{i-1},x_i]$ $(i=1,\ldots,m)$ を定義して，各 $\bar{I}_i$ 上で低次の多項式であるような**区分的多項式**で近似することは有用である．本節では，区分的 1 次多項式と区分的 0 次多項式（区分的定数関数）を用いた近似についてくわしく考察する．

$[a,b]$ 上の関数 $f(x)$ に対して，**区分的 1 次多項式補間** (piecewise linear interpolation)$(P_h^1f)(x)$ を，

$$\begin{cases}(P_h^1f)(x)\ \text{は各}\ \bar{I}_i\ \text{上で 1 次多項式,}\\(P_h^1f)(x_i)=f(x_i)\quad(i=0,\ldots,m)\end{cases}\tag{7.9}$$

と定義する．各 $x_i$ で連続なので，$P_h^1f\in C^0[a,b]$ である．より具体的には，

**1 次の基底関数**

$$\lambda_i(x) = \begin{cases} \dfrac{x - x_{i-1}}{h_i} & (x_{i-1} < x \le x_i), \\ \dfrac{x_{i+1} - x}{h_{i+1}} & (x_i < x \le x_{i+1}), \\ 0 & (a \le x \le x_{i-1},\ x_{i+1} < x \le b) \end{cases} \tag{7.10}$$

を用いて,

$$(P_h^1 f)(x) = \sum_{i=0}^{m} f(x_i)\lambda_i(x) \tag{7.11}$$

と表現できる.ただし,$h_i = x_i - x_{i-1}$ と書いている.また,ラグランジュ補間多項式の一意性を各小区間に適用することにより,このような $P_h^1 f$ は一意的に定まることがわかる.図 7.3 に例をあげる.

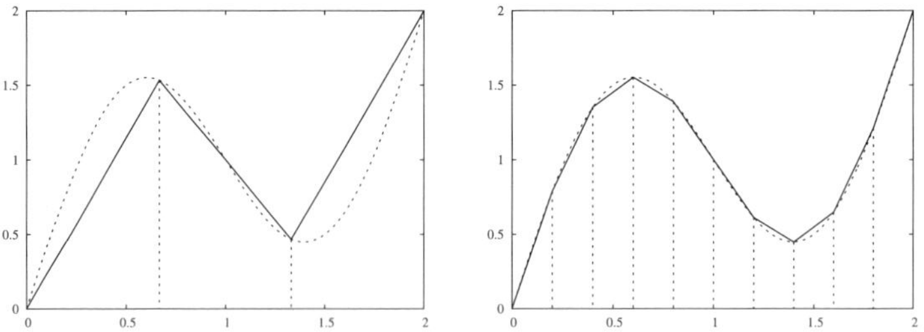

$m = 3$ $m = 10$

**図 7.3** $f(x) = x + \sin \pi x$(破線)の等間隔標本点 $x_i = a + i(b-a)/m$ $(i = 0, \ldots, m)$ に基づく区分的 1 次多項式補間 $(P_h^1 f)(x)$(実線).

さて,$P_h^1 f$ は,$f$ の近似として意味があるだろうか? それを検証するためには,まず,標本点の間隔を細かくしていったとき,すなわち,

$$h = \max_{1 \le i \le m} h_i$$

と定義して,$h \to 0$ としたときに,$f$ に対してどのような仮定をおけば,$P_h^1 f$ が $f$ に収束するか(あるいは,収束しないか),また,それはどのような意味(ノルム)においてか,さらに,収束の挙動はどのようなものか,などを調べる必要がある.これらをまとめて表現したものが,次に述べる定理 7.2.1 である.なお,本節を通じて,$\|f\|_p = \|f\|_{L^p(a,b)}$ と表記する.

**定理 7.2.1** $1 \le p \le \infty$ と $f \in C^2[a,b]$ に対して,

$$\|P_h^1 f - f\|_p \le C_p h^2 \|f''\|_p, \tag{7.12}$$

$$\left( \sum_{i=1}^{m} \|(P_h^1 f)' - f'\|_{L^p(I_i)}^p \right)^{1/p} \le 2C_p h \|f''\|_p \tag{7.13}$$

が成り立つ．ただし,

$$C_p = \begin{cases} 1 & (p=1), \\ \left(\frac{p-1}{2p-1}\right)^{(p-1)/p} & (1 < p < \infty), \\ \frac{1}{2} & (p = \infty) \end{cases}$$

としている．すなわち，任意の $L^p$ ノルムで測ったとき，$P_h^1 f$ の誤差は標本点間隔の最大値 $h$ の自乗に比例して減衰する．一方で，$(P_h^1 f)'$ の誤差は，$h$ に比例して減衰する． □

**証明** $1 < p < \infty$ の場合を考える（$p = 1, \infty$ の場合は問題 7.2.10）．$f_h = P_h^1 f$ とおく．$i = 1, \ldots, m$ に対して，次を示せばよい：

$$\int_{x_{i-1}}^{x_i} |f_h - f|^p \, dx \le C_p^p h_i^{2p} \int_{x_{i-1}}^{x_i} |f''|^p \, dx, \tag{7.14}$$

$$\int_{x_{i-1}}^{x_i} |f_h' - f'|^p dx \le 2^p C_p^p h_i^p \int_{x_{i-1}}^{x_i} |f''|^p \, dx. \tag{7.15}$$

それには，$i$ を 1 つ固定して考えればよいが，表記を簡単にするため，一般性を失うことなく，$i = 1$ の場合のみを考察する．このとき,

$$\lambda_0(x) + \lambda_1(x) = 1, \quad \lambda_0'(x) + \lambda_1'(x) = 0 \qquad (x_0 \le x \le x_1) \tag{7.16}$$

である．まず，$f_0 = f(x_0)$，$f_1 = f(x_1)$ とおくと,

$$f_h(x) = f_0 \lambda_0(x) + f_1 \lambda_1(x) \qquad (x_0 \le x \le x_1) \tag{7.17}$$

と書ける（$\lambda_2(x), \ldots, \lambda_m(x)$ は，$x_0 \le x \le x_1$ では 0 なので表記する必要はない）．次に，テイラーの定理（命題 4.1.2）により,

$$f_0 = f(x) + (x_0 - x) f'(x) + \underbrace{\int_0^1 (1-s)(x_0 - x)^2 f''(x + s(x_0 - x)) \, ds}_{=R_0(x)}, \tag{7.18}$$

$$f_1 = f(x) + (x_1 - x)f'(x) + \underbrace{\int_0^1 (1-s)(x_1-x)^2 f''(x+s(x_1-x))\,ds}_{=R_1(x)} \tag{7.19}$$

を得る．これらと，さらに (7.16) と (7.17) により，$x_0 \le x \le x_1$ のとき，

$$\begin{aligned} f_h(x) - f(x) &= (f_0\lambda_0(x) + f_1\lambda_1(x)) - f(x)(\lambda_0(x)+\lambda_1(x)) \\ &= (f_0 - f(x))\lambda_0(x) + (f_1 - f(x))\lambda_1(x) \\ &= f'(x)\underbrace{[(x_0-x)\lambda_0(x) + (x_1-x)\lambda_1(x)]}_{=0} \\ &\quad + \lambda_0(x)R_0(x) + \lambda_1(x)R_1(x). \end{aligned}$$

したがって，

$$\int_{x_0}^{x_1} |f_h(x) - f(x)|^p\,dx \le \int_{x_0}^{x_1} (\lambda_0(x)|R_0(x)| + \lambda_1(x)|R_1(x)|)^p\,dx$$

となる．あとは，右辺の積分を考えればよい．

ヘルダーの不等式 (6.14) を用いると，

$$\begin{aligned} |R_0(x)| &\le \int_0^1 (1-s)\cdot|x_0-x|^{2-1/p}|x_0-x|^{1/p}|f''(x+s(x_0-x))|\,ds \\ &\le h_1^{2-1/p}\int_0^1 (1-s)\cdot|x_0-x|^{1/p}|f''(x+s(x_0-x))|\,ds \\ &\le h_1^{2-1/p}\left(\int_0^1 (1-s)^{p'}\,ds\right)^{1/p'} \\ &\qquad \cdot\left(\int_0^1 |x_0-x|\cdot|f''(x+s(x_0-x))|^p\,ds\right)^{1/p} \end{aligned}$$

と計算できる．ここで，$t = x + s(x_0 - x)$ と変数変換すると，

$$\begin{aligned} |R_0(x)| &= h_1^{2-1/p}\left(\frac{1}{1+p'}\right)^{1/p'}\left(\int_{x_0}^{x} |x_0-x|\cdot|f''(t)|^p\,\frac{1}{|x_0-x|}dt\right)^{1/p} \\ &= h_1^{2-1/p}C_p\left(\int_{x_0}^{x_1} |f''(t)|^p\,dt\right)^{1/p}. \end{aligned}$$

$R_1(x)$ についても，まったく同様に評価できるので，結局，

$$\int_{x_0}^{x_1} |f_h(x) - f(x)|^p\,dx$$

$$\le \int_{x_0}^{x_1} (\lambda_0(x) + \lambda_1(x))^p \left[ h_1^{2p-1} C_p^p \int_{x_0}^{x_1} |f''(t)|^p \, dt \right] dx$$
$$\le C_p^p h_1^{2p} \int_{x_0}^{x_1} |f''(t)|^p \, dt.$$

すなわち，(7.14) が証明できた．

一方，$(7.18) \cdot \lambda_0'(x) + (7.19) \cdot \lambda_1'(x)$ を計算すると，

$$\underbrace{f_0 \lambda_0'(x) + f_1 \lambda_1'(x)}_{=f_h'} = f(x) \underbrace{[\lambda_0'(x) + \lambda_1'(x)]}_{=0}$$
$$+ f'(x) \underbrace{\left( \frac{x - x_1}{h_1} + \frac{x_0 - x}{h_1} \right)}_{=1} + \lambda_0'(x) R_0(x) + \lambda_1'(x) R_1(x)$$

となる．したがって，さらに，$|\lambda_0'(x)|$, $|\lambda_1'(x)| = 1/h_1$ を使うと，

$$\int_{x_0}^{x_1} |f_h' - f'|^p \, dx \le \int_{x_0}^{x_1} (|\lambda_0'(x)| \cdot |R_0(x)| + |\lambda_1'(x)| \cdot |R_1(x)|)^p \, dx$$
$$\le h_1^{-p} \int_{x_0}^{x_1} (|R_0(x)| + |R_1(x)|)^p \, dx$$
$$\le h_1^{-p} h_1^{2p-1} C_p^p 2^p \int_{x_0}^{x_1} dx \int_{x_0}^{x_1} |f''(t)|^p \, dt$$
$$\le 2^p C_p^p h_1^p \int_{x_0}^{x_1} |f''(t)|^p \, dt.$$

すなわち，(7.15) が証明できた． ■

**注意 7.2.2** $P_h^1 f$ は区分的 1 次関数であり，とくに，各 $x_i$ では，微分係数 $(P_h^1 f)'(x_i)$ が定義できない．したがって，$f \in C^1[a,b]$ であっても，(7.13) の左辺を $\|(P_h^1 f)' - f'\|_p$ の形に書くことはできない．しかしながら，各小区間上では $C^1$ 級なので，積分 $\|(P_h^1 f)' - f'\|_{L^p(I_i)}$ には意味がある． □

**注意 7.2.3** 問題 6.1.30 で考えたノルム $|||\cdot|||_{1,2}$，$|||\cdot|||_{2,2}$ による $C^\infty[a,b]$ の閉包を，それぞれ，$H^1(a,b)$，$H^2(a,b)$ で表す．関数解析学では，これらの空間が，

$$H^1(a,b) = \{f \in L^2(a,b) \mid f' \in L^2(a,b)\},$$
$$H^2(a,b) = \{f \in H^1(a,b) \mid f'' = (f')' \in L^2(a,b)\}$$

に一致することを学ぶ．ここで，$f'$ や $f''$ は，通常の意味での微分ではなく，“一般化された” あるいは “超関数的な” 微分を意味する．正確な定義は，関数解析学，とくに関数空間論の内容となるので，ここでは述べない．しかし，(7.12) と (7.13) は，任意の $f \in H^2(a,b)$ に対して成立し，(7.13) を，

$$\|(P_h^1 f)' - f'\|_2 \le 2C_2 h \|f''\|_2 \qquad (f \in H^2(a,b))$$

と書くことが許される．定理 7.2.1 は，偏微分方程式の数値解法，とくに，有限要素法 (finite element method) の解析において，重要な役割を果たす．また，$H^1(a,b)$ や $H^2(a,b)$ は偏微分方程式の現代的な解析においては，必要不可欠である．収束の速さ，すなわち，$P_h^1 f - f$ の $h$ に対する依存性を知りたいだけならば，いろいろなノルムを考える必然性はないかもしれないが，そこをあえて，任意の $L^p$ ノルムで考えたのには，偏微分方程式への応用を念頭においているのである． □

**注意 7.2.4**　定理 7.2.1 における $C_p$ は，$p$ に関する狭義単調減少関数であり，$C_p \to 1/2$ $(p \to \infty)$ を満たす．とくに，$C_2 = 1/\sqrt{3}$ である．ただし，この定数は最良のものではない．たとえば，$f \in C^2[a,b]$ のとき，

$$\|f - P_h^1 f\|_\infty \le \frac{1}{8} h^2 \|f''\|_\infty \tag{7.20}$$

が成り立つ（問題 7.2.11）． □

**注意 7.2.5**　もし，$f \in C^1[a,b]$ しか仮定できない場合には，

$$\|f - P_h^1 f\|_p \le h \|f'\|_p \tag{7.21}$$

のみしか保証されない（問題 7.2.12）． □

引き続き，$f(x)$ の区分的 0 次多項式補間（区分定数関数補間 (piecewise constant interpolation)）$(P_h^0 f)(x)$ を考察しよう．標本点の中点 $x_{i-1/2} = (x_i + x_{i-1})/2$ を導入して，

$$(P_h^0 f)(x) = f(x_{i-1/2}) \quad (x_{i-1} < x \le x_i,\ i = 1, \ldots, m) \tag{7.22}$$

と定義する（なお，便宜上 $(P_h^0 f)(a) = 0$ としておく）．これは，小区間の特

性関数

$$\chi_i(x) = \begin{cases} 1 & (x_{i-1} < x \leq x_i), \\ 0 & (\text{上記以外の } x) \end{cases} \tag{7.23}$$

を導入することにより，

$$(P_h^0 f)(x) = \sum_{i=0}^{m} f(x_i)\chi_i(x) \tag{7.24}$$

と表現できる．図 7.4 に例をあげる．

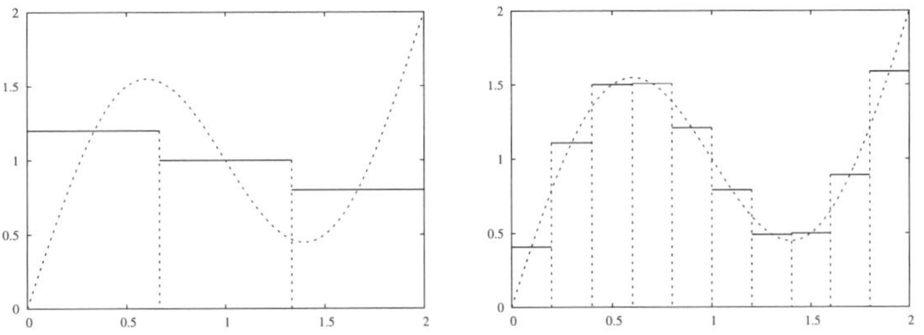


$m = 3$ $\quad$ $m = 10$

**図 7.4** $f(x) = x + \sin \pi x$（破線）の等間隔標本点 $x_i = a + i(b-a)/m$ $(i = 0, \ldots, m)$ に基づく区分的 0 次多項式補間 $(P_h^0 f)(x)$（実線）．

**定理 7.2.6** $1 \leq p \leq \infty$ と $f \in C^1[a,b]$ に対して，

$$\|P_h^0 f - f\|_p \leq \frac{h}{2}\|f'\|_p. \tag{7.25}$$

すなわち，任意の $L^p$ ノルムで測ったとき，$P_h^0 f$ の誤差は標本点間隔の最大値 $h$ に比例して減衰する． □

**証明** $1 < p < \infty$ の場合を考える（$p = 1, \infty$ の場合は問題 7.2.9）．$i = 1, \ldots, m$ に対して，

$$\int_{x_{i-1}}^{x_i} |f(x_{i-1/2}) - f(x)|^p \, dx \leq \left(\frac{h_i}{2}\right)^p \int_{x_{i-1}}^{x_i} |f'(x)|^p \, dx \tag{7.26}$$

を示せばよい．$i$ を 1 つ固定して，$\hat{a} = x_{i-1}$，$\hat{b} = x_i$，$\hat{c} = x_{i-1/2}$，$\hat{h} = h_i/2$

とおく．さらに，$\hat{a} \le x \le \hat{c}$ に対して，テイラーの定理（命題 4.1.2）により，

$$f(\hat{c}) - f(x) = \int_0^1 (\hat{c} - x) f'(x + s(\hat{c} - x))\, ds. \tag{7.27}$$

これより，さらにヘルダーの不等式 (6.14) を用いて，

$$\begin{aligned}
&|f(\hat{c}) - f(x)| \\
&\le \int_0^1 |\hat{c} - x|^{1-1/p} |\hat{c} - x|^{1/p} |f'(x + s(\hat{c} - x))|\, ds \\
&\le \hat{h}^{1-1/p} \int_0^1 |\hat{c} - x|^{1/p} |f'(x + s(\hat{c} - x))|\, ds \\
&\le \hat{h}^{1-1/p} \left( \int_0^1 1^{p'}\, ds \right)^{1/p'} \left( \int_0^1 |\hat{c} - x| \cdot |f'(x + s(\hat{c} - x))|^p\, ds \right)^{1/p}
\end{aligned}$$

と計算できる．ここで，$t = x + s(\hat{c} - x)$ と変数変換すると，

$$\begin{aligned}
\int_0^1 |\hat{c} - x| \cdot |f'(x + s(\hat{c} - x))|^p\, ds &= \int_x^{\hat{c}} |\hat{c} - x| \cdot |f'(t)|^p \frac{1}{|\hat{c} - x|} dt \\
&\le \int_{\hat{a}}^{\hat{c}} |f'(t)|^p\, dt.
\end{aligned}$$

これらを合わせて，

$$\int_{\hat{a}}^{\hat{c}} |f(\hat{c}) - f(x)|^p\, dx \le \hat{h}^{p-1} \int_{\hat{a}}^{\hat{c}} \int_{\hat{a}}^{\hat{c}} |f'(t)|^p\, dt dx \le \hat{h}^p \int_{\hat{a}}^{\hat{c}} |f'(t)|^p\, dt.$$

まったく同様に，

$$\int_{\hat{c}}^{\hat{b}} |f(\hat{c}) - f(x)|^p\, dx \le \hat{h}^p \int_{\hat{c}}^{\hat{b}} |f'(t)|^p\, dt$$

も得られるので，これらを足し合わせて (7.26) を得る． ■

**注意 7.2.7** 定理 7.2.6 は，偏微分方程式の数値解法，とくに，有限体積法 (finite volume method) の解析において，重要な役割を果たす． □

**注意 7.2.8** $f(x)$ の区分的 2 次多項式補間 (piecewise quadratic interpolation) とは，

$$\begin{cases} (P_h^2 f)(x) \text{ は各 } \bar{I}_i \text{ 上で 2 次多項式}, \\ (P_h^2 f)(x_i) = f(x_i) \quad (i = 0, \frac{1}{2}, 1, \frac{3}{2}, \ldots, m - \frac{1}{2}, m) \end{cases}$$

を満たす関数 $(P_h^2 f)(x)$ のことである．仮定 $f \in C^3[a, b]$ の下で，

$$\|P_h^2 f - f\|_p \le C'_p h^3 \|f^{(3)}\|_p,$$

$$\left(\sum_{i=1}^{m} \|(P_h^2 f)' - f'\|_{L^p(I_i)}^p\right)^{1/p} \le 3C'_p h^2 \|f^{(3)}\|_p$$

という誤差評価式が成り立つ．ただし，

$$C'_1 = \frac{1}{2},\ C'_p = \frac{1}{2}\left(\frac{p-1}{3p-1}\right)^{(p-1)/p} \quad (1 < p < \infty), \qquad C'_\infty = \frac{1}{6}$$

としている．証明には，問題 7.2.14 で導く表現を用いる． □

**【問題 7.2.9】** $p = 1, \infty$ の場合について，定理 7.2.6 を示せ．

**【問題 7.2.10】** $p = 1, \infty$ の場合について，定理 7.2.1 を示せ．

**【問題 7.2.11】** (7.4) を用いて (7.20) を示せ．

**【問題 7.2.12】** (7.21) を示せ．

**【問題 7.2.13】** $f \in C^0[0,1]$ に対して，次を示せ．

(i) $\|P_h^1 f\|_\infty \le \|f\|_\infty$.

(ii) $\|f - P_h^1 f\|_\infty \le 2\|f - g\|_\infty$．ただし，$g \in C^0[a,b]$ は，各 $\bar{I}_i$ 上で 1 次多項式であるような任意の関数である．

**【問題 7.2.14】** 注意 7.2.8 で述べた区分的 2 次多項式補間 $P_h^2 f$ を，(7.10) で定義した 1 次基底関数 $\{\lambda_i\}$ を用いて表現せよ．

## 7.3 スプライン補間

前節に引き続き，閉区間 $[a,b]$ 上に，標本点

$$a = x_0 < x_1 < \cdots < x_i < \cdots < x_{m-1} < x_m = b$$

を定義して，小区間 $I_i = (x_{i-1}, x_i)$ と $\bar{I}_i = [x_{i-1}, x_i]$ $(i = 1, \ldots, m)$ を考える．

前節で考察した区分的定数関数補間と区分的 1 次多項式補間は，扱いやすく，収束性も保証されており，便利であるが，一方において，関数自身あるいは導関数が補間点において不連続になってしまい，滑らかな関数の近似を考える際に不利である．そこで，次のような補間を考える．

**定義 7.3.1**（**スプライン (spline) 補間**）　$[a,b]$ 上の関数 $g(x)$ が，$m$ **次のスプライン関数**であるとは，$g \in C^{m-1}[a,b]$，かつ，$g(x)$ の各小閉区間 $\bar{I}_i$ への制限 $g_i = g|_{\bar{I}_i}$ が $m$ 次多項式であるときをいう．さらに，補間条件 $g(x_i) = f(x_i)$ $(i = 0, \ldots, n)$ を満たす $m$ 次のスプライン関数 $g(x) = (S_h^m f)(x)$ を，$f(x)$ の $m$ **次のスプライン補間**と呼ぶ．　□

前節で考察した，区分的 1 次多項式補間は，上の定義によれば，1 次のスプライン補間に他ならない；$(P_h^1 f)(x) = (S_h^1 f)(x)$．スプライン補間の内では，3 次のものがもっともよく用いられるので，本節では，3 次のスプライン補間についてくわしく考察しよう．

まずは，$f(x)$ に対して，その 3 次のスプライン補間 $f_h(x) = (S_h^3 f)(x)$ を具体的に構成しよう（この段階では，$f_h(x)$ の存在と一意性はわかっていないことに注意）．定義により，$f_h(x)$ は次の 4 つの条件を満たす．

$$f_h(x)\ (x \in \bar{I}_i) \text{ は 3 次多項式 } (= p_i(x) \text{ とおく}) \quad (i = 1, \ldots, m), \tag{7.28}$$

$$p_i(x_{i-1}) = f_{i-1}, \quad p_i(x_i) = f_i \quad (i = 1, \ldots, m), \tag{7.29}$$

$$p_i'(x_i) = f'(x_i) \quad (i = 1, \ldots, m-1), \tag{7.30}$$

$$p_i''(x_i) = f''(x_i) \quad (i = 1, \ldots, m-1). \tag{7.31}$$

ただし，$f_i = f(x_i)$ とおいている．したがって，これらを満たすように $m$ 個の 3 次多項式 $\{p_i(x)\}$ を決定すればよい．その際に，$p_i(x) = c_0 + c_1 x + c_2 x^2 + c_3 x^3$ の形を仮定して，$\{c_i\}$ を求めるのが推奨されないことは，7.1 節で述べた通りである．そこで，次のように考える．$f_h''(x)$ は，$[a,b]$ 上で連続で，かつ各小区間上で 1 次多項式である．すなわち，7.2 節で考察した区分的 1 次多項式に他ならない．したがって，$x_i$ における $f_h''(x)$ の値 $s_i$ が既知であると仮定すると，(7.11) より，

$$f_h''(x) = \sum_{i=0}^{m} s_i \lambda_i(x)$$

と書ける．ただし，$\lambda_i(x)$ は，(7.10) で定義した 1 次の基底関数である．とくに，小区間 $\bar{I}_i$ 上では，

$$p_i''(x) = s_{i-1}\lambda_{i-1}(x) + s_i \lambda_i(x) \qquad (i = 1, \ldots, m)$$

の形をしている．これを，$x$ について 2 回続けて積分すると，

$$p_i(x) = u_i - t_i(x_i - x) + s_{i-1}\frac{(x_i - x)^3}{6h_i} + s_i\frac{(x - x_{i-1})^3}{6h_i} \tag{7.32}$$

を得る．ここに，$t_i$ と $u_i$ は積分定数である（なお，符号や定数は後の計算が簡単になるように定義した）．また，$h_i = x_i - x_{i-1}$ と書いている．(7.32) に，$x = x_{i-1}$ と $x = x_i$ を代入すると，

$$u_i - t_i h_i + s_{i-1}\frac{h_i^2}{6} = f_{i-1}, \quad u_i + s_i\frac{h_i^2}{6} = f_i$$

となるから，これより，$t_i$ と $u_i$ は，

$$u_i = f_i - \frac{1}{6}s_i h_i^2, \quad t_i = d_i - \frac{1}{6}(s_i - s_{i-1})h_i \quad (i = 1, \ldots, m) \tag{7.33}$$

で求められることがわかる．ただし，$d_i = (f_i - f_{i-1})/h_i$ とおいている．したがって，後は $\{s_0, \ldots, s_m\}$ を求めればよい．これまでの考察で，条件 (7.28), (7.29)，(7.31) は用いてしまったので，残る手掛かりは (7.30) のみである．いま，

$$\begin{aligned} p_i'(x_i) &= t_i + s_i\frac{h_i}{2} = d_i + \frac{h_i}{6}s_{i-1} + \frac{h_i}{3}s_i, \\ p_{i+1}'(x_i) &= t_{i+1} - s_i\frac{h_{i+1}}{2} = d_{i+1} - \frac{h_{i+1}}{6}s_{i+1} - \frac{h_{i+1}}{3}s_i \end{aligned}$$

なので，(7.30) より，

$$\frac{h_i}{6}s_{i-1} + \frac{h_i + h_{i+1}}{3}s_i + \frac{h_{i+1}}{6}s_{i+1} = d_{i+1} - d_i \quad (i = 1, \ldots, m-1) \tag{7.34}$$

を得る．しかし，$m+1$ 個の未知数 $\{s_0, \ldots, s_m\}$ を求めなければならないのに，方程式は $m-1$ 本しかない．これは，3 次のスプライン補間を一意的に決定するためには，4 つの条件 (7.28)–(7.31) のみでは不足であり，さらに付加的な条件が 2 つ必要であることを意味している．そのためには，端点 $x = a = x_0$，$x = b = x_m$ において境界条件を要請するのが自然であろう．

もっとも単純には，端点において 2 次導関数の値 $\alpha = f''(a)$，$\beta = f''(b)$ が既知であると仮定して，

$$f_h''(a) = s_0 = \alpha, \quad f_h''(b) = s_m = \beta \tag{7.35}$$

を要請する．このとき，(7.34) は，連立一次方程式

$$\begin{pmatrix} q_1 & r_2 & & & \mathbf{0} \\ & \ddots & & & \\ & r_i & q_i & r_{i+1} & \\ & & & \ddots & \\ \mathbf{0} & & & r_{m-1} & q_{m-1} \end{pmatrix} \begin{pmatrix} s_1 \\ \vdots \\ s_i \\ \vdots \\ s_{m-1} \end{pmatrix} = \begin{pmatrix} d_2 - d_1 - r_1\alpha \\ \vdots \\ d_{i+1} - d_i \\ \vdots \\ d_m - d_{m-1} - r_m\beta \end{pmatrix} \tag{7.36}$$

に帰着される．ただし，$q_i = (h_i + h_{i+1})/3$，$r_i = h_i/6$ とおいている．

あるいは，端点において導関数の値 $\alpha' = f'(a)$，$\beta' = f'(b)$ が既知であると仮定して，

$$f_h'(a) = p_1'(a) = \alpha', \quad f_h'(b) = p_m'(b) = \beta' \tag{7.37}$$

を要請することも考えられる．このときには，新たに 2 本の方程式

$$\begin{aligned} p_m'(x_m) &= d_m + \frac{h_m}{6}s_{m-1} + \frac{h_m}{3}s_m = \beta', \\ p_1'(x_0) &= d_1 - \frac{h_1}{6}s_1 - \frac{h_1}{3}s_0 = \alpha' \end{aligned}$$

が加わることになり，(7.34) と合わせて，連立一次方程式

$$\begin{pmatrix} 2r_1 & r_1 & & & \mathbf{0} \\ & \ddots & & & \\ & r_i & q_i & r_{i+1} & \\ & & & \ddots & \\ \mathbf{0} & & & r_m & 2r_m \end{pmatrix} \begin{pmatrix} s_0 \\ \vdots \\ s_i \\ \vdots \\ s_m \end{pmatrix} = \begin{pmatrix} d_1 - \alpha' \\ \vdots \\ d_{i+1} - d_i \\ \vdots \\ \beta' - d_m \end{pmatrix} \tag{7.38}$$

に帰着される．(7.36)，(7.38) はともに，係数行列が狭義優対角な三重対角行列なので，ピボット選択なしのガウスの消去法で解ける（定理 2.4.2，定理 2.5.1）．とくに，問題 2.5.6 で扱った LU 分解が有効である．以上をまとめると，次の定理が示せたことになる．

**定理 7.3.2** $[a,b]$ 上の任意の関数 $f(x)$ に対して，境界条件 (7.35) あるいは (7.37) の下で，3 次のスプライン補間 $f_h(x) = (S_h^3 f)(x)$ が唯一存在する． □

本節のはじめに，区分的 1 次多項式補間は，導関数が補間点において不連続になってしまうので，それを克服するために，スプライン補間を導入すると述べた．実際，3 次のスプライン補間は，2 次の導関数までが連続となる．しかしながら，3 次の導関数は不連続になってしまい，問題を先送りにしただけともいえる．“もっと高次の微係数に不連続性が残るから，小細工という感が強い” 1)のである．とはいえ，3 次のスプライン補間は，次の定理 7.3.3 および注意 7.3.4 で述べるような，ある種の “最小性” をもっており，やはり，有益な補間である．なお，$\|f\|_p = \|f\|_{L^p(a,b)}$ と表記する．

**定理 7.3.3** $f \in C^2[a,b]$ に対して，次のいずれかの境界条件を課した，$f(x)$ の 3 次のスプライン補間を $f_h(x)$ とする．

(i) $\alpha = \beta = 0$ として (7.35).

(ii) $\alpha' = f'(a)$，$\beta' = f'(b)$ として (7.37).

このとき，

$$\|f'' - f_h''\|_2^2 = \|f''\|_2^2 - \|f_h''\|_2^2 \tag{7.39}$$

が成り立つ． □

**証明** 初等的な恒等式 $(p-q)^2 = p^2 - q^2 - 2(p-q)q$ を使うと，

$$\int_a^b [f''(x) - f_h''(x)]^2 \, dx = \int_a^b f''(x)^2 \, dx - \int_a^b f_h''(x)^2 \, dx - 2 \underbrace{\int_a^b [f''(x) - f_h''(x)] f_h''(x) \, dx}_{=R}$$

と変形できる．部分積分と境界条件 (i) あるいは (ii) により，

$$\begin{aligned} R &= \Big[ (f'(x) - f_h'(x)) f_h''(x) \Big]_{x=a}^{x=b} - \int_a^b [f'(x) - f_h'(x)] f_h^{(3)}(x) \, dx \\ &= -\int_a^b [f'(x) - f_h'(x)] f_h^{(3)}(x) \, dx \\ &= -\sum_{i=1}^m f_h^{(3)}(x) \int_{x_{i-1}}^{x_i} [f'(x) - f_h'(x)] \, dx \end{aligned}$$

1) 高橋秀俊，「複素関数論と数値解析」，『京都大学数理解析研究所講究録』，第 253 巻 (1975) 24–37.

$$= -\sum_{i=1}^{m} f_h^{(3)}(x)\Big[f(x) - f_h(x)\Big]_{x=x_{i-1}}^{x=x_i} = 0.$$

ただし，$f_h^{(3)}(x)$ が各小区間上で定数であることを用いた． ■

なお，(i)，(ii) の下でのスプライン補間 $f_h(x)$ を，それぞれ，**自然スプライン補間** (natural spline interpolation)，**完全スプライン補間** (complete spline interpolation) と呼ぶ．例を，図 7.5 と図 7.6 にあげる．

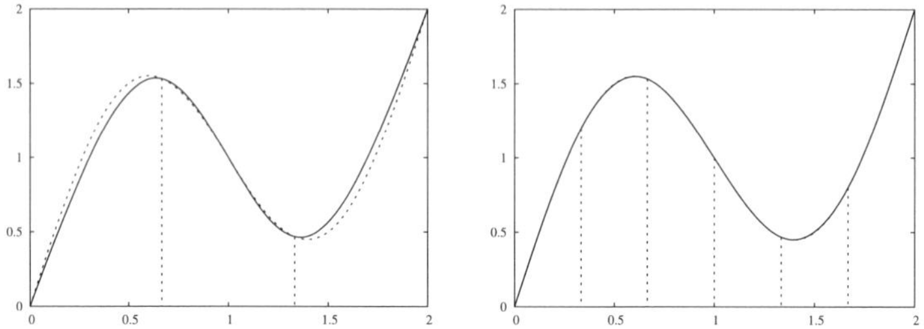


$m=3$　　　$m=6$

図 **7.5**　$f(x) = x + \sin \pi x$（破線）の等間隔標本点 $x_i = a + i(b-a)/m$ $(i = 0, \ldots, m)$ に基づく 3 次の自然スプライン補間 $f_h(x) = (S_h^3 f)(x)$（実線）．

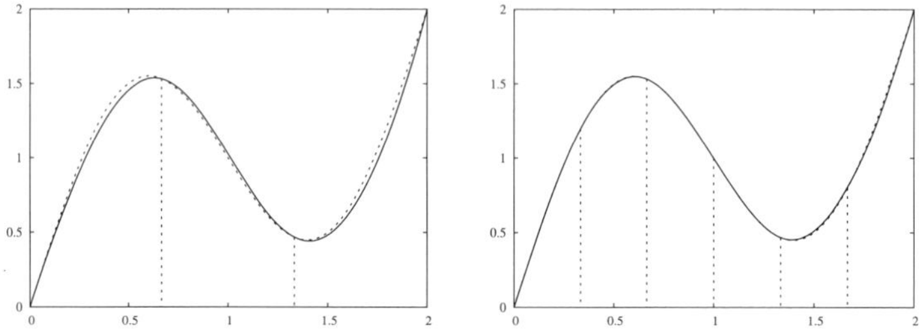


$m=3$　　　$m=6$

図 **7.6**　$f(x) = x + \sin \pi x$（破線）の等間隔標本点 $x_i = a + i(b-a)/m$ $(i = 0, \ldots, m)$ に基づく 3 次の完全スプライン補間 $f_h(x) = (S_h^3 f)(x)$（実線）．

$f \in C^2[a,b]$ に対して，$V = \{g \in C^2[a,b] \mid g(x_i) = f(x_i)\ (i = 0, \ldots, m)\}$ と表す．さらに，$V_c = \{g \in V \mid g'(a) = f'(a), g'(b) = f'(b)\}$ とおく．このとき，定理 7.3.3 より，

$$\text{(i)} \quad \Rightarrow \quad \int_a^b f_h''(x)^2\ dx = \min_{g \in V} \int_a^b g''(x)^2\ dx, \tag{7.40}$$

$$\text{(ii)} \quad \Rightarrow \quad \int_a^b f_h''(x)^2\ dx = \min_{g \in V_c} \int_a^b g''(x)^2\ dx \tag{7.41}$$

が成り立つ．実際，(i) の下では，$f(x)$ の代わりに任意の $g \in V$ を採用しても定理の主張に変わりはないので，(7.39) より，

$$\|g''\|_2^2 - \|f_h''\|_2^2 = \|g'' - f_h''\| \geq 0 \quad (g \in V)$$

が成り立ち，これはすなわち (7.40) を意味する．

**注意 7.3.4** 平面上の $m+1$ 個の点 $(x_0, y_0), \ldots, (x_m, y_m)$ を通る曲線 $y = g(x)$ を描く問題を考える．$x$ における曲線の曲率 (curvature) は，$|g''(x)|/(1 + g'(x)^2)^{3/2}$ で与えられ，$|g'(x)|$ が十分に小さいという仮定の下では，$|g''(x)|$ と近似できる．そこで，$g(x)$ を，曲率の自乗平均

$$E(g) = \int_a^b g(x)^2\ dx$$

が最小になるように求めると，たとえば，付加条件 (i) の下で，その解は $f_h(x)$ となるのである． □

3 次スプライン補間の収束性については，多くの事実が知られている．そのうち，比較的証明が容易なのは次の誤差評価である．

**定理 7.3.5** $f \in C^2[a, b]$ に対して，境界条件 (7.37) の下での 3 次のスプライン補間，すなわち完全スプライン補間を $f_h(x)$ とすると，

$$\|f - f_h\|_\infty \leq \frac{h^{3/2}}{2} \|f''\|_2, \quad \|f' - f_h'\|_\infty \leq h^{1/2} \|f''\|_2 \tag{7.42}$$

が成り立つ．ただし，$h = \max_{1 \leq i \leq m} (x_i - x_{i-1})$ としている． □

**証明** $r(x) = f(x) - f_h(x)$ には，$m+1$ 個の零点 $x_0 < x_1 < \cdots < x_m$ がある．隣り合う 2 つの零点 $x_{i-1}$，$x_i$ について，ロルの定理（問題 4.1.3）により，$r'(y_i) = 0$ を満たす $x_{i-1} < y_i < x_i$ が存在する．$x_{i-1}$ と $x_i$ の距離は $h$ 以下なので，$y_i$ と $y_{i+1}$ の距離は $2h$ 以下となる．ここで，$\|r'\|_\infty = |r(z)|$ とす

る．そして，$z$ にもっとも近い $r'(x)$ の零点を $y_k$ とすると，$|z - y_k| \le h$ である．これと，シュワルツの不等式 (6.14) により，

$$
\begin{aligned}
\|r'\|_\infty^2 = |r'(z) - r'(y_k)|^2 &= \left| \int_{y_k}^{z} 1 \cdot r''(t)\, dt \right|^2 \\
&\le \left| \left( \int_{y_k}^{z} 1^2\, dt \right)^{1/2} \left( \int_{y_k}^{z} r''(t)^2\, dt \right)^{1/2} \right|^2 \\
&\le h \int_{y_k}^{z} r''(t)^2\, dt \le h \|r''\|_2^2.
\end{aligned}
$$

一方で, (7.39) より, $\|r''\|_2 \le \|f''\|_2$ であったので, これらを合わせて, $\|r''\|_\infty^2 \le h\|f''\|_2^2$. すなわち，(7.42) の右側の不等式が示せた．次に，$\|r\|_\infty = |r(x)|$ として，$x$ にもっとも近い $r(x)$ の零点を $x_l$ とすると，$|x - x_l| \le h/2$ となる．したがって，

$$
\|r\|_\infty = \left| \int_{x_l}^{x} r'(t)\, dt \right| \le \|r'\|_\infty \int_{x_l}^{x} dt \le h^{1/2} \|f''\|_2 \cdot \frac{h}{2}
$$

となり，(7.42) の左側の不等式が示せた． ■

**注意 7.3.6**　定理 7.3.5 で述べた誤差評価式 (7.42) は，3 次のスプライン補間の近似能力を端的に示すものではない．実際，$f \in C^4[a, b]$ の仮定の下で，境界条件 (7.37) による 3 次のスプライン補間 $f_h(x)$ は，

$$
\|f^{(k)} - f_h^{(k)}\|_\infty \le C_k h^{4-k} \|f^{(4)}\|_\infty \quad (k = 0, \ldots, 3)
$$

を満たすことが証明できる．ここで，$C_0 = 5/384$，$C_1 = \sqrt{3}/216 + 1/24$，$C_2 = 1/12 + \sigma/4$，$C_3 = 1/2 + \sigma^2/2$，$\sigma = h / \min_{1 \le i \le m} (x_i - x_{i-1})$ である（杉原・室田[14, §9.3]）．ただし，仮定 $f \in C^2[a, b]$ の下での誤差評価としては，(7.42) は，ほぼ最良である． □

**【問題 7.3.7】**　$x_0 = 0$，$x_1 = 1$，$x_2 = 2$，および $f(x) = \sin(\pi x/2)$ について，3 次の自然スプライン補間を具体的に求めよ．

**【問題 7.3.8】**　$f \in C^1[a, b]$ に対して，付加条件 $f_h'(a) = f'(a)$ を満たす 2 次のスプライン補間 $f_h(x) = (S_h^2 f)(x)$ が一意的に存在することを示せ．また，それを具体的に計算するための方法を与えよ．

## 7.4 ニュートン–コーツ積分公式

有界な閉区間 $[a,b]$ 上の実数値関数 $f(x)$ について，定積分

$$Q(f) = \int_a^b f(x)\,dx$$

の値を計算する問題を考える．以下，とくに，断らなければ，$f \in C^0[a,b]$ である．この定積分の存在は明らかだが，値を具体的に計算するためには，$f(x)$ の原始関数が必要となる．しかし，よく知られるように，原始関数を初等関数などで具体的に表現することは，ごく特殊な例（高等学校や大学初年度の微分積分学の講義では，この特殊な場合のみを扱っている）を除けば，一般には不可能といってよい．そこで，なんらかの近似的な手続きを考えることになる．

$[a,b]$ 上の相異なる $n+1$ 個の点 $x_0, x_1, \ldots, x_n$ を標本点とし，$[a,b]$ 上の関数 $f(x)$ に対する $n$ 次のラグランジュ補間多項式 $p_n(x)$ を考える．$p_n(x)$ は多項式なので，その原始関数はすぐにわかる．したがって，

$$Q(p_n) = \int_a^b p_n(x)\,dx$$

はただちに計算できるので，これを近似公式として採用することができる．この公式は，より具体的には，

$$Q_n(f) = Q(p_n) = \sum_{i=0}^{n} \alpha_i f(x_i), \qquad \alpha_i = \int_a^b L_i(x)\,dx \tag{7.43}$$

の形をしている．$L_i(x)$ は (7.3) で定義した関数である．とくに，等間隔標本点

$$x_i = a + ih \quad (i = 0, \ldots, n), \qquad h = \frac{b-a}{n} \tag{7.44}$$

に基づく公式を**ニュートン–コーツ積分公式** (Newton-Cotes formula) と呼ぶ．このとき，係数 $\alpha_i$ は，$x = a + th$ と変数変換することで，

$$\begin{aligned}\alpha_i &= \int_a^b \prod_{j\neq i} \frac{x - x_j}{x_i - x_j}\,dx = \int_0^n \prod_{j\neq i} \frac{t-j}{i-j} h\,dt \\ &= (-1)^{n-i} \frac{h}{n!} \binom{n}{i} \int_0^n \frac{t(t-1)\cdots(t-n)}{t-i}\,dt \end{aligned} \tag{7.45}$$

と計算できる．なお，等間隔な標本点は，

$$x_i = a + (i+1)h \quad (i = 0, \ldots, n), \qquad h = \frac{b-a}{n+2}, \tag{7.46}$$

ととることもでき，このときは，

$$\alpha_i = (-1)^{n-i} \frac{h}{n!} \binom{n}{i} \int_{-1}^{n+1} \frac{t(t-1)\cdots(t-n)}{t-i}\, dt \tag{7.47}$$

と計算できる．

**定義 7.4.1**（**ニュートン–コーツ積分公式**）　(7.43), (7.44), (7.45) からなる積分公式を $n$ **次の閉型ニュートン–コーツ積分公式**，一方で，(7.43), (7.46), (7.47) からなる積分公式を $n$ **次の開型ニュートン–コーツ積分公式**と呼ぶ．　□

ラグランジュ補間多項式の誤差の表現定理（定理 7.1.1）により，ただちに次の定理がでる．なお，本節を通じて，$\|\cdot\|_p = \|\cdot\|_{L^p(a,b)}$ と表記する．

**定理 7.4.2**　$f \in C^{n+1}[a,b]$ とする．$n$ 次のニュートン–コーツ積分公式は，

$$|Q(f) - Q_n(f)| \le \frac{\|f^{(n+1)}\|_\infty}{(n+1)!} \int_a^b F_n(x)\, dx \tag{7.48}$$

を満たす（$F_n(x)$ は (7.2) で定義した関数）．　□

ただし，例 7.1.2 で述べたように，等間隔標本点に基づくラグランジュ補間は汎用性のある近似ではないので，それをそのまま積分計算に応用するのは，よい方法ではない．補間の問題を考えるときに，区分多項式補間を考えたように，積分計算でも，積分区間をあらかじめ小さな区間に分割しておいて，各小区間上で低次のニュートン–コーツ積分公式を用いるのが実用的である．このような数値積分公式を**複合ニュートン–コーツ積分公式** (composite Newton-Cotes formula) と呼ぶ．複合公式の考察に進む前の準備として，まずは低次のニュートン–コーツ積分公式をくわしく調べておこう．

まず，$f(x)$ を中点 $c = (a+b)/2$ での値 $f(c)$ で近似するという定数関数近似に基づく公式

$$R(f) = \int_a^b f(c)\, dx = f\left(\frac{a+b}{2}\right) \cdot (b-a)$$

を中点則 (midpoint rule)（矩形則，rectangle rule）という．これは，0 次の開型ニュートン–コーツ積分公式に他ならない．次に，$f(x)$ を 2 点 $(a, f(a))$ と $(b, f(b))$ を通る 1 次関数で近似することに基づく公式

$$\begin{aligned} T(f) &= \int_a^b \left[\frac{f(b)-f(a)}{b-a}(x-a) + f(a)\right] dx \\ &= \frac{f(b)-f(a)}{b-a}\left[\frac{1}{2}(x-a)^2\right]_a^b + f(a)(b-a) \\ &= \frac{f(a)+f(b)}{2} \cdot (b-a) \end{aligned}$$

を**台形則** (trapezoidal rule) と呼び，これは，1 次の閉型ニュートン–コーツ積分公式に一致する．そして，$f(x)$ を 3 点 $(a, f(a))$，$(c, f(c))$，$(b, f(b))$ を通る 2 次関数で近似することに基づく公式 $S(f)$ を**シンプソン則** (Simpson rule) と呼ぶ．これは，2 次の閉型ニュートン–コーツ積分公式に他ならない．シンプソン則の導出のために，$x_0 = a$，$x_1 = c$，$x_2 = b$ とおいて，(7.43) の係数 $\alpha_0$，$\alpha_1$，$\alpha_2$ を計算してみると，

$$\begin{aligned} \alpha_0 &= \int_a^b \frac{(x-x_1)(x-x_2)}{(x_0-x_1)(x-x_2)}\, dx = \frac{b-a}{6}, \\ \alpha_1 &= \int_a^b \frac{(x-x_0)(x-x_2)}{(x_1-x_0)(x_1-x_2)}\, dx = \frac{4}{6}(b-a), \\ \alpha_2 &= \int_a^b \frac{(x-x_0)(x-x_1)}{(x_2-x_0)(x_2-x_1)}\, dx = \frac{b-a}{6} \end{aligned}$$

となる．すなわち，

$$S(f) = \sum_{i=0}^{2} \alpha_i f(x_i) = \frac{b-a}{6}\left[f(a) + 4f\left(\frac{a+b}{2}\right) + f(b)\right]$$

がシンプソン則である（図 7.7）．

**注意 7.4.3** $S(f) = \frac{1}{3}T(f) + \frac{2}{3}R(f)$ が成り立つ． □

積分公式の性質を評価する 1 つの基準として，次の定義を述べる．

**定義 7.4.4（積分公式の精度）** $Q(f)$ を求めるための積分公式 $P(f)$（$R(f)$，

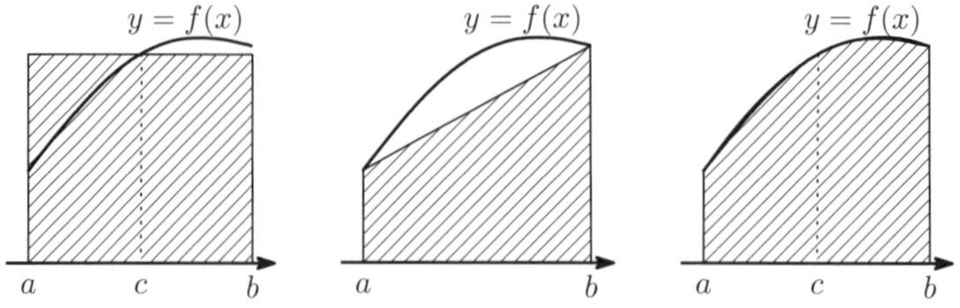


図 **7.7**　（左）中点則 $R(f)$，（中）台形則 $T(f)$，（右）シンプソン則 $S(f)$.

$T(f), S(f)$ など）が $m$ **次精度**, あるいは, $m$ **次の積分公式**であるとは, $0 \le k \le m$ に対して $P(x^k) = Q(x^k)$，かつ $k > m$ に対して $P(x^k) \neq Q(x^k)$ が成り立つときをいう． □

$n$ 次のニュートン–コーツ積分公式は，構成から明らかに，少なくとも $n$ 次精度である．実際，$Q(x^2) \neq T(x^2)$ なので，台形則は 1 次精度の公式であり，これは，(7.48) ともつじつまが合っている．つまり，$f(x)$ を 1 次関数とすると，(7.48) より，$|Q(f) - T(f)| \le 0$．すなわち，$Q(f) = T(f)$ となる．一方で，中点則は少なくとも 0 次精度，シンプソン則は少なくとも 2 次精度であるが，直接の計算により，$Q(x) = R(x)$，$Q(x^2) \neq R(x^2)$，$Q(x^3) = S(x^3)$，$Q(x^4) \neq S(x^4)$ なので，さらに，次が成り立つ．

**命題 7.4.5**　中点則は 1 次精度，シンプソン則は 3 次精度である． □

一般の $n$ 次のニュートン–コーツ積分公式の誤差評価 (7.48) からは，これらの事実は導けない．しかし，次の定理を示すことができる．

**定理 7.4.6**　中点則，台形則，シンプソン則の誤差について，

$$f \in C^2[a,b] \quad \Rightarrow \quad |Q(f) - R(f)| \le \frac{1}{24}(b-a)^3 \|f''\|_\infty, \tag{7.49}$$

$$f \in C^2[a,b] \quad \Rightarrow \quad |Q(f) - T(f)| \le \frac{1}{12}(b-a)^3 \|f''\|_\infty, \tag{7.50}$$

$$f \in C^4[a,b] \quad \Rightarrow \quad |Q(f) - S(f)| \le \frac{1}{2880}(b-a)^5 \|f^{(4)}\|_\infty \tag{7.51}$$

が成り立つ． □

**証明** $\xi(y) = y + (b+a)/2$, $k = (b-a)/2$ と定義して, $\varphi(y) = f(\xi(y))$ とおくと, $\varphi'(y) = f'(\xi(y))\xi'(y) = f'(\xi(y))$ などが成り立つので, $M_2 \equiv \|f''\|_\infty = \|\varphi''\|_{L^\infty(-k,k)}$, $M_4 \equiv \|f^{(4)}\|_\infty = \|\varphi^{(4)}\|_{L^\infty(-k,k)}$. さらに,

$$Q(f) - R(f) = \int_{-k}^{k} \varphi(y)\ dy - 2k\varphi(0) = g_1(k), \tag{7.52}$$

$$Q(f) - T(f) = \int_{-k}^{k} \varphi(y)\ dy - k[\varphi(-k) + \varphi(k)] = g_2(k), \tag{7.53}$$

$$Q(f) - S(f) = \int_{-k}^{k} \varphi(y)\ dy - \frac{k}{3}[\varphi(-k) + 4\varphi(0) + \varphi(k)] = g_3(k) \tag{7.54}$$

と書ける ($g_i(k)$ を等号の左側の式で定義するという意味).

はじめに, (7.50) を示す (なお, これは, (7.48) の右辺を直接計算することでも示せるが, 議論の一貫性の観点から, 別証明を記す). 一般に, $0 \le t \le k$ に対して関数 $g_2(t)$ を考えると, $g_2'(t) = -t[\varphi'(t) - \varphi'(-t)]$ なので, 微分積分学の基本定理から,

$$|g_2'(t)| = \left| -t \int_{-t}^{t} \varphi''(s)\ ds \right| \le t \int_{-t}^{t} |\varphi''(s)|\ ds \le 2t^2 M_2. \tag{7.55}$$

さらに, $g_2(0) = 0$ なので, 再び, 微分積分学の基本定理を用いて,

$$\begin{aligned} |g_2(k)| = |g_2(k) - g_2(0)| &\le \int_0^k |g_2'(s)|\ ds \le 2M_2 \int_0^k s^2\ ds \\ &= \frac{2k^3}{3} M_2 = \frac{1}{12}(b-a)^3 M_2. \end{aligned}$$

これと (7.53) を合わせると, (7.50) がでる.

次に, (7.49) を示すために, 一般に, $0 \le t \le k$ に対して関数 $g_1(t)$ を考えると, $g_1'(t) = \varphi(t) + \varphi(-t) - 2\varphi(0)$, $g_1''(t) = \varphi'(t) - \varphi'(-t)$ と計算できる. ここで, $g_1(0) = g_1'(0) = 0$ に注意する. 微分積分学の基本定理から,

$$|g_1''(t)| = \left| \int_{-t}^{t} \varphi''(s)\ ds \right| \le \int_{-t}^{t} |\varphi''(s)|\ ds \le 2tM_2. \tag{7.56}$$

再び, 微分積分学の基本定理を用いて,

$$|g_1'(t)| = |g_1'(t) - g_1'(0)| \le \int_0^t |g_1''(s)|\ ds \le t^2 M_2.$$

同様に計算すると,

$$|g_1(k)| = |g_1(k) - g_1(0)| \leq \int_0^k |g_1'(s)|\, ds \leq \frac{k^3}{3} M_2 = \frac{1}{24}(b-a)^3 M_2$$

となり，これと (7.52) より，(7.49) が示せた（なお (7.49) の別証明を問題 7.4.14 で扱う）．

最後に，(7.51) を示す．$0 \leq t \leq k$ に対して関数 $g_3(t)$ を考えると，$g_3'(t) = \frac{2}{3}\varphi(t) - \frac{4}{3}\varphi(0) + \frac{2}{3}\varphi(-t) - \frac{t}{3}[\varphi'(t) - \varphi'(-t)]$，$g_3''(t) = \frac{1}{3}[\varphi'(t) - \varphi'(-t)] - \frac{t}{3}[\varphi''(t) + \varphi''(-t)]$，$g_3^{(3)}(t) = -\frac{t}{3}[\varphi^{(3)}(t) - \varphi^{(3)}(-t)]$．(7.55) の導出と同様に考えて，

$$|g_3^{(3)}(t)| \leq \frac{t}{3}\int_{-t}^{t} |\varphi^{(4)}(s)|\, ds \leq \frac{2}{3} t^2 M_4 \tag{7.57}$$

を得る．$g_3''(0) = 0$ と微分積分学の基本定理から，

$$|g_3''(t)| \leq \int_0^t |g_3^{(3)}(s)|\, ds \leq \frac{2}{3} M_4 \int_0^t s^2\, ds = \frac{2}{9} t^3 M_4.$$

$g_3'(0) = g_3(0) = 0$ なので，同じような操作を 2 回続ければ，最終的に，

$$|g_3(k)| \leq \frac{1}{2880}(b-a)^5 M_4$$

がでる．■

**注意 7.4.7**　定理 7.4.6 は次のように一般化できる（問題 7.4.16）．

$$|Q(f) - R(f)| \leq C_q^{(1)} (b-a)^{2+\frac{1}{q}} \|f''\|_p, \tag{7.58}$$

$$|Q(f) - T(f)| \leq C_q^{(2)} (b-a)^{2+\frac{1}{q}} \|f''\|_p, \tag{7.59}$$

$$|Q(f) - S(f)| \leq C_q^{(3)} (b-a)^{4+\frac{1}{q}} \|f^{(4)}\|_p. \tag{7.60}$$

ただし，$1 \leq p, q \leq \infty$，$1/p + 1/q = 1$ であり，$C_q^{(1)} = q/[4(2q+1)]$，$C_q^{(2)} = q^2/[4(q+1)(2q+1)]$，$C_q^{(3)} = q^3/[78(2q+1)(3q+1)(4q+1)]$ とおいている．□

次に，複合公式の考察に進む．$[a,b]$ 内に相異なる $m+1$ 個の点

$$a = x_0 < x_1 < \cdots < x_{m-1} < x_m = b$$

を配置して（等間隔である必要はない），小区間 $I_j = (x_{j-1}, x_j)$ $(j = 1, \ldots, m)$

を定義する．そして，$Q(f)$ を

$$Q(f) = \sum_{j=1}^{m} \int_{x_{j-1}}^{x_j} f(x)\,dx$$

と各小区間 $I_j$ 上での積分に分割する．また，$x_{j-\frac{1}{2}} = (x_{j-1} + x_j)/2$，$h_j = x_j - x_{j-1}$，$h = \max_{1 \le j \le m} h_j$ と定義しておく．各小区間上で中点則を適用した

$$R_h(f) = \sum_{j=1}^{m} f(x_{j-\frac{1}{2}}) h_j \tag{7.61}$$

を**複合中点則**（複合矩形則，composite rectangle rule）と呼ぶ．各小区間上で台形則を適用する

$$T_h(f) = \sum_{j=1}^{m} \frac{f(x_{j-1}) + f(x_j)}{2} h_j \tag{7.62}$$

は**複合台形則** (composite trapezoidal rule) である．また，各小区間上でシンプソン則を適用することで**複合シンプソン則** (composite Simpson rule)

$$S_h(f) = \sum_{j=1}^{m} \frac{f(x_{j-1}) + 4f(x_{j-\frac{1}{2}}) + f(x_j)}{6} h_j \tag{7.63}$$

を得る．これらの公式の収束性については，次が成り立つ．

**定理 7.4.8** 複合中点則，複合台形則，複合シンプソン則の誤差は，

$$f \in C^2[a,b] \quad \Rightarrow \quad |Q(f) - R_h(f)| \le \frac{b-a}{24} h^2 \|f''\|_\infty, \tag{7.64}$$

$$f \in C^2[a,b] \quad \Rightarrow \quad |Q(f) - T_h(f)| \le \frac{b-a}{12} h^2 \|f''\|_\infty, \tag{7.65}$$

$$f \in C^4[a,b] \quad \Rightarrow \quad |Q(f) - S_h(f)| \le \frac{b-a}{2880} h^4 \|f^{(4)}\|_\infty \tag{7.66}$$

を満たす． □

**証明** 定理 7.4.6 の (7.49) より，

$$|Q(f) - R_h(f)| \le \sum_{j=1}^{m} \left| \int_{x_{j-1}}^{x_j} f(x)\,dx - f(x_{j-\frac{1}{2}}) h_j \right| \le \sum_{j=1}^{m} \frac{\|f''\|_\infty}{24} h_j^3$$

$$\leq \frac{\|f''\|_\infty}{24} h^2 \sum_{j=1}^{m} h_j = \frac{\|f''\|_\infty}{24} h^2 \cdot (b-a).$$

したがって，(7.64) が示せた．(7.65) と (7.66) も同様である． ■

**注意 7.4.9**　$h = (b-a)/(2m)$, $x_k = a + kh$ として，小区間 $\bar{J}_j = [x_{2j-2}, x_{2j}]$ 上でシンプソン則を適用した，

$$\tilde{S}_h(f) = \sum_{j=1}^{m} \frac{f(x_{2j-2}) + 4f(x_{2j-1}) + f(x_{2j})}{6} 2h$$

を複合シンプソン則と呼ぶこともある．誤差評価としては，

$$f \in C^4[a,b] \quad \Rightarrow \quad |Q(f) - \tilde{S}_h(f)| \leq \frac{b-a}{180} h^4 \|f^{(4)}\|_\infty \tag{7.67}$$

が成り立つ（問題 7.4.20）． □

**注意 7.4.10**　等間隔標本点 $h = h_j$ の場合には，$T_{\frac{h}{2}}(f) = \frac{1}{2}(T_h(f) + R_h(f))$ が成り立つ． □

**注意 7.4.11**　7.2 節で考察した，区分的 0 次多項式補間 $P_h^0 f$，区分的 1 次多項式補間 $P_h^1 f$，区分的 2 次多項式補間 $P_h^2 f$ を用いると，複合公式は，それぞれ，

$$R_h(f) = Q(P_h^0 f), \qquad T_h(f) = Q(P_h^1 f), \qquad S_h(f) = Q(P_h^2 f)$$

と表現できる． □

**【例 7.4.12】**　定積分

$$Q(f) = \int_0^1 e^{\pi x} \sin \pi x \, dx = \frac{e^\pi + 1}{2\pi}, \qquad f(x) = e^{\pi x} \sin \pi x$$

を，等間隔標本点 $x_j = i/m$ $(i = 0, \ldots, m)$ を用いて，複合中点則，複合台形則，複合シンプソン則で計算する．計算結果を表 7.1 に示す．ただし，$h = 1/m$, $E_h^{(1)}(f) = Q(f) - R_h(f)$，$E_h^{(2)}(f) = Q(f) - T_h(f)$，$E_h^{(3)}(f) = Q(f) - S_h(f)$

**表 7.1** $Q(f) = \int_0^1 e^{\pi x} \sin \pi x \, dx = (e^\pi + 1)/(2\pi)$ を複合中点則 $R_h$，複合台形則 $T_h$，複合シンプソン則 $S_h$ で求める（例 7.4.12）．

| $h$ | $R_h(f)$ | $E_h^{(1)}(f)$ | $T_h(f)$ | $E_h^{(2)}(f)$ | $S_h(f)$ | $E_h^{(3)}(f)$ |
|---|---|---|---|---|---|---|
| $2^{-2}$ | 4.032281 | $-1.90 \cdot 10^{-1}$ | 3.455462 | $3.87 \cdot 10^{-1}$ | 3.840008 | $2.10 \cdot 10^{-3}$ |
| $2^{-4}$ | 3.854427 | $-1.23 \cdot 10^{-2}$ | 3.817455 | $2.47 \cdot 10^{-2}$ | 3.842103 | $7.95 \cdot 10^{-6}$ |
| $2^{-6}$ | 3.842882 | $-7.71 \cdot 10^{-4}$ | 3.840568 | $1.54 \cdot 10^{-3}$ | 3.842111 | $3.10 \cdot 10^{-8}$ |

とおいている．表からわかる通り，$S_h(f), T_h(f) < Q(f) < R_h(f)$ かつ $E_h^{(2)}(f) \approx -2E_h^{(1)}(f)$ の関係がある．各 $h$ に対して，$S_h(f)$ がもっともよい近似値を与えており，次によいのは $R_h(f)$ である．また，$R_h(f)$ および $T_h(f)$ と比較して，$S_h(f)$ は，$h$ を小さくした際に，より速く誤差が減衰している．このことをより定量的に観察してみよう．一般には，（$f$ に対する微分可能性の仮定の下で）$|E_h(f)| \le Ch^\rho$ の形の誤差評価が保証されているのみである（定理 7.4.8）が，$|E_h| = Ch^\rho$ の関係が成り立っていることを仮定する．ここで，$C$ と $\rho$ は $h$ には依存しない正定数である（より正確には，$C$ は $f$ に，$\rho$ は積分公式によって定まる正定数）．このとき，

$$\rho = \frac{\log |E_{2h}| - \log |E_h|}{\log 2h - \log h} \tag{7.68}$$

となるので，これに留意して，計算結果に対して

$$\rho_h^{(i)}(f) = \frac{\log |E_{2h}^{(i)}(f)| - \log |E_h^{(i)}(f)|}{\log 2h - \log h} \quad (i = 1, 2, 3) \tag{7.69}$$

と定義して，この量を観察してみよう．結果を表 7.2 に示す．表より，十分小さな $h$ に対して，$|E_h^{(1)}| = C_1 h^2$，$|E_h^{(2)}| = C_2 h^2$，$|E_h^{(3)}| = C_3 h^4$ の関係が成り立っていることがみてとれる．すなわち，このとき，定理 7.4.8 の不等式が等号で成立していることが，実験的に確認できたわけである． □

**表 7.2** $Q(f) = \int_0^1 e^{\pi x} \sin \pi x \, dx = (e^\pi + 1)/(2\pi)$ について，$\rho_h^{(i)}(f)$ を計算（例 7.4.12）．

| $h$ | $\rho_h^{(1)}(f)$ | $\rho_h^{(2)}(f)$ | $\rho_h^{(3)}(f)$ |
|---|---|---|---|
| $2^{-2}$ | 1.803 | 1.894 | 4.121 |
| $2^{-4}$ | 1.990 | 1.994 | 4.010 |
| $2^{-6}$ | 1.999 | 2.000 | 4.001 |
| $2^{-8}$ | 2.000 | 2.000 | 4.000 |

**【例 7.4.13】** 引き続き，定積分

$$Q(g)=\int_0^1\sqrt{1-x^2}\,dx=\frac{\pi}{4},\qquad g(x)=\sqrt{1-x^2}$$

を，等間隔標本点 $x_j=i/m\ (i=0,\ldots,m)$ を用いて，複合中点則，複合台形則，複合シンプソン則で計算した結果を表 7.3 に示す．記号の決め方は，例 7.4.12 と同じである．$S_h(f),T_h(f)<Q(f)<R_h(f)$ で成り立っていることは，例 7.4.12 と同じであるが，今度は，ほぼ $E_h^{(2)}(f)\approx-3E_h^{(1)}(f)$ の関係がみてとれる．$Q(g)$ についても $\rho_h^{(i)}(g)$ を計算し，その結果を表 7.4 に示す．いずれの場合も，$|E_h^{(i)}(g)|=C_ih^{3/2}$ であり，定理 7.4.8 のような誤差の減衰は観察できないが，これは矛盾ではない．というのも，いまの場合，$g\in C^2(0,1)$ であるが，$g\in C^2[0,1]$ ではなく，$\|g''\|_\infty=\infty$ となっているため，定理 7.4.8 の仮定が満たされず，定理は適用できないのである（問題 6.1.32 もみよ）． □

**表 7.3** $Q(g)=\int_0^1\sqrt{1-x^2}\,dx=\pi/4$ を複合中点則 $R_h$，複合台形則 $T_h$，複合シンプソン則 $S_h$ で求める．分点は $x_i=ih,\ i=0,\ldots,m,\ h=1/m$（例 7.4.13）．

| $h$ | $R_h(g)$ | $E_h^{(1)}(g)$ | $T_h(g)$ | $E_h^{(2)}(g)$ | $S_h(g)$ | $E_h^{(3)}(g)$ |
|---|---|---|---|---|---|---|
| $2^{-2}$ | 0.795982 | $-1.06\cdot10^{-2}$ | 0.748927 | $3.65\cdot10^{-2}$ | 0.780297 | $5.10\cdot10^{-3}$ |
| $2^{-4}$ | 0.786738 | $-1.34\cdot10^{-3}$ | 0.780813 | $4.59\cdot10^{-3}$ | 0.784763 | $6.35\cdot10^{-4}$ |
| $2^{-6}$ | 0.785566 | $-1.68\cdot10^{-4}$ | 0.784824 | $5.74\cdot10^{-4}$ | 0.785319 | $7.93\cdot10^{-5}$ |
| $2^{-7}$ | 0.785458 | $-5.94\cdot10^{-5}$ | 0.785195 | $2.03\cdot10^{-4}$ | 0.785370 | $2.80\cdot10^{-5}$ |

**表 7.4** $Q(g)=\int_0^1\sqrt{1-x^2}\,dx=\pi/4$ に対して $\rho_h^{(i)}(g)$ を計算（例 7.4.13）．

| $h$ | $\rho_h^{(1)}(g)$ | $\rho_h^{(2)}(g)$ | $\rho_h^{(3)}(g)$ |
|---|---|---|---|
| $2^{-2}$ | 1.476 | 1.489 | 1.507 |
| $2^{-4}$ | 1.494 | 1.497 | 1.502 |
| $2^{-6}$ | 1.498 | 1.499 | 1.500 |
| $2^{-8}$ | 1.500 | 1.500 | 1.500 |

**【問題 7.4.14】** テイラーの定理（命題 4.1.2）を応用して，(7.49) を示せ．

**【問題 7.4.15】** $f\in C^2[a,b]$ の仮定の下で，シンプソン則について

$$|Q(f)-S(f)|\le\frac{1}{36}(b-a)^3\|f^{(2)}\|_\infty$$

を示せ.

**【問題 7.4.16】** 注意 7.4.7 の (7.58)，(7.59)，(7.60) を示せ.

**【問題 7.4.17】** 次の形の誤差評価を導け.

$$|Q(f)-R(f)|,\ |Q(f)-T(f)|,\ |Q(f)-S(f)| \le C(b-a)^{1+\frac{1}{q}}\|f'\|_p.$$

ただし，$1 \le p, q \le \infty$，$1/p+1/q=1$，$C$ は適当な正定数. □

**【問題 7.4.18】** 複合公式について，

$$|Q(f)-R_h(f)| \le C_q^{(1)}(b-a)^{\frac{1}{q}}h^2\|f''\|_p,$$
$$|Q(f)-T_h(f)| \le C_q^{(2)}(b-a)^{\frac{1}{q}}h^2\|f''\|_p,$$
$$|Q(f)-S_h(f)| \le C_q^{(3)}(b-a)^{\frac{1}{q}}h^4\|f^{(4)}\|_p$$

を示せ. ただし，$1 \le p, q \le \infty$，$1/p+1/q=1$ であり，$C_q^{(i)}$ は注意 7.4.7 に現れる定数. さらに，

$$|Q(f)-R_h(f)|,\ |Q(f)-T_h(f)|,\ |Q(f)-S_h(f)| \le Ch(b-a)^{\frac{1}{q}}\|f'\|_p$$

を示せ. $C$ は問題 7.4.17 に現れる定数である.

**【問題 7.4.19】** $f \in C^1[a,b]$ であっても，一般には，$|f| \notin C^1[a,b]$ であるが，

$$|Q(|f|)-R(|f|)| \le (b-a)\|f'\|_1, \quad |Q(|f|)-R_h(|f|)| \le h\|f'\|_1$$

が成り立つことを示せ.

**【問題 7.4.20】** (7.67) を示せ.

**【問題 7.4.21】** $f \in C^0[0,1]$ が $f(x)+f(1-x)=1\ (0 \le x \le 1)$ を満たすとき，次を示せ.

(i) $Q(f)=1/2$.

(ii) 等間隔格子点 $h_j=h$ の場合，$Q(f)=R_h(f)=T_h(f)=S_h(f)$.

## 7.5 周期関数と複合台形則

$f \in C^0[0,2\pi]$ が，

$$f(0) = f(2\pi) \tag{7.70}$$

を満たすとき，すなわち $f \in C^0_{\mathrm{per}}[0, 2\pi]$（例 6.1.1）に対して，前節で考察した複合台形則は，

$$T_h(f) = \sum_{j=1}^{m} \frac{f(x_j) + f(x_{j-1})}{2} h = h \sum_{j=0}^{m-1} f(x_j)$$

となる．ただし，$[0, 2\pi]$ を $m(\geq 1)$ 等分して，$h = 2\pi/m$ とおき，$x_j = jh$ $(j = 0, \ldots, m)$ と定義している．本節では，この場合の複合台形則が，定理 7.4.8 で保証される誤差評価よりも，はるかに高精度の近似解を与えること，さらに，その事実より，汎用的な高精度数値積分公式が導けることを考察する．複合台形則の誤差を

$$E_h(f) = \int_0^{2\pi} f(x)\, dx - T_h(f)$$

と書く．

**命題 7.5.1**　整数 $k \geq 0$ に対して，次が成り立つ．

$$E_h(\sin kx) = 0, \quad E_h(\cos kx) = \begin{cases} -2\pi & (k \equiv 0 \pmod{m},\ k > 0), \\ 0 & (\text{上記以外}). \end{cases}$$

ただし，$k \equiv 0 \pmod{m}$ は $k = lm$ を満たす整数 $l$ の存在を意味する．　□

**証明**　オイラーの公式を利用する．実際，

$$E_h(e^{ikx}) = \begin{cases} -2\pi & (k \equiv 0 \pmod{m},\ k > 0), \\ 0 & (\text{上記以外}) \end{cases} \tag{7.71}$$

を証明すれば，この両辺の実数部分と虚数部分を比較することにより，示すべき等式を得る．$k = 0$ のときは $E_h(1) = 0$．以下，$k \geq 1$ とする．

$$\int_0^{2\pi} e^{ikx}\, dx = (ik)^{-1} \Big[ e^{ikx} \Big]_{x=0}^{x=2\pi} = 0$$

なので（複素関数に不慣れな読者は，実部と虚部を別々に考えればよい），

$$E_h(e^{ikx}) = -\frac{2\pi}{m}\sum_{j=0}^{m-1} e^{j\cdot ik\frac{2\pi}{m}}$$

と書ける．したがって，$k \equiv 0 \pmod m$ ならば，すべての $j$ で，$e^{j\cdot ik\frac{2\pi}{m}} = 1$ なので，$E_h(e^{ikx}) = -2\pi$ となる．一方，$k \not\equiv 0 \pmod m$ ならば，

$$E_h(e^{ikx}) = -\frac{2\pi}{m}\cdot\frac{1-e^{ik\frac{2\pi}{m}\cdot m}}{1-e^{ik\frac{2\pi}{m}}} = 0$$

となり (7.71) が示せた． ■

この命題によりただちに次を得る．

**命題 7.5.2** $a_0, a_k, b_k \in \mathbb{R}$ $(k = 1, \dots, m-1)$ に対して，

$$f(x) = \frac{a_0}{2} + \sum_{k=1}^{m-1}(a_k \cos kx + b_k \sin kx)$$

で定義される関数 $f \in C^0[0, 2\pi]$ は (7.70) を満たし，さらに，$E_h(f) = 0$ を満たす．すなわち，この場合，複合台形則は正確な積分値を与える． □

**証明** $\int$ と $\sum$ の線形性により，

$$E_h(f) = \frac{a_0}{2}E_h(1) + \sum_{k=1}^{m-1}(a_k E_h(\cos kx) + b_k E_h(\sin kx))$$

であるが，命題 7.5.1 により，右辺は 0 となる． ■

一般の関数 $f(x)$ について考察するために，フーリエ級数を応用しよう．関数 $f(x)$ のフーリエ級数展開とは，

$$f(x) = \frac{a_0}{2} + \sum_{k=1}^{\infty}(a_k \cos kx + b_k \sin kx) \tag{7.72}$$

であった．ただし，

$$a_k = \frac{1}{\pi}\int_0^{2\pi} f(x)\cos kx\ dx, \quad b_k = \frac{1}{\pi}\int_0^{2\pi} f(x)\sin kx\ dx$$

はフーリエ係数である．(7.72) における等号の意味は，右辺が極限で定義されているので，注意を要する．実際，注意 6.4.3 でも述べたように，$f \in C^1_{\mathrm{per}}[0, 2\pi]$

に対して，

$$S_N(x) = \frac{a_0}{2} + \sum_{k=1}^{N}(a_k \cos kx + b_k \sin kx) \tag{7.73}$$

で定義される（$N$ についての）関数列は，$N \to \infty$ のとき，$[0, 2\pi]$ で一様収束し，その極限関数は $f(x)$ に一致する．これが，(7.72) の正確な意味である．

整数 $r \geq 2$ に対して，

$$r^* = \begin{cases} r-1 & (r\text{ が偶数のとき}), \\ r-2 & (r\text{ が奇数のとき}) \end{cases} \tag{7.74}$$

と定義する．

**定理 7.5.3**　整数 $r \geq 2$ に対して，$f \in C^r[0, 2\pi]$ が，(7.70) かつ

$$f^{(l)}(0) = f^{(l)}(2\pi) \qquad (l = 1, 3, \ldots, r^*) \tag{7.75}$$

を満たすならば，

$$|E_h(f)| \leq \frac{4\pi r}{r-1}\|f^{(r)}\|_\infty h^r \tag{7.76}$$

が成り立つ．□

**証明**　$S_N(x)$ を (7.73) で定めた関数として，

$$E_h(f) = \underbrace{\int_0^{2\pi} f(x)\,dx - \int_0^{2\pi} S_N(x)\,dx}_{=I_1} + \underbrace{\int_0^{2\pi} S_N(x)\,dx - T_h(S_N)}_{=I_2} + \underbrace{T_h(S_N) - T_h(f)}_{=I_3} \tag{7.77}$$

と分解する．$N \to \infty$ のとき，$S_N(x)$ は $f(x)$ に一様収束するので，

$$|I_1| \leq \int_0^{2\pi} |f(x) - S_N(x)|\,dx \leq 2\pi\|f - S_N\|_\infty \to 0,$$

$$|I_3| \leq h\sum_{j=0}^{m-1} |S_N(x_j) - f(x_j)| \leq 2\pi\|f - S_N\|_\infty \to 0$$

となる．次に，$|I_2|$ を評価するため，$N-1 \geq m$ を仮定する．そうすると，命題 7.5.2 の証明と同様に考えて，

$$\begin{aligned} I_2 &= \frac{a_0}{2}E_h(1) + \sum_{k=1}^{N-1}(a_k E_h(\cos kx) + b_k E_h(\sin kx)) \\ &= -2\pi \sum_{n=1}^{N_m} a_{mn} \end{aligned}$$

を得る．ただし，$N_m$ は，$(N-1)/m$ の整数部分である．

ここで，$|a_k|$ に対する不等式を導出する．$0 \leq m \leq n$ に対して，

$$a_k^{(m)} = \frac{1}{\pi}\int_0^{2\pi} f^{(m)}(x)\cos kx \; dx, \quad b_k^{(m)} = \frac{1}{\pi}\int_0^{2\pi} f^{(m)}(x)\sin kx \; dx$$

とおく．部分積分により，$m \geq 1$ なら，

$$b_k^{(m)} = -\frac{k}{\pi}\int_0^{2\pi} f^{(m-1)}(x)\cos kx \; dx = -ka_k^{(m-1)}$$

が成り立つ．$r$ が（2 以上の）偶数なら，これと (7.75) により，

$$\begin{aligned} a_k^{(r)} &= \frac{1}{\pi}[f^{(r-1)}(x)\cos kx]_0^{2\pi} + kb_k^{(r-1)} \\ &= -k^2 a_k^{(r-2)} = \cdots = (-k^2)^{r/2}a_k^{(0)} = (-k^2)^{r/2}a_k \end{aligned}$$

なので，

$$|a_k| = k^{-r}\left|a_k^{(r)}\right| \leq \frac{1}{\pi}k^{-r}\|f^{(r)}\|_\infty \int_0^{2\pi} 1 \; dx = 2k^{-r}\|f^{(r)}\|_\infty$$

と評価できる．$r$ が奇数のときは，$b_k^{(r)} = -ka_k^{(r-1)} = -k(-k^2)^{(r-1)/2}a_k$ なので，この場合も，$|a_k| = k^{-r}\left|b_k^{(r)}\right| \leq 2k^{-r}\|f^{(r)}\|_\infty$ を得る．

さて，これらの不等式を用いれば，

$$|I_2| \leq 2\pi \sum_{n=1}^{N_m}|a_{nm}| \leq 4\pi m^{-r}\|f^{(r)}\|_\infty \sum_{n=1}^{N_m} n^{-r} \leq \frac{4\pi r}{r-1}h^r\|f^{(r)}\|_\infty$$

となる．ただし，

$$\sum_{n=1}^{N_m} n^{-r} = 1 + \sum_{n=2}^{N_m} n^{-r} \leq 1 + \int_1^\infty x^{-r} \; dx = 1 + \frac{1}{r-1}$$

を用いた．

したがって，(7.77) に戻り，$N \to \infty$ とすると，

$$|E_h(f)| \le |I_1| + |I_2| + |I_3| \le 0 + \frac{4\pi r}{r-1} h^r \|f^{(r)}\|_\infty + 0$$

となり，(7.76) が証明できた． ■

**注意 7.5.4** $L > 0$ に対して，一般の区間 $[0, L]$ で定義された関数については，対応する三角関数 $\cos(2k\pi x/L)$，$\sin(2k\pi x/L)$ を用いて上記の議論を再構成すればよい．そして，定理 7.5.3 は，ただちに，$f \in C^r[0, L]$ に対する結果に拡張できる．すなわち，

$$f^{(l)}(0) = f^{(l)}(L) \qquad (l = 0, 1, 3, 5, \ldots, r^*) \tag{7.78}$$

の下で，(7.76) が成り立つ．ただし，$\|f^{(r)}\|_\infty = \|f^{(r)}\|_{L^\infty(a,b)}$ とする．区間 $[-L, L]$ で定義された関数についても同様である． □

**注意 7.5.5** 一般に $\mathbb{R}$ 全体で定義された関数 $\tilde{f}(x)$ が，

$$\tilde{f}(x) = \tilde{f}(x + L)$$

を満たすとき，$\tilde{f}(x)$ は周期 $L$ の周期関数であるという．$[0, L)$ で定義された任意の関数 $f(x)$ は，周期的な拡張

$$\tilde{f}(x) = f(x - nL) \qquad (nL \le x < (n+1)L,\ n = 0, \pm 1, \pm 2, \ldots)$$

によって，周期関数 $\tilde{f}(x)$ に拡張できるが，一般には，$\tilde{f}(x)$ は，$x = nL$ $(n = 0, \pm 1, \ldots)$ で不連続となる．しかし，条件 $f(0) = f(L)$ を満たす $f \in C^0[0, L]$ は，連続な周期関数に拡張できる．この意味で，$f(0) = f(L)$ を満たす $f \in C^0[0, L]$ と，その周期的な拡張 $\tilde{f} \in C^0(\mathbb{R})$ を同一視することが多い．なお，$\tilde{f} \in C^r(\mathbb{R})$ が周期 $L$ の周期関数であれば，その $[0, L]$ への制限 $f(x) = \tilde{f}(x)$ $(0 \le x \le L)$ は，仮定 (7.78) を満たす． □

**注意 7.5.6** 周期 $2\pi$ の周期関数 $f(x)$ の 1 周期分の積分について，等間隔標本点を用いた複合中点則 $R_h = \sum_{i=0}^{m-1} f(x_{i+\frac{1}{2}})h$ を考える．これを，

$$\int_0^{2\pi} f(x)\, dx = \int_{h/2}^{2\pi+h/2} f(x)\, dx$$

に対する数値積分公式と考えれば，上記の議論がすべて有効で，結果的に，たとえば $f \in C^r(\mathbb{R})$ $(r > 1)$ の仮定の下で，

$$\left| \int_0^{2\pi} f(x)\, dx - R_h(f) \right| \le \frac{4\pi r}{r-1} h^r \|f^{(r)}\|_\infty$$

を得る．さらに，注意 7.4.3 により，シンプソン則に関しても同様の誤差評価が得られる． □

**【例 7.5.7】** 例 7.4.12 と例 7.4.13 に引き続き，定積分

$$Q(u) = \int_0^1 \frac{dx}{5 - 4\cos(2\pi x)} = \frac{1}{3}, \qquad u(x) = \frac{1}{5 - 4\cos(2\pi x)}$$

を，等間隔標本点 $x_j = i/m$ $(i = 0, \ldots, m)$ を用いて，複合中点則，複合台形則，複合シンプソン則で計算する．例 7.4.12 と同じ記号を用いる．$u(x)$ は周期 1 の周期関数であり，$u \in C^\infty(\mathbb{R})$ を満たす．すなわち，(7.78) を満たすので，定理 7.5.3（注意 7.5.4, 注意 7.5.6）で示した通り，任意の整数 $r > 1$ に対して，$|E_h^{(i)}(u)| \le C_r h^r \|u^{(r)}\|_\infty$ $(i = 1, 2, 3)$ が成り立つ（$C_r$ は $r$ に応じて定まる正定数）．すなわち，$h \to 0$ の際，誤差は，任意の多項式 $h^r$ よりも速く減衰するはずである．表 7.5 と表 7.6 に計算結果を示す．実際，予想された傾向がみてとれるが，さらに，$-E_h^{(2)}(u) \approx E_h^{(1)}(u) \approx \frac{1}{3}E_h^{(3)}(u)$ が観察できる．すなわち，この場合，$h$ への依存度という点では，三者は同じ傾向を示すが，誤差の絶対値自体はシンプソン則が，他の 2 つと比べて 1/3 程度であり，もっとも小さい．ただし，数値積分の分野で数値積分公式を比較する際には，同じ標本点数を使った際の各公式の誤差を比べるのが普通である．この伝統にしたがえば，いまの場合，比較するべきものは，$R_h(u)$，$T_h(u)$ と $S_{2h}(u)$ となる．そうすると結論はまるで変わる．たとえば，$h = 2^{-5}$ で比較すると，$|E_h^{(1)}|, |E_h^{(2)}| \approx 1.55 \cdot 10^{-10}$ に対して，$|E_{2h}^{(3)}| \approx 3.39 \cdot 10^{-6}$ であり，台形則と中点則の精度は，シンプソン則に比べて格段によいといえる．比較の基準が変われば，結論が変わるのは当然である．本書では，「区間を小区間に分割し，各小区間上で低次のニュートン–コーツ公式を適用する」という複合則のもともとのアイデアを尊重し，数値積分公式を比較するパラメータとして小区間幅の最大値 $h$ を採用した．実際，収束性は $h \to 0$ の下で議論する

**表 7.5**　$Q(u)=\int_0^1 (5-4\cos(2\pi x))^{-1}dx = 1/3$ を複合中点則 $R_h$，複合台形則 $T_h$，複合シンプソン則 $S_h$ で求める（例 7.5.7）．

| $h$ | $R_h(u)$ | $E_h^{(1)}(u)$ | $T_h(u)$ | $E_h^{(2)}(u)$ | $S_h(u)$ | $E_h^{(3)}(u)$ |
|---|---|---|---|---|---|---|
| $2^{-2}$ | 0.294118 | $3.92\cdot 10^{-2}$ | 0.377778 | $-4.44\cdot 10^{-2}$ | 0.322004 | $1.13\cdot 10^{-2}$ |
| $2^{-3}$ | 0.330739 | $2.59\cdot 10^{-3}$ | 0.335948 | $-2.61\cdot 10^{-3}$ | 0.332475 | $8.58\cdot 10^{-4}$ |
| $2^{-4}$ | 0.333323 | $1.02\cdot 10^{-5}$ | 0.333344 | $-1.02\cdot 10^{-5}$ | 0.333330 | $3.39\cdot 10^{-6}$ |
| $2^{-5}$ | 0.333333 | $1.55\cdot 10^{-10}$ | 0.333333 | $-1.55\cdot 10^{-10}$ | 0.333333 | $5.17\cdot 10^{-11}$ |
| $2^{-6}$ | 0.333333 | $-5.55\cdot 10^{-17}$ | 0.333333 | 0.000 | 0.333333 | $5.55\cdot 10^{-17}$ |

**表 7.6**　$Q(u)=\int_0^1 (5-4\cos(2\pi x))^{-1}dx = 1/3$ に対して $\rho_h^{(i)}(u)$ を計算（例 7.5.7）．

| $h$ | $\rho_h^{(1)}(u)$ | $\rho_h^{(2)}(u)$ | $\rho_h^{(3)}(u)$ |
|---|---|---|---|
| $2^{-2}$ | 1.766 | 2.322 | 0.387 |
| $2^{-3}$ | 3.918 | 4.087 | 3.723 |
| $2^{-4}$ | 7.994 | 8.006 | 7.983 |
| $2^{-5}$ | 16.000 | 16.000 | 16.000 |

べきであり，一般の関数に対しては，小区間が等幅であることは本質的ではないのである．また，このように考察することで，滑らかな周期関数（の 1 周期分の積分）については，等幅の小区間を用いて台形則を適用するのが最善であることが，より顕著になる．　□

さて，定理 7.4.8 によれば，$f \in C^\infty[0,2\pi]$ であっても，複合シンプソン則の誤差は，$h^4$ に比例して減衰することしか保証されない．一方，定理 7.5.3 により，仮定 (7.70) と (7.75) の下では，$f \in C^\infty[0,2\pi]$ であれば，複合台形則の誤差は任意の $r>0$ に対して，$h^r$ に比例する速さで減衰するのである．とはいえ，一般の関数に対しては，これらの仮定が満たされることは期待できないので，このきわめてよい収束性は広くは役に立たないように思われる．しかし，なんとかこのよい性質を積分の計算に利用できないであろうか．そこで考えられたのが，変数変換を応用した方法である．

説明の都合上，$[0,1]$ 上で定義された連続関数 $f(x)$ について，その定積分を計算することを考える．このとき，変数変換

$$x=\varphi(t) \quad (0\le t\le 1),\quad \varphi(0)=0,\quad \varphi(1)=1 \tag{7.79}$$

によって，求める定積分は

$$\int_0^1 f(x)\,dx = \int_0^1 f(\varphi(t))\varphi'(t)\,dt \tag{7.80}$$

となる．いま，$f \in C^r[0,1]$ を仮定しておこう．もし，$\varphi(t)$ が，さらに，

$$\varphi \in C^{r+1}[0,1], \quad \varphi^{(l)}(0) = \varphi^{(l)}(1) \quad (l = 1,\ldots,r-1) \tag{7.81}$$

を満たせば，$g(t) = f(\varphi(t))\varphi'(t) \in C^r[0,1]$ であり，かつこれは $t$ の関数として（$L = 1$ に対して）仮定 (7.78) を満たす．したがって，(7.80) の右辺に複合台形則を適用すると，

$$\left| \int_0^1 f(x)\,dx - \sum_{i=0}^{m-1} g(t_i)h \right| \le C_r h^r \|g^{(r)}\|_{L^\infty(0,1)}$$

を満たし，$f$ の微分可能性に応じた誤差の減衰評価が得られることになる．ここで，もちろん，$h = 1/m$，$t_i = ih$ $(i = 0,1,\ldots,m)$ と定義している．また，$C_r$ は $r$ に応じて定まる正定数を表す．

より具体的には，関数

$$\psi(s) = \exp\left(-\frac{1}{s} - \frac{1}{1-s}\right) \tag{7.82}$$

を考えると，$\psi \in C^\infty[0,1]$ であり，$l = 0,1,\ldots$ に対して，

$$\psi^{(l)}(0) = \lim_{s\to+0} \psi^{(l)}(s) = 0, \quad \psi^{(l)}(1) = \lim_{s\to1-0} \psi^{(l)}(s) = 0$$

を満たす．したがって，変換関数を

$$\varphi(t) = \frac{1}{\lambda}\int_0^t \psi(s)\,ds, \quad \lambda = \int_0^1 \psi(s)\,ds \tag{7.83}$$

と定義すると，$\varphi \in C^\infty[0,1]$，$\varphi(0) = 0$，$\varphi(1) = 1$，$\varphi'(t) = (1/\lambda)\psi(t)$ であり，$l = 1,2,\ldots$ に対して，

$$\varphi^{(l)}(0) = \lim_{s\to+0} \varphi^{(l)}(s) = 0, \quad \varphi^{(l)}(1) = \lim_{s\to1-0} \varphi^{(l)}(s) = 0$$

を満たす．このようにして得られる積分公式

$$V_h(f) = h\sum_{i=0}^{m-1} f(\varphi(t_i))\psi(t_i), \quad \psi(t) = (7.82), \quad \varphi(t) = (7.83) \tag{7.84}$$

を **IMT**（**伊理正夫・森口繁一・高澤嘉光**）**公式**と呼ぶ.

もう 1 つの有名な，そして重要な変数変換型の積分公式に**二重指数関数型公式**（通称，**DE 公式**，double exponential formula）がある．これは，無限区間上の積分が台形則

$$\int_{-\infty}^{\infty} g(t)\,dt \approx \sum_{i=-\infty}^{\infty} g(t_i)h, \quad h > 0,\ t_i = ih$$

で非常に高精度に求められるという事実に基づいている．したがって，有界区間 $[-1, 1]$ で定義された関数 $f(x)$ の定積分を求めたい際に，それを変数変換 $x = \varphi(t)$ によって，無限区間 $(-\infty, \infty)$ 上の積分に帰着し，さらに，$\varphi'(t)$ を，$t \to \pm\infty$ で，急激に速く 0 に減衰するように選んでおけば，上記の無限和を有限和で打ち切っても高精度が保たれるであろうと期待するのである．より具体的には，$\varphi(t)$ を，二重の指数関数

$$\varphi(t) = \tanh\left(\frac{\pi}{2}\sinh t\right) \tag{7.85}$$

と選んで，

$$W_{h,N,M}(f) = h\sum_{i=-M}^{N} f(\varphi(t_i))\varphi'(t_i), \quad \varphi(t) = (7.85) \tag{7.86}$$

とするのが DE 公式である．くわしくは，森[3, 第 4，5 章]，森[5, 第 7 章]，杉原・室田[14, §11.3] を参照してほしい．

## 7.6 ガウス型積分公式

6.3 節および 6.4 節と同様に，開区間 $(a, b)$ 上で定義された連続関数 $w(x)$ で，

$$w(x) > 0 \quad (a < x < b), \qquad \int_a^b w(x)\,dx < \infty$$

を満たすものを固定して，重み付きの定積分

$$Q_w(f) = \int_a^b f(x)w(x)\,dx$$

の近似解法を考察する．本節では，$f \in C^0[a, b]$ の場合のみ扱うが，$Q_w(f)$ が存在する限り，$f \in C^0(-\infty, \infty)$，$f \in C^0[0, \infty)$ などについても同じ結果が成

立する．

$n+1$ 個の標本点 $a \le x_0 < x_1 < \cdots < x_n \le b$ をとり（具体的な決め方は後で述べる），$f$ の $n+1$ 次のラグランジュ補間多項式

$$p_n(x) = \sum_{i=0}^{n} f(x_i)L_i(x), \qquad L_i(x) = \prod_{k=0,k\neq i}^{n} \frac{x-x_k}{x_i-x_k}$$

に基づいて，積分公式

$$Q_{w,n}(f) = \int_a^b p_n(x)w(x)\,dx = \sum_{i=0}^{n} W_i f(x_i) \tag{7.87}$$

を考えよう．ただし，

$$W_i = \int_a^b w(x)L_i(x)\,dx \tag{7.88}$$

とする．構成により，この公式は $n$ 次精度である．

ニュートン–コーツ積分公式では，標本点 $x_0,\ldots,x_n$ を等間隔にとっていたのであった．一方，**ガウス型積分公式**では，標本点を，

$$a < x_0 < x_1 < \cdots < x_n < b, \quad \text{各 } x_i \text{ は } \phi_{n+1}(x) = 0 \text{ の根} \tag{7.89}$$

と選ぶ．ただし，$\{\phi_k\}_{k\ge 0}$ は，$w(x)$ に対する直交多項式系である（6.3 節，6.4 節）．命題 6.5.6 により，(7.87) を満たすような $n+1$ 個の点の存在は保証されている．とくに，$\phi_{n+1}$ において $x^{n+1}$ の係数を 1 としておくと（命題 6.5.5），

$$\phi_{n+1}(x) = (x-x_0)(x-x_1)\cdots(x-x_n) \tag{7.90}$$

と書ける．

**定義 7.6.1**（**ガウス型積分公式** (Gaussian quadrature rule)） (7.89), (7.87) および (7.88) からなる数値積分公式をガウス型積分公式と呼ぶ． □

**定理 7.6.2** $Q_{w,n}(f)$ は $2n+1$ 次精度の公式である． □

**証明** $2n+1$ 次の多項式 $f(x)$ を，$f(x) = q(x)\phi_{n+1}(x) + r(x)$ と分解する．ただし，$q(x)$ と $r(x)$ は $n$ 次以下の多項式である．$Q_{w,n}(f)$ が $n$ 次精度なので，

$$\int_a^b r(x)w(x)\,dx = \sum_{i=0}^{n} W_i r(x_i)$$

が成り立つことに注意しておく．このとき，

$$\begin{aligned} Q_{w,n}(f) &= \sum_{i=0}^{n} W_i f(x_i) = \sum_{i=0}^{n} W_i[\phi_{n+1}(x_i)q(x_i) + r(x_i)] \\ &= \sum_{i=0}^{n} W_i r(x_i) = \int_a^b w(x)r(x)\,dx \\ &= \int_a^b w(x)r(x)\,dx + \underbrace{\int_a^b w(x)q(x)\phi_{n+1}(x)\,dx}_{=0\ (\text{命題 } 6.5.4)} \end{aligned}$$

と計算できるが，この最右辺は $Q_w(f)$ に他ならない．■

**命題 7.6.3**　ガウス型積分公式の係数は $W_i > 0$ $(0 \le i \le n)$ を満たす．□

**証明**　$0 \le k \le n$ を固定して，$g_k(x) = (x-x_0)\cdots(x-x_{k-1})(x-x_{k+1})\cdots(x-x_n)$ とおく．すると，$g_k(x)^2$ は $2n$ 次の多項式だから，定理 7.6.2 により，

$$0 < \int_a^b w(x)g_k(x)^2\,dx = \sum_{i=0}^{n} W_i g_k(x_i)^2 = W_k g_k(x_k)^2.$$

明らかに $g_k(x_k)^2 > 0$ なので，したがって，$W_k > 0$ を得る．■

**注意 7.6.4**　この命題の証明から，

$$\int_a^b w(x)L_k^2(x)\,dx = \frac{1}{g_k^2(x_k)}\int_a^b w(x)g_k(x)^2\,dx = \frac{1}{g_k^2(x_k)}W_k g_k(x_k)^2 = W_k$$

がわかる．□

$f \in C^0[a,b]$ ならば，ガウス型積分公式は，$n \to \infty$ の際，必ず収束する．ニュートン–コーツ積分公式では，対応する結果は，一般には成り立たない．

**定理 7.6.5**　$f \in C^0[a,b]$ に対して，$\lim_{n\to\infty} Q_{w,n}(f) = Q_w(f)$．□

**証明**　$\varepsilon > 0$ を任意とする．$\alpha = \int_a^b w(x)\,dx > 0$ とおいて，$\varepsilon_0 = \varepsilon/(2\alpha)$ と

定義する．ワイエルシュトラスの近似定理（定理 6.2.1）より，

$$|f(x) - p_l(x)| \le \varepsilon_0 \quad (x \in [a,b]) \tag{7.91}$$

を満たす $l$ 次の多項式 $p_l(x)$ が存在する．これを用いて，次のように分解する．

$$\begin{aligned} &Q_w(f) - Q_{w,n}(f) \\ &\quad = \underbrace{Q_w(f) - Q_w(p_l)}_{=I_1} + \underbrace{Q_w(p_l) - Q_{w,n}(p_l)}_{=I_2} + \underbrace{Q_{w,n}(p_l) - Q_{w,n}(f)}_{=I_3}. \end{aligned}$$

まず，(7.91) より，

$$|I_1| \le \int_a^b w(x)|f(x) - p_l(x)|\ dx \le \varepsilon_0 \int_a^b w(x)\ dx = \frac{\varepsilon}{2}.$$

次に，命題 7.6.3 と (7.91)，さらに，$Q_w(1) = Q_{w,n}(1)$ を用いると，

$$|I_3| \le \sum_{i=0}^{n} W_i \cdot |[f(x_i) - p_l(x_i)]| \le \varepsilon_0 \sum_{i=0}^{n} W_i = \varepsilon_0 \int_a^b w(x)\ dx = \frac{\varepsilon}{2}.$$

最後に，自然数 $N$ を，$N \ge l/2$ となるように固定する．そうすると，$p_l(x)$ は，$2N+1$ 次以下となる．したがって，$n \ge N$ のとき，$I_2 = Q_w(p_l) - Q_{w,n}(p_l) = 0$. 以上を合わせれば，$n \ge N$ のとき，

$$|Q_w(f) - Q_{w,n}(f)| \le \frac{\varepsilon}{2} + 0 + \frac{\varepsilon}{2} = \varepsilon$$

となり，定理の証明が完了する． ■

**定義 7.6.6** 直交多項式としてチェビシェフ多項式を用いたときの，ガウス型積分公式を，**ガウス–チェビシェフ積分公式**と呼ぶ．**ガウス–ルジャンドル積分公式**，**ガウス–エルミート積分公式**，**ガウス–ラゲール積分公式**の意味も同様である． □

**注意 7.6.7** ガウス型積分公式を使うためには，標本点の座標 $\{x_i\}$ と重み $\{W_i\}$ の値を計算しておく必要がある．Quarteroni [26, §10.6] には，これらを

求めるための，ORTHPOL アルゴリズム[2)]に基づく簡便な MATLAB ソースコードがある．

**【問題 7.6.8】** 区間 $[a, b]$ で重み関数 $w(x)$ を固定する．$a < x_0 < \cdots < x_n < b$ を，$w(x)$ に対する直交多項式 $\phi_{n+1}(x)$ の零点とする．$f \in C^1[a, b]$ に対して，標本点 $x_0 < \cdots < x_n$ に関するエルミート補間多項式を $\tilde{p}_{2n+1}(x)$ とする．このとき，

$$Q_{w,n}(f) = \int_a^b \tilde{p}_{2n+1}(x)\, dx$$

を示せ（$Q_{w,n}(f)$ はガウス型積分公式）．

**【問題 7.6.9】** 区間 $[0, 1]$ において，重み関数 $w(x) = 1$ に対する直交多項式系 $\{\phi_0(x), \phi_1(x), \phi_2(x)\}$ を考える（問題 6.5.12）．このとき，$f \in C^0[0, 1]$ に対するガウス型積分公式 $Q_{w,1}(f)$ を具体的につくれ．

2) W. Gautschi, Algorithm 726: ORTHPOL—a package of routines for generating orthogonal polynomials and Gauss-type quadrature rules, *ACM Transactions on Mathematical Software*, **20** (1994) 21–62.

# 第8章 常微分方程式の初期値問題

さまざまな現象の変化の様子を記述する際には，微分方程式が登場する．したがって，微分方程式を解くことは，数学的な興味のみにとどまらず，自然科学・社会科学において 1 つの中心的な課題である．しかし，ごく特殊な例外を除けば，微分方程式の解を，初等関数などのよく知られた関数の組み合わせで表現することはできないので，数値的な方法に基づく近似解法が，唯一の現実的な解法となる．数値解析がもっとも力を発揮するのは，この微分方程式の数値解法においてである．本章では，常微分方程式，すなわち，一変数関数に対する微分方程式の数値的な解法を解説する．

## 8.1 微分方程式と基本定理

1 階の**常微分方程式**は，一般的に，

$$\frac{d}{dt}u(t) = f(t, u(t)) \tag{8.1}$$

と書ける．ここで，$t$ は独立な変数，$f(t, y)$ は既知の 2 変数関数であり，$u(t)$ は求める未知関数を表す．関数 $u(t)$ が，方程式 (8.1) を（考えているすべての $t$ において）満たすとき，これを**解**と呼ぶ．本章では，解のうち**初期条件**

$$u(0) = a \tag{8.2}$$

を満たすものを考えたい．このような問題設定を**初期値問題**と呼ぶ．実際，$f(t, y)$ に対する適切な仮定の下で，この初期値問題には一意的な解が存在する（定理 8.1.9）．本章では，この一意解を数値的に求める際の基本的な考え方を解説したい．そのために，まずは，微分方程式の具体例を確認しておこう．ただし，方程式の具体的な導出を述べる余裕はないので，その点については参考書などで確認してほしい．以下，$'$ で時間変数 $t$ に関する微分 $d/dt$ を表す．

**【例 8.1.1】**　$\lambda \neq 0$ を定数とする．$u'(t) = \lambda u(t)$ の形の方程式は基本的でありながら，応用範囲が広い．たとえば，この式は，一定の地域に棲むある生物の個体群の（ある時刻 $t$ における）密度 $u(t)$ の時間変化を記述しており，数理人口論では，マルサス（Malthus）の法則と呼ばれている．とくに，$\lambda$ はマルサス係数と呼ばれ，$\lambda =$ (出生率) $-$ (死亡率) で定義される．また，放射性物質の崩壊の様子も同じ方程式で記述できる．放射性物質の量が半分になるのにかかる時間 $T$ を半減期というが，これは $T = -\log 2/\lambda$ と表現される．この方程式は，変数分離法により，解 $u(t) = u(0)e^{\lambda t}$ がただちに求まる．したがって，初期条件 (8.2) を満たす解は $u(t) = ae^{\lambda t}$ となる（これらの問題の場合には，$a > 0$ を仮定する）．解が求まってしまうのだから，数値解法を適用する必要はないが，数値解法の正当性を検証する目的では有用である．　□

**【例 8.1.2】**　マルサスの法則では，係数 $\lambda$ を定数と仮定していたが，これを個体密度 $u(t)$ に関係して $\lambda = 1 - u(t)$ の形を仮定すると，ロジスティック方程式（の特別な場合）$u'(t) = [1 - u(t)]u(t)$ がでる．これも，変数分離法で簡単に解け，$u(t) = \dfrac{ae^t}{1 + a(e^t - 1)}$ が解となる．ここで，$t \to \infty$ とすると，$u(t) \to 1$ を得る．すなわち，ロジスティック方程式は，個体群密度の飽和現象を記述していると考えられる．一方，交配の影響を考慮して，$\lambda = -1 + u(t)$ を仮定すると，$u'(t) = [-1 + u(t)]u(t)$ を得るが，これも，$u(t) = \dfrac{a}{(1-a)e^t + a}$ と解ける．ところが，$t \to \infty$ のときの解 $u(t)$ の挙動は初期値 $a$ によって大きく異なる．まず，$a = 1$ のときは $u(t) = 1$ となり，一方で，$a < 1$ のときは，$u(t) \to 0$ となる．注目すべきは $a > 1$ のときである．すなわち，このとき，$t \to T' = \log \dfrac{a}{a-1} < \infty$ で，$u(t) \to \infty$ となり発散する．これを，$u(t)$ は有限時刻 $T'$ において**爆発**するという．　□

**【例 8.1.3】**　初期値問題 $u'(t) = \sqrt{u(t)}$，$u(0) = 0$ を考える．$u(t) \equiv 0$ は，明らかな解である（これを**自明解**と呼ぶ）．ところが，任意の $c \geq 0$ に対して，

$$u(t) = \begin{cases} 0 & (0 \leq t \leq c), \\ (t-c)^2/4 & (c < t) \end{cases}$$

も方程式と初期条件を満たす（とくに，$u(t)$ は微分可能である）．すなわち，この問題の解は一意ではない．　□

いままでは単独の方程式ばかりを考えてきたが，より精密な数理モデルを

得るためには連立微分方程式を考える必要がある．すなわち，正の整数 $m$ に対して，$m$ 本の微分方程式と初期条件

$$\frac{d}{dt}u_i(t) = f_i(t, u_1(t), \ldots, u_m(t)), \quad u_i(0) = a_i \quad (i = 1, \ldots, m)$$

を満たす $m$ 個の関数 $u_i(t)$ $(i = 1, \ldots, m)$ を求める問題を考えるわけである．各 $f_i(t, y_1, \ldots, y_m)$ は $m+1$ 変数の関数である．この問題を考察する際には，ベクトル表記

$$\frac{d}{dt}\boldsymbol{u}(t) = \boldsymbol{f}(t, \boldsymbol{u}(t)) \tag{8.3}$$

が便利である．ここで，

$$\boldsymbol{u}(t) = \begin{pmatrix} u_1(t) \\ \vdots \\ u_m(t) \end{pmatrix}, \quad \boldsymbol{f}(t, \boldsymbol{y}) = \begin{pmatrix} f_1(t, \boldsymbol{y}) \\ \vdots \\ f_m(t, \boldsymbol{y}) \end{pmatrix}, \quad \boldsymbol{y} = \begin{pmatrix} y_1 \\ \vdots \\ y_m \end{pmatrix}, \quad \boldsymbol{a} = \begin{pmatrix} a_1 \\ \vdots \\ a_m \end{pmatrix}$$

と書いており，$d/dt$ は成分ごとに考えるものとする．また，初期条件は，

$$\boldsymbol{u}(0) = \boldsymbol{a} \tag{8.4}$$

と書ける．

**【例 8.1.4】** 一定の地域に二種の生物が生息していて，二種のうち一種は，他方の種の被食者（すなわち，餌）となる場合を考える．このとき，捕食者の個体群密度 $u_1(t)$ と被食者の個体群密度 $u_2(t)$ の変化を記述するモデルとして，ロトカ（Lotka）–ヴォルテラ（Volterra）の捕食者被食者モデルと呼ばれる連立微分方程式

$$\frac{d}{dt}u_1(t) = u_1(t)[1 - u_2(t)], \qquad \frac{d}{dt}u_2(t) = -u_2(t)[1 - u_1(t)]$$

が知られている．これは，$f_1(t, y_1, y_2) = y_1(1-y_2)$, $f_2(t, y_1, y_2) = -y_2(1-y_1)$ と定義することで，(8.3) の形になる． □

一般に，高階の微分方程式（2 階以上の導関数を含む微分方程式）は，みかけ上の未知関数を増やすことで (8.3) の形に帰着できる．

**【例 8.1.5】** $x$ 軸上におかれた質量 1 の質点の運動を考える．時刻 $t$ における

質点の位置を $x(t)$ で表す．$\omega$ を正定数として，質点に $-\omega^2 x(t)$ の外力が働くと仮定すると，ニュートンの運動の法則により，$x''(t) = -\omega^2 x(t)$ を得る．これは**単振動**の微分方程式と呼ばれる．さらに，速度に比例する抵抗 $\gamma x'(t)$（$\gamma$ は正定数）が働く場合には，方程式は，

$$\frac{d^2}{dt^2}x(t) = -\omega^2 x(t) - \gamma \frac{d}{dt}x(t)$$

となる．これに初期条件として，たとえば，$x(0) = 0$，$x'(0) = 1$ を課す．この問題は，$u_1(t) = x(t)$，$u_2(t) = x'(t)$，$f_1(t, y_1, y_2) = y_2$，$f_2(t, y_1, y_2) = -\omega^2 y_1 - \gamma y_2$ と定義することで，(8.3) の形になる．□

**【例 8.1.6】** ニュートンが導いた惑星運動の方程式を現代的に書くと，

$$-M_{\mathrm{P}} \frac{d^2}{dt^2}x(t) = GM_{\mathrm{S}}M_{\mathrm{P}} \frac{x(t)}{r^3(t)}, \quad -M_{\mathrm{P}} \frac{d^2}{dt^2}y(t) = GM_{\mathrm{S}}M_{\mathrm{P}} \frac{y(t)}{r^3(t)}$$

となる．$G$ は万有引力定数，$M_{\mathrm{P}}$ は考察している惑星の質量，$M_{\mathrm{S}}$ は太陽の質量，$(x(t), y(t))$ は時刻 $t$ での（$xy$ 平面における）惑星の位置，$r(t) = \sqrt{x(t)^2 + y(t)^2}$ は惑星と太陽の距離を表す．ただし，$M_{\mathrm{P}}/M_{\mathrm{S}}$ は非常に小さいことを仮定し，惑星運動が平面運動であることは考慮ずみである．これは，2 階の連立微分方程式だが，$u_1(t) = x(t)$，$u_2(t) = y(t)$，$u_3(t) = x'(t)$，$u_4(t) = y'(t)$，$f_1(t, \boldsymbol{y}) = y_3$，$f_2(t, \boldsymbol{y}) = y_4$，$f_3(t, \boldsymbol{y}) = -GM_{\mathrm{S}}y_1(y_1^2 + y_2^2)^{-3/2}$，$f_4(t, \boldsymbol{y}) = -GM_{\mathrm{S}}y_2(y_1^2 + y_2^2)^{-3/2}$ とおくと (8.3) の形に帰着できる．□

方程式 (8.3) において，次元 $m$ が非常に大きくなる場合も珍しくない．

**【例 8.1.7】** $0 \le x \le 1$ におかれた長さ 1 の（一様な材質でできた）針金の熱伝導を考える．時刻 $t$ における針金の温度を $u(x, t)$ とすると，これは，**熱伝導方程式**（**熱方程式**）と呼ばれる**偏微分方程式**

$$\frac{\partial}{\partial t}u(x, t) = \frac{\partial^2}{\partial x^2}u(x, t) + g(x, t)$$

にしたがうことが知られている．これに，温度固定の境界条件と初期条件

$$u(0, t) = u(1, t) = 0, \qquad u(x, 0) = a(x)$$

を課した問題を考える．$g(x, t)$ と $a(x)$ は与えられた連続関数であり，熱伝導係数を 1 と仮定している．一般に，$\Delta x > 0$ が十分に小さければ，

$$\frac{d^2v(x)}{dx^2} \approx \frac{v(x-\Delta x) - 2v(x) + v(x+\Delta x)}{\Delta x^2}$$

と近似できる（問題 8.1.16）．これを利用して上記の偏微分方程式を (8.3) の形の常微分方程式に帰着させる．そのために，$\Delta x = 1/(m+1)$ とおき，$x_i = i\Delta x$ $(i = 0, \dots, m+1)$ と定義する．$x_i$ における求めるべき $u(x_i, t)$ の近似値を $u_i(t)$ と書く．方程式を $(x_i, t)$ $(i = 1, \dots, m)$ で考えることにより，

$$\frac{d}{dt}u_i(t) = \frac{u_{i-1}(t) - 2u_i(t) + u_{i+1}(t)}{\Delta x^2} + g(x_i, t) \qquad (i = 1, \dots, m)$$

を得る．境界条件から $u_0(t) = u_{m+1}(t) = 0$ であり，初期条件から $u_i(0) = a(x_i)$ となる．したがって，$\boldsymbol{u}(t) = (u_i(t))$，$\boldsymbol{a} = (a(x_i))$，$\boldsymbol{g}(t) = (g(x_i, t))$，および，

$$A = \frac{-1}{\Delta x^2}\begin{pmatrix} 2 & -1 & 0 & & \text{\Large 0} \\ & \ddots & & & \\ & -1 & 2 & -1 & \\ & & & \ddots & \\ \text{\Large 0} & & & -1 & 2 \end{pmatrix} \in \mathbb{R}^{m \times m} \tag{8.5}$$

とおくことで，連立の常微分方程式

$$\frac{d}{dt}\boldsymbol{u}(t) = A\boldsymbol{u}(t) + \boldsymbol{g}(t), \qquad \boldsymbol{u}(0) = \boldsymbol{a}$$

に帰着される．よい近似を得るためには，$\Delta x$ を小さく，すなわち，$m$ を大きくしたいので，必然的に，非常に多くの数の未知関数を扱うことになる． □

これらの例を用いて，微分方程式 (8.3) に関連する用語を確認しておこう．まず，$\boldsymbol{u}(t)$ と $\boldsymbol{v}(t)$ が解のとき，任意の定数 $C_1$ と $C_2$ に対して，$C_1\boldsymbol{u}(t) + C_2\boldsymbol{v}(t)$ も解となるとき，方程式 (8.3) は**線形**であるという．例 8.1.1 の方程式は線形である．一方，例 8.1.7 の方程式は，この定義通りに判断すれば，$\boldsymbol{g}(t) = \boldsymbol{0}$ のときのみ線形であるが，これはすなわち，両辺ともに $\boldsymbol{u}(t)$ が関係している部分のみに着目すれば線形ということを意味しているので，このような方程式も線形と呼ぶのが普通である．残りの例（例 8.1.2–8.1.6）は，すべて非線形である．

次に，右辺の関数 $\boldsymbol{f}(t, \boldsymbol{y})$ が $t$ に依存していない場合を，**自励系**と呼ぶ．す

なわち，自励系とは，

$$\frac{d}{dt}\boldsymbol{u}(t) = \boldsymbol{f}(\boldsymbol{u}(t))$$

の形の方程式である（右辺は，$\boldsymbol{u}(t)$ を通じて間接的に $t$ にも依存しているが，直接には依存していないという意味）．例 8.1.1–8.1.6 の方程式はすべて自励系であり，一方，例 8.1.7 の方程式は，$\boldsymbol{g}(t) = \boldsymbol{0}$ のときのみ自励系となる．

**注意 8.1.8**　(8.3) は，

$$\boldsymbol{v}(t) = \begin{pmatrix} \boldsymbol{u}(t) \\ t \end{pmatrix}, \quad \boldsymbol{g}(\boldsymbol{z}) = \begin{pmatrix} \boldsymbol{f}(t, \boldsymbol{y}) \\ 1 \end{pmatrix}, \quad \boldsymbol{z} = \begin{pmatrix} \boldsymbol{y} \\ t \end{pmatrix}$$

と置き換えることで，$m+1$ 成分の自励系

$$\frac{d}{dt}\boldsymbol{v}(t) = \boldsymbol{g}(\boldsymbol{v}(t))$$

に帰着できる．□

数値解法の導入と解析に進む前に，常微分方程式の初期値問題

$$\frac{d}{dt}\boldsymbol{u}(t) = \boldsymbol{f}(t, \boldsymbol{u}(t)) \qquad (t \ge t_0), \tag{8.6}$$

$$\boldsymbol{u}(t_0) = \boldsymbol{a} \tag{8.7}$$

の解の存在と一意性と，それを保証するための $\boldsymbol{f}(s, \boldsymbol{y})$ についての条件（= リプシッツ連続性）を確認しておこう．なお，すでに述べた通り，$\boldsymbol{a} \in \mathbb{R}^m$ は初期値（初期時刻をより一般に $t_0$ としている），$\boldsymbol{f}(s, \boldsymbol{y})$ は $\mathbb{R} \times \mathbb{R}^m$ の部分集合 $\Omega$ で定義された連続関数であり，$(t_0, \boldsymbol{a}) \in \Omega$ を仮定している．さらに，正数 $M$ と $T > t_0$ に対して，

$$I_T = \{t \in \mathbb{R} \mid t_0 \le t \le T\}, \tag{8.8}$$

$$J_M = \{\boldsymbol{y} \in \mathbb{R}^m \mid \|\boldsymbol{y} - \boldsymbol{a}\|_\infty \le M\} \tag{8.9}$$

と定義して，$I_T \times J_M \subset \Omega$ を仮定する．$\|\boldsymbol{y}\|_\infty$ はベクトル $\infty$ ノルムである．$t_0 \le t \le T$ で常微分方程式 (8.6) と $\boldsymbol{u}(t) \in J_M$，および，初期条件 (8.7) を満たすような関数 $\boldsymbol{u} \in C^1(I_T)^m$ を，$I_T \times J_M$ における**初期値問題** (8.6)，(8.7) **の解**と呼ぶことにする．

微分方程式に関する次の基本定理は，数学の全域で基本的であるから，証明をよく復習しておいてほしい．

**定理 8.1.9** $K = \max_{(t,\boldsymbol{y})\in I_T\times J_M} \|\boldsymbol{f}(t,\boldsymbol{y})\|_\infty$ とおく．また，

$$\|\boldsymbol{f}(s,\boldsymbol{y}) - \boldsymbol{f}(s,\hat{\boldsymbol{y}})\|_\infty \leq \lambda\|\boldsymbol{y} - \hat{\boldsymbol{y}}\|_\infty \quad (s \in I_T,\ \boldsymbol{y}, \hat{\boldsymbol{y}} \in J_M) \tag{8.10}$$

を満たす正定数 $\lambda$ の存在を仮定する．さらに，$\delta = \min\{T,\ M/K\}$ とおくと，$I_\delta \times J_M$ における初期値問題 (8.6), (8.7) の解 $\boldsymbol{u}(t)$ が一意的に存在する． □

**定義 8.1.10（リプシッツ連続）** (8.10) を満たす $\boldsymbol{f}(t,\boldsymbol{y})$ を，$I_T \times J_M$ において，（$s$ に関しては一様に）$\boldsymbol{y}$ に関して（$\|\cdot\|_\infty$ についての）**リプシッツ連続**であるという．また，$\lambda$ を**リプシッツ係数**と呼ぶ． □

**注意 8.1.11** $\boldsymbol{f}(s,\boldsymbol{y})$ の変数 $\boldsymbol{y}$ に対するヤコビ行列 $D\boldsymbol{f}(s,\boldsymbol{y}) = D_{\boldsymbol{y}}\boldsymbol{f}(s,\boldsymbol{y}) = (\partial f_i(s,\boldsymbol{y})/\partial y_j)$ が $I_T \times J_M$ で連続ならば，$\boldsymbol{f}(s,\boldsymbol{y})$ は，$\boldsymbol{y}$ に関してリプシッツ連続となる．実際，$s \in I_T$，$\boldsymbol{y}, \hat{\boldsymbol{y}} \in J_M$ に対して，$\boldsymbol{p}_r = \hat{\boldsymbol{y}} + r(\boldsymbol{y} - \hat{\boldsymbol{y}})$ とおくと，(4.24) により，

$$\begin{aligned}\|\boldsymbol{f}(s,\boldsymbol{y}) - \boldsymbol{f}(s,\hat{\boldsymbol{y}})\|_\infty &\leq \|\boldsymbol{y} - \hat{\boldsymbol{y}}\|_\infty \int_0^1 \|D\boldsymbol{f}(s,\boldsymbol{p}_r)\|_\infty\, dr \\ &\leq \lambda \int_0^1 \|\boldsymbol{y} - \hat{\boldsymbol{y}}\|_\infty\, dr = \lambda\|\boldsymbol{y} - \hat{\boldsymbol{y}}\|_\infty\end{aligned}$$

となる．ただし，$\lambda = \max_{(s,\boldsymbol{y})\in I_T\times J_M} \|D\boldsymbol{f}(s,\boldsymbol{y})\|_\infty$ とおいている． □

**注意 8.1.12** 本節で考察した例では，例 8.1.3 と例 8.1.6 を除き，対応する $\boldsymbol{f}(s,\boldsymbol{y})$ は，任意の $M$ に対して，$I_T \times J_M$ で $\boldsymbol{y}$ に関してリプシッツ連続である．このように，任意の有界閉集合上でリプシッツ連続となる関数を，**局所リプシッツ連続**な関数という．例 8.1.3 と例 8.1.6 では，$\boldsymbol{a} \neq \boldsymbol{0}$ であれば，$M$ を適切に選ぶことで，$\boldsymbol{f}(s,\boldsymbol{y})$ は，$I_T \times J_M$ で $\boldsymbol{y}$ に関してリプシッツ連続となる．なお，例 8.1.1，例 8.1.5，例 8.1.7 では，$\boldsymbol{f}(s,\boldsymbol{y})$ は，$I_T \times \mathbb{R}^m$ で $\boldsymbol{y}$ に関してリプシッツ連続となる．しかし，それ以外の例では，$J_M$ が有界閉集合であることが本質的である． □

**注意 8.1.13** 定理 8.1.9 により，$t_0 \leq t \leq t_0 + \delta$ での初期値問題 (8.6), (8.7) の解 $\boldsymbol{u}(t)$ の存在が保証される．しかし，一般には，$t_0 + \delta \leq T$ である．そこで，$t = t_0 + \delta$ を新しい初期時刻，$\boldsymbol{u}(t_0 + \delta)$ を新しい初期値として，再び，定

理 8.1.9 を適用すると（$M$ は適当にとりなおすものとする），ある $\delta_1 > 0$ に対して，$t_0 \le t \le t_0 + \delta + \delta_1$ での解の存在が保証される．この手続きによって，解の存在区間を延長していけるが，指定された $T$ にまで到達できるか否かは，問題に依存する．実際，例 8.1.2 で述べた初期値問題 $u'(t) = [-1 + u(t)]u(t)$, $u(0) = a(> 1)$ では，解は $T' = \log(a/(a-1))$ までしか存在し得ないのであった．すなわち，このときは，$\delta + \delta_1 + \delta_2 + \cdots < T'$ となっているのである．任意の $T > t_0$ まで延長できる解を**大域解**，そうでない解を**局所解**と呼ぶ．□

**【問題 8.1.14】** $\lambda, a > 0$ として，スカラー値の方程式 $u'(t) = \lambda[u(t) + u(t)^3]$ $(0 \le t \le 1)$, $u(0) = a$ を考える．この解が $0 \le t \le 1$ で存在するための，$a$ の条件を求めよ．また，解が $0 \le t \le T < 1$ までしか存在し得ないときには，何が起こっているのかを調べよ．

**【問題 8.1.15】** $f(s)$ を連続な非減少関数とする（リプシッツ連続性は仮定しない）．このとき，スカラー値の方程式 $u'(t) = f(u(t))$, $u(t_0) = a$ の解は一意であることを示せ．

**【問題 8.1.16】** $C^4$ 級の関数 $v(x)$ と十分小さな $h > 0$ に対して，

$$\left| v''(x) - \frac{v(x-h) - 2v(x) + v(x+h)}{h^2} \right| \le \frac{1}{12} h^2 \|v^{(4)}\|_{L^\infty(I)}$$

を示せ．ただし，$I$ は $x$ と $x \pm h$ を含む有界閉区間を表す．

## 8.2　離散変数法の例

微分方程式 (8.1) や (8.3) を数値的に解くために，“すべての $t$” で値を求めるのをあきらめ，その代わりに，離散的な点 $t_1, t_2, \ldots$ を導入して，各 $t_i$ における解 $u(t_i)$ や $\boldsymbol{u}(t_i)$ の近似値を求めることを考える．このような考え方を**離散変数法** (discrete variable method) と呼ぶ．本節では，代表的な離散変数法を導入する．よりくわしい解析は，後の節で行う．

まずは，スカラー値の場合 (8.1), (8.2) を扱う．方程式を $0 \le t \le T$ で考えることにする（簡単のため，$t_0 = 0$ としている）．このとき，$N$ を自然数として，

$$t_n = nh \quad (n = 0, 1, \ldots, N), \qquad h = \frac{T}{N}$$

と定義し，求めるべき $u(t_n)$ の近似値を $U_n$ で表す．$U_0$ は初期条件から $U_0 = a$

とすればよい．$U_1, \ldots, U_N$ を求める方程式を導出するために，微分係数の定義に立ち戻ってみる．そうすると，分数

$$\frac{u(t_n + h) - u(t_n)}{h}, \qquad \frac{u(t_n) - u(t_n - h)}{h}$$

は，$h$ が十分に小さければ（$m$ が十分に大きければ）$u'(t_n)$ のよい近似値になるであろうことが期待できる．そこで，$U_1, \ldots, U_N$ を，

$$\frac{U_{n+1} - U_n}{h} = f(t_n, U_n), \tag{8.11}$$

$$\frac{U_{n+1} - U_n}{h} = f(t_{n+1}, U_{n+1}) \tag{8.12}$$

で求める方法が考えられる．(8.11) を**前進オイラー法**（forward Euler method, あるいは，単に**オイラー法**）と，(8.12) を**後退オイラー法** (backward Euler method) と呼ぶ．これらの方法は，(8.1) を，$t_n \le t \le t_{n+1}$ で積分して，

$$u(t_{n+1}) - u(t_n) = \int_{t_n}^{t_{n+1}} f(t, u(t))\, dt$$

と書いたときに，右辺の被積分関数を，端点の値を使って，それぞれ，$f(t, u(t)) \approx f(t_n, u(t_n))$，$f(t, u(t)) \approx f(t_{n+1}, u(t_{n+1}))$ と近似することに対応している．そこで，$f(t_{n+1}, u(t_{n+1}))$ と $f(t_n, u(t_n))$ を通る 1 次関数を使って $f(t, u(t)) \approx \frac{1}{h}[(t_{n+1} - t) f(t_n, u(t_n)) + (t - t_n) f(t_{n+1}, u(t_{n+1}))]$ と仮定して公式を導出することもできる．その結果は，**クランク**（Crank）**–ニコルソン**（Nicolson）**法**

$$\frac{U_{n+1} - U_n}{h} = \frac{1}{2}[f(t_n, U_n) + f(t_{n+1}, U_{n+1})] \tag{8.13}$$

となる．この方法は，**台形法**，あるいは，**2 次のアダムス**（Adams）**–ムルトン**（Moulton）**法**と呼ばれることもある．さらに，$f(t_n, u(t_n))$ と $f(t_{n-1}, u(t_{n-1}))$ を通る 1 次関数を使って $f(t, u(t)) \approx \frac{1}{h}[(t_n - t) f(t_{n-1}, u(t_{n-1})) + (t - t_{n-1}) f(t_n, u(t_n))]$ と近似し，結果として，

$$\frac{U_{n+1} - U_n}{h} = \frac{3}{2} f(t_n, U_n) - \frac{1}{2} f(t_{n-1}, U_{n-1}) \tag{8.14}$$

を得る．これを，**2 次のアダムス–バッシュフォース**（Bashforth）**法**という．

これらの例を用いて，離散変数法に関する用語を確認しておく．$U_0, \ldots, U_n$

まで解が求まっているとする．次に，$U_{n+1}$ を算出する際に，(8.11) と (8.14) は，それぞれ，

$$U_{n+1} = U_n + hf(t_n, U_n), \quad U_{n+1} = U_n + h\left[\frac{3}{2}f(t_n, U_n) - \frac{1}{2}f(t_{n-1}, U_{n-1})\right]$$

とただちに計算できる．一方で，(8.12) と (8.13) は，それぞれ，

$$U_{n+1} - hf(t_{n+1}, U_{n+1}) = p_n, \quad U_{n+1} - \frac{h}{2}f(t_{n+1}, U_{n+1}) = q_n$$

の形の $U_{n+1}$ に対する非線形方程式を解かねばならない．ただし，$p_n = U_n$，$q_n = U_n + (h/2)f(t_n, U_n)$ としている．(8.11) と (8.14) を**陽的な方法** (explicit method)，(8.12) と (8.13) を**陰的な方法** (implicit method) と呼ぶことで，これを区別する．なお，陰的な方法では，非線形方程式を解く際に，ニュートン法などの反復解法を適用することになる（このときの反復を**内部反復**という）．

次に，$U_{n+1}$ を求める際に，(8.11)，(8.12)，(8.13) では，$U_n$ の値しか使わないが，(8.14) では，$U_{n-1}$ と $U_n$ の値を用いている．前者を**一段法** (one step method)，後者を**二段法** (two step method) と呼ぶことで，これを区別する．整数 $k \geq 1$ に対して，$k$ 段の**多段法** (multistep method) は，

$$\sum_{j=0}^{k} \alpha_j U_{n-j+1} = h \sum_{j=0}^{k} \beta_j f(t_{n-j+1}, U_{n-j+1}) \tag{8.15}$$

で定義される．$\{\alpha_j\}_{j=0}^{n}$ と $\{\beta_j\}_{j=0}^{n}$ は係数で，$\alpha_0 \neq 0, \beta_0 \neq 0, \alpha_k \neq 0$ を仮定する．この方法では，$U_{n+1}$ の値を算出する際に，“$k$ 個分の前の値” $U_n, \ldots, U_{n-k+1}$ を必要とする．とくに，計算を始めるために，$k$ 個の初期値 $U_0, \ldots, U_{k-1}$ が必要となる．したがって，$U_0 = a$ 以外の $k-1$ 個の値 $U_1, \ldots, U_{k-1}$ は別の方法で用意しておかねばならない．また，(8.15) は，$\beta_k = 0$ のとき陽的に，$\beta_k \neq 0$ のとき陰的になる．

次節以降で，一段法についてくわしく考察していく．一方で，一般の多段法の挙動は複雑であり，したがってその解析にも相当に手間がかかるので，本書では，以後，直接には扱わないことにする．

ベクトル値の場合 (8.3) も方法の定義，用語の使い方はスカラー値の場合とまったく同様である．念のため，前進オイラー法とクランク–ニコルソン法を記しておくと，

$$\frac{1}{h}(\boldsymbol{U}_{n+1} - \boldsymbol{U}_n) = \boldsymbol{f}(t_n, \boldsymbol{U}_n), \tag{8.16}$$

$$\frac{1}{h}(\boldsymbol{U}_{n+1} - \boldsymbol{U}_n) = \frac{1}{2}[\boldsymbol{f}(t_n, \boldsymbol{U}_n) + \boldsymbol{f}(t_{n+1}, \boldsymbol{U}_{n+1})] \tag{8.17}$$

となる．もちろん，$\boldsymbol{U}_n$ は $\boldsymbol{u}(t_n)$ の近似値を表し，初期値は $\boldsymbol{U}_0 = \boldsymbol{a}$ とする．

**【例 8.2.1】** 例 8.1.6 で導入した惑星運動の方程式を前進オイラー法 (8.16) で解いてみる．物理的な意味は無視して，$GM_{\mathrm{S}} = 1$ とする．そして，$0 \le k < 1$ を固定して，初期値 $u_1(0) = x(0) = 1-k$，$u_2(0) = y(0) = 0$，$u_3(0) = x'(0) = 0$，$u_4(0) = y'(0) = \sqrt{(1+k)/(1-k)}$ を与える．このとき，$(x(t), y(t))$ は，原点を焦点（の 1 つ）とする，離心率 $k$ の楕円軌道を描く．とくに，その周期は $2\pi$ となる．$k = 0.8$ に対する数値計算例を図 8.1 に示す．図では，$\boldsymbol{U}_n = (U_{1,n}, U_{2,n}, U_{3,n}, U_{4,n})$ について，$(U_{1,0}, U_{2,0}), (U_{1,1}, U_{2,1}), \ldots, (U_{1,N}, U_{2,N})$ を順に線で結んでいる．すなわち，これが，軌道 $(x(t), y(t))$ の近似である．左が 1 周期分，つまり，$T = 2\pi$ としたときの結果，右が 2.5 周期分，つまり，$T = 5\pi$ としたときの計算結果を示している．なお，ともに，$h = 0.0001$ となるように，$N$ を選んだ．計算結果は，本来，閉じた楕円を描かねばならないが，ともに，ずれてしまっている．とくに，右側の図からみてとれるように，このずれは，時間の経過とともに拡大されていく． □

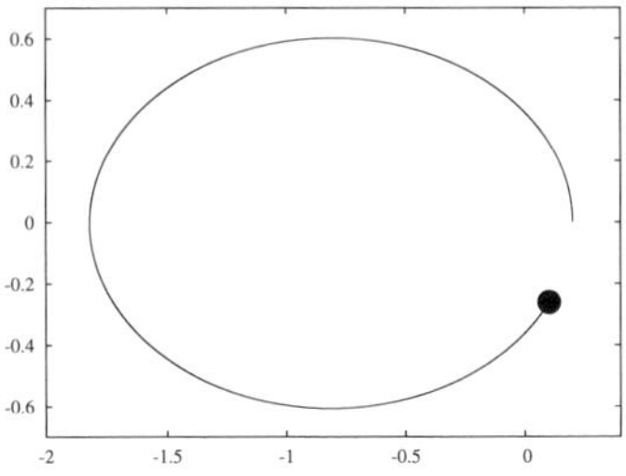


$0 \le t_n \le T = 2\pi$

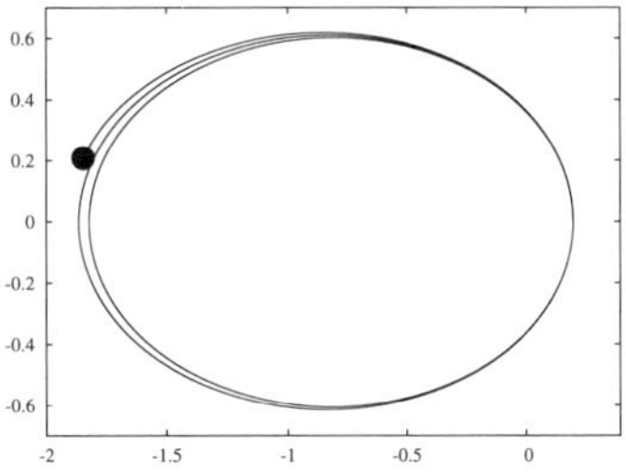


$0 \le t_n \le T = 5\pi$

**図 8.1** 前進オイラー法 (8.16) による惑星運動の微分方程式（例 8.1.6 と例 8.2.1）の計算．$k = 0.8$，$h = 0.0001$ としている．●は，$(U_{1,N}, U_{2,N}) \approx (x(T), y(T))$ を表す．

この例が示すように，前進オイラー法は，簡単で利用しやすいが，あまり"精度"は高くない．実際，8.3 節で示すように，前進オイラー法の"誤差"は $h$ に比例する．したがって，$h$ を十分小さく（$N$ を十分大きく）すれば，よい近似を与えるはずだが，上の例は，この問題に対しては $h = 0.0001$ では細かさが十分でないことを意味している．そこで，同じ $h$ を使っても，より正確な近似解を算出する方法を考えたい．この目的のため，急がば回れの精神で，まずは，8.3 節において一般的な一段法の収束について議論し，離散変数法と近似解の精度についてのくわしい解析を行う．そして，その考察をふまえて，8.4 節と 8.5 節で，高精度の方法を機械的に構成する方法の 1 つである，**ルンゲ–クッタ**（Kutta）**法**を説明する．その代表は，**ホイン**（Heun）**法**

$$\begin{cases} \boldsymbol{U}_{n+1} = \boldsymbol{U}_n + \dfrac{h}{2}(\boldsymbol{k}_1 + \boldsymbol{k}_2), \\ \boldsymbol{k}_1 = \boldsymbol{f}(t_n, \boldsymbol{U}_n), \quad \boldsymbol{k}_2 = \boldsymbol{f}\left(t_n + h, \boldsymbol{U}_n + h\boldsymbol{k}_1\right), \end{cases} \tag{8.18}$$

そして，**4 段数 4 次精度の古典的ルンゲ–クッタ法**（これを単にルンゲ–クッタ法と呼ぶことが多い）

$$\begin{cases} \boldsymbol{U}_{n+1} = \boldsymbol{U}_n + \dfrac{h}{6}(\boldsymbol{k}_1 + 2\boldsymbol{k}_2 + 2\boldsymbol{k}_3 + \boldsymbol{k}_4), \\ \boldsymbol{k}_1 = \boldsymbol{f}(t_n, \boldsymbol{U}_n), \\ \boldsymbol{k}_2 = \boldsymbol{f}\left(t_n + \frac{1}{2}h, \boldsymbol{U}_n + \frac{1}{2}h\boldsymbol{k}_1\right), \\ \boldsymbol{k}_3 = \boldsymbol{f}\left(t_n + \frac{1}{2}h, \boldsymbol{U}_n + \frac{1}{2}h\boldsymbol{k}_2\right), \\ \boldsymbol{k}_4 = \boldsymbol{f}\left(t_n + h, \boldsymbol{U}_n + h\boldsymbol{k}_3\right) \end{cases} \tag{8.19}$$

である．例 8.2.1 の計算をこれらの方法で行った結果が図 8.2 である．ともに，2.5 周期，すなわち，2 周り半の軌道を前進オイラー法よりもかなり正確に捉えていることが観察できる．

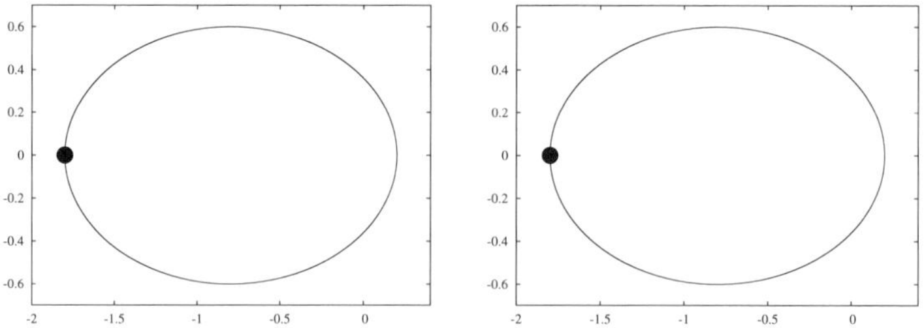


ホイン法　　古典的ルンゲ–クッタ法

**図 8.2** ホイン法 (8.18) と古典的ルンゲ–クッタ法 (8.19) による惑星運動の微分方程式（例 8.1.6 と例 8.2.1）の計算．$k = 0.8$，$h = 0.0001$，$0 \le t_n \le T = 5\pi$ としている．●は，$(U_{1,N}, U_{2,N}) \approx (x(T), y(T))$ を表す．

**【問題 8.2.2】** スカラー値の方程式 $u'(t)=f(t)$ を考える．ただし，$f(t)$ は $t$ のみの関数とする．(8.13) の右辺をシンプソン則で近似すると，古典的ルンゲ–クッタ法 (8.19) がでることを示せ．

## 8.3　一段法

あらためて，常微分方程式の初期値問題

$$\frac{d}{dt}\boldsymbol{u}(t)=\boldsymbol{f}(t,\boldsymbol{u}(t))\quad(t_0\le t\le T),\qquad \boldsymbol{u}(t_0)=\boldsymbol{a}\tag{8.20}$$

を考える．$\boldsymbol{a}\in\mathbb{R}^m$ は初期値，関数 $\boldsymbol{f}(s,\boldsymbol{y}):I_T\times J_{M'}\to\mathbb{R}^m$ は連続とする．ただし，$I_T$ と $J_{M'}$ は，(8.8) と (8.9) で定義した有界閉集合である（$M'$ は適当な正定数）．

以下，(8.20) には一意的な解 $\boldsymbol{u}\in C^1(I_T)^m$ が存在すると仮定して，$\alpha=\max_{t\in I_T}\|\boldsymbol{u}(t)-\boldsymbol{a}\|_\infty$ とおく．必要ならば，$T$ を小さくとり直すことで，一般性を失うことなく，$M'>\alpha$ としてよい．そして，

$$M=\alpha+\delta,\quad \delta=\frac{1}{2}(M'-\alpha)\tag{8.21}$$

と定義する（図 8.3 を参照せよ）．

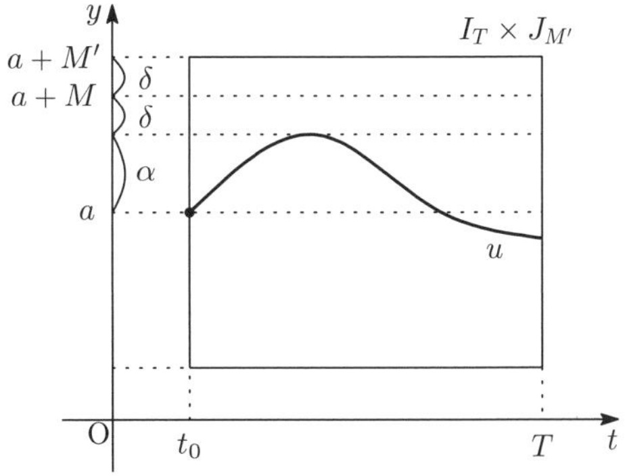


**図 8.3**　$m=1$ の場合の領域 $I_T\times J_{M'}$ の例．

前節で扱った前進オイラー法を一般化した近似解法を考察しよう．そのために，格子点の集合

$$\Delta = \{t_0, t_1, \ldots, t_N\}, \quad 0 = t_0 < t_1 < \cdots < t_N = T, \quad N \in \mathbb{N} \tag{8.22}$$

を導入する．そして，

$$h_n = t_{n+1} - t_n \quad (n = 0, \ldots, N-1), \quad h = \max_{0 \le n \le N-1} h_n \tag{8.23}$$

と定義して，各 $h_n$ を**刻み幅**（**ステップサイズ**，step size），$h$ を**最大刻み幅**（**最大ステップサイズ**）と呼ぶ．すべての $n$ について $h = h_n = T/N$ のとき，$\Delta$ を**一様格子**，それ以外のときは，**非一様格子**という．なお，以下では，一般性を失うことなく，$h \le 1$ を仮定する．さらに，$\Delta$ 上で定義された，格子点関数の集合

$$\boldsymbol{X}_\Delta = \{\boldsymbol{v} = \{\boldsymbol{v}_0, \ldots, \boldsymbol{v}_N\} \mid \boldsymbol{v}_i \in \mathbb{R}^m \ (0 \le i \le N)\}$$

を考え，ノルム

$$\|\boldsymbol{v}\|_\Delta = \max_{0 \le i \le N} \|\boldsymbol{v}_i\|_\infty \qquad (\boldsymbol{v} \in \boldsymbol{X}_\Delta)$$

を定義する．

前進オイラー法を一般化し，近似解 $\boldsymbol{U} \in \boldsymbol{X}_\Delta$ を，

$$\begin{cases} \boldsymbol{U}_{n+1} = \boldsymbol{U}_n + h_n \boldsymbol{F}(t_n, \boldsymbol{U}_n; h_n) & (n = 0, \ldots, N-1), \\ \boldsymbol{U}_0 = \boldsymbol{a} \end{cases} \tag{8.24}$$

で求める方法を**一段法**という．$\boldsymbol{F}(s, \boldsymbol{y}; r)$ は，$I_T \times J_{M'} \times [0,1]$ で定義された，$\mathbb{R}^m$ の値をとるベクトル値の連続関数である．実際，前進オイラー法では $\boldsymbol{F}(s, \boldsymbol{y}; r) = \boldsymbol{f}(s, \boldsymbol{y})$ としている．

**定義 8.3.1**（**離散化誤差** (discretization error)）　(8.20) の解 $\boldsymbol{u}(t)$ に対して，

$$\boldsymbol{\tau}(t, r) = \frac{1}{r}[\boldsymbol{u}(t+r) - \boldsymbol{u}(t)] - \boldsymbol{F}(t, \boldsymbol{u}(t); r) \qquad (t, r) \in I_T \times (0, 1]$$

を，一段法 (8.24) の $t$ における**局所離散化（打切り）誤差** (local discretization error) と呼ぶ．ただし，$t + r > T$ のときは，$\boldsymbol{u}(t+r)$ が定義されないので，このときは $\boldsymbol{u}(t+r) = \boldsymbol{u}(T)$ と解釈する．さらに，一段法 (8.24) の**大域離散化（打切り）誤差** (global discretization error) を

$$\tau(h) = \max_{(t,r)\in I_T\times[0,h]} \|\boldsymbol{\tau}(t,r)\|_\infty$$

で定める． □

**定理 8.3.2** $\boldsymbol{F}(t,\boldsymbol{y};r)$ が，定数 $L>0$ に対して，

$$\|\boldsymbol{F}(t,\boldsymbol{y};r)-\boldsymbol{F}(t,\hat{\boldsymbol{y}};r)\|_\infty \le L\|\boldsymbol{y}-\hat{\boldsymbol{y}}\|_\infty,$$
$$(t,\boldsymbol{y};r),(t,\hat{\boldsymbol{y}};r)\in I_T\times J_M\times[0,1] \qquad (8.25)$$

を満たすとする（すなわち，$\boldsymbol{F}(t,\boldsymbol{y};r)$ は $I_T\times J_M\times[0,1]$ において $\boldsymbol{y}$ に関してリプシッツ係数 $L$ のリプシッツ連続）．さらに，$\boldsymbol{U}=\{\boldsymbol{U}_0,\ldots,\boldsymbol{U}_N\}\in\boldsymbol{X}_\Delta$ を一段法 (8.24) の解として，

$$h\le\rho_1 \quad\Rightarrow\quad \boldsymbol{U}_0,\boldsymbol{U}_1,\ldots,\boldsymbol{U}_{k-1}\in J_M \qquad (8.26)$$

を満たす $\rho_1>0$ と $1\le k\le N$ の存在を仮定する．このとき，$h\le\rho_1$ ならば，

$$\|\boldsymbol{u}(t_n)-\boldsymbol{U}_n\|_\infty \le \frac{e^{L(t_n-t_0)}-1}{L}\tau(h) \qquad (0\le n\le k) \qquad (8.27)$$

が成り立つ． □

**証明** $1\le n\le k$ とする．$t_{n-1}$ での局所離散化誤差 $\boldsymbol{\tau}_{n-1}=\boldsymbol{\tau}(t_{n-1},h_{n-1})$ は，

$$\boldsymbol{u}(t_n)=\boldsymbol{u}(t_{n-1})+h_{n-1}\boldsymbol{F}(t_{n-1},\boldsymbol{u}(t_{n-1});h_{n-1})+h_{n-1}\boldsymbol{\tau}_{n-1}$$

を満たすから，これと，$\boldsymbol{U}_n=\boldsymbol{U}_{n-1}+h_{n-1}\boldsymbol{F}(t_{n-1},\boldsymbol{U}_{n-1};h_{n-1})$ より，

$$\begin{aligned}\boldsymbol{u}(t_n)-\boldsymbol{U}_n &= \boldsymbol{u}(t_{n-1})-\boldsymbol{U}_{n-1}\\ &\quad + h_{n-1}[\boldsymbol{F}(t_{n-1},\boldsymbol{u}(t_{n-1});h_{n-1})-\boldsymbol{F}(t_{n-1},\boldsymbol{U}_{n-1};h_{n-1})]+h_{n-1}\boldsymbol{\tau}_{n-1}\end{aligned}$$

を得る．両辺の $\infty$ ノルムを考え，右辺に三角不等式を適用する．そうすると，仮定 (8.26) より，(8.25) が使えて，

$$\begin{aligned}\|\boldsymbol{u}(t_n)-\boldsymbol{U}_n\|_\infty &\le \|\boldsymbol{u}(t_{n-1})-\boldsymbol{U}_{n-1}\|_\infty\\ &\quad + h_{n-1}L\|\boldsymbol{u}(t_{n-1})-\boldsymbol{U}_{n-1}\|_\infty + h_{n-1}\|\boldsymbol{\tau}_{n-1}\|_\infty\end{aligned}$$

となる．ここで，$c_n = \|\boldsymbol{u}(t_n) - \boldsymbol{U}_n\|_\infty$ とおくと，この不等式より，

$$c_n \le (1 + h_{n-1}L)c_{n-1} + h_{n-1}\tau(h) \tag{8.28}$$

を得る．これを用いて，(8.27) を帰納法で証明する．$c_0 = 0$ に注意する．まず，初等的な不等式 $1 + x \le e^x$ より，$1 + h_0 L \le e^{h_0 L}$，すなわち，$h_0 \le (e^{h_0 L} - 1)/L = (e^{L(t_1 - t_0)} - 1)/L$ なので，(8.28) により，$n = 1$ のときは成立する．次に，(8.27) が $n-1$ で成立，すなわち，

$$c_{n-1} \le \frac{e^{L(t_{n-1}-t_0)} - 1}{L}\tau(h)$$

を仮定する．このとき，(8.28) により，

$$\begin{aligned} c_n &\le (1 + h_{n-1}L)\frac{e^{L(t_{n-1}-t_0)} - 1}{L}\tau(h) + h_{n-1}\tau(h) \\ &= \frac{(1 + h_{n-1}L)e^{L(t_{n-1}-t_0)} - 1}{L}\tau(h). \end{aligned}$$

$(1 + h_{n-1}L)e^{L(t_{n-1}-t_0)} \le e^{h_{n-1}L}e^{L(t_{n-1}-t_0)} = e^{L(t_n - t_0)}$ なので，(8.27) は $n$ でも成立する． ■

**注意 8.3.3**　一様格子 ($h = h_n$) の場合を考え，$k = 1 + hL$ とおく．このとき，(8.28) を繰り返し用いると，

$$c_n \le k^n c_0 + (k^{n-1} + \cdots + k + 1)\tau(h)h = \frac{k^n - 1}{k - 1}\tau(h)h \le \frac{e^{L(t_n - t_0)} - 1}{L}\tau(h)$$

となり，誤差評価式 (8.27) が証明できる． □

**定義 8.3.4（適合性）**　一段法 (8.24) が初期値問題 (8.20) と**適合** (consistent) **的（整合的）**であるとは，

$$\lim_{h \to 0} \tau(h) = 0 \tag{8.29}$$

が成り立つことである．一方，一段法 (8.24) が初期値問題 (8.20) に対する（少なくとも）$p$ **次精度** (consistency order of $p$) **の公式**であるとは，

$$\|\boldsymbol{\tau}(t, r)\|_\infty \le Cr^p \quad (0 < r \le \rho_1,\ t, t + r \in I_T) \tag{8.30}$$

を満たす正数 $C$ と $\rho_1$ が存在することをいう．$p$ 次精度の公式は，明らかに $\tau(h) \le Ch^p$ $(h \le \rho_1)$ を満たす．以後，このことを，単に $\tau(h) = O(h^p)$ と書く．また，“$p$ 次精度” を，単に “$p$ 次” ということが多い． □

次の命題の証明は演習とする（問題 8.3.9）.

**命題 8.3.5** 一段法 (8.24) が初期値問題 (8.20) と適合的であるための必要十分条件は，$\boldsymbol{F}(t,\boldsymbol{u}(t);0)=\boldsymbol{f}(t,\boldsymbol{u}(t))$ $(t\in I_T)$ が成り立つことである． □

**定理 8.3.6** $\boldsymbol{u}(t)$ を (8.20) の解として，$\boldsymbol{u}=\{\boldsymbol{u}(t_1),\ldots,\boldsymbol{u}(t_N)\}$ によって $\boldsymbol{u}\in\boldsymbol{X}_\Delta$ を定義する（同じ記号を使うが混乱の恐れはないであろう）．$\boldsymbol{F}(t,\boldsymbol{y};r)$ が (8.25) を満たすとする．このとき，一段法 (8.24) が適合的ならば，

$$\lim_{h\to 0}\|\boldsymbol{u}-\boldsymbol{U}\|_\Delta=0 \tag{8.31}$$

が成り立つ．一方で，一段法 (8.24) が $p$ 次精度の公式ならば，

$$\|\boldsymbol{u}-\boldsymbol{U}\|_\Delta\le C\frac{e^{L(T-t_0)}-1}{L}h^p \qquad (h\le\rho_0) \tag{8.32}$$

を満たす正数 $\rho_0$ が存在する．ただし，$C$ は (8.30) に現れる定数である． □

**証明** 一段法 (8.24) が $p$ 次精度の場合を示す．$C$ と $\rho_1$ を (8.30) に現れる定数とする．次を満たす $\rho_2>0$ をとり固定する；

$$\frac{e^{L(T-t_0)}-1}{L}Ch^p\le\frac{\delta}{2} \qquad (h\le\rho_2). \tag{8.33}$$

このとき，$\rho_0=\min\{\rho_1,\rho_2\}$ と定義すると，

$$h\le\rho_0 \quad\Rightarrow\quad \boldsymbol{U}_0,\boldsymbol{U}_1,\ldots,\boldsymbol{U}_N\in J_M \tag{8.34}$$

が成り立つ．これを帰納法で示す．$\boldsymbol{U}_0\in J_M$ は明らか．$\boldsymbol{U}_0,\boldsymbol{U}_1,\ldots,\boldsymbol{U}_{n-1}\in J_M$ を仮定する．このとき，定理 8.3.2 により，$h\le\rho_0$ ならば，

$$\|\boldsymbol{u}(t_n)-\boldsymbol{U}_n\|_\infty\le\frac{e^{L(T-t_0)}-1}{L}Ch^p. \tag{8.35}$$

これと (8.33) より，$\|\boldsymbol{u}(t_n)-\boldsymbol{U}_n\|_\infty\le\delta/2$ を得る．したがって，

$$\begin{aligned}\|\boldsymbol{U}_n-\boldsymbol{a}\|_\infty&=\|\boldsymbol{U}_n-\boldsymbol{u}(t_n)+\boldsymbol{u}(t_n)-\boldsymbol{a}\|_\infty\\&\le\|\boldsymbol{U}_n-\boldsymbol{u}(t_n)\|_\infty+\|\boldsymbol{u}(t_n)-\boldsymbol{a}\|_\infty\end{aligned}$$

$$\le \frac{\delta}{2} + \alpha \le M.$$

すなわち，$\boldsymbol{U}_n \in J_M$．よって，(8.34) が示せた．ゆえに，(8.27) はすべての $0 \le n \le N$ で成立するので，(8.35) も $0 \le n \le N$ で成立する．■

【例 8.3.7】　定理 8.3.6 と同じ仮定の下で，オイラー法について，

$$\|\boldsymbol{u} - \boldsymbol{U}\|_\Delta \le \frac{1}{2}\beta \frac{e^{L(T-t_0)} - 1}{L} h \qquad \left(\beta = \max_{1 \le i \le m} \max_{t \in I_T} |u_i''(t)|\right)$$

が成り立つ．実際，テイラーの定理（命題 4.1.2）より，

$$\frac{u_i(t+r) - u_i(t)}{r} - \frac{d}{dt}u_i(t) = r\int_0^1 (1-s)u_i''(t+sr)\, ds.$$

したがって, $d\boldsymbol{u}(t)/dt = \boldsymbol{f}(t, \boldsymbol{u}(t))$ を使うと, 局所離散化誤差 $\boldsymbol{\tau}(t,r) = (\tau_i(t,r))$ は,

$$|\tau_i(t,r)| \le r\int_0^1 (1-s)|u_i''(t+sr)|\, ds \le r\beta \int_0^1 (1-s)\, ds = \frac{1}{2}r\beta$$

となり，$\|\boldsymbol{\tau}(t,r)\|_\infty \le (1/2)r\beta$ を得る．□

**注意 8.3.8**　$t_n$ までは誤差なく近似が求まっている，すなわち，$\boldsymbol{U}_n = \boldsymbol{u}(t_n)$ を仮定する．このとき，定理 8.3.2 の証明を見直せば（添字の番号は 1 つずれるが），$\boldsymbol{e}_{n+1} = \boldsymbol{u}(t_{n+1}) - \boldsymbol{U}_{n+1} = h_n\boldsymbol{\tau}(t_n, h_n)$ となる．ここで，考えている一段法が $p$ 次精度であるとする．このとき，$\boldsymbol{c}_n = (1/h_n^p)\boldsymbol{\tau}(t_n, h_n)$ と定義すると，$\boldsymbol{\tau}(t_n, h_n) = h_n^p\boldsymbol{c}_n$ かつ $\|\boldsymbol{c}_n\|_\infty \le C$ である（$C$ は (8.30) に出てきた正定数）．したがって，$\boldsymbol{e}_{n+1} = h_n^{p+1}\boldsymbol{c}_n$ と書ける．このことを，$p$ 次精度の一段法の誤差は**局所的**には $O(h_n^{p+1})$ であるという．これに対して，定理 8.3.6 の結果を，$p$ 次精度の一段法の誤差は**大域的**には $O(h^p)$ であると表現する．□

【問題 8.3.9】　命題 8.3.5 を示せ．

## 8.4　2 段数のルンゲ–クッタ法の構成

引き続き，初期値問題 (8.20) と一段法 (8.24) を考察する．

前節での考察により，一段法の要点は次の 2 点にあることがわかった．

(1) $\boldsymbol{F}(s, \boldsymbol{y}; r)$ が $\boldsymbol{y}$ についてリプシッツ連続．

(2) 局所離散化誤差が $\|\boldsymbol{\tau}(t,r)\|_\infty \le Cr^p$ を満たす．

応用上 $\boldsymbol{f}(s,\boldsymbol{y})$ は $\boldsymbol{y}$ についての滑らかな関数であることが多く，とくに，（有界な閉集合で考える限りは）リプシッツ連続であるとしてよい．したがって，$\boldsymbol{f}(s,\boldsymbol{y})$ の線形結合の形で $\boldsymbol{F}(s,\boldsymbol{y};r)$ を定義すれば，1 番目の性質は満たされるはずである．一方で，精度の観点からは，なるべく大きな $p$ に対して，2 番目の性質が実現されることが望ましい．これらを機械的に構成する方法の 1 つが，**ルンゲ–クッタ法**である．本節と次節では，ルンゲ–クッタ法の概要を説明する．具体例の構成からはじめよう．次の形の公式を考える（2 段数のルンゲ–クッタ法）．$a,b,\alpha,\beta$ を定数として，

$$\begin{cases} \boldsymbol{U}_{n+1} = \boldsymbol{U}_n + h_n(a\boldsymbol{k}_1 + b\boldsymbol{k}_2), \\ \boldsymbol{k}_1 = \boldsymbol{f}(t_n,\boldsymbol{U}_n), \quad \boldsymbol{k}_2 = \boldsymbol{f}(t_n+\alpha h_n, \boldsymbol{U}_n + \beta h_n \boldsymbol{k}_1) \end{cases} \tag{8.36}$$

とする．すなわち，

$$\boldsymbol{F}(s,\boldsymbol{y};r) = a\boldsymbol{f}(s,\boldsymbol{y}) + b\boldsymbol{f}(s+\alpha r, \boldsymbol{y} + \beta r \boldsymbol{f}(s,\boldsymbol{y})) \tag{8.37}$$

の場合を考えるわけである．次の命題の証明はやさしい（問題 8.4.6）．

**命題 8.4.1** $\boldsymbol{f}(s,\boldsymbol{y})$ が，$I_T \times J_M$ において，$\boldsymbol{y}$ に関してリプシッツ連続，すなわち，定数 $\lambda > 0$ に対して，

$$\|\boldsymbol{f}(s,\boldsymbol{y}) - \boldsymbol{f}(s,\hat{\boldsymbol{y}})\|_\infty \le \lambda \|\boldsymbol{y} - \hat{\boldsymbol{y}}\|_\infty, \quad (s,\boldsymbol{y}),(s,\hat{\boldsymbol{y}}) \in I_T \times J_M \tag{8.38}$$

ならば，(8.37) の $\boldsymbol{F}(s,\boldsymbol{y};r)$ も $\boldsymbol{y}$ に関してリプシッツ連続となる．とくに，$L = a\lambda + b\lambda(1+\beta)$ がリプシッツ係数である（$0 < r \le 1$ を仮定している）．

□

したがって，あとは，なるべく大きな $p$ に対して，$\|\boldsymbol{\tau}(t,r)\|_\infty \le Cr^p$ となるように，係数 $a,b,\alpha,\beta$ を決めればよい．そのために，$t_0 \le t, t+r \le T$，$0 < r \le 1$ を固定して，局所離散化誤差 $\boldsymbol{\tau}(t,r) = (\tau_i(t,r))$，

$$\tau_i(t,r) = \frac{u_i(t+r) - u_i(t)}{r} - F_i(t,\boldsymbol{u}(t);r)$$

を計算する．以後しばらくは，$\boldsymbol{u}(t)$ と $\boldsymbol{f}(s,\boldsymbol{y}) = (f_i(s,\boldsymbol{y})) = (f_i(s,y_1,\ldots,y_m))$

は十分滑らかであると仮定して,

$$K = \max_{(s,\boldsymbol{y})\in I_T\times J_M} \|\boldsymbol{f}(s,\boldsymbol{y})\|_\infty, \quad \gamma_k = \max_{s\in I_T} \left\| \frac{d^k}{dt^k}\boldsymbol{u}(s) \right\|_\infty,$$

$$\mu_1 = \max_{\substack{0\le j\le m \\ 1\le i\le m}} \max_{(s,\boldsymbol{y})\in I_T\times J_M} \left| \frac{\partial f_i(s,\boldsymbol{y})}{\partial y_j} \right|,$$

$$\mu_2 = \max_{\substack{0\le j,k\le m \\ 1\le i\le m}} \max_{(s,\boldsymbol{y})\in I_T\times J_M} \left| \frac{\partial^2 f_i(s,\boldsymbol{y})}{\partial y_j \partial y_k} \right|,$$

$$\mu_3 = \max_{\substack{0\le j,k,l\le m \\ 1\le i\le m}} \max_{(s,\boldsymbol{y})\in I_T\times J_M} \left| \frac{\partial^3 f_i(s,\boldsymbol{y})}{\partial y_j \partial y_k \partial y_l} \right|$$

とおく．ただし，$y_0 = s$ と解釈している．表記が煩雑になるのを避ける趣旨で，しばらくの間，$1 \le i \le m$ を固定して，添字の $i$ は省略する．また，$d\boldsymbol{u}(t)/dt = \boldsymbol{f}(t,\boldsymbol{u}(t)) = \boldsymbol{f}$，$u'(t) = du(t)/dt = f(t,\boldsymbol{u}(t)) = f$ と略記する（太文字の $\boldsymbol{f}$，$\boldsymbol{u}$ の意味はいままで通り．一方で，$f = f_i$，$u = u_i$，$\tau(t,r) = \tau_i(t,r)$ に注意すること）．さらに，

$$\nabla f(t,\boldsymbol{y}) = \left( \frac{\partial f}{\partial y_j}(t,\boldsymbol{y}) \right) \in \mathbb{R}^m, \quad \nabla^2 f(t,\boldsymbol{y}) = \left( \frac{\partial^2 f}{\partial y_k \partial y_j}(t,\boldsymbol{y}) \right) \in \mathbb{R}^{m\times m},$$

$$D\boldsymbol{f}(t,\boldsymbol{y}) = \left( \frac{\partial f_k}{\partial y_j}(t,\boldsymbol{y}) \right) \in \mathbb{R}^{m\times m}, \quad f_t(t,\boldsymbol{y}) = \frac{\partial f}{\partial t}(t,\boldsymbol{y})$$

と書くことにする．$\mathbb{R}^m$ の内積を $\boldsymbol{x}\cdot\boldsymbol{y}$ で表す．

まず，テイラーの定理（命題 4.1.2）より，

$$\frac{u(t+r)-u(t)}{r} = u'(t) + \frac{r}{2}u''(t) + \frac{r^2}{3!}u'''(t) + r^3 R_1. \tag{8.39}$$

ただし，$R_1$ は剰余項で，$|R_1| \le \gamma_4/24$ を満たす．次に，微分の連鎖律により，

$$u''(t) = f_t + \nabla f \cdot \frac{d\boldsymbol{u}(t)}{dt} = f_t + \nabla f \cdot \boldsymbol{f},$$
$$u'''(t) = f_{tt} + 2\nabla f_t \cdot \boldsymbol{f} + (\nabla^2 f)\boldsymbol{f}\cdot\boldsymbol{f} + \nabla f \cdot \boldsymbol{f}_t + (D\boldsymbol{f})\boldsymbol{f}\cdot\nabla f$$

なので，これらを合わせて，

$$\frac{u(t+r)-u(t)}{r} = f + \frac{r}{2}(f_t + \nabla f\cdot\boldsymbol{f})$$
$$+ \frac{r^2}{6}\left[ f_{tt} + 2\nabla f_t\cdot\boldsymbol{f} + (\nabla^2 f)\boldsymbol{f}\cdot\boldsymbol{f} + \nabla f\cdot\boldsymbol{f}_t + (D\boldsymbol{f})\boldsymbol{f}\cdot\nabla f \right] + R_1 r^3.$$

次に，再びテイラーの定理より，

$$f(t+\alpha r, \boldsymbol{u}+\beta r\boldsymbol{f}) = f + \alpha r f_t + \beta r \nabla f \cdot \boldsymbol{f} \\ + \frac{1}{2}(\alpha r)^2 f_{tt} + \alpha\beta r^2 \nabla f_t \cdot \boldsymbol{f} + \frac{1}{2}(\beta r)^2 (\nabla^2 f)\boldsymbol{f}\cdot\boldsymbol{f} + R_2 r^3. \quad (8.40)$$

ただし，$R_2$ は上の $R_1$ に対応する剰余項で，

$$|R_2| \le \frac{1}{6}\mu_3(\alpha^3 + 3m\alpha^2\beta K + 3m^2\alpha\beta^2K^2 + m^3\beta^3K^3)$$

を満たす．

これらを合わせると，局所離散化誤差は，

$$\begin{aligned} \tau(t,r) &= \frac{u(t+r)-u(t)}{r} - \Big[af + bf(t+\alpha r, \boldsymbol{u}+\beta r\boldsymbol{f})\Big] \\ &= (1-a-b)f + r\left[\frac{1}{2}(f_t + \nabla f\cdot\boldsymbol{f}) - b(\alpha f_t + \beta\nabla f\cdot\boldsymbol{f})\right] \\ &\quad + r^2\left[\frac{1}{6}(f_{tt} + 2\nabla f_t\cdot\boldsymbol{f} + (\nabla^2 f)\boldsymbol{f}\cdot\boldsymbol{f} + \nabla f\cdot\boldsymbol{f}_t + (D\boldsymbol{f})\boldsymbol{f}\cdot\nabla f)\right. \\ &\quad \left. - b\left(\frac{1}{2}\alpha^2 f_{tt} + \alpha\beta\nabla f_t\cdot\boldsymbol{f} + \frac{1}{2}\beta^2(\nabla^2 f)\boldsymbol{f}\cdot\boldsymbol{f}\right)\right] + \underbrace{(R_1 - bR_2)}_{=R} hr^3 \end{aligned}$$

となる．したがって，$\alpha \neq 0$ をパラメータとして，

$$a = 1 - \frac{1}{2\alpha}, \quad b = \frac{1}{2\alpha}, \quad \beta = \alpha \quad (8.41)$$

と選ぶと，

$$\tau(t,r) = r^2\left[\left(\frac{1}{6} - \frac{\alpha}{4}\right)(f_{tt} + (\nabla^2 f)\boldsymbol{f}\cdot\boldsymbol{f}) + \left(\frac{1}{3} - \frac{\alpha}{2}\right)\nabla f_t\cdot\boldsymbol{f} \right. \\ \left. + \frac{1}{6}(\nabla f\cdot\boldsymbol{f}_t + (D\boldsymbol{f})\boldsymbol{f}\cdot\nabla f)\right] + Rr^3$$

を得る．したがって，（再び表記を元に戻して）

$$\|\boldsymbol{\tau}(t,r)\|_\infty \le Mr^2 + Rr^3 \le \underbrace{(M+R)}_{=C} r^2 \quad (8.42)$$

を導くことができた．ここで，$M$ は，$m$，$K$，$\gamma_4$，$\mu_1$，$\mu_2$，$\mu_3$，$\alpha$ に依存して定まる正定数である．

**注意 8.4.2**　一般には，$\|\boldsymbol{\tau}(t,r)\|_\infty \le Cr^3$ となるように $\alpha$ を選ぶことはで

きない．たとえば，$m=1$，$f(t,u)=u$，$t_0=0$，$u(0)=1$ を考えると，$|\tau_i(t,r)| \le (1/6)r^2+Rr^3$ となってしまう．□

**注意 8.4.3**　(8.39) では，$u(t)$ の 4 階の導関数を含む項まで展開しているが，これは注意 8.4.2 で指摘したことを述べるための配慮にすぎない．$\|\boldsymbol{\tau}(t,r)\|_\infty \le Cr^2$ の形の不等式を導くためには，3 階の（偏）導関数を含む項まで展開すれば十分である．同様に，(8.40) では，2 階の偏導関数を含む項まで展開すれば十分である．すなわち，$\|\boldsymbol{\tau}(t,r)\|_\infty \le Cr^2$ の形の不等式を導くためには，$\boldsymbol{f}(s,\boldsymbol{y})$ が，（各変数に関して）$C^2$ 級であることを仮定しておけばよい．実際，このとき，方程式により，$\boldsymbol{u}(t)$ は $C^3$ 級となる．□

さて，以上の考察をまとめると次のようになる．

**定理 8.4.4**　$\boldsymbol{f}(s,\boldsymbol{y})$ は $I_T\times J_M$ で連続かつ $C^2$ 級とする（そうすると，(8.20) の解 $\boldsymbol{u}(t)$ は $C^3$ 級となる）．このとき，2 段数のルンゲ–クッタ法 (8.36) において，係数 $a,b,\alpha,\beta$ を (8.41) のように選ぶと，$\|\boldsymbol{\tau}(t,r)\|_\infty \le Cr^2$ となる．ただし，$C$ は，$m$，$K$，$\gamma_3$，$\mu_1$，$\mu_2$，$K$，$\alpha$ に依存して定まる正定数である．さらに，このとき，$\|\boldsymbol{u}-\boldsymbol{U}\|_\Delta \le Ch^2$ が成り立つ．□

【**例 8.4.5**】 (8.36)，(8.41) において，$\alpha=1/2$ と選ぶと，

$$\boldsymbol{U}_{n+1}=\boldsymbol{U}_n+h_n\boldsymbol{f}\left(t_n+\frac{1}{2}h_n,\boldsymbol{U}_n+\frac{1}{2}h_n\boldsymbol{f}(t_n,\boldsymbol{U}_n)\right) \tag{8.43}$$

となる．これを**改良オイラー法**と呼ぶ．また，$\alpha=1$ のとき，すなわち，

$$\boldsymbol{U}_{n+1}=\boldsymbol{U}_n+\frac{h_n}{2}\left[\boldsymbol{f}(t_n,\boldsymbol{U}_n)+\boldsymbol{f}\left(t_n+h_n,\boldsymbol{U}_n+h_n\boldsymbol{f}(t_n,\boldsymbol{U}_n)\right)\right]$$

は 8.2 節で導入したホイン法 (8.18) に一致する．□

【**問題 8.4.6**】 命題 8.4.1 を示せ．

## 8.5　一般のルンゲ–クッタ法

前節の記号をそのまま踏襲し，引き続き，初期値問題 (8.20) を近似する一段法 (8.24) を考察する．

前節の考え方を一般化したものが，$s$ **段数のルンゲ–クッタ法**

$$\begin{cases} \boldsymbol{U}_{n+1} = \boldsymbol{U}_n + h_n \displaystyle\sum_{i=1}^{s} c_i \boldsymbol{k}_i, \\ \boldsymbol{k}_i = \boldsymbol{f}\Big(t_n + \alpha_i h_n, \boldsymbol{U}_n + h_n \displaystyle\sum_{j=1}^{i-1} \beta_{ij} \boldsymbol{k}_j\Big) \quad (i = 1, \ldots, s) \end{cases} \tag{8.44}$$

である（$\displaystyle\sum_{j=1}^{0}$ が出てきた場合にはこの項は考慮しないことにする）．ただし，$s \geq 1$ は整数であり．$s + s + \frac{s(s+1)}{2}$ 個の係数 $\{c_i\}$，$\{\alpha_i\}$，$\{\beta_{ij}\}$ は，

$$\sum_{i=1}^{s} c_i = 1, \tag{8.45}$$

$$\alpha_i = \sum_{j=1}^{s} \beta_{ij} \qquad (1 \leq i \leq s) \tag{8.46}$$

を満たすものとする（これらの条件の意味は，命題 8.5.8，命題 8.5.9 で説明する）．公式 (8.44) は，$\{\boldsymbol{k}_i\}_{i=1}^{s}$ の値を $\boldsymbol{k}_1$ から順に逐次的に求めることができ，陽的である．したがって，(8.44) を $s$ **段数の陽的ルンゲ–クッタ法**と呼ぶ．もちろん，係数は，$p \geq 1$ に対して，$\tau(h) = O(h^p)$ となるように決定しなければ意味がない．これを，$s$ **段数** $p$ **次精度の陽的ルンゲ–クッタ法**と呼ぶ．結果的に，$\boldsymbol{f}(s, \boldsymbol{y})$ が十分に滑らかならば，適当な正定数 $C'$ が存在して，$\|\boldsymbol{u} - \boldsymbol{U}\|_\Delta \leq C' h^p$ が成り立つ．

公式 (8.44) を，さらに一般化して，

$$\begin{cases} \boldsymbol{U}_{n+1} = \boldsymbol{U}_n + h_n \displaystyle\sum_{i=1}^{s} c_i \boldsymbol{k}_i, \\ \boldsymbol{k}_i = \boldsymbol{f}\Big(t_n + \alpha_i h_n, \boldsymbol{U}_n + h_n \displaystyle\sum_{j=1}^{s} \beta_{ij} \boldsymbol{k}_j\Big) \quad (i = 1, \ldots, s) \end{cases} \tag{8.47}$$

を考えることもできる．これは，$\{\boldsymbol{k}_i\}_{i=1}^{s}$ に対する非線形連立方程式になっており，陰的である．したがって，一般には，ニュートン法などの反復法で値を求めることになる．これを，$s$ **段数の陰的ルンゲ–クッタ法**という．$\beta_{ij} = 0$ $(i \leq j)$ のときは陽的方法と一致する．

**注意 8.5.1** “$s$ 段数” とは，“$s$ stage” を訳したものであり，ルンゲ–クッタ法を構成する $\boldsymbol{k}_i$ が $s$ 個であることを意味する．これを単に，“$s$ 段” ということも多いが，そうすると，一段法や二段法などの “段 (step)” と紛らわしいの

で，本書ではこのように呼ぶ． □

前節の解析で，2 段数の（陽的な）ルンゲ–クッタ法では，3 次精度を達成するのは不可能なことを確認した．次の命題で正確に述べるように，これは，すべての段数について成り立つ事実である．

**命題 8.5.2**　$p$ 次精度の陽的なルンゲ–クッタ法を構成するには，少なくとも $p$ 段数が必要である．すなわち，$s$ 段数の陽的なルンゲ–クッタ法は，$s+1$ 次以上の精度にはなり得ない． □

**証明**　命題の主張があてはまるような例を 1 つあげればよい．すなわち，スカラー値の初期値問題 $u'(t)=u(t)$，$u(0)=1$ について，$p$ 次精度の陽的なルンゲ–クッタ法を構成するときに，少なくとも $p$ 段数が必要であることを示す．解は $u(t)=e^t$ となるから，$e^r=1+r+r^2/2+\cdots+r^p/(p!)+O(r^{p+1})$．このとき，$s$ 段数の陽的ルンゲ–クッタ法の $t=0$ での局所離散化誤差は，

$$\tau(0,r)=\frac{e^r-1}{r}-\sum_{i=1}^{s}c_ik_i=r+\cdots+r^{p-1}+O(r^p)-\sum_{i=1}^{p}c_ik_i$$

となる．これが，$\tau(0,r)=O(r^p)$ となるためには，$r+\cdots+r^{p-1}$ の部分を，後ろの $\sum c_ik_i$ で打ち消さねばならない．一方で，$k_1=f(u(0))=u(0)=1$，$k_2=u(r)+r\beta_{21}k_1$ などより，$k_i$ は $r$ の $i-1$ 次の多項式となる．したがって，$s$ としては，$s=(p-1)+1=p$ が必要である． ■

**注意 8.5.3**　命題 8.5.2 は，$s$ 段数の陽的ルンゲ–クッタ法が $s$ 次精度をもちうることを主張しているわけではない．むしろ，後の具体例が示唆するように，$s$ 次精度を達成する $s$ 段数の陽的ルンゲ–クッタ法は “優秀” であると考えてよい． □

さて，すでに登場した，前進オイラー法 (8.11)，(8.16)，後退オイラー法 (8.12)，クランク–ニコルソン法 (8.13)，(8.17)，ホイン法 (8.18)，古典的ルンゲ–クッタ法 (8.19)，改良オイラー法 (8.43) は，すべて，ルンゲ–クッタ法の一種である．とくに，前進オイラー法は 1 段数 1 次精度で陽的，後退オイラー法は 1 段数 1 次精度で陰的，クランク–ニコルソン法は 2 段数 2 次精度で陰的，改良オイラー法とホイン法は 2 段数 2 次精度で陽的，古典的ルンゲ–クッ

タ法は 4 段数 4 次精度で陽的である（段数は定義より明らかだが，精度に関しては，証明を要する）．

(8.44) や (8.47) を表現するには，**ブッチャー配列** (Butcher array)

$$
\begin{array}{c|c} \boldsymbol{\alpha} & B \\ \hline & \boldsymbol{c}^{\mathrm{T}} \end{array}
=
\begin{array}{c|ccc} \alpha_1 & \beta_{11} & \cdots & \beta_{1s} \\ \vdots & \vdots & \ddots & \vdots \\ \alpha_s & \beta_{s1} & \cdots & \beta_{ss} \\ \hline & c_1 & \cdots & c_s \end{array}
$$

が便利である．陽的な場合には，行列 $B$ の対角部分と上三角部分が 0 となっている．表 8.1 と表 8.2 に 1 段数と 2 段数のルンゲ–クッタ法のブッチャー配列を示す．

**表 8.1** 1 段数のルンゲ–クッタ法のブッチャー配列

$$
\begin{array}{c|c} 0 & 0 \\ \hline & 1 \end{array}
\qquad\qquad
\begin{array}{c|c} 1 & 1 \\ \hline & 1 \end{array}
$$

前進オイラー法　　　後退オイラー法

**表 8.2** 2 段数のルンゲ–クッタ法のブッチャー配列

$$
\begin{array}{c|cc} 0 & 0 & 0 \\ 1 & \frac{1}{2} & \frac{1}{2} \\ \hline & \frac{1}{2} & \frac{1}{2} \end{array}
\qquad
\begin{array}{c|cc} 0 & 0 & 0 \\ \frac{1}{2} & \frac{1}{2} & 0 \\ \hline & 0 & 1 \end{array}
\qquad
\begin{array}{c|cc} 0 & 0 & 0 \\ 1 & 1 & 0 \\ \hline & \frac{1}{2} & \frac{1}{2} \end{array}
$$

クランク–ニコルソン法　改良オイラー法　ホイン法

3 段数の公式については，何も言及してこなかったが，前節と同じ方針で構成が可能である（ただし，容易に見当がつくように，長い長い計算が必要）．例を表 8.3 に示す．“3 次の” とあるのは，公式が 3 次精度となることを意味している．

4 段数のルンゲ–クッタ法でもっとも有名なのは，すでに登場した古典的ルンゲ–クッタ法である（表 8.4）．この方法は，係数がすべて正であり，また，$\boldsymbol{k}_i$ の計算において $\boldsymbol{k}_{i-1}$ のみが必要という，よい性質がある．一方で，本書で詳細を述べる余裕はないが，これは 4 次精度を達成する（くわしい計算は，篠原[1, 第 8 章] が参考になる）．なお，4 段数のルンゲ–クッタ法のもう 1 つ

表 8.3　3 段数のルンゲ–クッタ法のブッチャー配列

$$\begin{array}{c|ccc} 0 & 0 & 0 & 0 \\ \frac{1}{4} & \frac{1}{4} & 0 & 0 \\ \frac{2}{3} & -\frac{2}{9} & \frac{8}{9} & 0 \\ \hline & \frac{1}{4} & 0 & \frac{3}{4} \end{array}$$

3 次のホイン法

$$\begin{array}{c|ccc} 0 & 0 & 0 & 0 \\ \frac{1}{2} & \frac{1}{2} & 0 & 0 \\ 1 & -1 & 2 & 0 \\ \hline & \frac{1}{6} & \frac{2}{3} & \frac{1}{6} \end{array}$$

3 次のクッタ法

表 8.4　4 段数のルンゲ–クッタ法のブッチャー配列

$$\begin{array}{c|cccc} 0 & 0 & 0 & 0 & 0 \\ \frac{1}{2} & \frac{1}{2} & 0 & 0 & 0 \\ \frac{1}{2} & 0 & \frac{1}{2} & 0 & 0 \\ 1 & 0 & 0 & 1 & 0 \\ \hline & \frac{1}{6} & \frac{1}{3} & \frac{1}{3} & \frac{1}{6} \end{array}$$

古典的ルンゲ–クッタ法

$$\begin{array}{c|cccc} 0 & 0 & 0 & 0 & 0 \\ \frac{1}{2} & \frac{1}{2} & 0 & 0 & 0 \\ -1 & \frac{1}{2} & -\frac{3}{2} & 0 & 0 \\ 1 & 0 & \frac{4}{3} & -\frac{1}{3} & 0 \\ \hline & \frac{1}{6} & \frac{2}{3} & 0 & \frac{1}{6} \end{array}$$

3 次のランバート法

の例としてランバート（Lambert）による方法 ([23]) を表 8.4 に示す．これは 3 次精度の公式である．

上で述べたように，$1 \leq s \leq 4$ のとき，$s$ 段数 $s$ 次精度の陽的ルンゲ–クッタ法は存在する．しかし，次の命題 8.5.4 で述べる事実が知られている．この命題の証明は，相当に専門的であるから，しかるべき専門書（たとえば [20], [23]）を参照してほしい．

**命題 8.5.4**　$s \geq 5$ のとき，$s$ 段数 $s$ 次精度の陽的ルンゲ–クッタ法は存在しない．また，$s$ 段数の陽的ルンゲ–クッタ法で達成できる最大の精度 $p_s^*$ は，次のようになる：

| $s$ | 1 | 2 | 3 | 4 | 5 | 6 | 7 | 8 | 9 | 10 | $s \geq 10$ |
|---|---|---|---|---|---|---|---|---|---|---|---|
| $p_s^*$ | 1 | 2 | 3 | 4 | 4 | 5 | 6 | 6 | 7 | 7 | $p_s^* \leq s-2$ |

一方で，$s$ 段数の陰的ルンゲ–クッタ法では，$p_s^* = 2s$ となる．　□

前節で考察したように，ルンゲ–クッタ法の精度を決定するためには，長い計算が必要である．しかし，必要条件だけならば，比較的簡単にわかる．すなわち，単純な方程式，たとえばスカラー値の $u'(t)=\lambda u(t)$（$\lambda$ は定数）について，条件を求めればよい．この目的で，次の命題は役に立つ．

**命題 8.5.5** スカラー値の微分方程式 $u'(t)=\lambda u(t)$ に対する $s$ 段数 $s$ 次精度の陽的ルンゲ–クッタ法は，

$$U_{n+1}=\left[1+h_n\lambda+\frac{1}{2}(h_n\lambda)^2+\cdots+\frac{1}{s!}(h_n\lambda)^s\right]U_n$$

と表現できる．$s\geq 5$ のとき，$s$ 段数 $s$ 次の陽的ルンゲ–クッタ法は存在しない（命題 8.5.4）ので，上の表現は $1\leq s\leq 4$ のときのみ意味をもつ．□

**証明** $U_{n+1}$ を $h_n$ の関数と考えて $U_n(h_n)$ と書く（$U_n=U_n(0)$ と考える）．また，以下では，$h=h_n$ と書く．段数は $s$ なので，$U_n(h)$ は $h$ の $s$ 次多項式となる．$U_n(h)$ にテイラーの定理（命題 4.1.2）を適用すると，

$$U_{n+1}=U_n+h\frac{dU_n}{dh}(0)+\frac{h^2}{2}\frac{d^2U_n}{dh^2}(0)+\cdots+\frac{h^s}{s!}\frac{d^sU_n}{dh^s}(0).$$

一方で，$u(t)$ にテイラーの定理を適用して，$u^{(j)}(t)=\lambda^j u(t)$ を使うと，

$$u(t_{n+1})=u(t_n)\left(1+h\lambda+\frac{h^2}{2}\lambda^2+\cdots+\frac{h^s}{s!}\lambda^s\right)+O(h^{s+1})$$

を得る．ここで，$U_n=u(t_n)$ を仮定すると，注意 8.3.8 により，$u(t_{n+1})-U_{n+1}=O(h^{s+1})$ となるはずである．これが実現するには，$\dfrac{d^jU_n}{dh^j}(0)=\lambda^jU_n$ $(0\leq j\leq s)$ が必要であり，これより証明すべき等式を得る．■

**【例 8.5.6】** 初期値問題

$$\frac{d}{dt}u(t)=-\frac{1}{2e^t-1}u(t)\quad(0<t<1),\qquad u(0)=2 \tag{8.48}$$

を，一様刻み幅 $h$ のホイン法（表 8.2），古典的ルンゲ–クッタ法，ランバート法（表 8.4）で計算して，$h$ の誤差への依存性を調べてみる．一様刻み幅 $h$ を用いて，$t_n=nh$ $(0\leq t_n\leq 1)$ と定義し，求めるべき $u(t_n)$ の近似値を $U_n$ で表す．そして，誤差

$$E_h^{(i)}=\max_{0\leq t_n\leq 1}|u(t_n)-U_n|$$

を観察する．ただし，$i=1$ をホイン法，$i=2$ を古典的ルンゲ–クッタ法，$i=3$ をランバート法とする．(8.48) の解は $u(t)=\dfrac{2e^t}{2e^t-1}$ となる．これは，$t\ge 0$ で十分に滑らかな関数なので，$\rho$ 次精度の公式に対しては，$E_h^{(i)}\le Ch^\rho$ が保証される（定理 8.3.6）．したがって，ホイン法に対しては，$E_h^{(1)}\le Ch^2$ となるはずである（定理 8.4.4）．ただし，$C$ は，$h$ とは無関係な正定数を無差別に表すものとする（したがって，登場するたびに値が異なっているかもしれないので注意すること）．一方で，本書では証明していないが，先に述べたように，古典的ルンゲ–クッタ法は 4 次精度，ランバート法は 3 次精度なので，$E_h^{(2)}\le Ch^4$，$E_h^{(3)}\le Ch^3$ となるはずである．これを調べるために，さらに，

$$\rho_h^{(i)}=\frac{\log E_{2h}^{(i)}-\log E_h^{(i)}}{\log 2h-\log h}$$

を観察する．例 7.4.12 でも述べたように，この $\rho_h^{(i)}$ が，$\rho$ に対する数値的な推定値となる．計算結果を表 8.5 に示す．確かに，理論から予想される結果が確認できる． □

**表 8.5** 一様刻み幅 $h$ のホイン法 ($E_n^{(1)}$)，古典的ルンゲ–クッタ法 ($E_n^{(2)}$)，ランバート法 ($E_n^{(3)}$) による (8.48) の計算（例 8.5.6）．

| $h$ | $E_h^{(1)}$ | $\rho_h^{(1)}$ | $E_h^{(2)}$ | $\rho_h^{(2)}$ | $E_h^{(3)}$ | $\rho_h^{(3)}$ |
|---|---|---|---|---|---|---|
| 0.05000 | $3.57\cdot 10^{-4}$ | 2.05 | $6.61\cdot 10^{-8}$ | 4.04 | $5.45\cdot 10^{-6}$ | 3.25 |
| 0.02500 | $8.75\cdot 10^{-5}$ | 2.03 | $4.06\cdot 10^{-9}$ | 4.03 | $6.24\cdot 10^{-7}$ | 3.16 |
| 0.01250 | $2.17\cdot 10^{-5}$ | 2.01 | $2.51\cdot 10^{-10}$ | 4.01 | $7.47\cdot 10^{-8}$ | 3.06 |
| 0.00625 | $5.39\cdot 10^{-6}$ | 2.01 | $1.56\cdot 10^{-11}$ | 4.01 | $9.14\cdot 10^{-9}$ | 3.03 |

**【例 8.5.7】** 例 8.5.6 に引き続き，初期値問題

$$\frac{d}{dt}u(t)=\frac{t}{u(t)}\quad (0<t<1),\qquad u(0)=1 \tag{8.49}$$

を，一様刻み幅 $h$ のホイン法（表 8.2），古典的ルンゲ–クッタ法，ランバート法（表 8.4）で計算して，$h$ の誤差への依存性を調べてみる．例 8.5.6 と同じ記号を用いる．解は $u(t)=\sqrt{1-t^2}$ となり，これは $C^1[0,1]$ にすら属さない．計算結果を表 8.6 に示す．当然，高い精度は観察できない．しかし，$E_h^{(i)}\le Ch^{1/2}$ $(i=1,2,3)$ が予想できる．$u(x)$ に対して，問題 6.1.32 で確認した性質を仮定したうえで，この不等式の証明を試みることは，価値ある研究課題であろう． □

**表 8.6** 一様刻み幅 $h$ のホイン法 ($E_n^{(1)}$)，古典的ルンゲ–クッタ法 ($E_n^{(2)}$)，ランバート法 ($E_n^{(3)}$) による (8.49) の計算（例 8.5.7）.

| $h$ | $E_h^{(1)}$ | $\rho_h^{(1)}$ | $E_h^{(2)}$ | $\rho_h^{(2)}$ | $E_h^{(3)}$ | $\rho_h^{(3)}$ |
|---|---|---|---|---|---|---|
| 0.05000 | $8.27 \cdot 10^{-2}$ | 0.53 | $3.47 \cdot 10^{-2}$ | 0.49 | $1.86 \cdot 10^{-2}$ | 0.31 |
| 0.02500 | $5.80 \cdot 10^{-2}$ | 0.51 | $2.46 \cdot 10^{-2}$ | 0.50 | $1.39 \cdot 10^{-2}$ | 0.42 |
| 0.01250 | $4.08 \cdot 10^{-2}$ | 0.51 | $1.75 \cdot 10^{-2}$ | 0.50 | $1.01 \cdot 10^{-2}$ | 0.46 |
| 0.00625 | $2.88 \cdot 10^{-2}$ | 0.50 | $1.24 \cdot 10^{-2}$ | 0.50 | $7.22 \cdot 10^{-3}$ | 0.48 |

本節の最後に，条件 (8.45) と (8.46) の意味を説明しておこう．まず，次の命題の証明は問題とする（問題 8.5.13）.

**命題 8.5.8** $s$ 段数のルンゲ–クッタ法（陽的でも陰的でもよい）が適合的であるための必要十分条件は，(8.45) が成り立つことである． □

次に，条件 (8.46) について考える．注意 8.1.8 で指摘したように，(8.20) は，自励系の初期値問題

$$\frac{d}{dt}\boldsymbol{v}(t) = \boldsymbol{g}(\boldsymbol{v}(t)), \quad \boldsymbol{v}(t_0) = \boldsymbol{b} = (\boldsymbol{a}, t_0)^{\mathrm{T}} \tag{8.50}$$

に帰着できる．ただし，$\boldsymbol{v}(t) = (\boldsymbol{u}(t), 1)^{\mathrm{T}}$，$\boldsymbol{g}(\boldsymbol{z}) = (\boldsymbol{f}(s, \boldsymbol{y}), 1)^{\mathrm{T}}$，$\boldsymbol{z} = (\boldsymbol{y}, s)^{\mathrm{T}}$ とおいている．ここで，(8.20) に一段法 (8.24) を適用する場合，対応する性質が成立するか否かを考える．すなわち，ある $s$ 段数のルンゲ–クッタ法に着目して（ブッチャー配列を 1 つ固定する），(8.20) と (8.50) それぞれに，この方法を適用する：

$$\boldsymbol{U}_{n+1} = \boldsymbol{U}_n + h_n \sum_{i=1}^{s} c_i \boldsymbol{k}_i, \quad \boldsymbol{V}_{n+1} = \boldsymbol{V}_n + h_n \sum_{i=1}^{s} c_i \boldsymbol{K}_i.$$

ここで，$\boldsymbol{U}_n, \boldsymbol{k}_i \in \mathbb{R}^m$，$\boldsymbol{V}_n, \boldsymbol{K}_i \in \mathbb{R}^{m+1}$ に注意すること．また，初期値は，$\boldsymbol{U}_0 = \boldsymbol{a}$，$\boldsymbol{V}_0 = (\boldsymbol{a}, t_0)^{\mathrm{T}}$ とする．このとき，

$$\boldsymbol{V}_n = \begin{pmatrix} \boldsymbol{U}_n \\ t_n \end{pmatrix} \quad (n \geq 1) \tag{8.51}$$

が成り立つであろうか？　この問いに答えるのが次の命題である．

**命題 8.5.9** 適合的な $s$ 段数のルンゲ–クッタ法（陽的でも陰的でもよい）について，上記の状況設定の下で，(8.51) が成り立つための必要十分条件は，(8.46) が成り立つことである． □

**証明** まず，$\boldsymbol{K}_i = (\tilde{\boldsymbol{k}}_i, \theta_i)^{\mathrm{T}} \in \mathbb{R}^m \times \mathbb{R}$ と書くと，

$$\begin{aligned}\boldsymbol{K}_i &= \boldsymbol{g}\Big(\boldsymbol{V}_n + h_n \sum_{i=1}^{s} \beta_{ij} \boldsymbol{K}_j\Big) \\ &= \begin{pmatrix} \boldsymbol{f}\Big(t_n + h_n \sum_{j=1}^{s} \beta_{ij}\theta_i,\ \boldsymbol{U}_n + h_n \sum_{j=1}^{s} \beta_{ij}\tilde{\boldsymbol{k}}_j\Big) \\ 1 \end{pmatrix}. \end{aligned} \tag{8.52}$$

これより，ただちに，$\theta_i = 1\ (1 \le i \le s)$ がでる．帰納法で (8.51)⇔(8.46) を示す．$n = 0$ のときは自動的に成立している．$n$ のときの成立を仮定する．証明すべきは，(8.46) と

$$\boldsymbol{V}_{n+1} = \begin{pmatrix} \boldsymbol{U}_n + h_n \sum_{j=1}^{s} c_i \tilde{\boldsymbol{k}}_i \\ t_n + h_n \sum_{i=1}^{s} c_i\theta_i \end{pmatrix} = \begin{pmatrix} \boldsymbol{U}_n + h_n \sum_{j=1}^{s} c_i \boldsymbol{k}_i \\ t_n + h_n \end{pmatrix} = \begin{pmatrix} \boldsymbol{U}_{n+1} \\ t_{n+1} \end{pmatrix} \tag{8.53}$$

が同値になることである．適合性 (8.45) と $\theta_i = 1$ により，$\sum_{i=1}^{s} c_i\theta_i = 1$ に注意する．(8.46) を仮定すると，(8.52) により，$\boldsymbol{k}_i = \tilde{\boldsymbol{k}}_i$．したがって，(8.53) が成り立つ．逆に，(8.53) を仮定すると，$\boldsymbol{k}_i = \tilde{\boldsymbol{k}}_i$ となるためには，(8.52) により，(8.46) が必要である．ゆえに，(8.46)⇔(8.53) であり，証明が完了した． ■

**注意 8.5.10** 上の考察は方程式を自励系に書き換えることを奨励しているわけではない．しかし，自励系に対しては $p$ 次精度であるが，同じ公式を非自励系に適用すると，$p-1$ 次精度しか達成されないような例が存在することは教訓的である．典型例は，表 8.4 に示したランバート法である．4 段数を用いて定義されたこの方法は，自励系に対しては 4 次精度，非自励系に対しては 3 次精度の公式となる（数値的な例については，例 8.5.11 を参照）．なお，Lambert[23, §5.8] には次の事実が述べられている．

(A) ルンゲ–クッタ法が $\boldsymbol{f}(\boldsymbol{y})$，$\boldsymbol{f} : \mathbb{R}^m \to \mathbb{R}^m\ (m > 1)$ に対して $p$ 次精度

(B) ルンゲ–クッタ法が $f(s,y)$，$f:\mathbb{R}\times\mathbb{R}\to\mathbb{R}$ に対して $p$ 次精度

(C) ルンゲ–クッタ法が $f(y)$，$f:\mathbb{R}\to\mathbb{R}$ に対して $p$ 次精度

とすると，

- $1\le p\le 3$ のとき，(A)⇔(B)⇔(C)
- $p=4$ のとき，(A)⇔(B)⇒(C)，かつ，(C)$\not\Rightarrow$(B)
- $p\ge 5$ のとき，(A)⇒(B)⇒(C) かつ，(C)$\not\Rightarrow$(B)，(B)$\not\Rightarrow$(A).

これもルンゲ–クッタ法の奥深さの例証といえよう． □

**【例 8.5.11】** 例 8.5.6 に引き続き，初期値問題

$$\frac{d}{dt}u(t)=u(t)[1-u(t)]\quad(0<t<1),\qquad u(0)=2 \tag{8.54}$$

を，一様刻み幅 $h$ のホイン法（表 8.2），古典的ルンゲ–クッタ法，ランバート法（表 8.4）で計算して，$h$ の誤差への依存性を調べてみる．例 8.5.6 と同じ記号を用いる．この場合も，解は $u(t)=\dfrac{2e^t}{2e^t-1}$ となり，例 8.5.6 で扱った初期値問題 (8.48) と同じである．計算結果を表 8.7 に示す．ホイン法と古典的ルンゲ–クッタ法に対する結果は，前と同じである．しかし，ランバート法に対しては 4 次精度が確認でき，これは例 8.5.6 とは大きな違いである．いま一度，(8.48) と (8.54) を比較してみよう．これらは，異なる方程式であるが，同じ解をもつ．特徴的な違いは，(8.48) は非自励系だが，(8.54) は自励系となっているところにある．注意 8.5.10 でも指摘したように，ランバート法は，一般には 3 次精度が保証されるが，自励系に対しては 4 次精度が達成される．これらの微分方程式をなんらかの物理現象の数理モデルと考えると，方程式のみかけの違いは，数理モデリングや数学的定式化の違いと解釈できる．そして計算結果は，より計算のしやすい数学的定式化があり得ることを示唆しており，教訓的である．すなわち，現象は 1 つなのだから，それをどのように表現してもよいというわけではなく，その後の解析も考慮に入れて

**表 8.7** 一様刻み幅 $h$ のホイン法 ($E_n^{(1)}$)，古典的ルンゲ–クッタ法 ($E_n^{(2)}$)，ランバート法 ($E_n^{(3)}$) による (8.54) の計算（例 8.5.11）．

| $h$ | $E_h^{(1)}$ | $\rho_h^{(1)}$ | $E_h^{(2)}$ | $\rho_h^{(2)}$ | $E_h^{(3)}$ | $\rho_h^{(3)}$ |
|---|---|---|---|---|---|---|
| 0.05000 | $6.43\cdot10^{-4}$ | 2.08 | $2.70\cdot10^{-7}$ | 4.03 | $1.08\cdot10^{-6}$ | 4.02 |
| 0.02500 | $1.56\cdot10^{-4}$ | 2.05 | $1.66\cdot10^{-8}$ | 4.02 | $6.67\cdot10^{-8}$ | 4.02 |
| 0.01250 | $3.82\cdot10^{-5}$ | 2.02 | $1.03\cdot10^{-9}$ | 4.01 | $4.14\cdot10^{-9}$ | 4.01 |
| 0.00625 | $9.48\cdot10^{-6}$ | 2.01 | $6.39\cdot10^{-11}$ | 4.01 | $2.57\cdot10^{-10}$ | 4.01 |

注意深く数学的に定式化しなければならないのである．□

**【問題 8.5.12】** クランク–ニコルソン法，改良オイラー法，前進オイラー法，後退オイラー法，古典的ルンゲ–クッタ法のブッチャー配列が表 8.1–8.4 のようになることを確認せよ．また，3 次のホイン法，3 次のクッタ法，3 次のランバート法を，ブッチャー配列から具体的に書き下せ．

**【問題 8.5.13】** 命題 8.5.8 を示せ．

**【問題 8.5.14】** 3 段数 3 次精度の陽的ルンゲ–クッタ法の係数が，

$$\begin{cases} c_1 + c_2 + c_3 = 1, \quad c_2\alpha_2 + c_3\alpha_3 = 1/2, \\ c_3(\alpha_3 - \beta_{31})\alpha_2 = 1/6, \quad \beta_{21} = \alpha_2, \quad \alpha_3 = \beta_{31} + \beta_{32} \end{cases} \tag{8.55}$$

を満たさねばならないことを示せ．

**【問題 8.5.15】** 表 8.3 に示した 3 段数のルンゲ–クッタ法が (8.55) を満たすことを示せ．

**【問題 8.5.16】** $0 < \theta < 1$ に対して，一段法

$$\boldsymbol{U}_{n+\theta} = \boldsymbol{U}_n + \theta h_n \boldsymbol{f}(t_n, \boldsymbol{U}_n), \quad \boldsymbol{U}_{n+1} = \boldsymbol{U}_n + h_n \boldsymbol{f}(t_{n+\theta}, \boldsymbol{U}_{n+\theta})$$

を考える．この方法がルンゲ–クッタ法であることを確認し，段数を決定し，ブッチャー配列を書け．ただし，$t_{n+\theta} = t_n + \theta h_n$ としている．また，この方法が $\theta = 1/2$ のとき，2 次精度，それ以外の場合には，1 次精度であることを示せ．

**【問題 8.5.17】** $d\boldsymbol{u}(t)/dt = \boldsymbol{f}(\boldsymbol{u}(t))$ に対する一段法

$$\begin{aligned} \boldsymbol{U}_{n+\frac{1}{2}} &= \boldsymbol{U}_n + \frac{h_n}{4}[\boldsymbol{f}(\boldsymbol{U}_n) + \boldsymbol{f}(\boldsymbol{U}_{n+\frac{1}{2}})], \\ \boldsymbol{U}_{n+1} &= \frac{1}{3}[4\boldsymbol{U}_{n+\frac{1}{2}} - \boldsymbol{U}_n + h_n \boldsymbol{f}(\boldsymbol{U}_{n+1})] \end{aligned}$$

のブッチャー配列を書け．ただし，$t_{n+\frac{1}{2}} = t_n + h_n/2$.

## 8.6　刻み幅の自動調節

ルンゲ–クッタ法の考え方は，局所誤差（注意 8.3.8）の推定にも利用でき，結果的に，大域誤差をあらかじめ指定した許容誤差限界内に停めるための，最

適な刻み幅 $h_0, h_1, \ldots$ の調節方法を構成することができる．引き続き，$\boldsymbol{u}(t)$ を初期値問題 (8.20) の解とし，8.3，8.4，8.5 節と同じ記号を用いる．

次のような $s$ 段数のルンゲ–クッタ法を考える：

- $\boldsymbol{U}_{n+1} = \boldsymbol{U}_n + h_n \boldsymbol{F}(t_n, \boldsymbol{U}_n; h_n)$ はブッチャー配列 $(B, \boldsymbol{\alpha}, \boldsymbol{c})$ で定義される $p+1$ 次精度の方法．
- $\tilde{\boldsymbol{U}}_{n+1} = \tilde{\boldsymbol{U}}_n + h_n \tilde{\boldsymbol{F}}(t_n, \tilde{\boldsymbol{U}}_n; h_n)$ はブッチャー配列 $(B, \boldsymbol{\alpha}, \tilde{\boldsymbol{c}})$ で定義される $p$ 次精度の方法．

ともに，$B$ と $\boldsymbol{\alpha}$ の部分は同じなので，$\boldsymbol{U}_n = \tilde{\boldsymbol{U}}_n$ ならば，まったく同じ $\boldsymbol{k}_1, \ldots, \boldsymbol{k}_s$ が利用できる．さらに，あらかじめ $d_i = c_i - \tilde{c}_i$ を準備しておけば，

$$\boldsymbol{U}_{n+1} - \tilde{\boldsymbol{U}}_{n+1} = \sum_{i=1}^{s} d_i \boldsymbol{k}_i \tag{8.56}$$

と計算できるので，一方のみを計算しておけばよいことになる．

このようなルンゲ–クッタ法の組を**埋め込み型ルンゲ–クッタ法** (embedded Runge-Kutta method) と呼び，$s$ 段数 $p+1$ 次精度の公式に $p$ 次精度の公式が埋め込まれている，と表現する．埋め込み型ルンゲ–クッタ法は実際に数多く存在するが，その中で，比較的利用しやすく，有名な（= 利用実績がある）ものとして，表 8.8 に示した 6 段数 5 次精度と 4 次精度の**フェールベルグ**（Fehlberg）**法**があげられる（この方法では $s=6$，$p=4$ を考えている）．

**表 8.8** 6 段数 5 次精度のフェールベルグ法のブッチャー配列 $(B, \boldsymbol{\alpha}, \boldsymbol{c})$ と 6 段数 4 次精度のフェールベルグ法のブッチャー配列 $(B, \boldsymbol{\alpha}, \tilde{\boldsymbol{c}})$，および $\boldsymbol{d} = (d_i)$．

| | | | | | | |
|---|---|---|---|---|---|---|
| $0$ | $0$ | $0$ | $0$ | $0$ | $0$ | $0$ |
| $\frac{1}{4}$ | $\frac{1}{4}$ | $0$ | $0$ | $0$ | $0$ | $0$ |
| $\frac{3}{8}$ | $\frac{3}{32}$ | $\frac{9}{32}$ | $0$ | $0$ | $0$ | $0$ |
| $\frac{12}{13}$ | $\frac{1932}{2197}$ | $-\frac{7200}{2197}$ | $\frac{7296}{2197}$ | $0$ | $0$ | $0$ |
| $1$ | $\frac{439}{216}$ | $-8$ | $\frac{3680}{513}$ | $-\frac{845}{4104}$ | $0$ | $0$ |
| $\frac{1}{2}$ | $-\frac{8}{27}$ | $2$ | $-\frac{3544}{2565}$ | $\frac{1859}{4104}$ | $-\frac{11}{40}$ | $0$ |
| $(\boldsymbol{c}^{\mathrm{T}} =)$ | $\frac{16}{135}$ | $0$ | $\frac{6656}{12825}$ | $\frac{28561}{56430}$ | $-\frac{9}{50}$ | $\frac{2}{55}$ |
| $(\tilde{\boldsymbol{c}}^{\mathrm{T}} =)$ | $\frac{25}{216}$ | $0$ | $\frac{1408}{2565}$ | $\frac{2197}{4104}$ | $-\frac{1}{5}$ | $0$ |
| $(\boldsymbol{d}^{\mathrm{T}} =)$ | $\frac{2090}{752400}$ | $0$ | $-\frac{22528}{752400}$ | $-\frac{21970}{752400}$ | $\frac{15048}{752400}$ | $\frac{27360}{752400}$ |

埋め込み型ルンゲ–クッタ法（$s$ 段数 $p+1$，$p$ 次精度）を用いて，

$$\|\boldsymbol{u}-\boldsymbol{U}\|_\Delta,\ \|\boldsymbol{u}-\tilde{\boldsymbol{U}}\|_\Delta \le \varepsilon \tag{8.57}$$

を達成するように，刻み幅 $h_0, h_1, \ldots$ を制御する方法を説明する．ここで，$\varepsilon > 0$ はあらかじめ指定された**許容誤差限界**を表す．それには，$\boldsymbol{U}_n$ から $\boldsymbol{U}_{n+1}$ を，および，$\tilde{\boldsymbol{U}}_n$ から $\tilde{\boldsymbol{U}}_{n+1}$ を計算する際に混入する誤差（局所誤差）を，刻み幅 $h_n$ をうまく調節することにより，制御すればよい．そのために，$\boldsymbol{u}(t_n) = \tilde{\boldsymbol{U}}_n$，$\boldsymbol{u}(t_n) = \boldsymbol{U}_n$ を仮定して，$\boldsymbol{U}_{n+1}$ と $\tilde{\boldsymbol{U}}_{n+1}$ を計算することを考える．その際，(8.57) を実現するために，

$$\|\boldsymbol{e}_{n+1}\|_\infty,\ \|\tilde{\boldsymbol{e}}_{n+1}\|_\infty \le \varepsilon \frac{h_n}{T} \tag{8.58}$$

を要請したい（注意 8.6.2 もみよ）．ただし，$\boldsymbol{e}_{n+1} = \boldsymbol{u}(t_{n+1}) - \boldsymbol{U}_{n+1}$，$\tilde{\boldsymbol{e}}_{n+1} = \boldsymbol{u}(t_{n+1}) - \tilde{\boldsymbol{U}}_{n+1}$ とおいている．さて，注意 8.3.8 により，

$$\boldsymbol{e}_{n+1} = h_n^{p+2}\boldsymbol{c}_n, \quad \tilde{\boldsymbol{e}}_{n+1} = h_n^{p+1}\tilde{\boldsymbol{c}}_n$$

が成り立っている．したがって，$\tilde{\boldsymbol{U}}_{n+1} - \boldsymbol{U}_{n+1} = h_n^{p+1}\tilde{\boldsymbol{c}}_n - h_n^{p+2}\boldsymbol{c}_n$ であるが，右辺の第 2 項目（の大きさ）は第 1 項目に比べて非常に小さいと考え，これを無視できると仮定する．すなわち，

$$\tilde{\boldsymbol{e}}_{n+1} = h_n^{p+1}\tilde{\boldsymbol{c}}_n \approx \tilde{\boldsymbol{U}}_{n+1} - \boldsymbol{U}_{n+1} = -\sum_{i=1}^{s} d_i \boldsymbol{k}_i. \tag{8.59}$$

一方で，$\boldsymbol{U}_{n+1}$ の方が $\tilde{\boldsymbol{U}}_{n+1}$ よりも高精度の公式の計算結果なのだから，$\|\boldsymbol{e}_{n+1}\|_\infty \le \|\tilde{\boldsymbol{e}}_{n+1}\|_\infty$ を仮定するのは自然である．したがって，もし，

$$r_n = \left\| \sum_{i=1}^{s} d_i \boldsymbol{k}_i \right\|_\infty \le \varepsilon \frac{h_n}{T} \tag{8.60}$$

が成立していれば，(8.58) は成立しているとみなし，刻み幅 $h_n$ による計算結果を許容し，先の計算に進めばよい．一方で，もし，(8.60) が成立していなければ，(8.58) を満たすように $h_n$ を取り替えなければならない．そこで新しい刻み幅 $\bar{h}$ を用いて，$p$ 次の公式で計算を行い，結果として，$\bar{\boldsymbol{U}}_{n+1}$ と $\bar{\boldsymbol{e}}_{n+1} = \boldsymbol{u}(t_{n+1}) - \bar{\boldsymbol{U}}_{n+1}$ が得られたとしよう．これは，上と同様に，$\bar{\boldsymbol{e}}_{n+1} = \bar{h}^{p+1}\bar{\boldsymbol{c}}_n$ を満たす．しかしながら，$h_n$ と $\bar{h}$ はともに十分小さいので，$\|\tilde{\boldsymbol{c}}_n\|_\infty \approx \|\bar{\boldsymbol{c}}_n\|_\infty$ を仮定してもよいであろう．そうすると，

$$\begin{aligned}\|\bar{\boldsymbol{e}}_{n+1}\|_\infty &\le \bar{h}^{p+1}\|\bar{\boldsymbol{c}}_n\|_\infty \\ &\approx \bar{h}^{p+1}\|\tilde{\boldsymbol{c}}_n\|_\infty \le \left(\frac{\bar{h}}{h_n}\right)^{p+1}\|\tilde{\boldsymbol{e}}_n\|_\infty \approx \left(\frac{\bar{h}}{h_n}\right)^{p+1} r_n\end{aligned}$$

を得る．したがって，(8.58) により，

$$\left(\frac{\bar{h}}{h_n}\right)^{p+1} r_n \le \varepsilon\frac{\bar{h}}{T} \quad\Leftrightarrow\quad \bar{h} \le \left(\frac{\varepsilon h_n}{T r_n}\right)^{\frac{1}{p}} h_n.$$

これをふまえると，$0<\gamma<1$ を固定して，新しい刻み幅 $\bar{h}$ を，

$$\bar{h} = \gamma\left(\frac{\varepsilon h_n}{T r_n}\right)^{\frac{1}{p}} h_n \tag{8.61}$$

で定義すればよいことがわかる．

以上をまとめると，埋め込み型ルンゲ–クッタ法を用いた刻み幅の制御方法は次のようになる．近似解としては，高精度の方，すなわち，$p+1$ 次精度の方法の解 $\boldsymbol{U}_n$ を採用する．すでに，$\boldsymbol{U}_1,\ldots,\boldsymbol{U}_n$ が求まっているとする．

(0) $h_n = h^*$（= はじめに指定しておく固定された値），または，$h_n = h_{n-1}$ とする．

(1) $\boldsymbol{U}_{n+1}$ を計算し，(8.56) で，$\tilde{\boldsymbol{U}}_{n+1}$ と $r_n$ を求めておく．

(2) $r_n \le \varepsilon h_n/T$ ならば，$\boldsymbol{U}_{n+1}$ は確定とし，$\boldsymbol{U}_{n+2}$ の計算に進む．そうでなければ，(8.61) で定めた $\bar{h}$ を用いて $h_n = \bar{h}$ と定義し直し，(1) へ戻る．

または，埋め込み型公式を局所誤差の推定だけに用いて，(2) の代わりに，次を考えてもよい．

(2′) $r_n \le \varepsilon h_n/T$ ならば，$\boldsymbol{U}_{n+1}$ は確定とし，$\boldsymbol{U}_{n+2}$ の計算に進む．そうでなければ，新しい $h_n$ を $\delta h_n$ と定義し直し，(1) へ戻る．ここで，$0<\delta<1$ は計算の前に指定しておく縮小係数である．

一度の取り替えで，$r_n \le \varepsilon h_n/T$ が成り立つ保証はないので，(1) と (2)，あるいは，(1) と (2′) の計算は何度も繰り返さなければならないかもしれない．したがって，繰り返し回数の上限をあらかじめ指定しておき，その回数以内で，$r_n \le \varepsilon h_n/T$ が達成されなければ，$\boldsymbol{U}_{n+2}$ の計算に進むようにすべきである．

**【例 8.6.1】** 表 8.8 で示した 6 段数 5 次 4 次精度のフェールベルグ法を用いたときの，上記の計算方法を，**RKF**（Runge-Kutta-Fehlberg）**45 公式**と呼ぶ． □

**注意 8.6.2**　$\varepsilon$ は $0 \le t \le T$ 全体での許容誤差なので，$t_n \le t \le t_{n+1}$ の計算では，これを均等に割り振って，$\varepsilon h_n/T$ だけの誤差を認めたのが，(8.58) である．一方で，局所許容誤差 $\varepsilon'$ をあらかじめ決めておき，$\|\tilde{\boldsymbol{e}}_{n+1}\|_\infty \le \varepsilon'$ と制御する方法も考えられる．この場合は，(8.60) は $r_n \le \varepsilon'$ に，(8.61) は $\bar{h} = \gamma(\varepsilon'/r_n)^{1/p}h_n$ にとりかえる．□

**【問題 8.6.3】**　表 8.8 から，5 次精度，4 次精度のフェールベルグ法を具体的に書き下せ．

## 8.7　絶対安定領域と硬い問題

8.3 節で考察したように，ルンゲ–クッタ法などの一段法は，$\boldsymbol{F}(s,\boldsymbol{y};r)$，$\boldsymbol{f}(s,\boldsymbol{y})$ が滑らかならば，$h \to 0$ の際，（定理 8.3.6 の意味で）微分方程式の解 $\boldsymbol{u}(t)$ に収束する．一方で，実際の数値計算は，固定された格子 $\Delta = \{t_0, t_1, \ldots, t_N\}$ に対して行われるので，微分方程式の解のもつ性質に着目して，近似解法がそれらをうまく再現できるかどうかを考察することには意味がある．

**【例 8.7.1】**　微分方程式 $u'(t) = -50u(t)$，$u(0) = 1$ を考える（例 8.1.1）．これに前進オイラー法を適用してみよう：$U_{n+1} = U_n - 50hU_n$，$U_0 = a$．ここで，問題を $0 \le t \le T$ で考え，$t_n = nh$，$h = T/N$，$U_n \approx u(t_n)$ としている．いま，$T = 0.15$ とする．図 8.4 の実線は，$h = 0.001$ としたときの，各 $U_0, U_1, \ldots, U_N$ を線分で結んだものであり，これは，方程式の解 $u(t) = e^{-50t}$ のよい近似となっている．一方で，破線で示したのは，$h = 0.03$ としたときの，各 $U_0, U_1, \ldots, U_N$ を線分で結んだものである．これは，近似とは言い

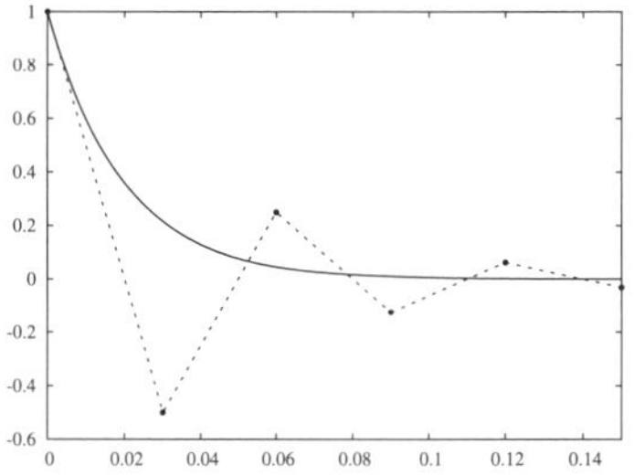


図 8.4　$u'(t) = -50u(t)$，$u(0) = 1$ の前進オイラー法による近似解．実線：$h = 0.001$，破線：$h = 0.03$．

難いばかりか，解としてはあり得ない負の値を算出してしまっている．したがって，例 8.1.1 で述べた，生物の個体群密度や，放射性物質の濃度のモデルに対する近似解としてはとうてい容認できない．このような現象の原因を調べるために，前進オイラー法を $U_n = (1-50h)^n a$ と書く．そうすると，$1-50h<0 \Leftrightarrow h>1/50$ のときに，正負の振動を生ずることがすぐにわかる．実際，$0.001<1/50<0.03$ である．一方，関数 $e^{-50t}$ は，$t \ge 0$ で，1 から急激に（単調に）0 に減衰してしまう．したがって，$h \ge 1/50$ では，この急激な変化をうまく近似できない，と解釈することもできよう． □

もう少し一般的に議論するために，$m$ 元の連立微分方程式

$$\frac{d}{dt}\boldsymbol{u}(t) = A\boldsymbol{u}(t) \tag{8.62}$$

を考える．ただし，$A$ は実対称かつ負定値と仮定する．すなわち，$A = A^{\mathrm{T}}$，かつ，$A$ の固有値 $\lambda_1, \ldots, \lambda_m$ はすべて負であり，対応する（正規直交化された）固有ベクトル $\boldsymbol{v}_1, \ldots, \boldsymbol{v}_m$ は $\mathbb{R}^m$ の基底をなす．方程式 (8.62) の解 $\boldsymbol{u}(t)$ の性質をみていこう．$A$ は，直交行列 $V = (\boldsymbol{v}_1, \ldots, \boldsymbol{v}_m) \in \mathbb{R}^{m\times m}$ を用いて，$A = VBV^{\mathrm{T}}$，$B = \mathrm{diag}\,(\lambda_i)$ の形に対角化可能である．そして，$A$ に対して，**行列の指数関数** $e^{tA}$ を，

$$e^{tA} = V \underbrace{\begin{pmatrix} e^{\lambda_1 t} & & \text{\huge 0} \\ & \ddots & \\ \text{\huge 0} & & e^{\lambda_m t} \end{pmatrix}}_{=\mathrm{diag}\,(e^{\lambda_i t})} V^{\mathrm{T}} \tag{8.63}$$

で定義する．これは変数 $t$ の行列値の関数を表すが，さらに，記号から期待される性質をもっている．すなわち，次が成立する：

$$e^0 = I, \tag{8.64}$$

$$e^{tA}e^{sA} = e^{(t+s)A} \quad (t, s \ge 0), \tag{8.65}$$

$$\frac{d}{dt}e^{tA} = Ae^{tA} \quad (t > 0). \tag{8.66}$$

ただし，(8.66) において，微分は成分ごとに行うものとする．(8.64) は明らかであろう．(8.66) は，

$$\frac{d}{dt}e^{tA} = V\begin{pmatrix} \lambda_1 e^{\lambda_1 t} & & 0 \\ & \ddots & \\ 0 & & \lambda_m e^{\lambda_m t} \end{pmatrix} V^{\mathrm{T}}$$

$$= V\begin{pmatrix} \lambda_1 & & 0 \\ & \ddots & \\ 0 & & \lambda_m \end{pmatrix} V^{\mathrm{T}} \cdot V\begin{pmatrix} e^{\lambda_1 t} & & 0 \\ & \ddots & \\ 0 & & e^{\lambda_m t} \end{pmatrix} V^{\mathrm{T}} = Ae^{tA}$$

と確かめられる．(8.65) の証明も同様である．したがって，初期条件として $\boldsymbol{u}(0) = \boldsymbol{a}$ を課すことにすると，

$$\boldsymbol{u}(t) = e^{tA}\boldsymbol{a}$$

は (8.62) の解となる．一方で，$\boldsymbol{v}_1, \ldots, \boldsymbol{v}_m$ の正規直交性により，

$$e^{tA}\boldsymbol{v}_i = V\begin{pmatrix} e^{\lambda_1 t} & & 0 \\ & \ddots & \\ 0 & & e^{\lambda_m t} \end{pmatrix} \boldsymbol{e}_i = e^{\lambda_i t} V\boldsymbol{e}_i = e^{\lambda_i t}\boldsymbol{v}_i$$

が成り立つ．そこで，$c_1, \ldots, c_m$ を，$\boldsymbol{a} = c_1\boldsymbol{v}_1 + \cdots + c_m\boldsymbol{v}_m$ を満たすように求めておくと，(8.62) の解は，

$$\boldsymbol{u}(t) = e^{tA}(c_1\boldsymbol{v}_1 + \cdots + c_m\boldsymbol{v}_m) = c_1 e^{\lambda_1 t}\boldsymbol{v}_1 + \cdots + c_m e^{\lambda_m t}\boldsymbol{v}_m$$

と表現できる．これより，

$$\|\boldsymbol{u}(t)\|_\infty \le |c_1| e^{\lambda_1 t}\|\boldsymbol{v}_1\|_\infty + \cdots + |c_m| e^{\lambda_m t}\|\boldsymbol{v}_m\|_\infty. \tag{8.67}$$

いま，$\lambda_1, \ldots, \lambda_m < 0$ を仮定しているので，

$$\|\boldsymbol{u}(t)\|_\infty \to 0 \quad (t \to \infty) \tag{8.68}$$

が成立する．

次に，(8.62) に対する一段法の解 $\boldsymbol{U}_n$ が，性質 (8.68) を再現できるか否かを考える．議論が散漫にならないように，一様格子 $h = T/N$，$t_n = nh$ のみを扱う．まずは，$\boldsymbol{f}(s, \boldsymbol{y}) = A\boldsymbol{y}$ の際に，いままで登場した一段法が，どのよ

うな形になるのかを，具体的に確認しておこう．

**【例 8.7.2】** 前進オイラー法は，$\boldsymbol{F}(s,\boldsymbol{y};r)=\boldsymbol{f}(s,\boldsymbol{y})=A\boldsymbol{y}$ より，$\boldsymbol{U}_{n+1}=(I+hA)\boldsymbol{U}_n$ と書ける．とくに，$B\in\mathbb{R}^{m\times m}$ に対して，$\varphi(B)=I+B$ を導入すると，$\boldsymbol{U}_{n+1}=\varphi(hA)\boldsymbol{U}_n$ と書ける． □

**【例 8.7.3】** ホイン法は，$\boldsymbol{U}_{n+1}=\boldsymbol{U}_n+\frac{h}{2}[A\boldsymbol{U}_n+A(\boldsymbol{U}_n+hA\boldsymbol{U}_n)]=(I+hA+\frac{1}{2}h^2A^2)\boldsymbol{U}_n=\varphi(hA)\boldsymbol{U}_n$ と書ける．ただし，$\varphi(B)=I+B+\frac{1}{2}B^2$ である．改良オイラー法も，$\boldsymbol{U}_{n+1}=\varphi(hA)\boldsymbol{U}_n$ と書ける． □

**【例 8.7.4】** 陰的方法である後退オイラー法とクランク–ニコルソン法を考えたいが，まとめて考察するために，$0\le\theta\le 1$ に対して，

$$\boldsymbol{U}_{n+1}=\boldsymbol{U}_n+h[(1-\theta)\boldsymbol{f}(t_n,\boldsymbol{U}_n)+\theta\boldsymbol{f}(t_{n+1},\boldsymbol{U}_{n+1})] \tag{8.69}$$

を導入する（$\theta$ **法**）．$\theta=1$ のときは後退オイラー法に，$\theta=1/2$ のときはクランク–ニコルソン法に，$\theta=0$ のときは前進オイラー法に一致する．$\boldsymbol{f}(s,\boldsymbol{y})=A\boldsymbol{y}$ のときは，$(I-h\theta A)\boldsymbol{U}_{n+1}=(I+h(1-\theta)A)\boldsymbol{U}_n$ となるので，$\boldsymbol{U}_{n+1}=(I-h\theta A)^{-1}(I+h(1-\theta)A)\boldsymbol{U}_n$ と書ける．すなわち，

$$\boldsymbol{U}_{n+1}=\varphi(hA)\boldsymbol{U}_n,\quad \varphi(B)=(I-\theta B)^{-1}(I+(1-\theta)B)$$

と書ける． □

同様に，高段数高次精度のルンゲ–クッタ法について，$\boldsymbol{U}_{n+1}=\varphi(hA)\boldsymbol{U}_n$ の形を導出したい．しかし，それを行う前に，いままでの例の計算過程をよく検討してみよう．すなわち，目的の形を表現する“行列の関数”$\varphi(B)$ を導出するには，$\boldsymbol{f}(s,\boldsymbol{y})=A\boldsymbol{y}$ の線形性により，微分方程式および一段法がともにスカラー値の場合，$f(s,y)=\lambda y$ $(\lambda\in\mathbb{R})$ を考えて，$U_{n+1}=\varphi(h\lambda)U_n$ となるような $z$ の関数 $\varphi(z)$ を導出し，$z$ の部分を機械的に $B$ におき換えることで定義される行列 $\varphi(B)$ を考えればよい．したがって，前に述べた命題 8.5.5 が役に立つ．

**【例 8.7.5】** 命題 8.5.5 により，$1\le s\le 4$ のとき，$s$ 段数 $s$ 次精度の陽的ルンゲ–クッタ法は，

$$\boldsymbol{U}_{n+1}=\varphi(hA)\boldsymbol{U}_n,\quad \varphi(B)=I+B+\frac{1}{2}B^2+\cdots+\frac{1}{s!}B^s \tag{8.70}$$

と書ける．□

これらの例と同様に考えて，$\boldsymbol{f}(s,\boldsymbol{y}) = A\boldsymbol{y}$ のとき，陽的ルンゲ–クッタ法における $\boldsymbol{k}_1,\ldots,\boldsymbol{k}_s$ は “$hA$ の多項式” の形になる．したがって，陽的ルンゲ–クッタ法は，それを表現する多項式 $\varphi(z)$ によって，

$$\boldsymbol{U}_{n+1} = \varphi(hA)\boldsymbol{U}_n \tag{8.71}$$

と書ける．陰的ルンゲ–クッタ法の場合は，それを表現する $\varphi(z)$ は有理関数となる．すなわち，2 つの多項式 $\varphi_1(z),\varphi_2(z)$ によって定まる分数関数 $\varphi(z) = \varphi_1(z)/\varphi_2(z)$ を用いて，(8.71) の形に書ける．この場合も，$\varphi(z) = \varphi_2(z)^{-1}\varphi_1(z)$ などと解釈することにより，$\varphi(hA)$ は行列となる．

以上の考察をふまえて，一般に，有理関数 $\varphi(z)$ を用いて，(8.71) の形で表現できる一段法を考えることにする．

**定理 8.7.6**　$A \in \mathbb{R}^{m\times m}$ を負定値対称行列，$\lambda_1 \le \lambda_2 \le \cdots \le \lambda_m < 0$ をその固有値とする．一段法 (8.71) を定義する有理関数 $\varphi(z)$ は $[\lambda_1,\lambda_m]$ で連続とする．このとき，任意の初期値 $\boldsymbol{a}$ に対して，$\|\boldsymbol{U}_n\|_\infty \to 0\ (n\to\infty)$ となるための必要十分条件は，$|\varphi(h\lambda_i)| < 1\ (1 \le i \le m)$ となることである．□

**証明**　一段法 (8.71) は，$\boldsymbol{U}_n = \varphi(hA)^n\boldsymbol{a}$ と書ける．命題 2.8.5 により，$\varphi(hA)$ の固有値は $\varphi(h\lambda_i)\ (1 \le i \le m)$．したがって，命題 3.2.17 により，$|\varphi(h\lambda_i)| < 1\ (1 \le i \le m) \Leftrightarrow \varphi(hA)^n \to O \Leftrightarrow \|\boldsymbol{U}_n\|_\infty \to 0$．■

**定義 8.7.7（絶対安定区間と $A$ 安定）**　区間 $\mathcal{I}_A = \{z \in \mathbb{R} \mid |\varphi(z)| < 1\}$ を，対称行列 $A \in \mathbb{R}^{m\times m}$ に対応する一段法 (8.71) の**絶対安定区間** (interval of absolute stability) と呼ぶ．また，$(-\infty, 0) \subset \mathcal{I}_A$ が成り立つとき，一段法は **$A$ 安定** ($A$ stable) であるという．□

定理 8.7.6 により，(8.69) が成り立つためには，刻み幅 $h$ と $A$ のすべての固有値が，$h\lambda_i \in \mathcal{I}_A$ の関係を満たすことが，必要十分である．また，$A$ 安定な一段法については，このような制約がない．

具体的な一段法に対して，絶対安定区間を求めてみよう．

【例 **8.7.8**】 例 8.7.5 により，$1 \le s \le 4$ のとき，$s$ 段数 $s$ 次精度の陽的ルンゲ–クッタ法の絶対安定区間は，$\varphi(z) = 1 + z + \cdots + (1/s!)z^s$ とおいたとき，$\mathcal{I}_A = \{z \in \mathbb{R} \mid |\varphi(z)| < 1\}$ となる．実際に計算をすると，次のようになる：

- 1 段数 1 次精度（前進オイラー法） $\mathcal{I}_A = (-2, 0)$,
- 2 段数 2 次精度 $\mathcal{I}_A = (-2, 0)$,
- 3 段数 3 次精度 $\mathcal{I}_A \supset (-2.5127, 0)$,
- 4 段数 4 次精度 $\mathcal{I}_A \supset (-2.7852, 0)$.

1 段数の場合の計算は容易である．2 段数の場合は，関数の概形を描くことで，すぐわかる．3 段数の場合，$\varphi(z) = 1 + z + z^2/2 + z^3/6$ は，狭義単調増加であり，$\varphi(0) = 1$ である．したがって，$\varphi(z_3) = -1$ を満たす $z_3 < 0$ が唯一存在し，$\mathcal{I}_A = (z_3, 0)$ となる．$z_3$ をニュートン法で求めると，$z_3 = 2.512745\cdots$ となる．次に，4 段数の場合の $\varphi(z) = 1 + z + z^2/2 + z^3/6 + z^4/24$ の増減を調べると，ある $z_* < 0$ で唯一の極値（= 極小値，最小値）$\varphi_*$ をとり，$0 < \varphi_* < 1$ を満たすことがわかる．$\varphi(z) \to \infty$ $(z \to \pm\infty)$，$\varphi(0) = 1$ なので，$\varphi(z_4) = 1$ を満たす $z_4 < z_* < 0$ が唯一存在する．このとき，$\mathcal{I}_A = (z_4, 0)$ である．$z_4$ をニュートン法で求めると，$z_4 = -2.785293\cdots$ となる． □

【例 **8.7.9**】 $\theta$ 法（例 8.7.4）の絶対安定区間は，

$$\mathcal{I}_A = \begin{cases} \left(-\frac{2}{1-2\theta},\ 0\right) \cup \left(\frac{2}{2\theta-1},\ \infty\right) & (0 \le \theta < 1/2), \\ (-\infty, 0) & (1/2 \le \theta \le 1) \end{cases}$$

となる（問題 8.7.13）．すなわち，$1/2 \le \theta \le 1$ のとき，$\theta$ 法は $A$ 安定である．とくに，後退オイラー法とクランク–ニコルソン法は $A$ 安定である． □

【例 **8.7.10**】 例 8.1.7 で述べた，熱伝導方程式を再び考える．$\boldsymbol{g}(t) = \boldsymbol{0}$ ならば，近似方程式は (8.5) で定義された $A$ を用いて (8.62) の形に書ける．後退オイラー法とクランク–ニコルソン法を採用すれば，$h$ に対する制約なしで，つねに，(8.69) が成り立つ．そうでない場合には，$h$ に対する条件が必要である．いま，$A$ の固有値は，問題 2.2.8 により，

$$\lambda_i = \frac{2}{\Delta x^2}\left[-1 + \cos\left(\frac{i\pi}{m+1}\right)\right] = -\frac{4}{\Delta x^2}\sin^2\left(\frac{i\pi}{2(m+1)}\right) \quad (1 \le i \le m)$$

となるので，区間 $[h\lambda_m, h\lambda_1]$ が，絶対安定区間 $\mathcal{I}_A$ に含まれればよい．$p_m = (m\pi)/(m+1)$ とおいて，その条件を具体的に書き下すと，

- 前進オイラー法，ホイン法：$-2 < h\lambda_m \Leftrightarrow h < \dfrac{\Delta x^2}{2\sin^2 p_m}$，
- 古典的ルンゲ–クッタ法：$-2.7852 \le h\lambda_m \Leftrightarrow h \le \dfrac{\Delta x^2}{(2.7852)\sin^2 p_m}$

となる． □

以上の考察により，一部の陰的な方法を除けば，(8.69) が成り立つためには，刻み幅 $h$ についての制約が必要なことがわかった．これは，(8.67) において減衰の一番速い成分を計算するために，適切な刻み幅 $h$ を選んでいるともいえる．しかし，減衰の遅い成分を計算するには，そのようにして選んだ刻み幅は，かえって小さすぎて，計算回数を増やす結果となる．もう少し具体的に説明する．$A$ の固有値のうち絶対値最小のものを $\lambda_{\min}$ とすると，$e^{t\lambda_{\min}}$ の成分がもっとも減衰が遅いが，これが $e^{t\lambda_{\min}} \le \varepsilon$ となったら，解は $\mathbf{0}$ に十分近づいたと判断することにしよう（これを**定常状態**と呼ぶことにする）．$\varepsilon > 0$ は十分小さい定数である．そして，初期状態からこの定常状態に至る過渡状態こそが，数値計算によって調べたい対象である．すなわち，$T = \dfrac{1}{\lambda_{\min}} \log \varepsilon$ とおいて，$0 \le t \le T$ の範囲で計算を行いたい．これを，一様格子で離散化して，$t_n = nh$，$h = T/N$ とする．このとき，絶対安定区間により，$h$ は制約を受けるが，これは，一般に $h|\lambda_{\max}| \le M$ と表現できる．ただし，$\lambda_{\max}$ は，$A$ の固有値のうち絶対値最大のもの，$M$ は，$\mathcal{I}_A \supset (-M, 0)$ となるような正定数である．したがって，必要とされる計算回数は，

$$N = \frac{T}{h} = \frac{1}{h} \cdot \frac{|\log \varepsilon|}{|\lambda_{\min}|} \ge |\log \varepsilon| \cdot \frac{1}{M} \cdot \underbrace{\frac{|\lambda_{\max}|}{|\lambda_{\min}|}}_{=\sigma(A)}$$

と評価できる．$M$ は解法に依存する量，$\sigma(A)$ は問題に依存する量である．$\sigma(A)$ が大きければ，計算には膨大な時間がかかることを覚悟しなければならない．この，$\sigma(A)$ を**硬度比** (stiffness ratio) といい，硬度比の大きな問題（通常，$\sigma(A) \ge 10^4$ 程度を想定）を，**硬い** (stiff) **問題**と呼ぶ．

本節では，$A$ を対称行列と仮定してきたが，これを一般の行列とし，その代わりに，

$$\begin{cases} A \text{ は相異なる } m \text{ 個の固有値 } \lambda_1, \ldots, \lambda_m \in \mathbb{C} \text{ をもち，} \\ \mathrm{Re}\,\lambda_i < 0 \quad (1 \le i \le m) \end{cases} \tag{8.72}$$

を満たすことを仮定しても，以上の議論はまったく同じである．実際，一段法の行列表現 (8.71) の導出の際には，対称性は使っていない．ただし，このときには，$\varphi(z)$ は $\mathbb{C}$ 上で定義された有理関数となり，絶対安定区間の代わりに，**絶対安定領域** (region of absolute stability)

$$\mathcal{D}_A = \{z \in \mathbb{C} \mid |\varphi(z)| < 1\} \tag{8.73}$$

を考えることになる．そして，(8.69) の意味で安定になるための必要十分条件は，すべての固有値に対して，$\lambda_i h \in \mathcal{D}_A$ が成り立つことである．また，$\mathcal{D}_A$ が複素平面の左半分 $\{z \in \mathbb{C} \mid \mathrm{Re}\ z < 0\}$ を含む場合，一段法 (8.71) は $A$ **安定**であるといい，このとき，刻み幅に対する制限は必要ない．

**【例 8.7.11】** (8.72) を満たすような $A$ に対しても，後退オイラー法とクランク–ニコルソン法は $A$ 安定になる． □

**【例 8.7.12】** $s$ 段数 $s$ 次精度の陽的ルンゲ–クッタ法 $(1 \leq s \leq 4)$ の絶対安定領域は図 8.5 のようになる． □

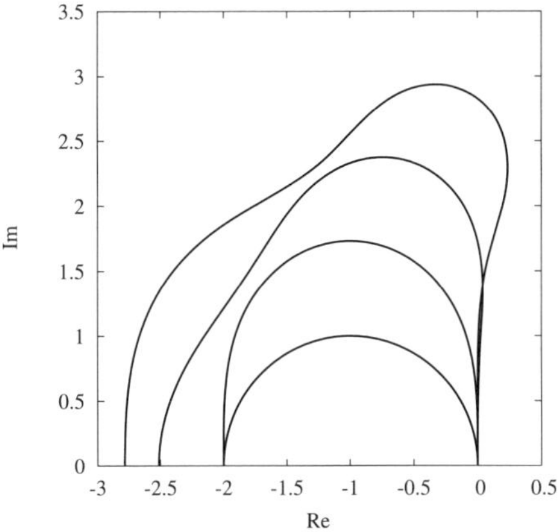


図 **8.5** 陽的ルンゲ–クッタ法 $(1 \leq s \leq 4)$ の絶対安定領域．実軸に関する対称性により，虚軸の非負の部分のみを描画．内側から，順に $s = 1, 2, 3, 4$ の場合を表す．

**【問題 8.7.13】** 例 8.7.9 を検証せよ．

**【問題 8.7.14】** 例 8.1.7, 8.7.10 で調べた熱伝導方程式を再び考える．$\boldsymbol{g}(t) = \mathbf{0}$ とする．この問題の硬度比を求めよ．また，$m = 5, 100, 200$ の際に，具体的

な数値を（3 桁ずつ）求めよ．

**【問題 8.7.15】** 対称行列 $A \in \mathbb{R}^{m\times m}$ に対して，方程式 (8.62) を考え，問題 8.5.16 で考えた一段法を適用する．このときの絶対安定区間を求めよ．

**【問題 8.7.16】** 対称行列 $A \in \mathbb{R}^{m\times m}$ に対して，方程式 (8.62) を考え，問題 8.5.17 で考えた一段法を適用する．この方法が $A$ 安定であることを示せ．

# 第 9 章 連立一次方程式とクリロフ部分空間

本章では，再び，連立一次方程式の解法を考察する．すでに，第 2 章において直接法であるガウスの消去法などを，第 3 章において反復法である SOR 法などについて考察した．本章では，共役勾配法（conjugate gradient method，通称，CG 法）を解説する．これは，関数（とくに，二次形式）の最小化に基づく方法である，共役勾配法については，幾何学的な性質に着目して解説することが多いが，本章では，一貫して解析的な取り扱いをする．

## 9.1 共役勾配法

正定値対称行列 $A = (a_{i,j}) \in \mathbb{R}^{n\times n}$ と $\boldsymbol{b} = (b_i) \in \mathbb{R}^n$ に対して，未知ベクトル $\tilde{\boldsymbol{x}} = (\tilde{x}_i) \in \mathbb{R}^n$ を求める連立一次方程式

$$A\tilde{\boldsymbol{x}} = \boldsymbol{b} \tag{9.1}$$

を考える．関数

$$J(\boldsymbol{x}) = \frac{1}{2}\sum_{i,j=1}^{n} a_{i,j}x_i x_j - \sum_{i=1}^{n} b_i x_i = \frac{1}{2}\langle A\boldsymbol{x}, \boldsymbol{x}\rangle - \langle \boldsymbol{b}, \boldsymbol{x}\rangle$$

を，(9.1) に付随する**二次形式**と呼ぶ．ここで，

$$\langle \boldsymbol{x}, \boldsymbol{y}\rangle = \sum_{i=1}^{n} x_i y_i \qquad (\boldsymbol{x} = (x_i), \boldsymbol{y} = (y_i) \in \mathbb{R}^n)$$

は $\mathbb{R}^n$ の内積を表す．中学校で学んだように，2 次関数 $f(x) = \dfrac{1}{2}ax^2 - bx$ は，$a > 0$ ならば，$ax - b = 0$ を満たす $x$ で最小値をとる．これを二次形式に拡張したものが次の定理である．

**定理 9.1.1** 二次形式 $J(\boldsymbol{x})$ は，(9.1) の解 $\tilde{\boldsymbol{x}}$ において最小値をとる．すなわ

ち，$\tilde{\boldsymbol{x}}$ は

$$J(\tilde{\boldsymbol{x}}) = \min_{\boldsymbol{x}\in\mathbb{R}^n} J(\boldsymbol{x}) \tag{9.2}$$

を満たす．逆に，(9.2) を満たす $\tilde{\boldsymbol{x}}$ は (9.1) の解となる．□

**証明**　まず，$\tilde{\boldsymbol{x}}$ を (9.1) の解とする．$\boldsymbol{x} \in \mathbb{R}^n$ を $\boldsymbol{x} \neq \tilde{\boldsymbol{x}}$ であるような任意のベクトルとし，$\boldsymbol{y} = \boldsymbol{x} - \tilde{\boldsymbol{x}} (\neq \boldsymbol{0})$ とおくと，

$$\begin{aligned}
J(\boldsymbol{x}) &= J(\boldsymbol{y} + \tilde{\boldsymbol{x}}) \\
&= \frac{1}{2}\langle A\boldsymbol{y}, \boldsymbol{y}\rangle + \frac{1}{2}\langle A\boldsymbol{y}, \tilde{\boldsymbol{x}}\rangle + \frac{1}{2}\langle A\tilde{\boldsymbol{x}}, \boldsymbol{y}\rangle + \frac{1}{2}\langle A\tilde{\boldsymbol{x}}, \tilde{\boldsymbol{x}}\rangle - \langle \boldsymbol{b}, \boldsymbol{y}\rangle - \langle \boldsymbol{b}, \tilde{\boldsymbol{x}}\rangle \\
&= J(\tilde{\boldsymbol{x}}) + \frac{1}{2}\underbrace{\langle A\boldsymbol{y}, \boldsymbol{y}\rangle}_{>0} + \underbrace{\langle A\tilde{\boldsymbol{x}} - \boldsymbol{b}, \boldsymbol{y}\rangle}_{=0} > J(\tilde{\boldsymbol{x}}).
\end{aligned}$$

ただし，この変形において，$A$ の対称性により，$\langle A\boldsymbol{y}, \tilde{\boldsymbol{x}}\rangle = \langle \boldsymbol{y}, A\tilde{\boldsymbol{x}}\rangle = \langle A\tilde{\boldsymbol{x}}, \boldsymbol{y}\rangle$ であることを用いている．したがって，$\tilde{\boldsymbol{x}}$ は (9.2) を満たす．

逆に，$\tilde{\boldsymbol{x}}$ が (9.2) を満たすとする．$\boldsymbol{y} \in \mathbb{R}^n$ を任意として，$t \in \mathbb{R}$ に対する実数値関数 $f(t) = J(\tilde{\boldsymbol{x}} + t\boldsymbol{y})$ を考える．このとき，上と同様に考えて，

$$f(t) = \frac{1}{2}\langle A\tilde{\boldsymbol{x}}, \tilde{\boldsymbol{x}}\rangle + \frac{t^2}{2}\langle A\boldsymbol{y}, \boldsymbol{y}\rangle + t\langle A\tilde{\boldsymbol{x}} - \boldsymbol{b}, \boldsymbol{y}\rangle - \langle \boldsymbol{b}, \tilde{\boldsymbol{x}}\rangle$$

と計算できる．仮定より，$f(t)$ は $t = 0$ で最小値をとるので，$f'(0) = 0$ が必要である．これは，$\langle A\tilde{\boldsymbol{x}} - \boldsymbol{b}, \boldsymbol{y}\rangle = 0$ を意味する．$\boldsymbol{y}$ は任意であったから，$\boldsymbol{y} = A\tilde{\boldsymbol{x}} - \boldsymbol{b}$ と選ぶと，$\|A\tilde{\boldsymbol{x}} - \boldsymbol{b}\|_2^2 = 0$，すなわち，(9.1) を得る．■

この定理により，連立一次方程式 (9.1) を直接考える代わりに，$J$ の最小値に着目して，反復列 $\boldsymbol{x}_1, \boldsymbol{x}_2, \ldots, \boldsymbol{x}_k, \ldots$ を，

$$J(\boldsymbol{x}_0) > J(\boldsymbol{x}_1) > \cdots > J(\boldsymbol{x}_k) > \cdots \to J(\tilde{\boldsymbol{x}})$$

となるように生成するという方法が考えられる．そのために，

$$D \subsetneq D' \quad \Rightarrow \quad \min_{\boldsymbol{x}\in D'} J(\boldsymbol{x}) \leq \min_{\boldsymbol{x}\in D} J(\boldsymbol{x})$$

という自明な関係に着目し，まずは次のような方針で進むことにする．

**方針 9.1.1**　狭義単調増大な部分空間の列

$$\{\mathbf{0}\} \subsetneq D_1 \subsetneq D_2 \subsetneq \cdots \subsetneq \mathbb{R}^n \tag{9.3}$$

が与えられたとして，(9.1) の解 $\tilde{\boldsymbol{x}}$ に対する近似列 $\{\boldsymbol{x}_k\}_{k\geq 1}$ を

$$J(\boldsymbol{x}_k) = \min_{\boldsymbol{x}\in D_k} J(\boldsymbol{x}) \tag{9.4}$$

を満たすように定める．さらに，$\boldsymbol{x}_0 = \mathbf{0}$ と定義しておく． □

**命題 9.1.2** 方針 9.1.1 で $\{\boldsymbol{x}_k\}_{k\geq 0}$ を生成し，$k \geq 1$ とする．

(i) $\boldsymbol{x}_k \in D_k$ が，(9.4) を満たすことと，

$$\langle A\boldsymbol{x}_k - \boldsymbol{b}, \boldsymbol{y}\rangle = 0 \quad (\boldsymbol{y} \in D_k) \tag{9.5}$$

を満たすことは同値である．

(ii) (9.5) を満たす $\boldsymbol{x}_k \in D_k$ が唯一存在する． □

**証明** (i) $\boldsymbol{x}_k$ が (9.5) を満たすとする．$\boldsymbol{x} \in \mathbb{R}^n$ を $\boldsymbol{x} \neq \boldsymbol{x}_k$ であるような任意のベクトルとし，$\boldsymbol{y} = \boldsymbol{x} - \boldsymbol{x}_k (\neq \mathbf{0})$ とおくと，定理 9.1.1 の証明と同様に計算して，

$$J(\boldsymbol{x}) = J(\boldsymbol{x}_k) + \frac{1}{2}\underbrace{\langle A\boldsymbol{y}, \boldsymbol{y}\rangle}_{>0} + \underbrace{\langle A\boldsymbol{x}_k - \boldsymbol{b}, \boldsymbol{y}\rangle}_{=0} > J(\boldsymbol{x}_k).$$

したがって，$\boldsymbol{x}_k$ は (9.4) を満たす．逆に，$\boldsymbol{x}_k$ が (9.5) を満たすとすると，このときも定理 9.1.1 の証明と同様に考えて，$\langle A\boldsymbol{x}_k - \boldsymbol{b}, \boldsymbol{y}\rangle = 0$ $(\boldsymbol{y} \in D_k)$ を得る．

(ii) まず，一意性を確かめる．$\boldsymbol{x}_k, \boldsymbol{y}_k \in D_k$ が (9.5) を満たすとしよう．このとき，$\boldsymbol{x}_k - \boldsymbol{y}_k \in D_k$ なので，

$$\langle A(\boldsymbol{x}_k - \boldsymbol{y}_k), \boldsymbol{x}_k - \boldsymbol{y}_k\rangle = \langle A\boldsymbol{x}_k, \boldsymbol{x}_k - \boldsymbol{y}_k\rangle - \langle A\boldsymbol{y}_k, \boldsymbol{x}_k - \boldsymbol{y}_k\rangle = 0.$$

したがって，$A$ の正値性により，$\boldsymbol{x}_k = \boldsymbol{y}_k$.

次に存在を示す．$D_k$ の次元を $m = m_k$ と書き，$\{\boldsymbol{p}_0, \ldots, \boldsymbol{p}_{m-1}\}$ をその基底とする．このとき，(9.5) は

$$\langle A\boldsymbol{x}_k - \boldsymbol{b}, \boldsymbol{p}_l\rangle = 0 \qquad (0 \leq l \leq m-1) \tag{9.6}$$

と同値である．さらに，これを示すには，

$$\sum_{j=0}^{m-1} \alpha_j \langle A\boldsymbol{p}_j, \boldsymbol{p}_l \rangle = \langle \boldsymbol{b}, \boldsymbol{p}_l \rangle \quad (0 \le l \le m-1) \tag{9.7}$$

を満たす $\boldsymbol{\alpha} = (\alpha_0, \ldots, \alpha_{m-1})^{\mathrm{T}} \in \mathbb{R}^m$ の存在を示せばよい．実際，$\boldsymbol{x}_k = \sum_{j=0}^{m-1} \alpha_j \boldsymbol{p}_j$ は (9.6) を満たす．ところが，$B = (\langle A\boldsymbol{p}_j, \boldsymbol{p}_l \rangle) \in \mathbb{R}^{m\times m}$，$\boldsymbol{\beta} = (\langle \boldsymbol{b}, \boldsymbol{p}_l \rangle) \in \mathbb{R}^m$ とおくと，(9.7) は $B\boldsymbol{\alpha} = \boldsymbol{\beta}$ と書ける．すなわち，これは $\boldsymbol{\alpha}$ に対する連立一次方程式である．$B\boldsymbol{x} = \boldsymbol{0}$ とすると，解の一意性より $\boldsymbol{x} = \boldsymbol{0}$．すなわち，$B$ は正則であり，解の存在が示せた． ■

命題 9.1.2 およびその証明で述べたように，(9.7) を解くことによって，(9.4) の解が得られる．それには，空間 $D_k$ の基底 $\{\boldsymbol{p}_0, \ldots, \boldsymbol{p}_{m-1}\}$ を，次で定義する $A$ **共役**となるようにしておけば好都合である．なお，$A$ 共役なベクトルの列は一次独立となる（問題 9.1.11）．

**定義 9.1.3**（$A$ **共役性**）　$\mathbb{R}^n$ の非零ベクトルの列 $\{\boldsymbol{p}_0, \ldots, \boldsymbol{p}_{m-1}\}$ が $A$ 共役 ($A$ conjugate) であるとは，$\langle A\boldsymbol{p}_i, \boldsymbol{p}_j \rangle = 0$ $(0 \le i, j \le m-1, i \ne j)$ が成り立つときをいう． □

**方針 9.1.2**　$A$ 共役なベクトルの列 $\{\boldsymbol{p}_0, \ldots, \boldsymbol{p}_{k-1}\}$ が与えられたとして，方針 9.1.1 における部分空間の列 $D_1, D_2, \ldots$ を

$$D_k = \mathrm{span}\, \{\boldsymbol{p}_0, \ldots, \boldsymbol{p}_{k-1}\} = \left\{ \sum_{j=0}^{k-1} c_j \boldsymbol{p}_j \mid c_0, \ldots, c_{k-1} \in \mathbb{R} \right\}$$

と定義する（このとき，$\dim D_k = k$）． □

残差ベクトルを

$$\boldsymbol{r}_k = \boldsymbol{b} - A\boldsymbol{x}_k \quad (k \ge 0) \tag{9.8}$$

と定義すると，次の表現を得る．

**命題 9.1.4**　方針 9.1.1 と方針 9.1.2 で $\{\boldsymbol{x}_k\}_{k\ge 0}$ を定めると，

$$\boldsymbol{x}_k = \sum_{j=0}^{k-1} \alpha_j \boldsymbol{p}_j \qquad (k \ge 1) \tag{9.9}$$

と表現できる．ただし，

$$\alpha_j = \frac{\langle \boldsymbol{r}_j, \boldsymbol{p}_j \rangle}{\langle A\boldsymbol{p}_j, \boldsymbol{p}_j \rangle} \qquad (0 \leq j \leq k-1) \tag{9.10}$$

とおいている． □

**証明** 命題 9.1.2(ii) の証明より，(9.7) を解いて $(\alpha_0, \ldots, \alpha_{k-1})^{\mathrm{T}}$ を求めれば，これを用いて，$\boldsymbol{x}_k$ は (9.9) の形に表せる．ところが，(9.7) において，$A$ 共役性により，$\alpha_j \langle A\boldsymbol{p}_j, \boldsymbol{p}_j \rangle = \langle \boldsymbol{b}, \boldsymbol{p}_j \rangle$ $(0 \leq j \leq k-1)$ となる．これより，$j = 0$ のとき (9.10) は明らか．$j \geq 1$ のときは，

$$\langle \boldsymbol{r}_j, \boldsymbol{p}_j \rangle = \langle \boldsymbol{b}, \boldsymbol{p}_j \rangle - \langle A\boldsymbol{x}_j, \boldsymbol{p}_j \rangle = \langle \boldsymbol{b}, \boldsymbol{p}_j \rangle - \sum_{l=0}^{j-1} \langle A\boldsymbol{p}_l, \boldsymbol{p}_j \rangle = \langle \boldsymbol{b}, \boldsymbol{p}_j \rangle$$

となり，(9.10) が示された． ■

次の命題により，残差ベクトルの計算には $\boldsymbol{x}_k$ を用いる必要はない．

**命題 9.1.5** $\boldsymbol{r}_k = \boldsymbol{r}_{k-1} - \alpha_{k-1} A\boldsymbol{p}_{k-1}$ $(k \geq 1)$ が成り立つ． □

**証明** $k \geq 2$ のとき，$\boldsymbol{x}_k = \boldsymbol{x}_{k-1} + \alpha_{k-1}\boldsymbol{p}_{k-1}$ を用いて，$\boldsymbol{r}_k = \boldsymbol{b} - A\boldsymbol{x}_k = \boldsymbol{b} - A\boldsymbol{x}_{k-1} - \alpha_{k-1}A\boldsymbol{p}_{k-1} = \boldsymbol{r}_{k-1} - \alpha_{k-1}A\boldsymbol{p}_{k-1}$．一方で，$\boldsymbol{r}_1 = \boldsymbol{b} - A\boldsymbol{x}_1 = \boldsymbol{b} - \alpha_0 A\boldsymbol{p}_0$． ■

あとは，$A$ 共役なベクトルの列 $\{\boldsymbol{p}_0, \ldots, \boldsymbol{p}_{k-1}\}$ を定める方法を具体的に指定すればよい．それには，残差ベクトル $\{\boldsymbol{r}_0, \ldots, \boldsymbol{r}_{k-1}\}$ を $\langle A\boldsymbol{x}, \boldsymbol{y} \rangle$ に関してグラム–シュミットの直交化法で直交化したものを採用する．すなわち，次の方針で $\{\boldsymbol{p}_0, \ldots, \boldsymbol{p}_{k-1}\}$ を定義する．

**方針 9.1.3** 方針 9.1.2 における $A$ 共役なベクトルの列を

$$\boldsymbol{p}_0 = \boldsymbol{r}_0, \qquad \boldsymbol{p}_k = \boldsymbol{r}_k - \sum_{j=0}^{k-1} \frac{\langle A\boldsymbol{r}_k, \boldsymbol{p}_j \rangle}{\langle A\boldsymbol{p}_j, \boldsymbol{p}_j \rangle} \boldsymbol{p}_j \quad (k \geq 1) \tag{9.11}$$

により漸化的に定める． □

ただし，この方針が，方針 9.1.2 と矛盾していないことを確かめておく必要がある．

**命題 9.1.6**　方針 9.1.1–9.1.3 で $\{\boldsymbol{x}_k\}_{k\geq 0}$ と $\{\boldsymbol{p}_k\}_{k\geq 1}$ を生成し，

$$k^* = \min\{k \geq 1 \mid \boldsymbol{r}_k = 0\} \tag{9.12}$$

とおく．このとき，$1 \leq k \leq k^*$ に対して，次が成り立つ．

(i) $\{\boldsymbol{p}_0, \ldots, \boldsymbol{p}_{k-1}\}$ は $A$ 共役.

(ii) $\mathrm{span}\,\{\boldsymbol{p}_0, \ldots, \boldsymbol{p}_{k-1}\} = \mathrm{span}\,\{\boldsymbol{r}_0, \ldots, \boldsymbol{r}_{k-1}\}$.

(iii) $\boldsymbol{r}_k = \boldsymbol{0} \Leftrightarrow \boldsymbol{p}_k = \boldsymbol{0}$. □

**証明**　(i) 構成より明らかであるが，念のため証明を記そう．$k$ についての帰納法による．$1 \leq k \leq k^* - 1$ に対して，$\{\boldsymbol{p}_0, \ldots, \boldsymbol{p}_{k-1}\}$ を $A$ 共役とすると，

$$\langle \boldsymbol{r}_k, \boldsymbol{y} \rangle = \langle \boldsymbol{b} - A\boldsymbol{x}_k, \boldsymbol{y} \rangle = 0 \qquad (\boldsymbol{y} \in D_k). \tag{9.13}$$

したがって，$0 \leq l \leq k - 1$ に対して，

$$\begin{aligned}
\langle A\boldsymbol{p}_k, \boldsymbol{p}_l \rangle &= \langle A\boldsymbol{r}_k, \boldsymbol{p}_l \rangle - \sum_{i=0}^{k-1} \frac{\langle A\boldsymbol{r}_k, \boldsymbol{p}_i \rangle}{\langle A\boldsymbol{p}_i, \boldsymbol{p}_i \rangle} \langle A\boldsymbol{p}_i, \boldsymbol{p}_l \rangle \\
&= \langle A\boldsymbol{r}_k, \boldsymbol{p}_l \rangle - \frac{\langle A\boldsymbol{r}_k, \boldsymbol{p}_l \rangle}{\langle A\boldsymbol{p}_l, \boldsymbol{p}_l \rangle} \langle A\boldsymbol{p}_l, \boldsymbol{p}_l \rangle = 0.
\end{aligned}$$

よって，$\{\boldsymbol{p}_0, \ldots, \boldsymbol{p}_k\}$ も $A$ 共役.

(ii) 構成より明らか.

(iii) $\boldsymbol{r}_k = \boldsymbol{0}$ ならば，(9.11) よりただちに，$\boldsymbol{p}_k = \boldsymbol{0}$ を得る．一方，$\boldsymbol{p}_k = \boldsymbol{0}$ とすると，やはり (9.11) より，

$$\boldsymbol{r}_k = \sum_{j=0}^{k-1} \frac{\langle A\boldsymbol{r}_k, \boldsymbol{p}_j \rangle}{\langle A\boldsymbol{p}_j, \boldsymbol{p}_j \rangle} \boldsymbol{p}_j.$$

したがって，$\boldsymbol{p}_j \in D_k = \mathrm{span}\,\{\boldsymbol{p}_0, \ldots, \boldsymbol{p}_{k-1}\}$ $(0 \leq j \leq k-1)$ に注意して，(9.13) を使うと，

$$\langle \boldsymbol{r}_k, \boldsymbol{r}_k \rangle = \sum_{j=0}^{k-1} \frac{\langle A\boldsymbol{r}_k, \boldsymbol{p}_j \rangle}{\langle A\boldsymbol{p}_j, \boldsymbol{p}_j \rangle} \underbrace{\langle \boldsymbol{p}_j, \boldsymbol{r}_k \rangle}_{=0} = 0.$$

ゆえに，$\boldsymbol{r}_k = \boldsymbol{0}$ を得る． ■

**定義 9.1.7（クリロフ（Krylov）部分空間）** $B \in \mathbb{C}^{n\times n}$ と $\boldsymbol{c} \in \mathbb{C}^n$ に対して，

$$\mathcal{K}_k(B, \boldsymbol{c}) = \mathrm{span}\,\{\boldsymbol{c}, B\boldsymbol{c}, \ldots, B^{k-1}\boldsymbol{c}\}$$

を，$B$ によって $\boldsymbol{c}$ から生成される**クリロフ部分空間**と呼ぶ． □

クリロフ部分空間は，現代の数値解析学において，基本的でありながら重要な概念であり，さまざまな解法の設計や解析に登場する．

**命題 9.1.8** 方針 9.1.1–9.1.3 にしたがって，$\{\boldsymbol{x}_k\}_{k\geq 0}$ と $\{\boldsymbol{p}_k\}_{k\geq 0}$ を生成すると，$1 \leq k \leq k^* - 1$ に対して，次の 2 つが成り立つ．

(i) $D_k = \mathcal{K}_k(A, \boldsymbol{b})$.

(ii) $\boldsymbol{p}_k = \boldsymbol{r}_k - \beta_{k-1}\boldsymbol{p}_{k-1}$．ただし，$\beta_{k-1} = \dfrac{\langle A\boldsymbol{r}_k, \boldsymbol{p}_{k-1}\rangle}{\langle A\boldsymbol{p}_{k-1}, \boldsymbol{p}_{k-1}\rangle}$. □

**証明** (i) 帰納法で示す．$k = 1$ のときの成立は明らか．$k$ まで成立していると仮定する．すなわち，$\mathcal{K}_k(A, \boldsymbol{b}) = \mathrm{span}\,\{\boldsymbol{p}_0, \ldots, \boldsymbol{p}_{k-1}\}$ を仮定する．

さて，$\boldsymbol{x}_k \in D_k = \mathrm{span}\,\{\boldsymbol{p}_0, \ldots, \boldsymbol{p}_{k-1}\} = \mathcal{K}_k(A, \boldsymbol{b})$ なので，$A\boldsymbol{x}_k \in A\mathcal{K}_k(A, \boldsymbol{b}) = \mathrm{span}\,\{A\boldsymbol{b}, \ldots, A^k\boldsymbol{b}\}$．したがって，

$$\boldsymbol{r}_k = \boldsymbol{b} - A\boldsymbol{x}_k \in \mathrm{span}\,\{\boldsymbol{b}, A\boldsymbol{b}, \ldots, A^k\boldsymbol{b}\} = \mathcal{K}_{k+1}(A, \boldsymbol{b}).$$

ゆえに，(9.11) により，$\boldsymbol{p}_k \in \mathcal{K}_{k+1}(A, \boldsymbol{b})$ であるから，結果的に，$D_{k+1} \subset \mathcal{K}_{k+1}(A, \boldsymbol{b})$ を得る．ところで，$D_{k+1}$ と $\mathcal{K}_{k+1}(A, \boldsymbol{b})$ はともに $k+1$ 本の一次独立なベクトルの張る部分空間なので，この包含関係よりただちに，$D_{k+1} = \mathcal{K}_{k+1}(A, \boldsymbol{b})$ を得る．すなわち，$k+1$ のときも (i) は成立する．

(ii) $j \leq n-2$ とすると，$\boldsymbol{p}_j \in \mathcal{K}_{j+1}(A, \boldsymbol{b})$ なので，$A\boldsymbol{p}_j \in A\mathcal{K}_{j+1}(A, \boldsymbol{b}) \subset \mathcal{K}_{j+2}(A, \boldsymbol{b}) \subset \mathcal{K}_n(A, \boldsymbol{b}) = D_k$．これより，$\langle A\boldsymbol{r}_k, \boldsymbol{p}_j\rangle = \langle \boldsymbol{r}_k, A\boldsymbol{p}_j\rangle = 0$．したがって，(9.11) では $j = n-1$ の項のみが残る． ■

**命題 9.1.9** 方針 9.1.1–9.1.3 の下では，次の 3 つが成り立つ．

(i) $\langle \boldsymbol{r}_l, \boldsymbol{r}_j\rangle = 0 \quad (0 \leq l < j < k^*)$.

(ii) $\alpha_k = \dfrac{\|\boldsymbol{r}_k\|_2^2}{\langle A\boldsymbol{p}_k, \boldsymbol{p}_k\rangle}$ $(0 \leq k \leq k^* - 1)$.

(iii) $\beta_{k-1} = -\dfrac{\|\boldsymbol{r}_k\|_2^2}{\|\boldsymbol{r}_{k-1}\|_2^2}$ $(1 \leq k \leq k^* - 1)$. □

**証明** (i) $0 \leq l < j < k^*$ とする．命題 9.1.6(ii)，命題 9.1.8，および $\boldsymbol{r}_l \in \mathrm{span}\,\{\boldsymbol{r}_0, \ldots, \boldsymbol{r}_l\} \subset \mathrm{span}\,\{\boldsymbol{r}_0, \ldots, \boldsymbol{r}_{j-1}\}$ より，$\boldsymbol{r}_l \in D_j$ なので，$\langle \boldsymbol{r}_l, \boldsymbol{r}_j \rangle = 0$ となる．

(ii) $0 \leq k \leq k^* - 1$ とする．$\langle \boldsymbol{r}_k, \boldsymbol{p}_k \rangle = \langle \boldsymbol{r}_k, \boldsymbol{r}_k - \beta_{k-1}\boldsymbol{p}_{k-1} \rangle = \langle \boldsymbol{r}_k, \boldsymbol{r}_k \rangle - \beta_{k-1}\langle \boldsymbol{r}_k, \boldsymbol{p}_{k-1} \rangle = \|\boldsymbol{r}_k\|_2^2$. したがって，$\alpha_k$ の表現がでる．

(iii) $1 \leq k \leq k^* - 1$ とする．命題 9.1.5 より，

$$\begin{aligned} \langle \boldsymbol{r}_k, \boldsymbol{r}_k \rangle &= \langle \boldsymbol{r}_k, \boldsymbol{r}_{k-1} - \alpha_{k-1} A \boldsymbol{r}_{k-1} \rangle \\ &= \underbrace{\langle \boldsymbol{r}_k, \boldsymbol{r}_{k-1} \rangle}_{=0} - \alpha_{k-1} \langle \boldsymbol{r}_k, A\boldsymbol{p}_{k-1} \rangle = -\frac{\|\boldsymbol{r}_{k-1}\|_2^2}{\langle A\boldsymbol{p}_{k-1}, \boldsymbol{p}_{k-1} \rangle} \langle \boldsymbol{r}_k, A\boldsymbol{p}_{k-1} \rangle. \end{aligned}$$

これより，

$$\beta_{k-1} = -\frac{\langle \boldsymbol{r}_k, A\boldsymbol{p}_{k-1} \rangle}{\langle A\boldsymbol{p}_{k-1}, \boldsymbol{p}_{k-1} \rangle} = -\frac{\|\boldsymbol{r}_n\|_2^2}{\|\boldsymbol{r}_{k-1}\|_2^2}$$

を得る． ■

方針 9.1.1–9.1.3 および以上の命題をすべて合わせて，次のアルゴリズムに到達する．

**共役勾配 (CG) 法**：$\boldsymbol{x}_0 = \boldsymbol{0}$ および $\boldsymbol{p}_0 = \boldsymbol{r}_0 = \boldsymbol{b} - A\boldsymbol{x}_0$ として，$k = 0, 1, \ldots$ に対して次を行う：

- $\boldsymbol{r}_k \neq \boldsymbol{0}$ のとき，

$$\begin{cases} \alpha_k = \dfrac{\|\boldsymbol{r}_k\|_2^2}{\langle A\boldsymbol{p}_k, \boldsymbol{p}_k \rangle}, \quad \boldsymbol{x}_{k+1} = \boldsymbol{x}_k + \alpha_k \boldsymbol{p}_k, \quad \boldsymbol{r}_{k+1} = \boldsymbol{r}_k - \alpha_k A\boldsymbol{p}_k, \\ \beta_k = -\dfrac{\|\boldsymbol{r}_{k+1}\|_2^2}{\|\boldsymbol{r}_k\|_2^2}, \quad \boldsymbol{p}_{k+1} = \boldsymbol{r}_{k+1} - \beta_k \boldsymbol{p}_k. \end{cases}$$

- $\boldsymbol{r}_k = \boldsymbol{0}$ のとき，$k^* = k$ として計算を終了する．あるいは，はじめに許容誤差限界 $\varepsilon > 0$ を決めておき，$\|\boldsymbol{r}_k\|_2 \leq \varepsilon$ となったら，計算を終了する．

共役勾配法の計算方法は反復的であり，その意味で反復法である．一方で，次の定理の意味では直接法といえる．

**定理 9.1.10** 共役勾配法は $n$ 回以内の反復で厳密解 $\tilde{\boldsymbol{x}}$ に到達する．すなわち，(9.12) で定義した $k^*$ に対して，$k^* \leq n$ が成り立つ． □

**証明** もし $k^* \geq n+1$ なら，$n+1$ 本の一次独立なベクトル $p_0, \ldots, p_n$ が得られることになるが，これは不可能である． ■

ただし，計算機内では直交性が完全には表現できないので，そこから生ずる丸め誤差の影響がある．すなわち，実際の計算では，$n$ 回以内の反復で厳密解 $\tilde{\boldsymbol{x}}$ を得ることはできない．したがって，収束の速さについて考察するのには意味があるので，それを次節で行おう．

**【問題 9.1.11】** $A$ 共役なベクトルの列は一次独立となることを示せ．

**【問題 9.1.12】** 共役勾配法の反復列 $\boldsymbol{x}_k$ に対して，

$$J(\boldsymbol{x}_{k+1}) = \min_{t \in \mathbb{R}} J\big(\boldsymbol{x}_k + t\boldsymbol{p}_k\big)$$

を示せ．

## 9.2 収束の速さと前処理

共役勾配法の収束の様子をよりくわしく調べておこう．引き続き，$A \in \mathbb{R}^{n \times n}$ を正定値対称行列と仮定する．$0 < \lambda_1 \leq \cdots \leq \lambda_n$ を $A$ の固有値，$\boldsymbol{v}_1, \ldots, \boldsymbol{v}_n \in \mathbb{R}^n$ を対応する固有ベクトルで $\langle \boldsymbol{v}_l, \boldsymbol{v}_j \rangle = 0\ (l \neq j)$，$\langle \boldsymbol{v}_l, \boldsymbol{v}_j \rangle = 1\ (l = j)$ と正規直交化したものとする．そうすると，任意の $\boldsymbol{x} \in \mathbb{R}^n$ は，$c_j = \langle \boldsymbol{x}, \boldsymbol{v}_j \rangle$ と定義することで，$\boldsymbol{x} = \displaystyle\sum_{j=1}^{n} c_j \boldsymbol{v}_j$ と書ける．さらに，自然数 $m$ に対して，

$$A^m \boldsymbol{x} = \sum_{j=1}^{n} c_j A^m \boldsymbol{v}_j = \sum_{j=1}^{n} c_j \lambda_j^m \boldsymbol{v}_j$$

なので，5.1 節での考察と同様に考えて，$\boldsymbol{v}_1, \ldots, \boldsymbol{v}_k$ の直交性より，

$$\|A^m \boldsymbol{x}\|_2 = \left( \sum_{j=1}^{n} \lambda_j^{2m} c_j^2 \right)^{\frac{1}{2}} \tag{9.14}$$

となる．同様に考えると，任意の多項式 $\varphi(t)$ に対して，

$$\varphi(A)\boldsymbol{x} = \sum_{j=1}^{n} c_j \varphi(\lambda_j)\boldsymbol{v}_j, \quad \|\varphi(A)\boldsymbol{x}\|_2 = \left(\sum_{j=1}^{n} \varphi(\lambda_j)^2 c_j^2\right)^{\frac{1}{2}}$$

となる.

次に,

$$\langle \boldsymbol{x}, \boldsymbol{y} \rangle_A = \langle A\boldsymbol{x}, \boldsymbol{y} \rangle, \quad \|\boldsymbol{x}\|_A = \sqrt{\langle \boldsymbol{x}, \boldsymbol{x} \rangle_A} \qquad (\boldsymbol{x}, \boldsymbol{y} \in \mathbb{R}^n) \tag{9.15}$$

と定義すると，これは $\mathbb{R}^n$ に内積とノルムを定める（問題 9.2.5）. さらに,

$$\sqrt{\lambda_1}\|\boldsymbol{x}\|_2 \le \|\boldsymbol{x}\|_A \le \sqrt{\lambda_k}\|\boldsymbol{x}\|_2, \tag{9.16}$$

$$\|\varphi(A)\boldsymbol{x}\|_A = \left(\sum_{j=1}^{n} c_j^2 \lambda_j \varphi(\lambda_j)^2\right)^{\frac{1}{2}} \tag{9.17}$$

が成り立つ.

**命題 9.2.1** $A$ を正定値対称行列, $\tilde{\boldsymbol{x}}$ を (9.1) の解, $\{\boldsymbol{x}_k\}_{k\ge 0}$ を共役勾配法による反復列とする. さらに, $\varphi(t)$ を $n$ 次の多項式で $\varphi(0) = 1$ を満たすものとする. このとき,

$$\|\boldsymbol{x}_k - \tilde{\boldsymbol{x}}\|_A \le \|\tilde{\boldsymbol{x}}\|_A \max_{\lambda_1 \le t \le \lambda_n} |\varphi(t)|$$

が成り立つ. □

**証明** まず, $\|\boldsymbol{x} - \tilde{\boldsymbol{x}}\|_A^2 = 2J(\boldsymbol{x}) + \langle A\tilde{\boldsymbol{x}}, \tilde{\boldsymbol{x}} \rangle$ に注意すると, (9.4) により, 各 $\boldsymbol{x}_k \in D_k$ は,

$$\|\boldsymbol{x}_k - \tilde{\boldsymbol{x}}\|_A = \min_{\boldsymbol{x} \in D_k} \|\boldsymbol{x} - \tilde{\boldsymbol{x}}\|_A \tag{9.18}$$

を満たす. さて, $g(t) = (1 - \varphi(t))t^{-1}$ と定義すると, これは $n-1$ 次の多項式である. そして, $\boldsymbol{y} = g(A)\boldsymbol{b}$ とおくと, $\boldsymbol{y} \in D_k = \mathcal{K}_k(A, \boldsymbol{b})$ であり, さらに,

$$\boldsymbol{y} - \tilde{\boldsymbol{x}} = g(A)\boldsymbol{b} - \tilde{\boldsymbol{x}} = (I - \varphi(A))A^{-1}\boldsymbol{b} - \tilde{\boldsymbol{x}} = -\varphi(A)\tilde{\boldsymbol{x}}$$

が成り立つ. したがって, $c_j = \langle \tilde{\boldsymbol{x}}, \boldsymbol{v}_j \rangle$ とおくと,

$$
\begin{aligned}
\|\boldsymbol{x}_k - \tilde{\boldsymbol{x}}\|_A \le \|\boldsymbol{y} - \tilde{\boldsymbol{x}}\|_A = \|\varphi(A)\tilde{\boldsymbol{x}}\|_A &= \left(\sum_{j=1}^{n} c_j^2 \lambda_j \varphi(\lambda_j)^2\right)^{\frac{1}{2}} \\
&\le \max_{\lambda_1 \le t \le \lambda_n} |\varphi(t)| \cdot \left(\sum_{j=1}^{n} c_j^2 \lambda_j\right)^{\frac{1}{2}} = \|\tilde{\boldsymbol{x}}\|_A \max_{\lambda_1 \le t \le \lambda_n} |\varphi(t)|
\end{aligned}
$$

と評価できる． ■

あとは具体的に $\varphi(t)$ の形を決めればよい．それには，例 6.3.10 で導入した，チェビシェフ多項式が役に立つ．

**命題 9.2.2** $k$ 次のチェビシェフ多項式 $T_k(t)$ は，$|t| > 1$ において，

$$
T_k(t) = \frac{1}{2}\left[\left(t + \sqrt{t^2 - 1}\right)^k + \left(t - \sqrt{t^2 - 1}\right)^k\right] \tag{9.19}
$$

と表現できる．さらに，$\rho > 1$ に対して，

$$
T_k\left(\frac{\rho + 1}{\rho - 1}\right) \ge \frac{1}{2}\left(\frac{\sqrt{\rho} + 1}{\sqrt{\rho} - 1}\right)^k \tag{9.20}
$$

が成り立つ． □

**証明** $i = \sqrt{-1}$ と書く．$-1 \le t \le 1$ として，$t = \cos\theta$ とおくと，

$$
\begin{aligned}
T_k(t) = \cos k\theta &= \frac{1}{2}\left(e^{ik\theta} + e^{-ik\theta}\right) \\
&= \frac{1}{2}\left[(\cos\theta + i\sin\theta)^k + (\cos\theta - i\sin\theta)^k\right] \\
&= \frac{1}{2}\left[(t + i\sqrt{1 - t^2})^k + (t - i\sqrt{1 - t^2})^k\right]
\end{aligned} \tag{9.21}
$$

を得る．この最後の式を，二項定理で展開すると，

$$
\frac{1}{2}\sum_{j=1}^{n} \binom{k}{j} t^{k-j} i^j \left(\sqrt{1 - t^2}\right)^j \left[1 + (-1)^j\right] \tag{9.22}
$$

となる．さて，$j$ が偶数ならば $\left(\sqrt{1 - t^2}\right)^j$ は $j$ 次多項式となり，一方で，$j$ が奇数のときは，$1 + (-1)^j = 0$ となる．したがって，(9.22) は $n$ 次の（実係数の）多項式を表していて，これが $T_k(t)$ の $\mathbb{R}$ 全体で有効な表現である．

$i\sqrt{1-t^2} = \sqrt{t^2-1}$ なので，(9.21) に戻れば，(9.19) を得る．(9.20) の証明は問題とする（問題 9.2.6）． ■

以上の命題を合わせて，次の定理を得る．

**定理 9.2.3** $A$ を正定値対称行列，$\lambda_1$ を $A$ の最小固有値，$\lambda_n$ を $A$ の最大固有値として，$\rho = \lambda_n/\lambda_1$ とおく．$\tilde{\boldsymbol{x}}$ を (9.1) の解，$\{\boldsymbol{x}_k\}_{k\geq 0}$ を共役勾配法による近似列とする．このとき，$k \geq 1$ に対して，

$$\|\boldsymbol{x}_k - \tilde{\boldsymbol{x}}\|_A \leq 2\left(\frac{\sqrt{\rho}-1}{\sqrt{\rho}+1}\right)^k \|\tilde{\boldsymbol{x}}\|_A, \tag{9.23}$$

$$\|\boldsymbol{x}_k - \tilde{\boldsymbol{x}}\|_2 \leq 2\sqrt{\rho}\left(\frac{\sqrt{\rho}-1}{\sqrt{\rho}+1}\right)^k \|\tilde{\boldsymbol{x}}\|_2 \tag{9.24}$$

が成り立つ． □

**証明** チェビシェフ多項式 $T_k(t)$ を用いて，$\varphi(t)$ を，$\varphi(t) = (1/\mu)T_k(h(t))$ と定義する．ただし，$h(t) = \dfrac{\lambda_n + \lambda_1 - 2t}{\lambda_n - \lambda_1}$，$\mu = T_k(h(0))$ としている．このとき，$\varphi(t)$ は $n$ 次の多項式で，$\varphi(0) = 1$ を満たす．さらに，$\lambda_1 \leq t \leq \lambda_n$ ならば，$|\varphi(t)| \leq \mu^{-1}|T_k(h(t))| \leq \mu^{-1}$ である．一方で，(9.20) により，

$$\mu = T_k\left(\frac{\lambda_n + \lambda_1}{\lambda_n - \lambda_1}\right) = T_k\left(\frac{\rho+1}{\rho-1}\right) \geq \frac{1}{2}\left(\frac{\sqrt{\rho}+1}{\sqrt{\rho}-1}\right)^k.$$

したがって，

$$\max_{\lambda_1 \leq t \leq \lambda_n} |\varphi(t)| \leq \frac{1}{\mu} \leq 2\left(\frac{\sqrt{\rho}-1}{\sqrt{\rho}+1}\right)^k$$

となるので，命題 9.2.1 により，(9.23) が示せた．一方で，(9.24) は，(9.23)，(9.16)，(9.17) より明らか． ■

定理 9.2.3 により，$\rho$ が 1 に近いほど，すなわち，固有値の分布区間が狭いほど，共役勾配法は速く収束することが期待される．そこで，正則行列 $C$ を使って，連立一次方程式 (9.1) を，

$$\underbrace{(C^{-1}AC^{-\mathrm{T}})}_{=\hat{A}}\underbrace{(C^{\mathrm{T}}\tilde{\boldsymbol{x}})}_{=\hat{\boldsymbol{x}}} = \underbrace{C^{-1}\boldsymbol{b}}_{=\hat{\boldsymbol{b}}} \quad \Leftrightarrow \quad \hat{A}\hat{\boldsymbol{x}} = \hat{\boldsymbol{b}} \tag{9.25}$$

と書き直す．ただし，$C^{-\mathrm{T}} = (C^{-1})^{\mathrm{T}} = (C^{\mathrm{T}})^{-1}$ の意味である．もし，

$CC^{\mathrm{T}} = A$ ならば，$\hat{A} = C^{-1}AC^{-\mathrm{T}} = C^{-1}AA^{-1}C = I$ なので，$\hat{A}$ の固有値はすべて 1 となる．したがって，何らかの意味で，

$$CC^{\mathrm{T}} \approx A \tag{9.26}$$

となるような $C$ を求めておけば，$\hat{A}$ の固有値の分布区間は，($A$ に比較して) 十分に狭くなっていることが期待できる．そして，(9.25) に対して共役勾配法を適用すれば，収束が十分に速くなるはずである．このような処理を**前処理**，$C$ を**前処理行列** (preconditioner) と呼ぶ．

このときの共役勾配法は，正直に書けば次のようになる．$\hat{\boldsymbol{x}}_0 = \boldsymbol{0}$, $\hat{\boldsymbol{p}}_0 = \hat{\boldsymbol{r}}_0 = \hat{\boldsymbol{b}} - \hat{A}\hat{\boldsymbol{x}}_0$ として，$k = 0, 1, \ldots$ に対して次を行う：

- $\|\hat{\boldsymbol{r}}_k\|_2 > \varepsilon$ のとき，

$$\begin{cases} \hat{\alpha}_k = \dfrac{\|\hat{\boldsymbol{r}}_k\|_2^2}{\langle \hat{A}\hat{\boldsymbol{p}}_k, \hat{\boldsymbol{p}}_k\rangle}, \quad \hat{\boldsymbol{x}}_{k+1} = \hat{\boldsymbol{x}}_k + \hat{\alpha}_k\hat{\boldsymbol{p}}_k, \quad \hat{\boldsymbol{r}}_{k+1} = \hat{\boldsymbol{r}}_k - \hat{\alpha}_k\hat{A}\hat{\boldsymbol{p}}_k, \\ \hat{\beta}_k = -\dfrac{\|\hat{\boldsymbol{r}}_{k+1}\|_2^2}{\|\hat{\boldsymbol{r}}_k\|_2^2}, \quad \hat{\boldsymbol{p}}_{k+1} = \hat{\boldsymbol{r}}_{k+1} - \hat{\beta}_k\hat{\boldsymbol{p}}_k. \end{cases}$$

- $\|\hat{\boldsymbol{r}}_k\|_2 \leq \varepsilon$ のとき，$k^* = k$ として計算が終了する．

しかし，$\boldsymbol{r}_k = C\hat{\boldsymbol{r}}_k$, $\boldsymbol{p}_k = C^{-\mathrm{T}}\hat{\boldsymbol{p}}_k$ とおき，さらに，中間的な変数 $\boldsymbol{q}_k$ を導入すると，次のように書き換えることが可能であり，こちらの表現の方が実用的である．これを，**前処理付き共役勾配法**と呼ぶ．$\boldsymbol{x}_0 = \boldsymbol{0}$, $\boldsymbol{p}_0 = \boldsymbol{q}_0 = (CC^{\mathrm{T}})^{-1}\boldsymbol{b}$, $\boldsymbol{r}_0 = \boldsymbol{b} - A\boldsymbol{x}_0$ として，$k = 0, 1, \ldots$ に対して次を行う：

- $\|\boldsymbol{r}_k\|_2 > \varepsilon$ のとき，

$$\begin{cases} \hat{\alpha}_k = \dfrac{\langle \boldsymbol{q}_k, \boldsymbol{r}_k\rangle}{\langle A\boldsymbol{p}_k, \boldsymbol{p}_k\rangle}, & \boldsymbol{x}_{k+1} = \boldsymbol{x}_k + \hat{\alpha}_k\boldsymbol{p}_k, \\ \boldsymbol{r}_{k+1} = \boldsymbol{r}_k - \hat{\alpha}_k A\boldsymbol{p}_k, & \boldsymbol{q}_{k+1} = (CC^{\mathrm{T}})^{-1}\boldsymbol{r}_{k+1}, \\ \hat{\beta}_k = -\dfrac{\langle \boldsymbol{q}_{k+1}, \boldsymbol{r}_{k+1}\rangle}{\langle \boldsymbol{q}_k, \boldsymbol{r}_k\rangle}, & \boldsymbol{p}_{k+1} = \boldsymbol{r}_{k+1} - \hat{\beta}_k\boldsymbol{p}_k. \end{cases}$$

- $\|\boldsymbol{r}_k\|_2 \leq \varepsilon$ のとき，$k^* = k$ として計算終了．

ただし，$\boldsymbol{q}_{k+1} = (CC^{\mathrm{T}})^{-1}\boldsymbol{r}_{k+1}$ の計算は，逆行列を直接構成するのではなく，

$$C\hat{\boldsymbol{q}} = \boldsymbol{r}_{k+1}, \qquad C^{\mathrm{T}}\boldsymbol{q}_{k+1} = \hat{\boldsymbol{q}}$$

と三角行列を係数行列とする連立一次方程式を 2 回解く．この連立方程式の

解きやすさの観点からも，$C$ は疎行列であることが望ましい．

具体的な前処理行列のつくり方には，いろいろな方法があるが，2.5 節で説明したコレスキー分解に基づく方法は，比較的よく使われる．ただし，厳密にコレスキー分解を行うのは，手間がかかりすぎるので，適当に計算を“さぼり”不完全なコレスキー分解で代用する．$A = (a_{i,j})$ は疎行列であることが前提なので，$Z = \{(i,j) \mid 1 \le j \le i \le n,\ a_{i,j} = 0\}$ は十分要素の数の多い集合となる．そして，$C = (s_{i,j})$ を，(2.34) と (2.35) で求めるが，その際，$(i,j) \in Z$ の場合は，計算をせずに強制的に $s_{i,j} = 0$ とするのである．このようにして得られた $A \approx CC^{\mathrm{T}}$ を $A$ の**不完全コレスキー分解** (incomplete Cholesky factorization)，このときの前処理付き共役勾配法を **ICCG** (incomplete Cholesky conjugate gradient) **法**と呼ぶ．

**注意 9.2.4**　$A$ が対称でなくても，(9.1) を，

$$\underbrace{A^{\mathrm{T}}A}_{=B}\tilde{\boldsymbol{x}} = \underbrace{A^{\mathrm{T}}\boldsymbol{b}}_{=\boldsymbol{c}}$$

と書き直し，これに共役勾配法を適用し，近似列 $\boldsymbol{x}_k$ を生成することができる．実際，$A$ が正則なら，$B = A^{\mathrm{T}}A$ は正定値対称行列である．このとき，$\|\boldsymbol{x}\|_B^2 = \langle A^{\mathrm{T}}A\boldsymbol{x}, \boldsymbol{x}\rangle = \langle A\boldsymbol{x}, A\boldsymbol{x}\rangle = \|A\boldsymbol{x}\|_2^2$ なので，$\|\boldsymbol{x}_k - A^{-1}\boldsymbol{b}\|_B = \|A\boldsymbol{x}_k - \boldsymbol{b}\|_2$．したがって，(9.18) より，

$$\|A\boldsymbol{x}_k - \boldsymbol{b}\|_2 = \min_{\boldsymbol{x}\in\mathcal{K}_k(B,\boldsymbol{c})} \|A\boldsymbol{x} - \boldsymbol{b}\|_2 \tag{9.27}$$

という特徴付けを得る．ただし，もし，$A$ が疎行列であっても，$B$ は密行列になるかもしれないので，共役勾配法の算法のよさが十分に反映されない可能性がある．そこで，(9.27) の代わりに，反復列 $\boldsymbol{x}_k$ を，

$$\|A\boldsymbol{x}_k - \boldsymbol{b}\|_2 = \min_{\boldsymbol{x}\in\mathcal{K}_k(A,\boldsymbol{b})} \|A\boldsymbol{x} - \boldsymbol{b}\|_2$$

にしたがって生成するという方法を考える．もちろん，$A$ は一般の正則行列でよい．これは，共役勾配法における二次形式 $J(\boldsymbol{x})$ の役割を，残差の自乗誤差 $\|A\boldsymbol{x} - \boldsymbol{b}\|_2$ で置き換えたものと解釈できる．これを，**一般化最小残差** (generalized minimal residual method, GMRES) **法**という．くわしいことは，杉原・室田[15, §4.2] を参照してほしい．　□

**【問題 9.2.5】** 正定値対称な行列 $A$ に対して，(9.15) が，$\mathbb{R}^n$ に内積とノルムを定めることを示せ.

**【問題 9.2.6】** (9.20) を示せ.

# 問題の略解

## 第 1 章

**1.1.3** $\tilde{x} > 0$ のときを考える．$\beta^{q-1} \le \tilde{x} < \beta^q$ なる整数 $q$ が存在する．区間 $[\beta^{q-1}, \beta^q)$ 内では浮動小数点数は等間隔に並んでおり，区間の長さは $\beta^q - \beta^{q-1} = (\beta-1)\beta^{q-1}$ で，個数は $(\beta-1)\beta^n$ 個．したがって，この区間内では浮動小数点数は間隔 $\beta^{q-n-1}$ で並んでいる．ゆえに，最近点へ丸める場合は，$\tilde{x}$ にもっとも近い浮動小数点数 $x$ は距離 $(1/2)\beta^{q-n}$ の中にあるので，$|\tilde{x} - x| \le (1/2)\beta^{q-n-1} = (1/2)\beta^{q-1}\beta^{-n} \le (1/2)|\tilde{x}|\beta^{-n}$．切り捨てのときも同様.

## 第 2 章

**2.1.1，2.1.2，2.1.3，2.2.2，2.2.3** 略（線形代数学の教科書を参照すること）.

**2.2.4** $AB\boldsymbol{v} = \lambda\boldsymbol{v}$，$\boldsymbol{v} \neq \boldsymbol{0}$ とする．$\boldsymbol{u} = B\boldsymbol{v}$ とおくと，$\lambda \neq 0$ なので，$\boldsymbol{u} \neq \boldsymbol{0}$．このとき，$A\boldsymbol{u} = \lambda\boldsymbol{v}$ より，$BA\boldsymbol{u} = \lambda B\boldsymbol{v} = \lambda\boldsymbol{u}$．すなわち，$\lambda$ は $BA$ の固有値.

**2.2.5** (i) $a_{i,i} = \langle A\boldsymbol{e}_i, \boldsymbol{e}_i\rangle > 0$．(ii) $t \in \mathbb{R}$ に対して，$\boldsymbol{w} = t\boldsymbol{e}_i + \boldsymbol{e}_j$ とおく．$\langle A\boldsymbol{w}, \boldsymbol{w}\rangle > 0 \Leftrightarrow a_{i,i}t^2 + 2a_{i,j}t + a_{j,j} > 0 \Leftrightarrow |a_{i,j}|^2 - a_{i,i}a_{i,j} < 0$．(iii) 非対角成分に絶対値最大の要素があると仮定すれば，(ii) に矛盾する.

**2.2.6** $\boldsymbol{v} \neq \boldsymbol{0}$ とする．$\boldsymbol{w} = \|\boldsymbol{v}\|_2^{-1}\boldsymbol{v}$，$\alpha = \langle\boldsymbol{u}, \boldsymbol{w}\rangle$ と定義する．このとき，$0 \le \|\boldsymbol{u} - \alpha\boldsymbol{w}\|_2^2 = \|\boldsymbol{u}\|^2 - 2\mathrm{Re}\,\langle\boldsymbol{u}, \alpha\boldsymbol{w}\rangle + |\alpha|^2\|\boldsymbol{w}\|_2^2$．ここで，$\|\boldsymbol{w}\|_2 = \|\boldsymbol{v}\|_2/\|\boldsymbol{v}\|_2 = 1$，また，$\mathrm{Re}\,\langle\boldsymbol{u}, \alpha\boldsymbol{w}\rangle = \mathrm{Re}\,\overline{\alpha}\langle\boldsymbol{u}, \boldsymbol{w}\rangle = \mathrm{Re}\,\overline{\alpha}\alpha = |\alpha|^2$ なので，$0 \le \|\boldsymbol{u}\|_2^2 - |\alpha|^2$．すなわち，$\|\boldsymbol{u}\|_2 \ge |\alpha| = |\langle\boldsymbol{u}, \boldsymbol{w}\rangle| = |\langle\boldsymbol{u}, \boldsymbol{v}\rangle|/\|\boldsymbol{v}\|_2$.

**2.2.7** $A \in \mathbb{C}^{n\times n}$ を正定値エルミート行列として，$1 \le k \le n-1$ とする．このとき，$A_k$ もエルミート行列なのは明らか．したがって，任意の $\boldsymbol{x} = (x_i) \in \mathbb{C}^k$ に対して，$\langle A\boldsymbol{x}, \boldsymbol{x}\rangle_k = \sum_{i,j=1}^k a_{i,j}x_j\overline{x_i} > 0$ を示せばよい（$\langle\cdot,\cdot\rangle_k$ は $\mathbb{C}^k$ の内積）．ところが，$\tilde{\boldsymbol{x}} = (x_1, \ldots, x_k, 0, \ldots, 0)^{\mathrm{T}} \in \mathbb{C}^n$ を考えると，$A$ の正定値性により，$\langle A\tilde{\boldsymbol{x}}, \tilde{\boldsymbol{x}}\rangle_n = \langle A\boldsymbol{x}, \boldsymbol{x}\rangle_k > 0$．その他の場合も同様.

**2.2.8** 問題の行列を $A_{p,q}$ と書く．まず，$A = A_{0,1}$ の場合を考える．$A\boldsymbol{v} = \lambda\boldsymbol{v}$，$\boldsymbol{v} = (v_k) \neq \boldsymbol{0}$ とすると，$v_{m-1} + v_{m+1} = \lambda v_m$ $(1 \le m \le n)$ を得る．ただし，$v_0 = v_{n+1} = 0$ としている．ここで，二次方程式 $x^2 - \lambda x + 1 = 0$ の 2 根を $\alpha, \beta$ とすると，根と係数の関係から，$\alpha + \beta = \lambda$，$\alpha\beta = 1$．したがって，$v_m$ に関する漸化式は，$v_{m+1} - \alpha v_m = \beta(v_m - \alpha v_{m-1})$ と変形できる．これより，$v_0 = 0$ を使って，$v_m - \alpha v_{m-1} = \beta^{m-1}v_1$．$\alpha$ と $\beta$ の役割を入れ替えても同じだから，$v_m - \beta v_{m-1} = \alpha^{m-1}v_1$．これらから，$v_{m-1}$ の項を消去すると，$v_m = v_1(\beta^m - \alpha^m)/(\beta - \alpha)$ を得る．$z = \alpha/\beta$ とおくと，$0 = v_{n+1} = v_1\beta^{n+1}(1 - z^{n+1})/(\beta - \alpha)$．$z^{n+1} = 1$ の根は，$z = e^{2\pi ki/(n+1)}$ $(1 \le k \le n)$ である（$k = 0$ のときは，$\alpha = \beta$ となるので除いておく）．これと $\alpha\beta = 1$ を用いて，$z = \alpha^2$ なので，$\theta = \pi/(n+1)$ とおいて，$\alpha = e^{i\theta}$，$\beta = e^{-i\theta}$ と選ぶ．このとき，$\alpha + \beta = 2\cos\theta$，$\beta - \alpha = 2i\sin\theta$，$\beta^m - \alpha^m = 2i\sin m\theta$ なの

で，$\lambda = 2\cos\theta$，$v_m = \sin m\theta$．したがって，$u_m = \sin mk\theta$ とおけば，$\boldsymbol{u} = (u_m)$ は，$A\boldsymbol{u} = \lambda\boldsymbol{u}$ を満たす．一般の $p, q$ の場合には，$A_{p,q} = qI + pA$ と考えればよい．固有値は，$1 \le k \le n$ に対して，$\lambda_k = q + 2p\cos\bigl(k\pi/(n+1)\bigr)$，対応する固有ベクトルは $\boldsymbol{u}_k = \bigl(\sin\bigl(k\pi/(n+1)\bigr), \ldots, \ \sin\bigl(nk\pi/(n+1)\bigr)\bigr)^{\mathrm{T}}$ となる．

**2.2.9** （必要性）$C^{-1}AC = B = \mathrm{diag}\ (\lambda_i)$ を仮定する．ただし，$C$ は正則，$\lambda_1, \ldots, \lambda_n \in \mathbb{C}$．$\boldsymbol{v}_i = C\boldsymbol{e}_i$ とおくと，$A\boldsymbol{v}_i = AC\boldsymbol{e}_i = CB\boldsymbol{e}_i = C\lambda_i\boldsymbol{e}_i = \lambda_i\boldsymbol{v}_i$．すなわち，$\lambda_i$ は $A$ の固有値，$\boldsymbol{v}_i$ は固有ベクトルとなる．ところが，$C$ は正則，$\{\boldsymbol{e}_1, \ldots, \boldsymbol{e}_n\}$ はもともと一次独立なので，$\{\boldsymbol{v}_1, \ldots, \boldsymbol{v}_n\}$ も一次独立となる．（十分性）$\lambda_i$ を $A$ の固有値，$\boldsymbol{v}_i$ を固有ベクトルとして，$\{\boldsymbol{v}_1, \ldots, \boldsymbol{v}_n\}$ は（$n$ 本すべて）一次独立と仮定する．$C = (\boldsymbol{v}_1, \ldots, \boldsymbol{v}_n) \in \mathbb{C}^{n\times n}$ とおくと，仮定によりこれは正則．そして，$AC = (A\boldsymbol{v}_1, \ldots, A\boldsymbol{v}_n) = (\lambda_1\boldsymbol{v}_1, \ldots, \lambda_n\boldsymbol{v}_n) = C\mathrm{diag}\ (\lambda_i)$．

**2.3.5** $D = \mathrm{diag}\ (d_i)$，$d_1 = d_3 = 3/4$，$d_2 = 1$ とおけば，$A_1D$ は狭義優対角行列となる．$A_2D$ が狭義優対角行列とすると，$d_1 > d_2$，$d_2 > d_3$，$d_3 > d_2$ を満たす正数 $d_1, d_2, d_3$ が存在することになるが，これは不可能．

**2.3.6** $A$ が狭義優対角行列の場合は，既約優対角行列の場合の証明の 1) と同じように考えればよい．一般化狭義優対角行列の場合は，$AD$ が狭義優対角行列になるような（対角成分が正の）対角行列 $D$ が存在する．このとき，前半の結果より $AD$ は正則なので，$0 \ne \det(AD) = \det D \cdot \det A$．したがって，$\det A \ne 0$ であり，$A$ も正則である．

**2.3.7** 対角成分が 0 ならば，優対角性により，その行の成分はすべて 0 になり，正則性に反する．すなわち，正則な優対角行列の対角成分は非零．次に，$AD$ が狭義優対角行列なら，任意の $1 \le k \le n-1$ に対して，$A_kD_k$ も狭義優対角行列となる．

**2.3.8** $A\boldsymbol{v} = \lambda\boldsymbol{v}$，$\boldsymbol{v} = (v_i) \ne \boldsymbol{0}$ とする．第 $i$ 成分は，$(a_{i,i} - \lambda)v_i + \sum_{j\ne i} a_{i,j}v_j = 0$ なので，優対角性により，$|a_{i,i} - \lambda| \le \sum_{j\ne i} |a_{i,j}| \le a_{i,i}$．すなわち，$\lambda$ は複素平面内の中心 $a_{i,i} > 0$，半径 $a_{i,i} > 0$ の閉円盤内に含まれる．$A$ の正則性により，$\lambda \ne 0$ なので，とくに，$\lambda$ の実部は正．

**2.4.5** $x_1 = 0.9980$，$x_2 = 1.001$，$x_3 = 0.9990$．

**2.5.6** $A$ が，

$$A = \underbrace{\begin{pmatrix} 1 & & & & \text{\Large 0} \\ & \ddots & & & \\ & \ell_i & 1 & & \\ & & & \ddots & \\ \text{\Large 0} & & & \ell_n & 1 \end{pmatrix}}_{=L} \underbrace{\begin{pmatrix} m_1 & k_1 & & & \text{\Large 0} \\ & \ddots & & & \\ & & m_i & k_i & \\ & & & \ddots & \\ \text{\Large 0} & & & & m_n \end{pmatrix}}_{=U}$$

と分解できるとすると，両辺の各成分を比較することにより，$m_1 = q_1$，$k_i = r_i$ $(i = 1, \ldots, n-1)$，$\ell_i = p_i/m_{i-1}$，$m_i = q_i - \ell_i r_{i-1}$ $(i = 2, \ldots, n)$ となる．

**2.5.7** まず，$\sigma_i > 0$ $(1 \le i \le n)$ ならば，$A = SS^{\mathrm{T}}$ と分解可能であり，かつ下三角行列 $S$ の対角成分はすべて正（とくに，非零）．したがって，$S$ は正則であり，$\boldsymbol{x} \ne \boldsymbol{0}$ ならば，

$\langle A\boldsymbol{x}, \boldsymbol{x}\rangle = \langle SS^{\mathrm{T}}\boldsymbol{x}, \boldsymbol{x}\rangle = \langle S^{\mathrm{T}}\boldsymbol{x}, S^{\mathrm{T}}\boldsymbol{x}\rangle = \|S^{\mathrm{T}}\boldsymbol{x}\|_2^2 > 0$. これは, $A$ が正定値であることを意味している. 逆に, $A$ が正定値であるとする. このとき, 定理 2.5.4 により, $A = LDL^{\mathrm{T}}$ と分解できる. したがって, $\boldsymbol{x} \neq \boldsymbol{0}$ に対して, $0 < \langle A\boldsymbol{x}, \boldsymbol{x}\rangle = \langle LDL^{\mathrm{T}}\boldsymbol{x}, \boldsymbol{x}\rangle = \langle DL^{\mathrm{T}}\boldsymbol{x}, L^{\mathrm{T}}\boldsymbol{x}\rangle$ となる. しかし, $\boldsymbol{y} = L\boldsymbol{x} \neq \boldsymbol{0}$ とおくと, $\langle D\boldsymbol{y}, \boldsymbol{y}\rangle > 0$ を得るが, これは $D$ が正定値であることを意味している. したがって, $D$ の各成分は正. すなわち, $\sigma_i > 0$.

**2.6.5** 定理 2.6.2 により, $PA = LU$ の形に分解できるので, $\det P \cdot \det A = \det L \cdot \det U$ である. $L$ は単位下三角行列なので, $\det L = 1$. 一方で, 行交換を行った回数を $N$ とすると, $\det P = (-1)^N$. ゆえに, $\det A = (-1)^N \det U$ となる. とくに, ピボット選択が不要の場合は, $\det A = \det U$. なお, $U$ は上三角行列なので, その行列式はただちに $\det U = u_{1,1}u_{2,2}\cdots u_{n,n}$ と計算できる.

**2.6.6** LU 分解は次の通りで, 行列式は 10.

$$L = \begin{pmatrix} 1 & 0 & 0 & 0 \\ 0 & 1 & 0 & 0 \\ -1/2 & 1/2 & 1 & 0 \\ 1/2 & 1/6 & 0 & 1 \end{pmatrix}, \quad U = \begin{pmatrix} 4 & -1 & 5 & 1 \\ 0 & 3 & -9 & 4 \\ 0 & 0 & 5 & 3/2 \\ 0 & 0 & 0 & 1/6 \end{pmatrix}.$$

**2.6.7** $\boldsymbol{e}_k\boldsymbol{a}_{\sigma^{-1}(k)}^{\mathrm{T}}$ は第 $k$ 行目が $\boldsymbol{a}_{\sigma^{-1}(k)}^{\mathrm{T}}$ で残りの成分が 0 であるような行列を表すので, (2.40) の左辺 $= \displaystyle\sum_{j=1}^{n} \boldsymbol{e}_{\sigma(j)}\boldsymbol{a}_j^{\mathrm{T}} = \sum_{k=1}^{n} \boldsymbol{e}_k\boldsymbol{a}_{\sigma^{-1}(k)}^{\mathrm{T}}$ =(2.40) の右辺.

**2.6.8** $A$ を可約とする. $J \neq \emptyset$ を可約性の定義に現れる $\mathbb{N}_n = \{1, \ldots, n\}$ の真部分集合とする. $\mathbb{N}_n \backslash J$ の要素の個数を $k$ とし, $\sigma(1), \ldots, \sigma(k) \in \mathbb{N}_n \backslash J$, $\sigma(k+1), \ldots, \sigma(n) \in J$ を満たす順列 $\sigma$ を 1 つとる. このとき, $P = (\boldsymbol{e}_{\sigma(1)}, \ldots, \boldsymbol{e}_{\sigma(n)})$ と定めれば, (2.39) と (2.40) により, 示すべき等式を得る. 逆も同様.

**2.6.9** $PF_kP = P^2 - (P\boldsymbol{f}_k)(\boldsymbol{e}_k^{\mathrm{T}}P)$ だが, $P$ は置換行列なので $P^2 = I$. さらに, (2.39) を $m = 1$ で適用すると, $i, r \geq k+1$ より $\boldsymbol{e}_k^{\mathrm{T}}P = \boldsymbol{e}_k^{\mathrm{T}}$.

**2.7.8** 両方とも直接の計算で確かめられる. すなわち, $H$ を (2.48) で定義されるハウスホルダー行列とすると, $H^{\mathrm{T}} = I^{\mathrm{T}} - 2(\boldsymbol{v}\boldsymbol{v}^{\mathrm{T}})^{\mathrm{T}} = I - 2\boldsymbol{v}\boldsymbol{v}^{\mathrm{T}} = H$ より $H$ は直交行列. さらに, $\boldsymbol{v}^{\mathrm{T}}\boldsymbol{v} = \|\boldsymbol{v}\|_2 = 1$ を用いて, $H^{\mathrm{T}}H = HH^{\mathrm{T}} = (I - 2\boldsymbol{v}\boldsymbol{v}^{\mathrm{T}})(I - 2\boldsymbol{v}\boldsymbol{v}^{\mathrm{T}}) = I - 4\boldsymbol{v}\boldsymbol{v}^{\mathrm{T}} + 4\boldsymbol{v}\boldsymbol{v}^{\mathrm{T}}\boldsymbol{v}\boldsymbol{v}^{\mathrm{T}} = I$ なので, $H$ は対称.

**2.7.9** 分解の存在は, グラム–シュミットの方法による構成からわかる. 一意性を確かめるために, 2 種類の分解があったとすると, 定理 2.7.2 により, $R_1 = SR_2$ だが, $R_1$ と $R_2$ の対角成分はともに正なので, $S = I$.

**2.7.10** $A$ を QR 分解する ; $A = QR$, $R = (r_{i,j})$ は上三角行列, $U^*U = UU^* = I$. $A^*A = (QR)^*QR = R^*Q^*QR = R^*R$ の第 $(i,i)$ 成分は, $\sum_{j=1}^{n} \overline{a_{i,j}}a_{i,j} = \sum_{j=1}^{n} |a_{i,j}|^2 = \sum_{j=i}^{n} |r_{i.j}|^2$. したがって, $\det(R^*) \cdot \det(R) = (\prod_{i=1}^{n} \overline{r_{i,i}})(\prod_{j=1}^{n} r_{j,j}) = \prod_{i=1}^{n} |r_{i,i}|^2 \leq \prod_{i=1}^{n}\sum_{j=i}^{n} |r_{i,j}|^2 = \prod_{i=1}^{n}\sum_{j=1}^{n} |a_{i,j}|^2$. 一方で, $\det A^* \cdot \det A = |\det A|^2$ なので, これらを合わせる.

**2.8.6** $\psi(z)$ は 2 つの多項式 $\tilde{\psi}(z), \hat{\psi}(z)$ を用いて $\psi(z) = \tilde{\psi}(z)^{-1}\hat{\psi}(z)$ と書けてい

る．整数 $k \geq 2$ に対して，$A^k\boldsymbol{v}_i = A^{k-1}(\lambda_i\boldsymbol{v}_i) = \lambda_i(A^{k-1}\boldsymbol{v}_i) = \cdots = \lambda_i^k\boldsymbol{v}_i$．これより，$\hat{\psi}(A)\boldsymbol{v}_i = \hat{\psi}(\lambda_i)\boldsymbol{v}_i$．これは，$\hat{\psi}(\lambda_i)$ が，行列 $\hat{\psi}(A)$ の固有値，$\boldsymbol{v}_i$ が対応する固有ベクトルであることを意味している．同様に，$\tilde{\psi}(A)\boldsymbol{v}_i = \tilde{\psi}(\lambda_i)\boldsymbol{v}_i$．なお，$\tilde{\psi}(A)$ は正則となる．実際，$\tilde{\psi}(A)\boldsymbol{v} = \boldsymbol{0}$ を仮定して，$\boldsymbol{v} = c_1\boldsymbol{v}_1 + \cdots + c_n\boldsymbol{v}_n$ と書くと，$\tilde{\psi}(A)\boldsymbol{v} = c_1\tilde{\psi}(\lambda_1)\boldsymbol{v}_1 + \cdots + c_n\tilde{\psi}(\lambda_n)\boldsymbol{v}_n = \boldsymbol{0}$．$\boldsymbol{v}_1, \ldots, \boldsymbol{v}_n$ は一次独立なので，$c_1\tilde{\psi}(\lambda_1) = \cdots = c_n\tilde{\psi}(\lambda_n) = 0$．いま，仮定より，$\psi(z)$ が連続なので，$\tilde{\psi}(z) \neq 0$ $(z \in [a, b])$．したがって，$c_1 = \cdots = c_n = 0$．すなわち，$\boldsymbol{v} = \boldsymbol{0}$ であり，$\tilde{\psi}(A)$ は正則である．ゆえに，$\tilde{\psi}(A)^{-1}\boldsymbol{v}_i = \tilde{\psi}(\lambda_i)^{-1}\boldsymbol{v}_i$ を得る．これらを合わせると，$\psi(A)\boldsymbol{v}_i = \psi(\lambda_i)\boldsymbol{v}_i$ となり，これは，$\psi(\lambda_i)$ が，行列 $\psi(A)$ の固有値，$\boldsymbol{v}_i$ が対応する固有ベクトルであることを意味している．さらに，この関係を書き直すと，$\psi(A) = UBU^T$，$B = \mathrm{diag}\,(\psi(\lambda_i))$ となるので，$\psi(A)$ は対称．最後に，$\psi(A) = UBU^T$，$B = \mathrm{diag}\,(\psi(\lambda_i))$，$\varphi(A) = UCU^T$，$C = \mathrm{diag}\,(\varphi(\lambda_i))$ と書ける．$B$ と $C$ は対角行列なので，$BC = CB$．したがって，$\psi(A)\varphi(A) = (UBU^T)(UCU^T) = UBCU^T = UCBU^{\mathrm{T}} = (UCU^{\mathrm{T}})(UBU^{\mathrm{T}}) = \varphi(A)\psi(A)$．

**2.8.7** $A$ に対して，$B = U^*AU$ が上三角行列になるようなユニタリ行列 $U \in \mathbb{C}^{n\times n}$ が存在する（命題 2.8.1）．とくに，$B$ の対角成分は，$\lambda_1, \ldots, \lambda_n$ であるから，$\det B = \lambda_1 \cdots \lambda_n$．一方，$\det U^* = \det U^{-1} = (\det U)^{-1}$ なので，(2.3) により，$\det A = \det U \cdot \det B \cdot \det U^* = \lambda_1 \cdots \lambda_n$．次に，問題 2.1.3 の結果から，$\mathrm{tr}\ A = \mathrm{tr}\ (UBU^*) = \mathrm{tr}\ (U^*UB) = \mathrm{tr}\ B = \lambda_1 + \cdots + \lambda_n$．

**2.8.8** $a_1 = \lambda_n/2$，$a_i = \lambda_i$ $(2 \leq i \leq n-1)$，$a_n = \lambda_n/2$ として，相加相乗の不等式を適用して，問題 2.8.7 の結果を使う．

## 第 3 章

**3.1.11** $ab = 0$ のときは明らかなので，$ab \neq 0$ とする．$f(x) = e^x$ は凸関数である．すなわち，任意の $0 \leq \theta \leq 1$ と $x, y \in \mathbb{R}$ に対して，$f(\theta x + (1-\theta)y) \leq \theta f(x) + (1-\theta)f(y)$ が成り立つ．したがって，$\theta = 1/p$ として（このとき，$1 - \theta = 1/q$），$ab = e^{\log(ab)} = e^{\log a + \log b} = e^{(1/p)\log a^p + (1/q)\log b^q} \leq (1/p)e^{\log a^p} + (1/q)e^{\log b^q} = (1/p)a^p + (1/q)b^q$．

**3.1.12** いずれも，$|x_i + y_i| \leq |x_i| + |y_i|$ からただちにしたがう．

**3.1.13** (3.1) より，$\|\boldsymbol{x}\|_\infty \leq \|\boldsymbol{x}\|_p \leq n^{1/p}\|\boldsymbol{x}\|_\infty$ だが，この不等式で，$p \to \infty$ とする．

**3.1.14** 略（定義をていねいに検証する）．

**3.1.15** （必要性）$\boldsymbol{x} \in \overline{E}$ とすると，$\boldsymbol{x}^{(k)} \to \boldsymbol{x}$ となる点列 $\{\boldsymbol{x}^{(k)}\}_{k\geq 0} \subset E$ が存在する．したがって，任意の $\varepsilon > 0$ に対して，$\boldsymbol{x}$ の $\varepsilon$ 近傍を考えると，ある番号 $k_\varepsilon$ から先の $\boldsymbol{x}^{(k)}$ は，すべてこの $\varepsilon$ 近傍に含まれる．（十分性）$\varepsilon_k = 1/(k+1)$，$k \geq 0$ とする．このとき，仮定により，$B(\boldsymbol{x}, \varepsilon_k)$ には $E$ の要素が少なくとも 1 つ存在する．それを 1 つ選び，$\boldsymbol{x}^{(k)}$ とする．このようにしてつくった点列は $\boldsymbol{a}$ に収束する．

**3.1.16** （必要性）$E$ を閉集合とする．一般に，$E \subset \overline{E}$ なので，$E \supset \overline{E}$ を示せばよい．$\boldsymbol{x} \in \overline{E}$ を任意とする．このとき，$\boldsymbol{x}$ に収束する $K$ の要素からなる点列 $\{\boldsymbol{x}^{(k)}\}_{k\geq 0}$ が存在する．$\boldsymbol{x} \notin E$ を仮定すると，$\boldsymbol{x}$ は開集合 $E^c$ に含まれるので，$B(\boldsymbol{x}, \varepsilon) \subset E^c$ を満たす $\varepsilon > 0$ が存在する．一方で，十分大きな $k$ に対して，$\boldsymbol{x}^{(k)} \in B(\boldsymbol{x}, \varepsilon)$ でなければならないので，これらは矛盾．ゆえに，$\boldsymbol{x} \in E$．（十分性）$K = \overline{E}$ を仮定する．$\boldsymbol{x} \in E^c$ を任意とする．問題 3.1.15 により，十分小さな $\varepsilon > 0$ をとると，$B(\boldsymbol{x}, \varepsilon)$ には，$E$ の

要素は 1 つも含まれない；$B(\boldsymbol{x},\varepsilon) \subset E^c$．すなわち，$E^c$ は開集合．

**3.2.22** 特異値分解により，$A = U_1BU_2^* = U_1U_2^* \cdot U_2BU_2^*$ と書けるので，$U = U_1U_2^*$ とおけば，これは再びユニタリ行列で，さらに $H = U_2BU_2^*$ は半正定値エルミート行列となる（実際，エルミート性は明らかで，固有値はすべて $\sigma_i \geq 0$ となっている）．さらに，$\|A\|_2 = \sigma_n = \|H\|_2$，$|\det A| = \sigma_1 \cdots \sigma_n = \det H$．$A$ が正則なら，$\sigma_1 > 0$ なので，$\|A^{-1}\|_2 = 1/\sigma_1 = \|H^{-1}\|_2$．

**3.2.23** まず, $A$ を正定値エルミート行列とする．$\|A\|_2 = \lambda_n$, $\|A^{-1}\|_2 = 1/\lambda_1$, $\det A = \lambda_1 \cdots \lambda_n$ なので，$\|A^{-1}\|_2 = \dfrac{\lambda_2 \cdots \lambda_n}{\lambda_1 \cdots \lambda_n} \leq \dfrac{\lambda_n^{n-1}}{\det A} \leq \dfrac{\|A\|_2^{n-1}}{\det A}$．一方，$\|A^{-1}\|_2 \geq \dfrac{\lambda_2^{n-1}}{\det A}$．$A$ を一般の正則行列とすると, 問題 3.2.22 により, $A = UH$（$U$ はユニタリ行列, $H$ は正定値エルミート行列）と分解でき, $\|A\|_2 = \|H\|_2$, $\|A^{-1}\|_2 = \|H^{-1}\|_2$, $|\det A| = \det H$．したがって，前半の結果より，2 番目の不等式は $A$ に対しても成立する．

**3.2.24** 示すべき式の右辺を $\nu(A)$ とおく．まず, コーシー–シュワルツの不等式により, $\langle A\boldsymbol{x}, \boldsymbol{x}\rangle \leq \|A\boldsymbol{x}\|_2\|\boldsymbol{x}\|_2 \leq \|A\|_2\|\boldsymbol{x}\|_2^2$ なので, $\nu(A) \leq \|A\|_2$ が成り立つ．次に, $\lambda$ を $A$ の絶対値最大の固有値, $\boldsymbol{v}$ を対応する固有ベクトルとすると, $\nu(A) \geq \langle A\boldsymbol{v}, \boldsymbol{v}\rangle/\|\boldsymbol{v}\|_2^2 = |\lambda|$．さらに，注意 3.2.7 により，$\|A\|_2 = |\lambda|$．

**3.2.25** はじめの等式の右辺を $\alpha$ と書く．コーシー–シュワルツの不等式により，$\alpha = \max_{\boldsymbol{y}} |\langle \boldsymbol{x}, \boldsymbol{y}\rangle|/\|\boldsymbol{y}\|_2 \leq \max_{\boldsymbol{y}} \|\boldsymbol{x}\|_2\|\boldsymbol{y}\|_2/\|\boldsymbol{y}\|_2 = \|\boldsymbol{x}\|_2$（したがって，とくに最大値をとる $\boldsymbol{y}$ が存在する）．一方，$\alpha \geq |\langle \boldsymbol{x}, \boldsymbol{x}\rangle|/\|\boldsymbol{x}\|_2 = \|\boldsymbol{x}\|_2$．ゆえに，$\alpha = \|\boldsymbol{x}\|_2$ が示せた．次に, 再び, コーシー–シュワルツの不等式より, $\|A\boldsymbol{x}\|_2 = \max_{\boldsymbol{y}} |\langle A\boldsymbol{x}, \boldsymbol{y}\rangle|/\|\boldsymbol{y}\|_2 = \max_{\boldsymbol{y}} |\langle \boldsymbol{x}, A^*\boldsymbol{y}\rangle|/\|\boldsymbol{y}\|_2 \leq \max_{\boldsymbol{y}} \|\boldsymbol{x}\|_2\|A^*\boldsymbol{y}\|_2/\|\boldsymbol{y}\|_2 = \|\boldsymbol{x}\|_2\|A^*\|_2$．すなわち，$\|A\|_2 \leq \|A^*\|_2$．これを，$A^*$ と $(A^*)^* = A$ に対して適用して，$\|A^*\|_2 \leq \|A\|_2$．したがって，$\|A\|_2 = \|A^*\|_2$．あるいは，注意 3.2.7 より，$\|A^*\|_2^2 = \|(A^*)^*A^*\|_2 = \|AA^*\|_2 = \|A\|_2^2$ としてもよい．

**3.2.26** (i)，(ii) $B = I - A^{-1}A_k = A^{-1}(A - A_k)$ より，$\|B\| \leq \|A^{-1}\| \cdot \|A - A_k\|$．仮定により，$k$ を十分大きくとれば，$\|A - A_k\| \leq 1/(2\|A^{-1}\|)$ となる．$k \geq k_0$ ならば，この不等式が成り立つとして，以下，$k \geq k_0$ を仮定する．$\|B\| \leq 1/2$ なので，命題 3.2.11 より，$I - B = A^{-1}A_k$ は正則．したがって，このとき，$A_k$ も正則．とくに，$\|A_k^{-1}A\| = \|(A^{-1}A_k)^{-1}\| = \|(I - B)^{-1}\| \leq 2$. (iii) $A_k^{-1} - A^{-1} = A^{-1}(AA_k^{-1} - I) = A^{-1}(AA_k^{-1} - A_kA_k^{-1}) = A^{-1}(A - A_k)A_k^{-1}AA^{-1}$ より, $\|A_k^{-1} - A^{-1}\| \leq \|A^{-1}\| \cdot \|A - A_k\| \cdot \|A_k^{-1}A\| \cdot \|A^{-1}\| \leq 2\|A^{-1}\|^2 \cdot \|A - A_k\|$．

**3.2.27** $B = -A^{-1}\Delta A$ とおく．仮定より，$\|B\| \leq \|A^{-1}\Delta A\| \leq 1/2 < 1$ なので，命題 3.2.11 が適用できて，$I - B$ は正則，かつ，$\|(I - B)^{-1}\| \leq 1/(1 - \|B\|) \leq 2$ が成り立つ．さらに，$(A + \Delta A)^{-1} - A^{-1} = (A + \Delta A)^{-1}AA^{-1} - (A + \Delta A)^{-1}(A + \Delta A)A^{-1} = -(A + \Delta A)^{-1}(\Delta A)A^{-1} = -(I - B)^{-1}A^{-1}(\Delta A)A^{-1}$ より，$\|(A + \Delta A)^{-1} - A^{-1}\| \leq \|(I - B)^{-1}\| \cdot \|A^{-1}\| \cdot \|\Delta A\| \cdot \|A^{-1}\| \leq 2\|A^{-1}\|^2\|\Delta A\|$．

**3.3.8** ヤコビ法の反復行列 $H = -M^{-1}N = \begin{pmatrix} 0 & -t & -t \\ -t & 0 & -t \\ -t & -t & 0 \end{pmatrix}$ の固有値を求めると，$t$（重複度 2）と $-2t$ を得る．したがって，$|t| < 1/2$ ならば，$\rho(H) < 1$ となり，ヤコビ法は収束する．

**3.3.9** ガウス–ザイデル法の反復行列

$$H=-\begin{pmatrix}3&0&0\\7&4&0\\-1&-1&2\end{pmatrix}^{-1}\begin{pmatrix}0&0&t\\0&0&1\\0&0&0\end{pmatrix}=-\begin{pmatrix}0&0&t/3\\0&0&-7t/12+1/4\\0&0&11t/24-1/8\end{pmatrix}$$

の固有値は，$\lambda=11t/24-1/8$．ゆえに，$-21/11<t<27/11$ が求める範囲．

**3.3.10** 一般に，$A=M-N$ という分割に対応する，反復行列 $H=M^{-1}N$ を考える．このとき，$\tilde{A}=AS=MS-NS$ に対応する反復行列は，$\tilde{H}=(MS)^{-1}(NS)=S^{-1}M^{-1}NS=S^{-1}HS$．すなわち，$H$ と $\tilde{H}$ は相似であり，その固有値はすべて等しい．したがって，$\rho(H)=\rho(\tilde{H})$．ヤコビ法，ガウス–ザイデル法，SOR 法の反復列は $H$ の特別な場合に該当する．

**3.3.11** 問題 3.3.10 により，$A$ が狭義優対角行列の場合を示せばよい．命題 3.3.4 の証明と同じ記号を用いる．$k\in J$ について，(3.15) が成り立つが，これは狭義優対角性に矛盾する．

**3.3.12** $\boldsymbol{x}^{(k+1/2)}$ を消去して，$\boldsymbol{x}^{(k+1)}=H\boldsymbol{x}^{(k)}+\boldsymbol{c}$，$H=(rI+A_2)^{-1}(rI-A_1)(rI+A_1)^{-1}(rI-A_2)$，$\boldsymbol{c}=(rI+A_2)^{-1}(rI-A_1)(rI+A_1)^{-1}\boldsymbol{b}+(rI+A_2)^{-1}\boldsymbol{b}$．このとき，$\boldsymbol{x}=H\boldsymbol{x}+\boldsymbol{c}\Leftrightarrow(A_1+A_2)\boldsymbol{x}=\boldsymbol{b}$ であるから，定理 3.3.2 により，$\rho(H)<1$ を示せばよい．問題 2.2.4 により，一般に行列 $A,B$ に対して，$\rho(AB)=\rho(BA)$ なので，命題 3.2.8 も合わせて，$\rho(H)=\rho((rI-A_1)(rI+A_1)^{-1}(rI-A_2)(rI+A_2)^{-1})\le\|(rI-A_1)(rI+A_1)^{-1}(rI-A_2)(rI+A_2)^{-1}\|_2\le\|(rI-A_1)(rI+A_1)^{-1}\|_2\|(rI-A_2)(rI+A_2)^{-1}\|_2$．一方で，命題 2.8.5 より，$(rI-A_1)(rI+A_1)^{-1}$ は対称行列．また，$x>0$ では，$|(r-x)/(r+x)|<1$ なので，$\|(rI-A_1)(rI+A_1)^{-1}\|_2=\rho((rI-A_1)(rI+A_1)^{-1})<1$．同様に，$\|(rI-A_2)(rI+A_2)^{-1}\|_2<1$ なので，以上より，$\rho(H)<1$ が示せた．

**3.4.10** 逆行列が $A^{-1}=\begin{pmatrix}62&-36&-19\\-36&21&11\\-19&11&6\end{pmatrix}$ と計算できる．これより，$\mathrm{cond}_1(A)=\mathrm{cond}_\infty(A)=2340$．

**3.4.11** 注意 3.2.7 より，$\|A\|_2=\rho(A)=|\lambda_n|$．また，$A^{-1}$ もエルミートで，その固有値は，$|\lambda_n^{-1}|\le\cdots\le|\lambda_1^{-1}|$ である．したがって，$\|A^{-1}\|_2=\rho(A^{-1})=|\lambda_1|^{-1}$．ゆえに，$\mathrm{cond}_2(A)=|\lambda_n|/|\lambda_1|$．

**3.4.12** $\tilde{\boldsymbol{x}}=A^{-1}\boldsymbol{b}-A^{-1}\boldsymbol{r}=\boldsymbol{x}-A^{-1}\boldsymbol{r}$ より，$\|\boldsymbol{x}-\tilde{\boldsymbol{x}}\|\le\|A^{-1}\|\cdot\|\boldsymbol{r}\|$．ゆえに，

$$\frac{\|\boldsymbol{x}-\tilde{\boldsymbol{x}}\|}{\|\tilde{\boldsymbol{x}}\|}\le\|A^{-1}\|\cdot\|A\|\frac{\|\boldsymbol{r}\|}{\|A\|\cdot\|\tilde{\boldsymbol{x}}\|}\le\mathrm{cond}\,(A)\frac{\|\boldsymbol{r}\|}{\|A\tilde{\boldsymbol{x}}\|}.$$

**3.4.13** $B-A^{-1}=A^{-1}(AB-I)$ より，$\|B-A^{-1}\|\le\|A^{-1}\|\cdot\|AB-I\|$．$B-A^{-1}=(BA-I)A^{-1}$ より，$\|B-A^{-1}\|\le\|BA-I\|\cdot\|A^{-1}\|$．これらより，最初の不等式がでる．次に，$BA-I=(B-A^{-1})A$ と最初の不等式より，$\|BA-I\|\le\|B-A^{-1}\|\cdot\|A\|\le\|A\|\cdot\|A^{-1}\|\cdot\|AB-I\|=\mathrm{cond}\,(A)\|AB-I\|$．

## 第 4 章

**4.1.3** 略（微分積分学の教科書を参照せよ）．

**4.2.4** 略（帰納法を使う）.

**4.3.16** $g$ が $C^1$ 級なので，命題 4.3.4 の証明と同様に考えて，$|g'(x)| \geq \mu = (1 + g'(a))/2 > 1 (x \in J = [a-\delta, a+\delta])$ を満たす $\delta > 0$ が存在する．さて，反復法 $x_{n+1} = g(x_k)$ が $a$ に収束していると仮定する．また，$x_0 \neq a$ とする．そうすると，$x_k \neq a$ かつ $x_k \in J$ $(k \geq m)$ を満たす整数 $m$ が存在する一方で，平均値の定理から，$|x_{k+1} - a| = |g(x_k) - g(a)| = |g'(x_k)| \cdot |x_k - a| \geq \mu |x_k - a|$. 同様に，$|x_{k+2} - a| \geq \mu |x_{k+1} - a| \geq \mu^2 |x_k - a|$. $\mu > 1$ なので，$x_k$ はいずれは $J$ の外に出てしまい，矛盾する．

**4.3.17** 定理 4.3.2(ii) により，$|x_k - a| \leq (\lambda^k/(1-\lambda))|x_1 - x_0|$ であるが，この右辺が $\varepsilon$ より小さければ，$|x_k - a| \leq \varepsilon$ となる．

**4.3.18** $g(x) = x - \beta f(x)$ とおくと，仮定を使って，$|g'(a)| = |1 - \beta f'(a)| < 1$. したがって，命題 4.3.4 が適用できる．

**4.3.19** 前半は略．$f(1) = -3$，$f(2) = 1$ であるから，$1 < a < 2$ であり，2 の方が $a$ に近い．$x_0 = 2$ とすると，$x_1 = 1.8888\cdots$，$x_2 = 1.8794\cdots$，$x_3 = 1.8793\cdots$．カルダーノの公式を使うと，$\sqrt[3]{1/2 \pm i\sqrt{3/4}}$ がでてくるので，この数値を求めなければならない．

**4.3.20** $h(x) = x - f(x)/(2f'(x)) - g(x)/(2g'(x))$ とおくと，$x_{k+1} = h(x_k)$ と書けるので，$h'(a) = h''(a) = 0$ を示す．

**4.3.21** $g(x) = x - mf(x)/f'(x)$ とおくと，直接の計算により，$g'(a) = 0$.

**4.3.22** 問題 4.3.18 で $\beta = 1/f'(x_0)$ とする．

**4.4.4** $\boldsymbol{x} \in \Omega$ を固定する．集合 $K = \{\boldsymbol{w} = (\boldsymbol{u}, \boldsymbol{v})^{\mathrm{T}} \in \mathbb{R}^{2n} \mid \|\boldsymbol{u}\| = \|\boldsymbol{v}\| = 1\}$ を考えると，これは有界閉集合である．したがって，命題 3.1.6 により，$\boldsymbol{w}$ の連続関数 $\varphi(\boldsymbol{w}) = \|D^2 \boldsymbol{f}(\boldsymbol{x})(\boldsymbol{u}, \boldsymbol{v})\|$ は，$K$ 上で最大値 $\mu = \varphi(\hat{\boldsymbol{w}})$，$\hat{\boldsymbol{w}} = (\hat{\boldsymbol{u}}, \hat{\boldsymbol{v}}) \in K$ をとる．一方で，(4.23) の右辺は，$\max_{\boldsymbol{w} \in K} \varphi(\boldsymbol{w})$ に等しい．

**4.4.5** リーマン積分の定義

$$\int_a^b \boldsymbol{g}(s)\, ds = \lim_{N \to \infty} S_N, \quad S_N = \sum_{j=0}^{N-1} \boldsymbol{g}(s_i) \frac{b-a}{N}, \quad s_j = a + j\frac{b-a}{N}$$

に立ち戻る．$S_N$ に三角不等式を使ってから，$N \to \infty$ とすればよい．

**4.5.10** 帰納法で (i) を示す．まず，(4.38) より，$\|\boldsymbol{x}^{(1)} - \boldsymbol{x}^{(0)}\| = \|\boldsymbol{g}(\boldsymbol{x}^{(0)}) - \boldsymbol{x}^0\| \leq (1-\lambda)\delta < \delta$ なので，$\boldsymbol{x}^{(1)} \in K'$．次に，$\boldsymbol{x}^{(m)} = \boldsymbol{g}(\boldsymbol{x}^{(m-1)}) \in K$ $(m = 0, \ldots, k)$ を仮定する．このとき，定理 4.5.1 の証明と同様に考えて，$\|\boldsymbol{x}^{(k+1)} - \boldsymbol{x}^{(k)}\| \leq \lambda^k \|\boldsymbol{x}^{(1)} - \boldsymbol{x}^{(0)}\| \leq \lambda^k (1-\lambda)\delta$. したがって，$\|\boldsymbol{x}^{(k+1)} - \boldsymbol{x}^{(0)}\| \leq \|\boldsymbol{x}^{(k+1)} - \boldsymbol{x}^{(k)}\| + \cdots + \|\boldsymbol{x}^{(1)} - \boldsymbol{x}^{(0)}\| \leq (\lambda^k + \lambda^{k-1} + \cdots + 1)(1-\lambda)\delta = (1 - \lambda^{k+1})\delta < \delta$ となり，帰納的に (i) が証明できた．(ii) は，命題 4.5.1 の証明とまったく同様にして示せる．

**4.5.11** 定理 4.5.3 の証明により，(4.39) から (H2) が $\|\cdot\| = \|\cdot\|_\infty$ に対して成立する．

**4.5.12** $f'(z) = u_x + iv_x$ とコーシー–リーマンの方程式 $u_x = v_y$，$u_y = -v_x$ を使う．

**4.5.13** $\boldsymbol{f} = (f, g)^{\mathrm{T}}$ とおく．$\boldsymbol{f}$ のヤコビ行列とその行列式は，$D\boldsymbol{f} = \begin{pmatrix} 2x & 2y \\ 1 & -1 \end{pmatrix}$,

$\det D\boldsymbol{f} = -2(x+y)$ なので，$x_0 + y_0 = 0$ のときには，反復列が定義できない．以下，$x_0 + y_0 \neq 0$ とする．このとき，反復列は $(x_{k+1}, y_{k+1})^{\mathrm{T}} = \dfrac{x_k^2 + y_k^2 + 2}{2(x_k + y_k)}(1,\ 1)^{\mathrm{T}}$ と書ける．したがって，$k \geq 1$ では，$x_k = y_k (\neq 0)$ であるから，一方のみを考えればよい；$x_{k+1} = (x_k^2 + 1)/(2x_k)$．また，このとき明らかに，$x_k + y_k \neq 0$ なので，$k \geq 1$ に対して，反復列は定義できる．さて，$x_0 + y_0 > 0$ の場合を考える．このとき，$x_k > 0$．さらに，$g(t) = (t^2+1)/(2t)$ の増減を調べれば，$|g'(t)| < 1$ $(t > 1/\sqrt{3})$，かつ，$g(t) \geq 1$ $(t > 0)$ がわかる．したがって，$J = [3/4, \infty)$ に対して，$g$ は命題 4.3.2 の仮定 (H1) と (H2) を満たすので，$x_k$ は不動点 $a = g(a) \Leftrightarrow a = 1$ に収束．$g'(1) = 0$ なので，この収束は 2 次．$x_0 + y_0 < 0$ のときも同様に考えて，$x_k$ は $-1$ に 2 次収束する．

## 第 5 章

**5.1.9** $A\boldsymbol{v} = \lambda \boldsymbol{v}$，$\lambda \in \mathbb{C}$，$\boldsymbol{v} = (v_i) \in \mathbb{C}^n$，$|v_k| = \|\boldsymbol{v}\|_\infty > 0$ とする．さらに，$j \neq k$ が，$|v_k| > |v_j| \geq |v_i|$ $(\forall i \neq k, i \neq j)$ を満たすと仮定して（すなわち，$|v_k| \geq |v_j| \geq |v_i|$，$j \neq k$），$v_j = 0$ と $v_j \neq 0$ で場合分けをする．(1) $v_j = 0$ のときは，$v_i = 0$ $(i \neq k)$ なので，$A\boldsymbol{v} = \lambda \boldsymbol{v}$ の第 $k$ 成分に着目すれば，$\lambda = a_{k,k}$ を得る．よって，$\lambda \in C_{k,i}$ $(i \neq k)$．(2) $v_j \neq 0$ の場合．$(A - \lambda I)\boldsymbol{v} = \boldsymbol{0}$ の第 $j$ 成分を考えることにより，$|a_{j,j} - \lambda| \leq r_j |v_k|/|v_j|$．一方, 第 $k$ 成分を考えると，$|a_{k,k} - \lambda| \cdot |v_k| \leq \sum_{l \neq k} |a_{k,l}| \cdot |v_l| \leq \sum_{l \neq k} |a_{k,l}| \cdot |v_j| \leq r_k |v_j|$．ゆえに，$|a_{k,k} - \lambda| \leq r_k |v_j|/|v_k|$．これらの積をとると，$|\lambda - a_{k,k}| \cdot |\lambda - a_{j,j}| \leq r_k r_j$．すなわち，$\lambda \in C_{k,j}$．最後に，後半部分を示す．$z \notin G_i \cup G_j$ とすると，$|z - a_{i,i}| > r_i$ かつ $|z - a_{j,j}| > r_j$ なので，$|z - a_{i,i}| \cdot |z - a_{j,j}| > r_i r_j$．すなわち，$z \notin C_{ij}$．したがって，$z \notin G \Rightarrow z \notin C$ なので，$C \subset G$．

**5.1.10** $\dim V_k = k$，$\dim U_k = n - k + 1$，$\dim(U_k \cup V_k) \leq n$ なので，次元公式 $\dim(V_k \cap U_k) + \dim(U_k \cup V_k) = \dim U_k + \dim V_k$ より，$\dim(V_k \cap U_k) \geq 1$．

**5.1.11** $\alpha = R_A(\boldsymbol{x} + \boldsymbol{y}) - R_A(\boldsymbol{x})$ と書く．

$$\begin{aligned}
\alpha &= \frac{1}{\|\boldsymbol{x}+\boldsymbol{y}\|_2^2}\left[\langle A(\boldsymbol{x}+\boldsymbol{y}), \boldsymbol{x}+\boldsymbol{y}\rangle - \frac{\|\boldsymbol{x}+\boldsymbol{y}\|_2^2}{\|\boldsymbol{x}\|_2^2}\langle A\boldsymbol{x}, \boldsymbol{x}\rangle\right] \\
&= \frac{1}{\|\boldsymbol{x}+\boldsymbol{y}\|_2^2}\left[\langle A\boldsymbol{x}, \boldsymbol{y}\rangle + \langle A\boldsymbol{y}, \boldsymbol{x}\rangle + \langle A\boldsymbol{y}, \boldsymbol{y}\rangle - \frac{\langle \boldsymbol{x}, \boldsymbol{y}\rangle + \langle \boldsymbol{y}, \boldsymbol{x}\rangle + \langle \boldsymbol{y}, \boldsymbol{y}\rangle}{\|\boldsymbol{x}\|_2^2}\langle A\boldsymbol{x}, \boldsymbol{x}\rangle\right].
\end{aligned}$$

ここで，コーシー–シュワルツの不等式より，$|\langle A\boldsymbol{u}, \boldsymbol{v}\rangle| \leq \|A\boldsymbol{u}\|_2 \|\boldsymbol{v}\|_2 \leq \|A\|_2 \|\boldsymbol{u}\|_2 \|\boldsymbol{v}\|_2$ なので，$\|\boldsymbol{x}\|_2 > \|\boldsymbol{y}\|_2$ も使って，

$$|\alpha| \leq \frac{1}{\|\boldsymbol{x}+\boldsymbol{y}\|_2^2}\left[\|A\|_2\left(4\|\boldsymbol{x}\|_2\|\boldsymbol{y}\|_2 + 2\|\boldsymbol{y}\|_2^2\right)\right] \leq \frac{6\|A\|_2\|\boldsymbol{x}\|_2\|\boldsymbol{y}\|_2}{\|\boldsymbol{x}+\boldsymbol{y}\|_2^2}.$$

あとは，$\|\boldsymbol{x}\|_2 = \|(\boldsymbol{x}+\boldsymbol{y}) + (-\boldsymbol{y})\|_2 \leq \|\boldsymbol{x}+\boldsymbol{y}\|_2 + \|\boldsymbol{y}\|_2$ も組み合わせればよい．

**5.3.3** $A = RDR^{-1}$，$D = \mathrm{diag}\ (d_i)$ とおくと，$AR = RD$．$A$ も上三角行列なので，$AR$ の第 $(i,i)$ 成分は $a_{i,i} r_{i,i}$．一方で，$RD$ の第 $(i,i)$ 成分は $d_i r_{i,i}$．すなわち，$a_{i,i} = d_i$ となる．

**5.3.4** 帰納法で示す．$k = 1$ のときは，$A^1 = A = QR = Q_1 R_1 = \tilde{Q}_1 \tilde{R}_1$ となり成

立している．$k$ で成立と仮定；$A^k = \tilde{Q}_k\tilde{R}_k$．(5.23) より，$A\tilde{Q}_k = \tilde{Q}_kA_{k+1}$ なので，$\tilde{Q}_{k+1}\tilde{R}_{k+1} = Q_1\cdots Q_kQ_{k+1}R_{k+1}R_k\cdots R_1 = Q_1\cdots Q_kA_{k+1}R_k\cdots R_1 = A\tilde{Q}_k\tilde{R}_k = AA^k = A^{k+1}$．

**5.3.5** $X_m = \mathrm{span}\,\{\boldsymbol{v}_{m+1},\ldots,\boldsymbol{v}_n\}$，$Y_m = \mathrm{span}\,\{\boldsymbol{e}_1,\ldots,\boldsymbol{e}_m\}$，$V^{-1} = (w_{i,j}) \in \mathbb{R}^{n\times n}$，$W_m = (w_{i,j})_{1\le i,j\le m} \in \mathbb{R}^{m\times m}$ とおく．$VV^{-1} = I$ より，$\boldsymbol{e}_j = \sum_{k=1}^n w_{k,j}\boldsymbol{v}_k$ $(j = 1,\ldots,n)$ である．定理 2.4.1 と定理 2.5.1 により，$V^{-1}$ が LU 分解可能であるための必要十分条件は，各 $m = 1,\ldots,n-1$ に対して，$W_m$ が正則になることである．まず，(5.28) を仮定する．$1 \le m \le n-1$ を固定して，$W_m\boldsymbol{a} = \boldsymbol{0}$，$\boldsymbol{a} = (a_i) \in \mathbb{R}^n$ とする．このとき，$\beta_k = \sum_{j=1}^m w_{k,j}a_j$ とおくと，$\beta_k = 0$ $(1 \le k \le m)$ なので，$\boldsymbol{0} = \sum_{k=1}^m \beta_k\boldsymbol{v}_k = \sum_{k=1}^m \boldsymbol{v}_k \sum_{j=1}^m w_{k,j}a_j = \sum_{j=1}^m a_j \sum_{k=1}^m w_{k,j}\boldsymbol{v}_j = \sum_{j=1}^m a_j(\boldsymbol{e}_j - \sum_{k=m+1}^n w_{k,j}\boldsymbol{v}_j)$．したがって，$\sum_{j=1}^m a_j\boldsymbol{e}_j = \sum_{j=1}^m a_j \sum_{k=m+1}^n w_{k,j}\boldsymbol{v}_j = \sum_{k=m+1}^n \beta_k\boldsymbol{v}_k$．この左辺は $Y_m$ の要素であり，右辺は $X_m$ の要素なので，(5.28) より，これらは $\boldsymbol{0}$ に等しい．そしてさらに，$\{\boldsymbol{e}_1,\ldots,\boldsymbol{e}_m\}$ の一次独立性により，$\boldsymbol{a} = \boldsymbol{0}$．これは，$W_m$ が正則であることを示している．逆に，$W_m$ が正則であると仮定する．$\boldsymbol{w} \in X_m \cap Y_m$ を任意として，$\boldsymbol{w} = \sum_{j=1}^m a_j\boldsymbol{e}_j$ と書く．上と同様に計算して，$\boldsymbol{w} = \sum_{j=1}^m a_j\boldsymbol{e}_j = \sum_{k=1}^m \beta_k\boldsymbol{v}_k + \sum_{k=m+1}^n \beta_k\boldsymbol{v}_k$ を得る．$\boldsymbol{w} \in X_m$ より，$\beta_k = 0$ $(1 \le k \le m)$．すなわち，$W_m\boldsymbol{a} = \boldsymbol{0}$ だが，$W_m$ は正則なので，$\boldsymbol{a} = \boldsymbol{0}$．ゆえに，$\boldsymbol{w} = \boldsymbol{0}$．

## 第 6 章

**6.1.26** $1 \le p < \infty$ のとき，$\|f\|_p \le (b-a)^{1/p}\|f\|_\infty$ なので，$\limsup_{p\to\infty}\|f\|_p \le \|f\|_\infty$．一方で，任意の $0 < \varepsilon < \|f\|_\infty$ に対して，$I_\varepsilon = \{x \in [a,b] \mid |f(x)| \ge \|f\|_\infty - \varepsilon\}$ とおくと，$\|f\|_p \ge |I_\varepsilon|^{1/p}(\|f\|_\infty - \varepsilon)$ であり（$|I_\varepsilon|$ は $I_\varepsilon$ の長さ），すなわち，$\liminf_{p\to\infty}\|f\|_p \ge \|f\|_\infty - \varepsilon$．$\varepsilon$ は任意であったので，これらを合わせて，$\lim_{p\to\infty}\|f\|_p = \|f\|_\infty$．

**6.1.27** $p = \infty$ のときは明らか．$1 \le p < \infty$ の場合を，背理法で示す．$\|f\|_p = 0$ の下で，$f \not\equiv 0$ を仮定する．このとき，$f(z) \ne 0$ を満たす $a \le z \le b$ が存在する．一般性を失うことなく，$f(z) > 0$ とする．まず，$a < z < b$ の場合を考える．$f$ の連続性により，$f(x) > 0$ $(|z-x| \le \varepsilon)$ を満たす $\varepsilon > 0$ が存在する．しかし，このとき，$\int_a^b |f(x)|^p \ge \int_{|z-x|\le\varepsilon} f(x)^p > 0$ となり矛盾する．$z = a, b$ の場合も同様である．

**6.1.28** $\|\cdot\| = \|\cdot\|_\infty$ と書く．$\|f\| = M' > M$ を仮定する．このとき，$|f(z)| = M'$ を満たす $z \in [a,b]$ が存在する．$\varepsilon = (M'-M)/2$ とする．十分大きな $n$ では，$M' - \|f_n\| = \|f\| - \|f_n\| \le \|f - f_n\| \le (M'-M)/2$．このとき，$\|f_n\| \ge M' - (M'-M)/2 = (M+M')/2 > M$ となり矛盾する．

**6.1.29** $\|u\|$ が $X = V \times W$ のノルムになることを確かめればよいが，それは，$\|\cdot\|_V$ と $\|\cdot\|_W$ の性質から明らか．

**6.1.30** $\|\cdot\|_p$ の性質から明らか．

**6.1.31** $f \in C^0_{\mathrm{bdy}}[a,b]$ と $\varepsilon > 0$ を任意とする．$f(a) = f(b) = 0$ かつ $f$ は連続なので，$|f(x)| \le \varepsilon/2$ $(a \le x \le a_1,\ b_1 \le x \le b)$，$a_1 = a + \delta$，$b_1 = b - \delta$ を満たす十分小さな $\delta > 0$ が存在する．ここで，さらに，$a_2 = a + \delta/2$，$b_2 = b - \delta/2$ とおいて

$$g(x) = \begin{cases} f(x) & (a_1 \le x \le b_1), \\ (a_2, 0) \text{ と } (a_1, f(a_1)) \text{ を結ぶ線分} & (a_2 \le x \le a_1), \\ (b_2, 0) \text{ と } (b_1, f(b_1)) \text{ を結ぶ線分} & (b_1 \le x \le b_2), \\ 0 & (a \le x \le a_2,\ b_2 \le x \le b) \end{cases}$$

と定義する．このとき，$g \in C^0_{\mathrm{supp}}[a,b]$ で，構成より，$\|f-g\|_\infty \le \varepsilon$.

**6.1.32** 略（直接計算する）.

**6.2.7** $\cos^m x = ((e^{ix}+e^{-ix})/2)^m$ を二項定理で展開する．$\sin^m x$ も同様.

**6.3.14** $\|f\|_p, \|g\|_p \le 1$，$f \not\equiv g$ とする．$u=2f$，$v=2g$ とおく．$1<p\le 2$ のとき，(6.37) より，$\|f+g\|_p^q + \|f-g\|_p^q \le 2^{p(q-1)}$．$\|f-g\|_p > 0$ なので，$\|f+g\|_p < 2^{p\frac{q-1}{q}} = 2$. $2 \le p < \infty$ のときも同様.

**6.4.10** (6.41) で $q=0$ とする.

**6.4.11** $\varphi_1(x) = 1$，$\varphi_2(x) = x$ として，連立一次方程式 $A\boldsymbol{c} = \boldsymbol{f}$ を解くと，$p_1(x) = x - 1/6$ を得る．$\|f\|_{2,w}^2 = 1/5$，$\|p\|_{2,w}^2 = 7/36$，$\|f-p\|_{2,w}^2 = 1/180$ なので，確かに $\|f\|_{2,w}^2 = \|f-p\|_{2,w}^2 + \|p\|_{2,w}^2$ が成立している.

**6.4.12** 対称性は明らか．例 6.4.2 の記号を用いると，$\mathbf{c} \neq \mathbf{0}$ ならば，$\|p\|_2^2 = \langle A\mathbf{c}, \mathbf{c}\rangle > 0$ なので，$A$ は正定値行列である.

**6.4.13** 三角関数の公式を応用する.

**6.4.14** それぞれ，フーリエ偶関数展開，奇関数展開の部分和である.

**6.4.15** $S_n(x) = (F_n f)(x)$ と書く（(6.46) を参照）．$\|f-S_n\|_2^2 = (f-S_n, f-S_n) = \|f\|_2^2 - 2(f,S_n) + \|S_n\|_2^2$ と，$(f,S_n) = \frac{1}{2}a_0^2 + \sum_{k=1}^n (a_k^2 + b_k^2)$，および $\|S_n\|_2^2 = \frac{1}{2}a_0^2 + \sum_{k=1}^n (a_k^2+b_k^2)$ を合わせると，$\frac{1}{2}a_0^2 + \sum_{k=1}^n (a_k^2+b_k^2) \le \|f\|_2^2$．この式で，$n \to \infty$ とする.

**6.4.16** $\|u+v\|_V^2 = (u+v, u+v)_V$ などを展開する.

**6.4.17** $\|f\|_{2,w} \le 1$，$\|g\|_{2,w} \le 1$，$f \not\equiv g$ とする．$\|f+g\|_{2,w}^2 + \|f-g\|_{2,w}^2 = 2(\|f\|_{2,w}^2 + \|g\|_{2,w}^2) \le 4$．$\|f-g\|_{2,w} > 0$ なので，$\|f+g\|_{2,w}^2 < 4$．すなわち，(6.33) を得る.

**6.5.12** $(f,g) = \int_0^1 f(x)g(x)\,dx$ と書く．まず，$\varphi_0(x) = 1$ は明らか．$\varphi_1(x) = x - c$ とおくと，$(\varphi_1, \varphi_0) = 0$ より，$c = 1/2$．すなわち，$\varphi_1(x) = x - 1/2$．次に，$\varphi_2(x) = x^2 - c_0\varphi_0(x) - c_1\varphi_1(x)$ とおくと，$(x^2, \varphi_0) = 1/3$，$(x^2, \varphi_1) = 1/12$，$(\varphi_0, \varphi_0) = 1$，$(\varphi_1, \varphi_1) = 1/12$ であるから，$(\varphi_2, \varphi_0) = 1/3 - c_0 = 0$，$(\varphi_1, \varphi_0) = 1/12 - c_1/12$．これより，$\varphi_2(x) = x^2 - x + 1/6$．同様に，$\varphi_3(x) = x^3 - c_0\varphi_0(x) - c_1\varphi_1(x) - c_2\varphi_2(x)$ とおいて計算すると，$\varphi_3(x) = x^3 - (3/2)x^2 + (3/5)x - 1/20$.

**6.5.13** $n > m$ とする．部分積分と $\lim_{x\to\pm\infty} d^n e^{-x^2}/dx^n = 0$ $(n = 0, 1, \ldots)$ により，

$$\begin{aligned} \int_{-\infty}^{\infty} H_n(x)H_m(x)e^{-x^2}\,dx &= (-1)^n \int_{-\infty}^{\infty} H_m(x)\frac{d^n e^{-x^2}}{dx^n}\,dx \\ &= (-1)^{n+1}\int_{-\infty}^{\infty} \frac{dH_m(x)}{dx}\frac{d^{n-1}e^{-x^2}}{dx^{n-1}}\,dx = \cdots \end{aligned}$$

$$= (-1)^{n+m+1}\int_{-\infty}^{\infty}\frac{d^{m+1}H_m(x)}{dx^{m+1}}\frac{d^{n-m-1}e^{-x^2}}{dx^{n-m-1}}\,dx.$$

$H_m(x)$ は $m$ 次多項式なので，この積分の最右辺は 0 となる．すなわち，$n \neq m$ の場合が示せた．$m = n$ の場合も同様に，

$$\int_{-\infty}^{\infty}H_n(x)^2e^{-x^2}\,dx = \int_{-\infty}^{\infty}\frac{d^nH_n(x)}{dx^n}e^{-x^2}\,dx = 2^nn!\int_{-\infty}^{\infty}e^{-x^2}\,dx.$$

あとはよく知られる公式 $\int_{-\infty}^{\infty}e^{-x^2}\,dx = \sqrt{\pi}$ を用いればよい．

**6.5.14** $n > m$ として，

$$\begin{aligned}\int_0^{\infty}L_n(x)L_m(x)e^{-x}\,dx &= \int_0^{\infty}L_m(x)\frac{d^n}{dx^n}(x^ne^{-x})\,dx\\ &= -\int_0^{\infty}\frac{dL_m(x)}{dx}\frac{d^{n-1}}{dx^{n-1}}(x^ne^{-x})\,dx = \cdots\\ &= (-1)^{m+1}\int_0^{\infty}\frac{d^{m+1}L_m(x)}{dx^{m+1}}\frac{d^{n-m-1}}{dx^{n-m-1}}(x^ne^{-x})\,dx.\end{aligned}$$

$L_m(x)$ は $m$ 次多項式なので，この積分の最右辺は 0 となる．$n = m$ の場合は，初等的な関係式 $\int_0^{\infty}x^ne^{-x}\,dx = n!$ を使って，

$$\begin{aligned}\int_0^{\infty}L_n(x)^2e^{-x}\,dx &= (-1)^n\int_0^{\infty}\frac{d^nL_n(x)}{dx^n}(x^ne^{-x})\,dx\\ &= n!\int_0^{\infty}x^ne^{-x}\,dx = (n!)^2.\end{aligned}$$

## 第 7 章

**7.1.7** $L_0(x) = \frac{1}{2}x(x-1)$，$L_2(x) = \frac{1}{2}x(x+1)$，$L_1(x) = 1 - x^2$ なので，$p_2(x) = \frac{1}{2}x(x-1)e^{-1} + (1-x^2)e^0 + \frac{1}{2}x(x+1)e^1 = 1 + x\sinh 1 + x^2(\cosh 1 - 1)$.

**7.1.8** $x \neq x_i$ の場合を考えればよい．

$$g(t) = f(t) - \tilde{p}_n(t) - \frac{F_n(t)^2}{F_n(x)^2}\{f(x) - \tilde{p}_n(x)\}$$

とおいて，定理 7.1.1 の証明と同様に進める．

**7.1.9** $\det V$ を $x_0,\ldots,x_n$ の多項式とみると，これは $n(n+1)/2$ 次となる．もし，$x_i = x_k$ ならば，$\det V = 0$ なので，$\det V$ は因数として，$x_i - x_k$ $(i \neq k)$ を含む．ここで，$f(x_0,\ldots,x_n) = \prod_{0\le i<k\le n}(x_i - x_k)$ と定義すると，これは $n(n+1)/2$ 次の多項式である．したがって，定数 $c$ を用いて，$\det V = cf(x_0,\ldots,x_n)$ と書ける．あとは，適当な項の係数の比較をして，$c = 1$ を得る．

**7.2.9** (7.27) から直接考えれば，ただちに証明できる．

**7.2.10** 定理 7.2.1 の証明から，$f_h - f = \lambda_0R_0 + \lambda_1R_1$ なので，これを使えば，ただちに証明できる．

**7.2.11** $x_{i-1} \le x \le x_i$ では，$P_hf$ は $f$ の 1 次のラグランジュ補間式である；$p_1 = P_h^1f$.

したがって，(7.4) により，$x_{i-1} \leq x \leq x_i$ では，$f(x) - f_h(x) = (1/2)f''(\xi_x)(x - x_{i-1})(x - x_i)$ と書ける．ここで，2 次関数の最大値を考えることにより，$|(x - x_{i-1})(x - x_i)| \leq h_i^2/4$ なので，これより，$|f(x) - f_h(x)| \leq (1/8)h_i^2\|f''\|_\infty$．したがって，(7.20) が示せた．

**7.2.12** 小区間 $\bar{I}_1 = (x_0, x_1)$ での評価を考えよう．テイラーの定理（命題 4.1.2）により，$f(x_k) = f(x) + R_k(x)$ $(k = 0, 1)$．ただし，$R_k(x) = \int_0^1 (x_k - x)f'(x + s(x_k - x))\, ds$．これより，$f_h(x) - f(x) = (f(x_0)\lambda_0 + f(x_1)\lambda_1) - f(x)(\lambda_0 + \lambda_1) = R_0\lambda_0 + R_1\lambda_1$．定理 7.2.6 の証明と同様に計算して，$|R_k(x)| \leq h_1^{1-1/p}\left(\int_{x_0}^{x_1} |f'(t)|^p\, dt\right)^{1/p}$．したがって，$|f_h(x) - f(x)|^p \leq h_1^{p-1}\int_{x_0}^{x_1} |f'(t)|^p\, dt$．あとは，これを $x_0 \leq x \leq x_1$ で積分すれば，$\bar{I}_1$ での評価がでるので，全小区間について足し合わせて，(7.21) が証明できる．

**7.2.13** (i) $\|P_h^1 f\|_\infty = \max\{|f(x_0)|, \ldots, |f(x_m)|\} \leq \|f\|_\infty$．(ii) $g = P_h g$ なので，$f - P_h f = f - g + P_h g - P_h f = f - g - P_h(f - g)$．したがって，三角不等式と (i) の結果より，$\|f - P_h f\|_\infty \leq \|f - g\|_\infty + \|P_h(f - g)\|_\infty \leq 2\|f - g\|_\infty$．

**7.2.14** $(P_h^2 f)(x) = \sum_{i=0}^m f(x_i)\lambda_i(2\lambda_i - 1) + \sum_{i=1}^m 4f(x_{i-\frac{1}{2}})\lambda_{i-1}\lambda_i$．

**7.3.7** $p_1(x) = 3/2 - (3/2)(1-x) - x^3/2$ $(0 \leq x \leq 1)$, $p_2(x) = (3/2)(2-x) + (2-x)^3/2$ $(1 \leq x \leq 2)$．

**7.3.8** 定理 7.3.2 の証明のまねをすればよい．

**7.4.14** $f(x) = f(c) + (x - c)f'(c) + \int_0^1 (1 - s)(x - c)^2 f''(c + s(x - c))\, ds$ の両辺を $a \leq x \leq b$ で積分すると，$\int_a^b (x - c)\, dx = 0$ なので，$Q(f) = R(f) + \int_a^b \int_0^1 (1 - s)(x - c)^2 f''(c + s(x - c))\, dsdx$．これより，$|Q(f) - R(f)| \leq \|f''\|_\infty \int_0^1 (1 - s)\, ds \cdot \int_a^b (x - c)^2\, dx = \|f''\|_\infty \cdot \frac{1}{24}(b - a)^3$．

**7.4.15** 定理 7.4.6 の証明と同様に考えて，$|g_3''(t)| \leq (4/3)tM_2$ となる．後は同じ．

**7.4.16** (7.59) を示すには，定理 7.4.6 の証明の (7.55) の導出の際に，ヘルダーの不等式を使って，

$$|g_2'(t)| \leq t\left(\int_{-t}^t 1^q\, ds\right)^{1/q}\left(\int_{-t}^t |\varphi''(s)|^p\, ds\right)^{1/p} = (2t)^{1/q}\|f''\|_p$$

とする．後はまったく同じ．(7.58) と (7.60) の証明も同様．

**7.4.17** 定理 7.4.6 の証明と同様に考えて，$g_1'(t) = \varphi(t) - \varphi(0) - [\varphi(0) - \varphi(-t)]$ なので，$|g_1'(t)| \leq \int_0^t |\varphi'(s)|\, ds + \int_{-t}^0 |\varphi'(s)|\, ds \leq (2t)^{1/q}\|f'\|_p$．後は同様にして，$|Q(f) - R(f)| \leq \frac{q}{2(q+1)}(b - a)^{1+1/q}\|f'\|_p$ がでる．次に，$|g_2'(t)| \leq t\int_{-t}^t |\varphi'(s)|\, ds \leq 2(2t)^{1/q}\|f'\|_p$．したがって，$|Q(f) - T(f)| \leq \frac{1}{2}(b - a)^{1+1/q}\|f'\|_p$．$\frac{q}{2(q+1)} < \frac{1}{2}$ なので，注意 7.4.3 も合わせれば，(7.57) が $C = 1/2$ で成り立つ．

**7.4.18** (7.58) とベクトルに対するヘルダーの不等式を用いると，

$$\begin{aligned}|Q(f) - R_h(f)| &\leq \sum_{j=1}^m C_q^{(1)} h_j^2 \|f''\|_{L^p(I_j)} h_j^{1/q} \\ &\leq C_q^{(1)} h^2 \left(\sum_{j=1}^m \|f''\|_{L^p(I_j)}^p\right)^{1/p}\left(\sum_{j=1}^m h_j\right)^{1/q} = C_q^{(1)} h^2 (b - a)^{1/q}\|f''\|_p.\end{aligned}$$

他も同様に考える．

**7.4.19**　$x \in [a,b]$，$c=(a+b)/2$ とする．三角不等式により，$|f(x)|-|f(c)| \le |f(x)-f(c)| \le \int_b^a |f'(y)|\,dy = \|f'\|_1$．したがって，$Q(|f|)-R(|f|) = \int_a^b \bigl(|f(x)|-|f(c)|\bigr)\,dx \le (b-a)\|f'\|_1$．

**7.4.20**　定理 7.4.6 の (7.49) より，

$$\left|\int_{x_{2j-2}}^{x_{2j}} f(x)\,dx - \frac{f(x_{2j-2})+4f(x_{2j-1})+f(x_{2j})}{6}(2h)\right| \le \frac{\|f^{(4)}\|_\infty}{2880}(2h)^5.$$

したがって，

$$|Q(f)-\tilde{S}_h(f)| \le \sum_{j=1}^{m} \frac{1}{180}\|f^{(4)}\|_\infty h^4(2h) \le \frac{1}{180}\|f^{(4)}\|_\infty h^4 \sum_{j=1}^{m}(2h).$$

これは，(7.67) である．

**7.4.21**　(i) $Q(f)=\int_0^1 f(x)\,dx = \int_0^1 [1-f(1-x)]\,dx = 1+Q(f)$ より，$Q(f)=1/2$．(ii) 直接の計算により，$R_h(f)=T_h(f)=S_h(f)=1/2$ となる．

**7.6.8**　示すべき等式の右辺を $H_{w,n}(f)$ と書く．$\tilde{p}_{2n+1}(x) = \sum_{i=0}^{n}\{f(x_i)H_i(x)+f'(x_i)K_i(x)\}$ であったので，$H_{w,n}(f) = \sum_{i=0}^{n}\{\hat{W}_i f(x_i) + V_i f'(x_i)\}$．ただし，$\hat{W}_i = \int_a^b w(x)H_i(x)\,dx$，$V_i=\int_a^b w(x)K_i(x)\,dx$．ところが，命題 6.5.4 より，$V_i=0$．さらにこのとき，注意 7.6.4 で導いた関係式を使って，$\hat{W}_i = \int_a^b w(x)L_i^2(x)\,dx - 2\int_a^b w(x)L_i^2(x)L_i'(x_i)(x-x_i)\,dx = \int_a^b w(x)L_i^2(x)\,dx - 2L_i'(x_i)\cdot V_i = \int_a^b w(x)L_i^2(x)\,dx = W_i$．したがって，$H_{w,n}(f)=Q_{w,n}(f)$．

**7.6.9**　$\phi_2(x)=x^2-x+1/6=0$ を解いて，$x_0=1/2-\sqrt{1/12}$，$x_1=1/2+\sqrt{1/12}$ なので，$x_1-x_0=1/\sqrt{3}$．さらに，$W_0=3\int_0^1 (x-x_1)^2 dx = 1/2$，$W_1=1/2$．したがって，$Q_{w,1}(f)=[f(x_0)+f(x_1)]/2$．

## 第 8 章

**8.1.14**　変数分離法で解を求めると，（解が存在する限りは）$u(t)^2 = \dfrac{a^2 e^{2\lambda t}}{1+a^2(1-e^{2\lambda t})}$ と表現できる．したがって，$a^2 < 1/(e^{2\lambda}-1)$ を満たすようにすれば，分母 $>0$ なので，解は $0 \le t \le 1$ で存在する．$a^2 \ge 1(e^{2\lambda}-1)$ のときは，$T=(1/2\lambda)\log(1+1/a) < 1$ で解は爆発する．

**8.1.15**　$f$ は非減少なので，$(s-r)[f(s)-f(r)] \le 0$ $(s,r \in \mathbb{R})$ が成り立つ．さて，$u(t)$ と $v(t)$ を解とする．$w(t)=u(t)-v(t)$，$W(t)=w(t)^2$ とおく．$W'(s)=2w(s)w'(s)=2[u(s)-v(s)]\cdot[f(u(s))-f(v(s))] \le 0$．この不等式の両辺を，$t_0$ から $t$ まで積分すると，$W(t)-W(t_0) \le 0$．$W(t_0)=0$ なので，$W(t) \le 0$ であるが，定義より $W(t) \ge 0$ なので，$W(t) \equiv 0$．すなわち，$u(t)=v(t)$ となる．

**8.1.16**　テイラーの定理の簡単な応用である．

**8.2.2**　シンプソン則により，$U_{n+1}=U_n+(h/6)[f(t_n)+4f(t_n+h/2)+f(t_n+h)]$ を得る．$k_1=f(t_n)$，$k_2=k_3=f(t_n+h/2)$，$k_4=f(t_n+h)$ とおけば，これは，古典的ルンゲ–クッタ法である．

**8.3.9** 次の表現からほとんど明らか．$\boldsymbol{F}(t,\boldsymbol{u}(t);\rho)=\rho^{-1}(\boldsymbol{u}(t+\rho)-\boldsymbol{u}(t))-\boldsymbol{\tau}(t,\rho)=\rho^{-1}(\boldsymbol{u}(t+\rho)-\boldsymbol{u}(t))-d\boldsymbol{u}(t)/dt+d\boldsymbol{u}(t)/dt-\boldsymbol{\tau}(t,\rho)=\rho^{-1}(\boldsymbol{u}(t+\rho)-\boldsymbol{u}(t))-d\boldsymbol{u}(t)/dt+\boldsymbol{f}(t,\boldsymbol{u}(t))-\boldsymbol{\tau}(t,\rho)$.

**8.4.6** $\rho\in[0,1]$ のとき，$\|\boldsymbol{f}(t+\alpha\rho,\boldsymbol{y}+\beta\rho\boldsymbol{f}(t,\boldsymbol{y}))-f(t+\alpha\rho,\hat{\boldsymbol{y}}+\beta\rho\boldsymbol{f}(t,\hat{\boldsymbol{y}}))\|_\infty\le\lambda\|\boldsymbol{y}-\hat{\boldsymbol{y}}+\beta\rho(\boldsymbol{f}(t,\boldsymbol{y})-\boldsymbol{f}(t,\hat{\boldsymbol{y}}))\|_\infty\le\lambda\|\boldsymbol{y}-\hat{\boldsymbol{y}}\|_\infty+\lambda\beta\rho\|\boldsymbol{f}(t,\boldsymbol{y})-\boldsymbol{f}(t,\hat{\boldsymbol{y}})\|_\infty$
$\le\lambda(1+\beta\cdot 1)\|\boldsymbol{y}-\hat{\boldsymbol{y}}\|_\infty$. これと，(8.38) を合わせる．

**8.5.12** 略．

**8.5.13** ルンゲ–クッタ法を $\boldsymbol{U}_{n+1}=\boldsymbol{U}_n+h_n\boldsymbol{F}(t_n,\boldsymbol{U}_n;h_n)$ の形に書くと，$\boldsymbol{F}(t,\boldsymbol{u}(t);0)=\boldsymbol{f}(t,\boldsymbol{u}(t))\sum_{i=1}^s c_i$ となる．これが適合的であるための必要十分条件は，$\sum_{i=1}^s c_i=1$.

**8.5.14** $u'=\lambda u$ に 3 段数 3 次精度の陽的ルンゲ–クッタ法を適用すると，$U_{n+1}=[1+h_n\lambda(c_1+c_2+c_3)+(h_n\lambda)^2(c_2\beta_{21}+c_3\beta_{31}+c_3\beta_{32})+(h_n\lambda)^3c_3\beta_{32}\beta_{21}]U_n$. これと命題 8.5.5 を比較する．

**8.5.15** 略．

**8.5.16** この方法は，2 段数であり，ブッチャー配列は表 A.1（左）の通り．精度を調べるには，8.4 節の計算を再検討すればよい．(8.37) では，$a=0$，$b=1$，$\alpha=\beta=\theta$ と対応しているので，(8.41) により，$\theta=1/2$ ならば，$\|\boldsymbol{\tau}(t,\rho)\|_\infty=O(\rho^2)$，それ以外の場合には，$\|\boldsymbol{\tau}(t,\rho)\|_\infty=O(\rho)$.

**8.5.17** 表 A.1（右）の通り．

**表 A.1**

| | | |
|---|---|---|
| $0$ | $0$ | $0$ |
| $\theta$ | $\theta$ | $0$ |
| | $0$ | $1$ |

問題 8.5.16 のブッチャー配列

| | | | |
|---|---|---|---|
| $0$ | $0$ | $0$ | $0$ |
| $\frac{1}{2}$ | $\frac{1}{4}$ | $\frac{1}{4}$ | $0$ |
| $1$ | $\frac{1}{3}$ | $\frac{1}{3}$ | $\frac{1}{3}$ |
| | $\frac{1}{3}$ | $\frac{1}{3}$ | $\frac{1}{3}$ |

問題 8.5.17 のブッチャー配列

**8.6.3** 略．

**8.7.13** 関数の概形を描けばよい．

**8.7.14** $\sigma(A)=\lambda_m/\lambda_1=\sin^2\left(\frac{m\pi}{2(m+1)}\right)/\sin^2\left(\frac{\pi}{2(m+1)}\right)\equiv\sigma_m$ である．具体的には，$\sigma_5\approx 1.39\times 10^1$，$\sigma_{100}\approx 4.13\times 10^3$，$\sigma_{200}\approx 1.64\times 10^4$ となる．

**8.7.15** $\varphi(s)=1+s+\theta s^2$ について，$|\varphi(s)|<1$ となる区間を考えると，$\mathcal{I}_A=(-1/\theta,0)$.

**8.7.16** $\varphi(s)=\dfrac{4}{3}\left(1-\dfrac{x}{3}\right)^{-1}\left(1-\dfrac{x}{4}\right)^{-1}\left(1+\dfrac{x}{4}\right)-\dfrac{1}{3}\left(1-\dfrac{x}{3}\right)^{-1}$ を考えればよい．$\varphi(0)=1$，$\varphi(s)\to 0\ (s\to-\infty)$，$|\varphi(s)|<1\ (s<0)$ より，$|\varphi(s)|<1\ (s<0)$.

## 第 9 章

**9.1.11** $\{\boldsymbol{p}_0,\ldots,\boldsymbol{p}_{m-1}\}$ を $A$ 共役なベクトルの列とする．このとき，$c_0p_0+\cdots+c_{m-1}p_{m-1}=0$ とすると，$c_l\langle Ap_l,p_l\rangle=0\ (0\le l\le m-1)$. $A$ の正定値対称性によ

り，$\langle Ap_l, p_l\rangle > 0$ なので，$c_l = 0$ を得る．

**9.1.12** $f(t) = J\bigl(\boldsymbol{x}_k + t\boldsymbol{p}_k\bigr) = c + (t^2/2)\langle A\boldsymbol{p}_k, \boldsymbol{p}_k\rangle - t\langle \boldsymbol{r}_k, \boldsymbol{p}\rangle$，$c = (1/2)\langle A\boldsymbol{x}_k, \boldsymbol{x}_k\rangle - \langle \boldsymbol{b}, \boldsymbol{x}_k\rangle$．$f(t)$ は $t$ に関する下に凸な 2 次関数．$f'(t) = 0$ となる $t$ を求めると，$t = \alpha_k$ となる．したがって，$f(t)$ は $t = \alpha_k$ で最小値をとる．一方，$\boldsymbol{x}_{k+1} = \boldsymbol{x}_k + \alpha_k \boldsymbol{p}_k$ である．

**9.2.5** 内積を定めることは，$A$ の正定値対称性からすぐにわかる．ノルムを定めることは命題 6.4.6 の結果である．

**9.2.6** まず，

$$\frac{\rho+1}{\rho-1} \pm \sqrt{\left(\frac{\rho+1}{\rho-1}\right)^2 - 1} = \frac{\rho + 1 \pm \sqrt{(\rho+1)^2 - (\rho-1)^2}}{\rho - 1}$$
$$= \frac{\rho + 1 \pm 2\sqrt{\rho}}{\rho - 1} = \frac{(\sqrt{\rho} \pm 1)^2}{\rho - 1} = \frac{\sqrt{\rho} \pm 1}{\sqrt{\rho} \mp 1}.$$

したがって，(9.19) を用いて，

$$T_k\left(\frac{\rho+1}{\rho-1}\right) = \frac{1}{2}\left[\left(\frac{\sqrt{\rho}+1}{\sqrt{\rho}-1}\right)^k + \left(\frac{\sqrt{\rho}-1}{\sqrt{\rho}+1}\right)^k\right] \geq \frac{1}{2}\left(\frac{\sqrt{\rho}+1}{\sqrt{\rho}-1}\right)^k.$$

# 参考書

数値計算法の羅列を目的とした本の数と比較すると，数値計算法の数学的な理論の解説に主眼をおいた和書の数はそう多くはないが，それらのほとんどすべてが信頼に値するのは幸いである．基礎的な数値計算法全般について書かれた本としては，[1], [2], [3], [4] をあげておこう．その他にも，数値積分に重点をおいた[5]，常微分方程式を主に扱った[6], [7]，精度保証付き数値計算の教科書[8] などが薦められる．

はじめに述べたように，プログラミングに関しては，本書では具体的な説明をしなかったが，[9], [10], [11], [12], [13] などを頼りに自習してほしい．

教科書的な性格の本書を読んだ後に，専門書の雰囲気を味わいたくなった場合には，どのページも味わい深い[14], [15] を手にとってほしい．

なお，本書を執筆するにあたり，[16]–[30] を参考にした．


[1] 篠原能材，数値解析の基礎，日新出版，1978 年．

[2] 一松信，数値解析，朝倉書店，1982 年．

[3] 森正武，数値解析，共立出版，1973 年（初版），2002 年（第 2 版）．

[4] 山本哲朗，数値解析入門，サイエンス社，1976 年（初版），2003 年（増訂版）．

[5] 森正武，数値解析と複素関数論，筑摩書房，1975 年．

[6] 三井斌友，数値解析入門：常微分方程式を中心に，朝倉書店，1985 年．

[7] 三井斌友，常微分方程式の数値解法，岩波書店，2003 年．

[8] 大石進一，精度保証付き数値計算，コロナ社，2000 年．

[9] 金子晃，数値計算講義，サイエンス社，2009 年．

[10] 菊地文雄・山本昌宏，微分方程式と計算機演習，山海堂，1991 年．

[11] 戸川隼人，ザ・数値計算リテラシ，サイエンス社，1997 年．

[12] 皆本晃弥，C 言語による数値計算入門——解法・アルゴリズム・プログラム，サイエンス社，2005 年．

[13] 森正武，FORTRAN77 数値計算プログラミング，岩波書店，1986 年．

[14] 杉原正顯・室田一雄，数値計算法の数理，岩波書店，1994 年．

[15] 杉原正顯・室田一雄，線形計算の数理，岩波書店，2009 年．

[16] 岡本久・中村周， 関数解析，岩波書店，2006 年．

[17] 加藤敏夫，位相解析——理論と応用への入門，共立出版，2001 年（復刊版）．

[18] 寺沢寛一，自然科学者のための数学概論，岩波書店，1983 年（増訂版改版）．

[19] P. J. Davis, *Interpolation and Approximation*, 1963 (Blaisdell Pub. Co.), 1975 (Dover Publications).

[20] P. Deuflhard and F. Bornemann, *Scientific Computing with Ordinary Differential Equations*, Springer, 2002.

[21] W. Gautschi, *Numerical Analysis: An Introduction*, Birkhäuser, 1997.

[22] R. Kress, *Numerical Analysis*, Springer, 1998.

[23] J. D. Lambert, *Numerical Methods for Ordinary Differential Systems: The Initial Value Problem*, Wiley, 1991.

[24] R. Plato, *Concise Numerical Mathematics*, American Mathematical Society, 2003.

[25] M. J. D. Powell, *Approximation Theory and Methods*, Cambridge University Press, 1981.

[26] A. Quarteroni, R. Sacco, and F. Saleri, *Numerical Mathematics*, Springer, 2000.

[27] L. R. Scott, *Numerical Analysis*, Princeton University Press, 2011.

[28] G. W. Stewart, *Afternotes on Numerical Analysis*, SIAM, 1987.

[29] G. W. Stewart, *Afternotes Goes to Graduate School: Lectures on Advanced Numerical Analysis*, SIAM, 1987.

[30] E. Süli and D. Mayers, *An Introduction to Numerical Analysis*, Cambridge University Press, 2003.

# 記号一覧

# 索引

## ABC



## ア　行



## カ　行

## サ 行

## タ 行



## ナ 行



## ハ 行

## マ 行



## ヤ 行



## ラ 行

# 人名表


| | | |
|---|---|---|
| アダマール | Hadamard, Jacques Salomon (1865–1963) | 44 |
| アダムス | Adams, John Couch (1819–1892) | 217 |
| 伊理 | 伊理正夫 (1933–2018) | 204 |
| ヴォルテラ | Volterra, Vito (1860–1940) | 211 |
| エルミート | Hermite, Charles (1822–1901) | 14 |
| オイラー | Euler, Leonhard (1707–1783) | 69 |
| ガウス | Gauss, Johann Carl Friedrich (1777–1855) | 22 |
| カッシーニ | Cassini, Jean-Dominique (1625–1712) | 113 |
| 加藤 | 加藤敏夫 (1917–1999) | 112 |
| カルダーノ | Cardano, Girolamo (1501–1576) | 93 |
| カントロヴィッチ | Kantorovich, Leonid Vitaliyevich (1912–1986) | 105 |
| クッタ | Kutta, Martin Wilhelm (1867–1944) | 220 |
| クラークソン | Clarkson, James Andrew (1906–) | 148 |
| グラム | Gram, Jorgen Pedersen (1850–1916) | 39 |
| クラメール | Cramer, Gabriel (1704–1752) | 11 |
| クランク | Crank, John (1916–2006) | 217 |
| クーラント | Courant, Richard (1888–1972) | 110 |
| クリロフ | Krylov, Aleksey (1863–1945) | 259 |
| ゲルシュゴリン | Gershgorin, Semen Aronovich (1901–1933) | 108 |
| ケルナー | Kerner, Immo O. (1928–) | 107 |
| コーシー | Cauchy, Augustin-Louis (1789–1857) | 19 |
| コーツ | Cotes, Roger (1682–1716) | 185 |
| コレスキー | Cholesky, Andre-Louis (1875–1918) | 33 |
| ザイデル | Seidel, Philipp Ludwig von (1821–1896) | 65 |
| ジャクソン | Jackson, Dunham (1888–1946) | 148 |
| シューア | Schur, Issai (1875–1941) | 44 |
| シュミット | Schmidt, Erhald (1876–1959) | 39 |
| シュワルツ | Schwarz, Karl Hermann Amandus (1843–1921) | 19 |
| シンプソン | Simpsom, Thomas (1701–1761) | 187 |
| ステワート | Stewart, Gilbert W. (1940–) | 26 |
| 高澤 | 高澤嘉光 (1942–) | 204 |
| チェビシェフ | Chebyshev, Pafnutii L'vovich (1821–1894) | 141 |
| テイラー | Taylor, Brrok (1685–1731) | 81 |

| | | |
|---|---|---|
| デュラン | Durand, William Frederic (1859–1958) | 107 |
| ニコルソン | Nicolson, Phyllis (1917–1968) | 217 |
| ニュートン | Newton, Sir Isaac (1642–1727) | 84 |
| ハウスホルダー | Householder, Alston Scott (1904–1993) | 41 |
| バッシュフォース | Bashforth, Francis (1819–1912) | 217 |
| バナッハ | Banach, Stefan (1892–1945) | 132 |
| ヒルベルト | Hilbert, David (1862–1943) | 74 |
| ファンデルモンド | Vandermonde, Alexandre-Theophile (1735–1796) | 162 |
| フィッシャー | Fisher, Ronald Aylmer (1890–1962) | 110 |
| フェールベルグ | Fehlberg, Erwin (1920 頃–) | 241 |
| ブッチャー | Butcher, John Charles (1933–) | 233 |
| フーリエ | Fourier, Jean Baptiste Joseph (1768–1830) | 151 |
| フロベニウス | Frobenius, Ferdinand Georg (1849–1917) | 28 |
| ヘッセ | Hesse, Ludwig Otto (1811–1874) | 95 |
| ベッセル | Bessel, Friedrich Wilhelm (1784–1846) | 154 |
| ヘルダー | Hölder, Otto Ludwig (1859–1937) | 50 |
| ベルンシュタイン | Bernstein, Sergei Natanovich (1880–1968) | 134 |
| ホイン | Heun, Karl (1859–1929) | 220 |
| ボルツアーノ | Bolzano, Bernard (1781–1848) | 52 |
| マルサス | Malthus, Thomas Robert (1766–1834) | 210 |
| ムルトン | Moulton, Forest Ray (1872–1952) | 217 |
| 森口 | 森口繁一 (1916–2002) | 204 |
| ヤコビ | Jacobi, Carl Gustav Jacob (1804–1851) | 65 |
| ヤング | Young, Willeam Henry (1863–1942) | 54 |
| ラグランジュ | Lagrange, Joseph-Louis (1736–1813) | 162 |
| ラゲール | Laguerre, Edmond Nicolas (1834–1886) | 159 |
| ランバート | Lambert, John Denholm (1932–) | 234 |
| リプシッツ | Lipschitz, Rudolf Otto Sigismund (1832–1903) | 86 |
| ルジャンドル | Legendre, Adrien-Marie (1752–1833) | 157 |
| ルンゲ | Runge, Carl David Tolme (1856–1927) | 164 |
| レイリー | Rayleigh, Lord (1842–1919) | 109 |
| ロトカ | Lotka, Alfred James (1880–1949) | 211 |
| ロル | Rolle, Michel (1652–1719) | 82 |
| ワイエルシュトラス | Weierstrass, Karl Theodor Wilhelm (1815–1897) | 52 |

**著者略歴**

齊藤宣一（さいとう・のりかず）

1971 年　生まれる．

1999 年　明治大学大学院理工学研究科博士後期課程修了．

現　在　東京大学大学院数理科学研究科教授．

博士（理学）．

主要著書　*Operator Theory and Numerical Methods*（共著，Elsevier，2001），『数値解析の原理——現象の解明をめざして』（岩波数学叢書）（共著，岩波書店，2016），『数値解析』（共立講座数学探求）（共立出版，2017），『はじめての応用解析』（共著，岩波書店，2019），『偏微分方程式の計算数理』共立出版，2023．



数値解析入門　大学数学の入門⑨

---

2012 年 10 月 23 日　初　版

2024 年　6 月 10 日　第 2 刷

[検印廃止]

著　者　齊藤宣一

発行所　一般財団法人 東京大学出版会

代表者 吉見俊哉

153-0041 東京都目黒区駒場 4–5–29

電話 03–6407–1069　　Fax 03–6407–1991

振替 00160–6–59964

印刷所　三美印刷株式会社

製本所　牧製本印刷株式会社

---





ISBN 978–4–13–062959–1 Printed in Japan